Mathematik heute 6

Hessen

Herausgegeben von
Heinz Griesel, Helmut Postel, Rudolf vom Hofe

schroedel

Mathematik heute 6

Hessen

Herausgegeben und bearbeitet von

Professor Dr. Heinz Griesel
Professor Helmut Postel
Professor Dr. Rudolf vom Hofe

Eugen Ancke, Heiko Cassens, Günter Cöster, Swantje Huntemann, Wolfgang Krippner, Manfred Popken, Johannes Ressel, Dieter Wolny

Zum Schülerband erscheint:
Lösungen
Best.-Nr. 83296

ISBN 978-3-507-**83276**-3

© 2001 Bildungshaus Schulbuchverlage
Westermann Schroedel Diesterweg Schöningh Winklers GmbH, Braunschweig
www.schroedel.de

Das Werk und seine Teile sind urheberrechtlich geschützt. Jede Nutzung in anderen als den gesetzlich zugelassenen Fällen bedarf der vorherigen schriftlichen Einwilligung des Verlages. Hinweis zu § 52a UrhG: Weder das Werk noch seine Teile dürfen ohne eine solche Einwilligung gescannt und in ein Netzwerk eingestellt werden. Dies gilt auch für Intranets von Schulen und sonstigen Bildungseinrichtungen.

Druck A ^{6} / Jahr 2008

Alle Drucke der Serie A sind im Unterricht parallel verwendbar.

Titel- und Innenlayout: Helke Brandt
Illustrationen: Dietmar Griese; Zeichnungen: Günter Schlierf
Satz: Konrad Triltsch, Print und digitale Medien GmbH, 97199 Ochsenfurt
Druck und Bindung: westermann druck GmbH, Braunschweig

Inhaltsverzeichnis

5 Zum Aufbau des Buches

Kapitel 1

6 **Teilbarkeit natürlicher Zahlen**
7 Teiler und Vielfache
13 Teilbarkeitsregeln
21 Primzahlen und Primfaktorzerlegung
24 Gemeinsame Teiler, gemeinsame Vielfache
33 Vermischte Übungen
36 Bist du fit?
38 Im Blickpunkt: Auf der Suche nach Primzahlen

Kapitel 2

40 **Kreise – Winkel – Drehung**
41 Kreise
45 Winkel
• 59 Drehsymmetrische Figuren – Drehungen
64 Vermischte Übungen
65 Bist du fit?

Kapitel 3

66 **Bruchzahlen**
67 Einführung der Brucheinheiten und ihrer Vielfachen
78 Brüche als Maßzahlen in Größenangaben
82 Bruchteile von beliebigen Größen – Drei Grundaufgaben
93 Erweitern und Kürzen von Brüchen
99 Zahlenstrahl – Bruchzahlen
101 Ordnen von Bruchzahlen nach der Größe
106 Vermischte Übungen
107 Bist du fit?
108 Im Blickpunkt: Der Dreh mit den Brüchen

Kapitel 4

110 Rechnen mit Bruchzahlen
111 Addieren und Subtrahieren von Bruchzahlen
117 Addieren und Subtrahieren von Bruchzahlen in gemischter Schreibweise
121 Vermischte Übungen zum Addieren und Subtrahieren
123 Bist du fit?
125 Vervielfachen und Teilen von Bruchzahlen
134 Multiplizieren von Bruchzahlen
141 Dividieren von Bruchzahlen
- 152 Terme mit Brüchen
- 157 Gleichungen mit Bruchzahlen
- 158 Vorteilhaft rechnen mit Bruchzahlen – Rechengesetze
▲ 160 Vergleich der Zahlbereiche $\mathbb{N}_0$ und $\mathbb{B}_0$
161 Vermischte Übungen
163 Bist du fit?
164 Im Blickpunkt: Zauberquadrate

Kapitel 5

166 Dezimalbrüche
167 Dezimale Schreibweise für Bruchzahlen
176 Vergleichen von Dezimalbrüchen
184 Addieren und Subtrahieren von Dezimalbrüchen
191 Multiplizieren und Dividieren von Dezimalbrüchen
209 Periodische Dezimalbrüche
214 Im Blickpunkt: Einkaufen – Rechnen zahlt sich meistens aus
- 216 Verbindung der vier Grundrechenarten
220 Berechnungen von Flächen und Körpern
226 Vermischte Übungen
229 Bist du fit?
230 Im Blickpunkt: Messen – ganz genau oder doch nur ungefähr?

232 Anhang: Maßeinheiten und ihre Umrechnung
234 Lösungen zu „Bist du fit?"
238 Verzeichnis mathematischer Symbole
239 Stichwortverzeichnis
240 Bildquellenverzeichnis

Zum Aufbau des Buches

Zum methodischen Aufbau der einzelnen Lerneinheiten

Die einzelnen Lerneinheiten sind mit einer Überschrift versehen. Sie bestehen aus:
1. *Einstiegsaufgabe mit vollständiger Lösung:* Die Einstiegsaufgabe soll beim Schüler eine Aktivität in Gang setzen, die zum Kern der Lerneinheit führt. Die Lösung sollte im Unterricht erarbeitet werden.
2. *Zum Festigen und Weiterarbeiten:* Dieser Teil der Lerneinheit dient der ersten Festigung der neuen Inhalte sowie ihrer Durcharbeitung, indem diese Inhalte durch Variation des ursprünglichen Lösungsweges sowie Zielumkehraufgaben, benachbarte Aufgaben und Anschlussaufgaben zu den bisherigen Inhalten in Beziehung gesetzt werden. Die Lösungen sollten im Unterricht erarbeitet werden.
3. *Informationen und Ergänzungen:* Informationen und Ergänzungen werden gegeben, wenn dies günstiger als erarbeitendes Vorgehen ist.
4. *Zusammenfassung des Gelernten:* In einem roten Rahmen werden die Ergebnisse zusammengefasst und übersichtlich herausgestellt. Musterbeispiele als Vorbild für Schreibweisen und Lösungswege werden in blauem Rahmen angegeben.
5. *Übungen:* Übungen sind als Abschluss jeder Lerneinheit zusammengefasst.
   Aufgaben mit Lernkontrollen sind an geeigneten Stellen eingefügt.
   Spiele und spielerische Übungsformen setzen Arbeitsweisen der Grundschule fort.
   Die methodische Freiheit des Lehrers wird dadurch gewahrt, dass die große Zahl der Aufgaben auch eigene Wege gestattet.
   Grundsätzlich lassen sich viele Übungsaufgaben auch im Team bearbeiten. In einigen besonderen Fällen werden Anregungen zur *Teamarbeit* gegeben.
6. *Vermischte Übungen:* In fast allen Kapiteln findet sich am Ende ein Abschnitt mit der Überschrift *Vermischte Übungen*, in welchem die erworbenen Qualifikationen in vermischter Form angewandt werden müssen. Weitere vermischte Übungen sind auch in die übrigen Abschnitte eingestreut.
7. *Bist du fit?:* In allen Kapiteln gibt es einen Abschnitt mit der Überschrift: *Bist du fit?* Hier werden in besonderer Weise Grundqualifikationen, die im Kapitel erworben worden sind, getestet.
   Die Lösungen dieser Aufgaben sind im Buch auf den Seiten 234–238 abgedruckt.
8. *Im Blickpunkt:* Unter dieser Überschrift werden Sachverhalte, bei denen das systematische Lernen zugunsten einer komplexeren Gesamtsicht oder einer Gesamtaktivität der Klasse zurücktritt, behandelt.

Zur Differenzierung

Die Differenzierung erfolgt auf drei Niveaus (Grundanforderungen keine Kennzeichnung; 1. Erweiterung: Kennzeichnung in blau; 2. Erweiterung: Kennzeichnung in rot).

Grundanforderung:	keine Kennzeichnung
1. Erweiterung:	● und **7.**
2. Erweiterung:	● und **7.**
mögliche Erweiterungen:	△, ▲, ▲

Die Zeichen sollen Hilfen bei der inneren und äußeren Differenzierung geben, d.h. bei der Anpassung des Schwierigkeitsgrades der Aufgaben an die individuelle Lernfähigkeit mit dem Ziel der optimalen Förderung des einzelnen Schülers. Bei äußerer Zweierdifferenzierung sollte man die in rot gekennzeichneten Aufgaben im oberen Niveau zur inneren Differenzierung verwenden.

Teilbarkeit natürlicher Zahlen

Im Bild siehst du unser Sonnensystem. Um die Sonne kreisen neun Planeten in unterschiedlichen Abständen.
Die Namen der Planeten und ihre Reihenfolge – von der Sonne aus gesehen – kann man sich nur schwer merken.

Mit folgendem Merksatz geht es leichter:

Mein **V**ater **e**rklärt **m**ir **j**eden **S**onntag **u**nsere **n**eun **P**laneten
Merkur Venus Erde Mars Jupiter Saturn Uranus Neptun Pluto

Im Bild rechts siehst du drei Planeten, darunter die Erde, in einer besonderen Stellung. Sie stehen zusammen mit der Sonne auf einer geraden Linie.

Diese Stellung kommt manchmal vor. Sie ist für die Astronomen besonders interessant, da zwei Nachbarplaneten sehr nah bei der Erde sind. Man kann dann besonders gut Aufnahmen und Messungen vornehmen.

Man weiß, wie lange die Planeten für eine Sonnenumkreisung brauchen. Deshalb kann man berechnen, wann dieses Ereignis wieder eintritt.

Wir nehmen für die Umlaufzeiten der Planeten um die Sonne gerundete Werte: Merkur: 90 Tage
Venus: 240 Tage
Erde: 360 Tage

- Kannst du berechnen, nach wie vielen Tagen die drei Planeten wieder in der gleichen Position stehen wie in der Abbildung?

Teiler und Vielfache

Teiler einer Zahl – Teilermenge

1. Die Klasse 6d plant den Einschulungstag der neuen Schüler.
Die Mädchen und Jungen wollen mit ihrer Lehrerin ein Haus aus Tonkarton basteln, in das die neuen Schüler der Klasse 5d (24 Schüler) ihre Namen und Fotos einkleben können.
Dieses Haus soll anschließend in der neuen Klasse 5d aufgehängt werden, damit sich Schüler und Lehrer besser kennen lernen können.
Maria schlägt vor die 24 Fotos in 4 gleich langen Reihen anzuordnen.

a. Gib weitere Möglichkeiten an, die 24 Fotos in gleich langen Reihen einzukleben.

b. Können gleich lange Reihen mit je 7 Fotos gebildet werden?

Aufgabe

Lösung

a. Marias Anordnung: Weitere Möglichkeiten:

  $24 = 4 \cdot 6$

 $24 = 3 \cdot 8$

$24 = 2 \cdot 12$

 $24 = 1 \cdot 24$

Mehr Möglichkeiten der Anordnung gibt es nicht.
24 lässt sich nur in die angegebenen Produkte zerlegen.
24 ist durch 1, 2, 3, 4, 6, 8, 12, 24 (ohne Rest) teilbar.

b. Nein, denn 24 Fotos lassen sich nicht in gleich lange Reihen mit je 7 Fotos legen.
24 kann man nicht als Produkt mit einem Faktor 7 schreiben.
24 ist nicht durch 7 (ohne Rest) teilbar.

Information

32 ist durch 4 (ohne Rest) teilbar.   32 ist nicht durch 9 (ohne Rest) teilbar.
$32 : 4 = 8$ $32 : 9 = 3 + (5 : 9)$
Wir sagen: **4 ist Teiler von** 32.   Wir sagen: 9 ist *nicht* Teiler von 32.
Wir schreiben: $4 \mid 32$ Wir schreiben: $9 \nmid 32$

---

2. Welche der Aussagen sind wahr, welche falsch? Notiere w bzw. f.

Zum Festigen und Weiterarbeiten

a. 5 ist Teiler von 15   **b.** 3 ist Teiler von 33   **c.** 15 ist Teiler von 255
  5 ist Teiler von 5   1 ist Teiler von 33   33 ist Teiler von 111
  3 ist Teiler von 15   8 ist Teiler von 56   7 ist nicht Teiler von 145
  18 ist Teiler von 3   7 ist Teiler von 39   1 ist nicht Teiler von 13

3. Schreibe von der Zahl mehrere Teiler auf.

a. 16   **b.** 13   **c.** 20   **d.** 28   **e.** 32   **f.** 48

4. Stefanie will 28 quadratische Memory-Karten als Rechteck auslegen.
Wie viele Karten können senkrecht und wie viele waagerecht liegen?
Bestimme alle Möglichkeiten.

Anzahl der Karten waagerecht	
Anzahl der Karten senkrecht	

Information

(1) Strategie zur Bestimmung aller Teiler einer Zahl

Es sollen Teiler einer Zahl, z. B. von 20, bestimmt werden.
Finde jeweils zwei Zahlen, die miteinander multipliziert
20 ergeben, beispielsweise $4 \cdot 5 = 20$.
4 und 5 sind Teiler von 20.
Suche *alle* Möglichkeiten. Beginne mit der 1.
Die Zahlen 1, 2, 4, 5, 10, 20 sind alle Teiler von 20.

$20 = 1 \cdot 20$
$20 = 2 \cdot 10$
$20 = 4 \cdot 5$

20	
1	20
2	10
4	5

(2) Teilermenge einer Zahl

> Alle Teiler einer Zahl fassen wir zu einer *Menge*, ihrer **Teilermenge,** zusammen.
> *Beispiel:* Für die Teilermenge von 20 schreiben wir: $T_{20} = \{1, 2, 4, 5, 10, 20\}$.
> 2 ist ein Teiler von 20, also gehört 2 zu T_{20}.
> Man sagt: *2 ist ein Element der Menge T_{20}* und schreibt kurz: $2 \in T_{20}$.
> 3 ist nicht Teiler von 20, also ist 3 nicht Element von T_{20}; kurz: $3 \notin T_{20}$.

Übungen

5. Gib die Teilermenge an von:

   a. 14   **b.** 18   **c.** 7   **d.** 16   **e.** 36   **f.** 42   **g.** 1

Du kannst dazu auch Rechtecke mit Spielkarten legen wie in Aufgabe 4.

6. Übertrage die Aufgabe in dein Heft. Bestimme die fehlenden Teiler. Notiere auch die Teilermenge.

a.
27	
1	
	9

b.
22	
2	

c.
34	
	34

d.
32	
	8

e.
44	
4	

7. Schreibe die Zahlen heraus, die teilbar sind

  a. durch 5:   17; 25; 44; 45; 65; 66   **d.** durch 8:   56; 73; 88; 48; 51; 72
  b. durch 6:   26 36; 42; 54; 68; 48   **e.** durch 13:   39; 56; 65; 91; 53; 52
  c. durch 4:   24; 30; 44; 34; 36; 54   **f.** durch 17:   47; 68; 85; 92; 119; 102

8. Notiere w (wahr) oder f (falsch).

  a. 4 ist Teiler von 12   **b.** 6 ist Teiler von 45   **c.** 12 ist Teiler von 96
      8 ist Teiler von 32   8 ist Teiler von 64   13 ist nicht Teiler von 65
      7 ist Teiler von 30   1 ist Teiler von 54   14 ist nicht Teiler von 124
      6 ist Teiler von   6   7 ist Teiler von 77   15 ist Teiler von 145

9. Notiere w oder f.
   a. 3 | 12
   11 | 22
   3 | 63
   1 | 16
   b. 21 | 22
   5 | 5
   24 | 12
   12 | 24
   c. 11 | 88
   8 | 62
   7 | 84
   6 | 84
   d. 17 | 90
   13 | 91
   15 | 75
   14 | 74
   e. 45 | 945
   22 | 222
   15 ∤ 480
   8 ∤ 844

10. Übertrage die Aufgabe in dein Heft. Setze passend | oder ∤ ein.
   a. 4 ▪ 32
   5 ▪ 16
   b. 20 ▪ 20
   1 ▪ 13
   c. 6 ▪ 76
   7 ▪ 29
   d. 5 ▪ 75
   8 ▪ 58
   e. 12 ▪ 60
   14 ▪ 96
   f. 35 ▪ 210
   18 ▪ 198

11. Teile die Schüler der Klasse in gleich große Gruppen ein. Notiere in einer Tabelle alle Möglichkeiten.

Anzahl der Gruppen			
Schüler je Gruppe			

   a. 21 Schüler   **b.** 26 Schüler   **c.** 25 Schüler   **d.** 22 Schüler

12. Bestimme die Teilermenge von   **a.** 28;   **b.** 44;   **c.** 52;   **d.** 68.
Verfahre wie in Information (1) angegeben; du kannst auch eine Tabelle wie in Aufgabe 6 anlegen.

13. Übertrage die Aufgabe in dein Heft. Vervollständige die Teilermenge.
   a. $T_{12} = \{1, \square, 3, \square, \square, 12\}$ **b.** $T_{38} = \{1, \square, \square, 38\}$ **c.** $T_{56} = \{1, 2, \square, \square, 8, \square, \square, 56\}$

14. Schreibe die Teilermengen auf.
   a. T_{30}
   T_{50}
   T_{60}
   b. T_{24}
   T_{64}
   T_{96}
   c. T_{45}
   T_{11}
   T_{100}
   d. T_{17}
   T_{76}
   T_{23}
   e. T_{84}
   T_{98}
   T_{83}
   f. T_{101}
   T_{102}
   T_{144}
   g. T_{190}
   T_{113}
   T_{160}
   h. T_{360}
   T_{361}
   T_{225}

15. Hier hat Markus Fehler gemacht. Berichtige.
   a. $T_{32} = \{1, 2, 3, 4, 5, 6, 8, 12, 16, 32\}$
   b. $T_{31} = \{1, 3, 13, 31\}$
   c. $T_{48} = \{1, 2, 3, 4, 6, 8, 10, 12, 16, 18, 24, 48\}$
   d. $T_{46} = \{1, 2, 3, 4, 16, 23, 26, 46\}$

16. Übertrage die Aufgabe in dein Heft. Welche Teilermengen sind angegeben? Vervollständige.
   a. $T_{\square} = \{1, 2, \square, \square, \square, 12\}$
   b. $T_{\square} = \{1, \square, \square, 35\}$
   c. $T_{\square} = \{1, 3, 11, \square\}$
   d. $T_{\square} = \{1, 2, 19, \square\}$
   e. $T_{\square} = \{1, 2, 31, \square\}$
   f. $T_{\square} = \{1, \square, \square, 106\}$

17. Welche Zahlen zwischen 50 und 100 haben als Teiler
   a. die Zahl 10;   **c.** die Zahl 4;
   b. die Zahl 9;   **d.** die Zahl 7?

18. Annes Mutter will eine Wand mit Holz verkleiden. Die Wand ist 272 cm breit. Im Baumarkt werden Bretter mit 9 cm, 12 cm und 16 cm Breite angeboten. Annes Mutter möchte nicht sägen. Welche Sorte Bretter kann sie verwenden?

19. Schreibe drei Teilermengen auf, die genau
   a. 2 Zahlen,   **c.** 4 Zahlen,
   b. 3 Zahlen,   **d.** 5 Zahlen
enthalten.

$T_{17} = \{1, 17\}$ 2 Zahlen
$T_9 = \{1, 3, 9\}$ 3 Zahlen

20. Entscheide, ob die Aussagen wahr oder falsch sind.
Die Kontrollbuchstaben der wahren Aussagen und die der falschen Aussagen ergeben jeweils ein Lösungswort.

21. a. Bilde die Teilermengen von   (1) 4, 9, 16, 25   und von   (2) 6, 10, 24, 30.
Vergleiche die Anzahl der Teiler von (1) mit denen von (2).
Was fällt dir auf?

b. Bilde die Teilermengen von 1, 2, 4, 8, 16. Vergleiche sie.
Was fällt dir auf?

22. Ein Kartenspiel besteht aus 32 Karten [40 Karten; 55 Karten]. Sie sollen gleichmäßig ohne Rest an alle Mitspieler verteilt werden.
Wie viele Teilnehmer kann eine Spielrunde haben?
Welche Gruppengrößen sind wenig sinnvoll? Begründe.

23. Welche der Zahlen 10 bis 50 [50 bis 100] hat die meisten Teiler?

Spiel (2 Spieler)

24. *Eins ist Spitze*
Ihr benötigt 3 Würfel. Würfelt zunächst mit 2 Würfeln und bildet aus den Augenzahlen – wenn möglich – 2 zweistellige Zahlen. Jetzt wird der dritte Würfel geworfen.
Einen Punkt erhält man, wenn die Augenzahl des dritten Würfels Teiler einer der beiden zweistelligen Zahlen ist.
Zwei Punkte erhält man, wenn die Augenzahl Teiler beider Zahlen ist.
Wer zuerst 10 Punkte erreicht hat, ist Sieger.

Vielfache einer Zahl – Vielfachenmenge

Aufgabe

1. Mini-Tafeln Schokolade gibt es in Packungen zu je 9 Stück.
Wie viele Mini-Tafeln kann man jeweils nur kaufen?

Lösung

Anzahl der Packungen	1	2	3	4	5	6	7	8	9	10	11
Anzahl der Minitafeln	9	18	27	36	45	54	63	72	81	90	99

Information

(1) Vielfache – Vielfachenmenge

Die Zahlen 7, 14, 21, 28, ... heißen **Vielfache** von 7.

21 *ist Vielfaches von* 7, denn $21 = 3 \cdot 7$.
20 ist *nicht* Vielfaches von 7.

Alle Vielfachen einer Zahl fassen wir zu einer Menge, ihrer **Vielfachenmenge**, zusammen.

Beispiel: Für die Vielfachenmenge von 7 schreiben wir: $V_7 = \{7, 14, 21, 28, ...\}$
Vielfachenmengen haben unendlich viele Zahlen (Elemente);
Teilermengen haben nur endlich viele Zahlen (Elemente).

Das ist doch die 7er-Reihe

(2) Zusammenhang zwischen „ist Vielfaches von" und „ist Teiler von"

Aus der Gleichung $21 = 3 \cdot 7$ lesen wir ab:

(a) 21 ist Vielfaches von 3
3 ist Teiler von 21

(b) 21 ist Vielfaches von 7
7 ist Teiler von 21

Zum Festigen und Weiterarbeiten

2. Im Handel werden Farbstifte in 12er-Packungen verkauft.
Wie viele Farbstifte kann man kaufen, wenn es nur 12er-Packungen gibt?

3. Notiere die Vielfachenmenge. Gib die ersten zwölf Zahlen an.
  a. V_2 **b.** V_5 **c.** V_9 **d.** V_{12} **e.** V_{11}

4. Notiere w oder f.
  a. 25 ist Vielfaches von 5
  65 ist Vielfaches von 8
  9 ist Vielfaches von 9
  b. 5 ist Vielfaches von 25
  42 ist Vielfaches von 66
  81 ist Vielfaches von 1
  c. 88 ist Vielfaches von 11
  50 ist Vielfaches von 7
  36 ist Vielfaches von 36
  d. 125 ist Vielfaches von 25
  45 ist nicht Vielfaches von 15
  24 ist nicht Vielfaches von 7

5. Aus der Gleichung $18 = 3 \cdot 6$ lesen wir ab:
  (1) 3 ist Teiler von 18
  18 ist Vielfaches von 3
  (2) 6 ist Teiler von 18
  18 ist Vielfaches von 6

Lies entsprechende Aussagen aus der angegebenen Gleichung ab.
  a. $24 = 4 \cdot 6$ **b.** $42 = 6 \cdot 7$ **c.** $36 = 6 \cdot 6$ **d.** $17 = 1 \cdot 17$ **e.** $39 = 3 \cdot 13$

Übungen

6. a. Nenne Beträge, die man mit 5-Euro-Scheinen bezahlen kann (ohne zu wechseln).
  b. Kann man die folgenden Beträge mit 5-Euro-Scheinen bezahlen?
  (1) 76 €   (2) 135 €   (3) 254 €   (4) 245 €

7. Notiere jeweils die ersten 8 Zahlen.
  a. V_{20} **b.** V_{11} **c.** V_9 **d.** V_{17} **e.** V_{24} **f.** V_{23} **g.** V_{55} **h.** V_{101}
  V_{15} V_{30} V_{14} V_{19} V_{38} V_{47} V_{99} V_{304}

8. Notiere w oder f.

  a. 54 ist Vielfaches von 7
  34 ist Vielfaches von 6
  48 ist Vielfaches von 3

  b. 63 ist Vielfaches von 9
  54 ist Vielfaches von 8
  45 ist Vielfaches von 7

  c. 108 ist Vielfaches von 12
  168 ist Vielfaches von 14
  270 ist Vielfaches von 15

9. Welche Vielfachenmenge ist das? Vervollständige.

  a. $V_\square = \{7, 14, 21, \square, \square, \ldots\}$
  b. $V_\square = \{13, 26, \square, \square, \square, \ldots\}$
  c. $V_\square = \{14, 28, \square, \square, \square, \ldots\}$
  d. $V_\square = \{\square, 50, 75, \square, \square, \square, \square, \ldots\}$
  e. $V_\square = \{\square, \square, 81, 108, \square, \square, \square, \ldots\}$
  f. $V_\square = \{\square, \square, 96, 128, \square, \square, \square, \ldots\}$

10. Von welcher Zahl sind jeweils einige Vielfache abgebildet?

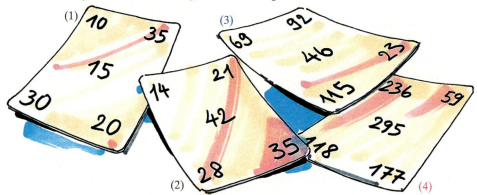

11. Setze passend ein: *Ist Vielfaches von* (V) oder *ist nicht Vielfaches von* (nV).

  a. 32 ▪ 4
  4 ▪ 32
  64 ▪ 32

  b. 6 ▪ 6
  18 ▪ 6
  42 ▪ 11

  c. 6 ▪ 18
  51 ▪ 17
  60 ▪ 12

  d. 65 ▪ 15
  111 ▪ 6
  645 ▪ 15

  e. 147 ▪ 11
  2808 ▪ 12
  2112 ▪ 12

  f. 1 430 ▪ 11
  1 887 ▪ 111
  5 860 ▪ 130

12. Welche Menge ist eine Vielfachenmenge?

  (1) {1, 3, 5, 7, 9, 11, …}   (2) {2, 4, 6, 8, 10, 12, …}   (3) {1, 10, 100, 1000, …}

13. In einer Klasse werden für den Ausflug von jedem Schüler 6 € eingesammelt. In der Klassenkasse sind anschließend 158 €.
Kann der Geldbetrag stimmen?

14. Ein Bordstein ist 90 cm lang. Kann man mehrere Bordsteine zu einer Kantenlänge von 720 cm aneinander legen?

15. Setze passend ein: *ist Vielfaches von* oder *ist Teiler von*.

  a. 84 ▪ 6
  8 ▪ 96
  96 ▪ 6

  b. 72 ▪ 9
  9 ▪ 72
  8 ▪ 56

  c. 84 ▪ 12
  15 ▪ 90
  625 ▪ 25

  d. 375 ▪ 125
  19 ▪ 171
  300 ▪ 12

16. Richtig oder falsch? Die Kästchen mit den richtigen Aussagen ergeben ein Lösungswort.

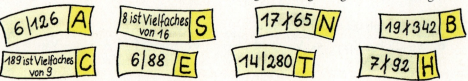

Teilbarkeitsregeln

Prüfen auf Teilbarkeit durch geschicktes Zerlegen

Aufgabe

1. Tanja und Tim verkaufen auf einem Wohltätigkeitsbasar Fensterschmuck für 7 € pro Stück. Tanja hat 651 € eingenommen, Tim 745 €.
   Können ihre Einnahmen stimmen?

Lösung

7 ist Teiler von 630 und 7 ist Teiler von 21. Also ist 7 Teiler von 651.

7 ist Teiler von 700 aber 7 ist nicht Teiler von 45.
Also ist 7 auch nicht Teiler von 745.

Ergebnis: Die Einnahme von Tanja kann stimmen; die von Tim stimmt nicht.

Verfahren zum Prüfen auf Teilbarkeit durch geschicktes Zerlegen

Information

So kannst du prüfen, ob eine Zahl durch eine andere Zahl teilbar ist:

Zerlege die zu prüfende Zahl in eine geeignete Summe aus zwei oder mehr Summanden. Wenn man jeden Summanden durch diese Zahl teilen kann, ist auch die Summe durch diese Zahl teilbar.

Ist bis auf einen Summanden jeder Summand durch diese Zahl teilbar, so ist die Summe *nicht* durch diese Zahl teilbar.

Beispiele:
(1) 784 = 700 + 70 + 14. Jeder Summand ist durch 7 teilbar, also ist 784 durch 7 teilbar.
(2) 785 = 700 + 70 + 15. Bis auf 15 ist jeder Summand durch 7 teilbar, also ist die Summe nicht durch 7 teilbar.

Kapitel 1

Zum Festigen und Weiterarbeiten

2. Der Eintritt in ein Konzert kostet 13 €.
Prüfe durch geeignete Zerlegung, ob die Tageseinnahmen von 1365 € in Kasse 1 und von 1340 € in Kasse 2 stimmen können.

3. Prüfe durch geeignete Zerlegung in Summanden.

a. 735 ist teilbar durch 7
333 ist teilbar durch 11
326 ist teilbar durch 13

b. 7 ist Teiler von 427
17 ist Teiler von 1785
14 ist Teiler von 2856

c. 7 ist Teiler von 2163
19 ist Teiler von 3876
31 ist Teiler von 93062

d. 47 ist Teiler von 14194
265106 ist teilbar durch 53
71 ist Teiler von 213143

4. Zerlege geschickt.

a. Welche der Zahlen sind durch 7 teilbar?
(1) 763; 771; 772; 784; 1435; 2170   (2) 2814; 3515; 14042; 70070; 63064

b. Welche der Zahlen sind durch 17 teilbar?
(1) 1734; 1768; 1770; 3435; 3468; 5134   (2) 6851; 6870; 8551; 15317; 13657

Übungen

5. Prüfe durch geeignete Zerlegung in Summanden.

a. 749 ist teilbar durch 7
1122 ist teilbar durch 11
345 ist teilbar durch 15
1339 ist teilbar durch 13
751 ist teilbar durch 7

b. 17 ist Teiler von 1751
15 ist Teiler von 3075
19 ist Teiler von 3895
31 ist Teiler von 6265
22 ist Teiler von 8877

c. 51 ist Teiler von 153102
33283 ist teilbar durch 83
47 ist Teiler von 94141
122183 ist teilbar durch 61
73 ist Teiler von 219148

6. Ein Schullandheim-Aufenthalt kostet für die Klasse 6a (21 Schüler) 2142 €, für die Klasse 6b (23 Schüler) 2324 €. Können die Beträge stimmen, wenn alle Schüler den gleichen Betrag zahlen?
Zerlege geeignet.

7. Jans Vater ist Landwirt. Er möchte an einer Seite seiner 294 m langen Weide Pfähle für einen Zaun setzen. Sie sollen einen Abstand von 7 m haben. Ist das möglich?

Spiel (2 Spieler)

8. Verflixte Zehn
Ihr benötigt 3 Würfel. Jeder Mitspieler stellt aus einem DIN-A-4-Blatt 8 Zahlenkarten her und beschriftet sie fortlaufend mit den Zahlen von 3 bis 10.
Ein Spieler mischt alle Zahlenkarten und legt sie verdeckt als Stapel auf den Tisch. Der erste Spieler nimmt die obere Karte vom Stapel und wirft die drei Würfel. Mit den Augenzahlen der Würfel versucht er so eine 3-stellige Zahl zu bilden, dass der Kartenwert Teiler dieser Zahl ist.
Gelingt das, behält er die Karte und bekommt die offen liegende(n) Karte(n) dazu.
Gelingt es nicht, legt er die Karte offen neben den Stapel. Der nächste Spieler ist an der Reihe.
Das Spiel ist beendet, wenn alle Karten vom Stapel verbraucht sind. Sieger ist, wer die meisten Karten hat.

Ist 7 Teiler von 156?
[oder von 165; 516; 561; 615; 651?]

Teilbarkeit durch 2, durch 5 und durch 10

Aufgabe

1. Notiere die ersten 9 natürlichen Zahlen, die
   a. durch 10,   b. durch 5,   c. durch 2   teilbar sind.

   Wie kann man sofort erkennen, ob eine Zahl durch 10, durch 5 oder durch 2 teilbar ist?

Lösung   a. 10, 20, 30, 40, 50, 60, 70, 80, 90   b. 5, 10, 15, 20, 25, 30, 35, 40, 45   c. 2, 4, 6, 8, 10, 12, 14, 16, 18

Endstellenregel für die Teilbarkeit durch 10, durch 5 und durch 2

Eine natürliche Zahl ist
(1) teilbar durch 10, wenn ihre *letzte Ziffer* 0 ist, sonst nicht;
(2) teilbar durch 5, wenn ihre *letzte Ziffer* 0 oder 5 ist, sonst nicht;
(3) teilbar durch 2, wenn ihre *letzte Ziffer* 0, 2, 4, 6 oder 8 ist, sonst nicht.

Zum Festigen und Weiterarbeiten

2. Schreibe die Tabelle ab und kreuze an, falls teilbar. Beachte die Endziffer.

a.
Zahl	teilbar durch 2	5	10
245			
278			
650			
553			

b.
Zahl	teilbar durch 2	5	10
3600			
6102			
8565			
7483			

c.
Zahl	teilbar durch 2	5	10
10005			
350350			
721309			
824116			

Übungen

3. Die durch 2 teilbaren Zahlen nennt man *gerade* Zahlen, die übrigen *ungerade*. Welche der Zahlen 23, 48, 666, 777, 8124, 9999, 123468 sind gerade, welche ungerade?

4. Welche der Zahlen 52, 624, 10458, 660, 125, 6828, 28124, 375, 1000, 1005, 87870 sind
   a. durch 2 teilbar;   b. durch 5 teilbar;   c. durch 10 teilbar?

5. Übertrage in dein Heft. Setze passend | oder ∤ ein. Benutze die Endstellenregel.
   a. 2 ▪ 87   b. 5 ▪ 1551   c. 10 ▪ 1820   d. 5 ▪ 24336
      2 ▪ 140   5 ▪ 1235   10 ▪ 2435   2 ▪ 42638
      2 ▪ 7676   5 ▪ 2175   10 ▪ 2003   10 ▪ 80750

6. (1) 382▪   (2) 607▪   (3) 874▪▪   (4) 237▪▪   (5) 735▪   (6) 125▪   (7) 342▪▪   (8) 68▪▪0
   Setze für ▪ passend eine Ziffer ein, sodass die Zahl dann
   a. durch 2 teilbar ist;   b. durch 5 teilbar ist;   c. durch 10 teilbar ist.

Kapitel 1

• Teilbarkeit durch 4 und durch 25

Jana sieht auf einen Blick, ob eine Zahl durch 4 oder durch 25 teilbar ist.

Aufgabe

1. a. Prüfe durch geeignete Zerlegung, ob die Zahlen 4836 und 5675 teilbar sind
   (1) durch 4; (2) durch 25.
   b. Gib eine Regel an, wie man sofort sieht, ob eine Zahl durch 4 bzw. durch 25 teilbar ist.

Lösung

a. 100 ist durch 4 und auch durch 25 teilbar. Also sind alle Vielfachen von 100 durch 4 und durch 25 teilbar. Daher zerlegen wir folgendermaßen:

(1) 4836 = 4800 + 36   5675 = 5600 + 75
    (teilbar durch 4) (teilbar durch 4)   (teilbar durch 4) (nicht teilbar durch 4)

Also: 4836 ist durch 4 teilbar.   Also: 5675 ist *nicht* durch 4 teilbar.

(2) 4836 = 4800 + 36   5675 = 5600 + 75
    (teilbar durch 25) (nicht teilbar durch 25)   (teilbar durch 25) (teilbar durch 25)

Also: 4836 ist *nicht* durch 25 teilbar.   Also: 5675 ist durch 25 teilbar.

b. Um zu prüfen, ob eine Zahl durch 4 (oder durch 25) teilbar ist, braucht man nur die Zahl zu untersuchen, die aus den *beiden Endziffern* gebildet wird.

Durch 4 teilbar:
4 8 12 … 40 44 … 96 100
104 108 112 … 140 144 … 196 200
204 208 212 … 240 244 … 296 300

Durch 25 teilbar:
25 50 75 100
125 150 175 200
225 250 275 300

Endstellenregel für die Teilbarkeit durch 4 und durch 25

Eine natürliche Zahl ist
(1) teilbar durch 4, wenn die aus ihren *beiden Endziffern* gebildete Zahl durch 4 teilbar ist, sonst nicht;
(2) teilbar durch 25, wenn die aus ihren *beiden Endziffern* gebildete Zahl durch 25 teilbar ist, sonst nicht.

43548 ist durch 4 teilba

2367175 ist durch 25 teilb

Zum Festigen und Weiterarbeiten

2. Suche die Zahlen heraus, die   (1) durch 4 teilbar sind;   (2) durch 25 teilbar sind.

a. 348 434
   412 356
   775 700

b. 375 635
   725 1250
   1000 1776

c. 2552 6300
   2175 7472
   5555 7557

d. 4131 17700
   3284 44447
   2925 35296

Kapitel 1

3. Übertrage die Tabelle in dein Heft und kreuze an, falls teilbar. Beachte die beiden Endziffern. **Übungen**

a.
Zahl	teilbar durch 4	25
175		
200		
224		
325		

b.
Zahl	teilbar durch 4	25
8 750		
9 300		
7 548		
6 775		

c.
Zahl	teilbar durch 4	25
38 756		
41 250		
67 300		
39 728		

d.
Zahl	teilbar durch 4	25
62 521		
37 465		
95 875		
74 700		

4. Prüfe für jede der Zahlen, ob sie teilbar ist (1) durch 4;   (2) durch 25.
 a. 400; 275; 145; 600; 836   c. 2324; 3525; 9700; 4175
 b. 1200; 1004; 1316; 1475   d. 44450; 51864; 27300; 34572

5. Setze ein: *ist Teiler von* (|) oder *ist nicht Teiler von* (†). Benutze die Endstellenregel.
 a. 4 ▪ 138   b. 4 ▪ 6022   c. 25 ▪ 150   d. 25 ▪ 8720
    4 ▪ 829   4 ▪ 666   25 ▪ 1275   25 ▪ 980
    4 ▪ 236   4 ▪ 12644   25 ▪ 270   25 ▪ 14525

6.

> Man hat festgelegt, dass alle durch 4 teilbaren Jahreszahlen *Schaltjahre* sein sollen.
> *Ausnahmen:* Die vollen Jahrhunderte 1700, 1800, 1900, 2100, 2200 usw., die nicht durch 400 teilbar sind.
> Das Jahr 1600 war ein Schaltjahr, ebenso das Jahr 2000.

 a. Waren 1926, 1904, 1884, 1924, 1978, 1984, 1968, 1987, 1988, 1991, 1996 Schaltjahre?
 b. Gib die kommenden 5 Schaltjahre an.

7. Welche der Zahlen sind durch 25 teilbar? Du erhältst ein *Lösungswort*, wenn du die Buchstaben der Reihe nach aufschreibst.

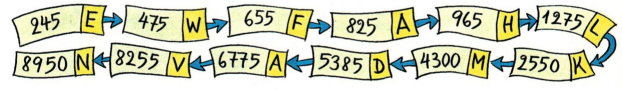

8. Gib eine vierstellige Zahl an, die
 a. durch 4 *und* durch 25 teilbar ist;   c. durch 25 *und nicht* durch 4 teilbar ist;
 b. durch 4 *und nicht* durch 25 teilbar ist; d. *weder* durch 4 *noch* durch 25 teilbar ist.

9. a. Zeige an Beispielen, dass gilt:
Wenn eine Zahl durch 4 und durch 25 teilbar ist, dann ist sie auch durch 100 teilbar.
 b. Findest du für die Teilbarkeit durch 100 eine weitere Regel?

Teilbarkeit durch 3 und durch 9

Information

(1) Teilbarkeit durch 3

Die Teilbarkeit einer Zahl durch 3 kann man prüfen, indem man die **Quersumme** der Zahl bildet. Diese erhält man, indem man alle Ziffern der Zahl addiert. Ist die Quersumme durch 3 teilbar, so ist auch die Zahl durch 3 teilbar.

Zahl	Quersumme	Quersumme teilbar durch 3?	Zahl teilbar durch 3?	Probe
312	3+1+2=6	3|6 (ja)	3|312 (ja)	312 : 3 = 104
431	4+3+1=8	3|8 (nein)	3|431 (nein)	431 : 3 = 143 + (2 : 3)

(2) Teilbarkeit durch 9

Ebenso kannst du die Teilbarkeit durch 9 prüfen.

Zahl	Quersumme	Quersumme teilbar durch 9?	Zahl teilbar durch 9?	Probe
189	1+8+9=18	9|18 (ja)	9|189 (ja)	189 : 9 = 21
857	8+5+7=20	9|20 (nein)	9|857 (nein)	857 : 9 = 95 + (2 : 9)

▲ **(3) Begründung der Quersummenregel für die Teilbarkeit durch 9**
▲ *Frage:* Ist die Zahl 3 472 durch 9 teilbar?
▲ *Lösung:* Wir zerlegen die Zahl in Vielfache ihrer Stufenzahlen:
▲ $\qquad 3472 = 3000 + 400 + 70 + 2 = 3 \cdot 1000 + 4 \cdot 100 + 7 \cdot 10 + 2$
▲ $\qquad$ Es gilt: $1000 = 999 + 1; \qquad 100 = 99 + 1; \qquad 10 = 9 + 1$
▲ $\qquad$ Wir erkennen: Teilt man eine Stufenzahl durch 9, so erhält man jeweils den Rest 1.

$3000 = 3 \cdot 999 + 3$	1 Tausender lässt beim Teilen durch 9 den Rest 1 3 Tausender lassen beim Teilen durch 9 den Rest 3
$400 = 4 \cdot 99 + 4$	1 Hunderter lässt beim Teilen durch 9 den Rest 1 4 Hunderter lassen beim Teilen durch 9 den Rest 4
$70 = 7 \cdot 9 + 7$	1 Zehner lässt beim Teilen durch 9 den Rest 1 7 Zehner lassen beim Teilen durch 9 den Rest 7
$2 = \qquad 2$	1 Einer lässt beim Teilen durch 9 den Rest 1 2 Einer lassen beim Teilen durch 9 den Rest 2

$\qquad 3472 = \underbrace{3 \cdot 999}_{\text{durch 9 teilbar}} + \underbrace{4 \cdot 99}_{\text{durch 9 teilbar}} + \underbrace{7 \cdot 9}_{\text{durch 9 teilbar}} + \underbrace{3 + 4 + 7 + 2}_{\text{durch 9 teilbar?}}$

▲ *Antwort:* 3 472 ist nicht durch 9 teilbar, weil die Summe der Reste 3 + 4 + 7 + 2 nicht durch 9 teilbar ist. Das ist aber gerade die Quersumme der Zahl 3 472.

Quersummenregel für die Teilbarkeit durch 3 und durch 9

Eine natürliche Zahl ist
(1) teilbar durch 3, wenn die *Quersumme* durch 3 teilbar ist, sonst nicht;
(2) teilbar durch 9, wenn die *Quersumme* durch 9 teilbar ist, sonst nicht.

Quersumme bilden

1. Schreibe die Tabelle ab und kreuze an, falls teilbar.

Zum Festigen und Weiterarbeiten

a.
Zahl	teilbar durch 3	teilbar durch 9
132		
243		
352		
798		
981		

b.
Zahl	teilbar durch 3	teilbar durch 9
1 236		
2 410		
2 475		
5 175		
7 869		

c.
Zahl	teilbar durch 3	teilbar durch 9
58 452		
84 798		
94 567		
662 874		
179 568		

▲ **2. a.** Begründe wie auf Seite 18 die Quersummenregel für die Teilbarkeit durch 3.
b. Begründe:
Ist die Quersumme größer als 9, dann kann man von der Quersumme wieder die Quersumme bilden. Diese Quersumme kann auch zur Prüfung benutzt werden, ob die Zahl durch 9 (bzw. durch 3) teilbar ist.

3.

45, 105, 190, 270, 647, 816, 981, 1 215, 4 271, 6 780, 7 431, 11 081, 31 854, 42 975, 87 948, 278 370

Übungen

Suche die Zahlen heraus, die teilbar sind   (1) durch 3;   (2) durch 9.

4. Übertrage die Aufgabe in dein Heft. Setze ein: *ist Teiler von* (|) oder *ist nicht Teiler von* (∤). Benutze die Quersummenregel.

a. 3 ■ 126	**b.** 9 ■ 279	**c.** 3 ■ 2714	**d.** 9 ■ 8586	**e.** 9 ■ 87 453
3 ■ 173	9 ■ 456	3 ■ 6816	9 ■ 5837	3 ■ 783 159
3 ■ 510	9 ■ 351	3 ■ 7577	9 ■ 7218	9 ■ 438 607

5. Am Montag gelten im Kino ermäßigte Eintrittspreise. Am Abend werden die Einnahmen gezählt.

Kasse 1:	**Kasse 2:**	**Kasse 3:**
1 656 €	2 087 €	1 962 €

Können die Einnahmen jeweils stimmen?

6. a. Setze für ▎ eine passende Ziffer ein, sodass die Zahl durch 3 teilbar ist.
(1) 27▎3   (2) 58▎4   (3) 72▎573   (4) 8▎172   (5) 52▎3▎24   (6) 6▎125▎8
b. Setze für ▎ eine passende Ziffer ein, sodass die Zahl durch 9 teilbar ist.
(1) 58▎7   (2) 654▎   (3) 81▎54   (4) 7▎635   (5) 3▎7▎85   (6) 64▎9▎7

Vermischte Übungen

7. Schreibe die Tabellen ab und kreuze an.

Zahl	teilbar durch					
	2	3	4	5	9	10
80						
108						
135						
300						
720						
765						
9 630						
4 215						
7 341						

Zahl	teilbar durch					
	2	3	4	5	9	10
9 675						
7 680						
87 525						
93 470						
786 430						
397 845						
529 578						
172 670						
884 700						

8. Übertrage die Aufgaben in dein Heft. Setze passend ein: *ist Teiler von* (|) oder *ist nicht Teiler von* (†). Verwende die Endstellen- und Quersummenregeln.

a. 2 ■ 3 412
3 ■ 5 841
5 ■ 2 007
9 ■ 5 329

b. 3 ■ 7 491
9 ■ 5 472
10 ■ 7 140
2 ■ 6 223

c. 10 ■ 7 380
2 ■ 4 243
3 ■ 8 313
5 ■ 5 458

d. 9 ■ 8 478
5 ■ 8 459
2 ■ 7 936
10 ■ 9 435

e. 10 ■ 9 002
5 ■ 7 640
9 ■ 9 993
3 ■ 5 353

9. Setze eine Ziffer passend ein, sodass die Zahl teilbar ist

a. durch 2: 462▮; 356▮; 247▮
b. durch 3: 6▮783; 95▮26; 83▮1
c. durch 5: 334▮; 729▮; 362▮
d. durch 9: 84▮52; 739▮1; 4▮235

10. a.

Kennst du jetzt die Hausnummer?

b.

Weißt du jetzt die Postleitzahl?

11. Nenne die kleinste *dreistellige* Zahl, welche die folgenden Teiler hat.

a. 2 und 3   b. 3 und 5   c. 2 und 5   d. 2 und 9   e. 3 und 10   f. 5 und 9

12. Sind die Teilbarkeitsregeln richtig oder falsch?
(1) Wenn eine Zahl durch 2 und durch 3 teilbar ist, dann ist sie auch durch 6 teilbar.
(2) Wenn eine Zahl durch 3 und durch 5 teilbar ist, dann ist sie auch durch 15 teilbar.
(3) Wenn eine Zahl durch 2 und durch 9 teilbar ist, dann ist sie auch durch 18 teilbar.
(4) Wenn eine Zahl durch 4 und durch 6 teilbar ist, dann ist sie auch durch 24 teilbar.

Primzahlen und Primfaktorzerlegung

Aufgabe

1. Zerlege die Zahlen 12, 30, 19, 55 in möglichst viele von 1 verschiedene Faktoren.

Lösung

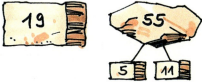

Information

(1) Primzahlen
Bei der Lösung der Aufgabe 1 erhalten wir schließlich Zahlen, die sich nicht weiter in von 1 verschiedene Faktoren zerlegen lassen. Diese Zahlen nennen wir **Primzahlen.**
Du erkennst sie daran, dass sie *genau zwei Teiler* haben:

$T_2 = \{1; 2\}$ $\qquad$ $T_3 = \{1; 3\}$ $\qquad$ $T_5 = \{1; 5\}$ $\qquad$ $T_7 = \{1; 7\}$
$T_{11} = \{1; 11\}$ $\qquad$ $T_{13} = \{1; 13\}$ $\qquad$ $T_{17} = \{1; 17\}$ $\qquad$ $T_{19} = \{1; 19\}$

Alle natürlichen Zahlen außer 0 und 1 lassen sich in Primzahlen als ihre „Bausteine" zerlegen.

Natürliche Zahlen, die *genau zwei* Teiler haben, nennt man **Primzahlen.**
Primzahlen sind: 2, 3, 5, 7, 11, 13, 17, 19, 23, 29, 31, 37, 41, …
Keine Primzahlen sind z. B. 1, 4, 6, 8, 9, 10, 12, 14, 15, 16, 18, 20, …
Außer der 1 nennt man sie *zusammengesetzte* Zahlen.

Primzahlen: genau zwei Teiler

---

(2) Primfaktorzerlegung
In Aufgabe 1 haben wir die Zahlen 12, 30, 19, 55 jeweils in ein Produkt aus Primfaktoren zerlegt. Hierfür gibt es verschiedene Möglichkeiten:

1. Möglichkeit
Überprüfe der Reihe nach, wie oft die Primzahlen 2, 3, … usw. als Faktor in der Zahl 72 enthalten sind.
Du erhältst:
$72 = 2 \cdot 2 \cdot 2 \cdot 3 \cdot 3$
Alle Faktoren sind Primzahlen.
Wir nennen sie die *Primfaktoren* von 72.

$72 = 2 \cdot 36$
$\quad = 2 \cdot 2 \cdot 18$
$\quad = 2 \cdot 2 \cdot 2 \cdot 9$
$\quad = 2 \cdot 2 \cdot 2 \cdot 3 \cdot 3$
$72 = 2 \cdot 2 \cdot 2 \cdot 3 \cdot 3$

2. Möglichkeit
Zerlege 72 zunächst in zwei beliebige Faktoren.
Zerlege diese anschließend weiter, bis du nur noch Primfaktoren erhältst.

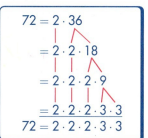

$72 = 9 \cdot 8$
$\quad = 3 \cdot 3 \cdot 2 \cdot 2 \cdot 2$

$72 = 4 \cdot 18$
$\quad = 2 \cdot 2 \cdot 2 \cdot 9$
$\quad = 2 \cdot 2 \cdot 2 \cdot 3 \cdot 3$

Kapitel 1 22

> Zerlegt man eine Zahl in **Primfaktoren,** so erhält man (abgesehen von der Reihenfolge der Faktoren) stets dieselbe Zerlegung.
> $$72 = 3 \cdot 3 \cdot 2 \cdot 2 \cdot 2 \qquad 72 = 2 \cdot 2 \cdot 2 \cdot 3 \cdot 3$$

Zum Festigen und Weiterarbeiten

2. Zerlege die Zahlen in ihre „Bausteine", die Primzahlen.
   a. 33   **b.** 38   **c.** 51   **d.** 65   **e.** 91   **f.** 95   **g.** 111   **h.** 133

3. Ist die Zahl eine Primzahl?
   a. 24   **b.** 47   **c.** 43   **d.** 34   **e.** 53

4. Schreibe alle Primzahlen auf, die zwischen den folgenden Zahlen liegen.
   a. 0 und 20   **b.** 20 und 40   **c.** 40 und 60

5. Welche Zahl ist hier in Primfaktoren zerlegt worden?
   a. □ = 2·2·3·5   **c.** □ = 2·2·5·5   **e.** □ = 5·7·11
   b. □ = 2·3·3·3   **d.** □ = 2·2·2·2·3·5   **f.** □ = 3·3·3·13·17

▲ **6.** Mithilfe von Potenzen können wir statt $72 = 2 \cdot 2 \cdot 2 \cdot 3 \cdot 3$ auch schreiben: $72 = 2^3 \cdot 3^2$.
   Zerlege in Primfaktoren; verwende die Potenzschreibweise.
   a. 81   **b.** 108   **c.** 128   **d.** 100   **e.** 400

Übungen

7. Suche die Primzahlen heraus. Du erhältst ein *Lösungswort,* wenn du die Buchstaben geeignet anordnest.

8. Suche die Primzahlen heraus. Es sind jeweils 5 Primzahlen.

9. Schreibe alle Primzahlen auf, die zwischen den folgenden Zahlen liegen.
  a. 60 und 80   **b.** 80 und 100   **c.** 100 und 130   **d.** 130 und 160   **e.** 160 und 200

10. Welches ist
  a. die kleinste zweistellige Primzahl;
  b. die größte zweistellige Primzahl;
  c. die kleinste dreistellige Primzahl;
  d. die größte dreistellige Primzahl;
  e. die kleinste vierstellige Primzahl;
  f. die größte vierstellige Primzahl?

11. Max behauptet: „10005 und 10101 sind Primzahlen."
  Ist seine Behauptung richtig?

12. Zerlege in Primfaktoren.
  a. 20   **b.** 60   **c.** 64   **d.** 110   **e.** 630   **f.** 816   **g.** 836   **h.** 984
      39   22   90   200   868   888   203   644
      70   54   88   360   875   608   768   975

13. Welche Zahl ist hier in Primfaktoren zerlegt worden?
  a. □ = 2 · 2 · 5   **b.** □ = 2 · 3 · 7   **c.** □ = 2 · 5 · 5 · 7   **d.** □ = 2 · 7 · 13
      □ = 2 · 2 · 2 · 5   □ = 2 · 2 · 11   □ = 2 · 2 · 2 · 3 · 11   □ = 3 · 5 · 13
      □ = 3 · 3 · 3   □ = 3 · 3 · 5   □ = 3 · 5 · 7   □ = 2 · 7 · 19

14. Welche Zahl hat die folgende Primfaktorzerlegung?
  a. $2^3 \cdot 3^2 \cdot 5$ **b.** $2^4 \cdot 3^3$ **c.** $2^4 \cdot 3^2$ **d.** $3^2 \cdot 13^2$ **e.** $5^2 \cdot 7^2$ **f.** $3^3 \cdot 5^3$

15. Zerlege in Primfaktoren.
  a. 1100   **b.** 2888   **c.** 1408   **d.** 2142   **e.** 1053   **f.** 6688   **g.** 1872   **h.** 7371
      4158   1064   4416   1071   1488   3696   2322   4140

Zum Knobeln

16. Schreibe die Primzahlen von 5 bis 23 so in die Kreise, dass sich in jedem der drei Dreiecke die Summe 47 ergibt.

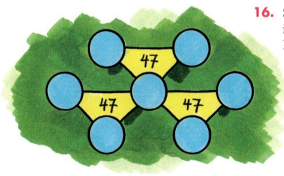

Spiel (2 Spieler)

17. *Primzahlen – STOP*
Gespielt wird mit einem Würfel. Der erste Spieler würfelt so lange, bis die Summe seiner gewürfelten Augenzahlen eine Primzahl ergibt. Diese wird notiert. Nun ist der andere Spieler an der Reihe.
Nach 10 Spielrunden werden die notierten Zahlen addiert.
Wer die höhere Punktzahl erreicht hat, ist Sieger.

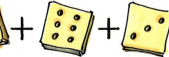

Kapitel 1

Gemeinsame Teiler, gemeinsame Vielfache
Größter gemeinsamer Teiler

Aufgabe

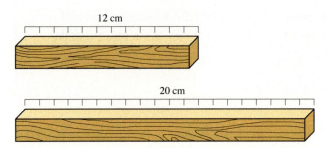

1. Melanie will für ihren Bruder Bauklötze basteln. Sie hat zwei Holzleisten, die 12 cm und 20 cm lang sind. Alle Bauklötze sollen gleich lang (in vollen cm) werden und es sollen keine Holzreste beim Zerteilen übrig bleiben.

a. In welchen Längen (in vollen cm) kann Melanie die Bauklötze herstellen?
b. Wie lang (in vollen cm) ist der größte Klotz, den sie basteln kann?

Lösung

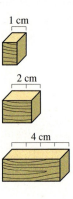

a. Die erste Leiste kann man in 1 cm, 2 cm, 3 cm, 4 cm, 6 cm oder 12 cm lange Bauklötze einteilen,
die zweite Leiste in 1 cm, 2 cm, 4 cm, 5 cm, 10 cm oder 20 cm lange Bauklötze.
Da alle Bauklötze gleich lang werden sollen, kann Melanie nur Bauklötze in den Längen 1 cm, 2 cm oder 4 cm herstellen.
Andere *gemeinsame Längen* (in vollen cm) sind nicht möglich.

b. Der größte Klotz ist 4 cm lang, dies ist die *größte gemeinsame* Länge.

Information

(1) Größter gemeinsamer Teiler

In der Aufgabe 1 haben wir die Teiler von 12 und von 20 notiert, anschließend die *gemeinsamen Teiler* dieser beiden Zahlen bestimmt.
Dies lässt sich unterschiedlich veranschaulichen.

(a) *Zahlenstrahl*   (b) *gemeinsames Mengenbild*

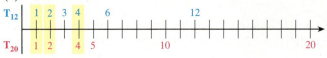
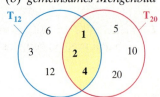

- $T_{16} = \{1, 2, 4, 8, 16\}$
- $T_{24} = \{1, 2, 3, 4, 6, 8, 12, 24\}$
- **Gemeinsame Teiler** sind: 1, 2, 4, 8.
- 8 ist der **größte gemeinsame Teiler (ggT)** der Zahlen 16 und 24.
- Wir schreiben: $\text{ggT}(16; 24) = 8$

(2) Schnelles Verfahren zum Bestimmen des ggT

(a) Bestimme die Teilermenge der kleineren Zahl (hier: der Zahl 40).

(b) Beginne mit dem größten Teiler (40) und prüfe, ob dieser auch Teiler der zweiten Zahl (hier: 144) ist.
Verfahre dann entsprechend mit dem nächstkleineren Teiler (20) usw., bis du den ggT der beiden Zahlen (hier: 8) gefunden hast.

> ggT(40; 144) = ?
> (a) T_{40} = {1, 2, 4, 5, 8, 10, 20, 40}
> (b) Ist 40 Teiler von 144?   nein
> Ist 20 Teiler von 144?   nein
> Ist 10 Teiler von 144?   nein
> Ist 8 Teiler von 144?   ja
> ggT(40; 144) = 8

(3) Die Beziehung „ist teilerfremd zu"

Zwei natürliche Zahlen, die nur 1 als gemeinsamen Teiler haben, nennt man zueinander **teilerfremd**.

> 4 ist teilerfremd zu 27;
> 4 ist *nicht* teilerfremd zu 6.

Zum Festigen und Weiterarbeiten

2. Schreibe beide Teilermengen auf. Markiere mit gleicher Farbe die gemeinsamen Teiler. Gib den größten gemeinsamen Teiler an. Du kannst auch ein Mengenbild zeichnen.

- **a.** T_6 / T_8
- **b.** T_2 / T_3
- **c.** T_4 / T_8
- **d.** T_{17} / T_{19}
- **e.** T_{15} / T_{25}
- **f.** T_{27} / T_{36}
- **g.** T_{32} / T_{48}
- **h.** T_{54} / T_{96}

3. Bestimme den größten gemeinsamen Teiler von:

- **a.** 6 und 18
  7 und 35
  8 und 17
  21 und 28
- **b.** 4 und 12
  3 und 4
  8 und 52
  14 und 28
- **c.** 19 und 27
  32 und 4
  45 und 60
  60 und 75
- **d.** 46 und 90
  60 und 97
  96 und 120
  56 und 84

4. Bestimme wie in der Information (2) oben den größten gemeinsamen Teiler von:

- **a.** 20 und 30
  35 und 45
- **b.** 24 und 28
  30 und 48
- **c.** 45 und 75
  64 und 72
- **d.** 85 und 102
  80 und 128

5. Sind beide Zahlen teilerfremd zueinander?

- **a.** 5 und 7
  8 und 12
- **b.** 9 und 15
  8 und 13
- **c.** 17 und 19
  31 und 36
- **d.** 27 und 57
  61 und 96

Übungen

6. Schreibe beide Teilermengen auf. Markiere mit gleicher Farbe die gemeinsamen Teiler. Gib den größten gemeinsamen Teiler an. Du kannst auch ein Mengenbild zeichnen.

- **a.** T_6 und T_9
  T_8 und T_{12}
- **b.** T_{13} und T_{15}
  T_{16} und T_{24}
- **c.** T_{21} und T_{28}
  T_{25} und T_{35}
- **d.** T_{54} und T_{63}
  T_{39} und T_{65}

7. Bestimme die gemeinsamen Teiler der Zahlen. Gib den größten gemeinsamen Teiler an.

- **a.** 8 und 16
  10 und 25
  9 und 36
  14 und 21
- **b.** 15 und 25
  16 und 32
  20 und 40
  18 und 24
- **c.** 12 und 18
  48 und 64
  16 und 30
  20 und 30
- **d.** 24 und 30
  15 und 45
  20 und 35
  12 und 36

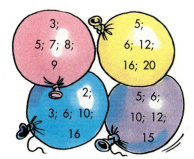

8. Bestimme den größten gemeinsamen Teiler von:

a.	30 und 75	b.	70 und 750	c.	144 und 75	d.	576 und 400
	57 und 95		76 und 640		1 240 und 1 650		940 und 970
	120 und 86		120 und 140		1 440 und 750		1 024 und 512
	21 und 420		180 und 270		420 und 151		111 und 210

Mögliche Ergebnisse: a. 2; 14; 5; 19; 21 b. 4; 10; 20; 30; 90 c. 1; 2; 3; 10; 30 d. 3; 10; 16; 30; 512

9. Wie groß ist der größte gemeinsame Teiler zweier Primzahlen?

10. Sind beide Zahlen teilerfremd zueinander?

a.	4 und 5	c.	18 und 27	e.	54 und 56
	8 und 24		25 und 31		51 und 68
b.	11 und 13	d.	15 und 32	f.	84 und 147
	15 und 18		31 und 42		95 und 152

11. Mike will für seine kleine Schwester Bauklötze basteln. Er hat zwei Holzleisten, die 16 cm und 20 cm lang sind. Alle Bauklötze sollen gleich lang werden und es sollen keine Holzreste beim Zerteilen übrig bleiben.
Wie lang kann Mike die Bauklötze machen?

12. Angela braucht zum Basteln gleich lange Drahtstücke. Sie hat noch Stücke von 24 cm und 30 cm Länge.
Wie groß können die gleich langen Stücke werden, wenn beim Zerteilen kein Abfall entstehen soll?

13. Der Fußboden eines rechteckigen Badezimmers ist 200 cm breit und 250 cm lang. Er soll mit möglichst großen quadratischen Platten ausgelegt werden. Welche Kantenlängen kommen in Betracht?

14. Bestimme den größten gemeinsamen Teiler von folgenden drei Zahlen.

a.	12; 18; 20	c.	18; 20; 36
	12; 20; 28		21; 28; 35
	3; 18; 30		27; 36; 45
	15; 25; 55		39; 52; 65
b.	6; 10; 30	d.	30; 75; 90
	8; 20; 32		16; 28; 48
	9; 15; 27		32; 48; 112
	24; 36; 42		22; 26; 40

ggT (12; 15; 24) = ?

T_{12} = {1, 2, 3, 4, 6, 12}
T_{15} = {1, 3, 5, 15}
T_{24} = {1, 2, 3, 4, 6, 8, 12, 24}

ggT(12; 15; 24) = 3

Mögliche Ergebnisse: a. 2; 3; 4; 5; 6 b. 2; 3; 4; 6; 7 c. 2; 4; 7; 9; 13 d. 2; 4; 12; 15; 16

▲ Bestimmen des größten gemeinsamen Teilers durch Primfaktorzerlegung

Information

Den größten gemeinsamen Teiler von zwei Zahlen können wir auch durch Primfaktorzerlegung der beiden Zahlen bestimmen.

(1) Zerlege die Zahlen in Primfaktoren und schreibe gleiche Primfaktoren untereinander.
(2) Bestimme *gemeinsame* Primfaktoren.
(3) Berechne das Produkt der gemeinsamen Primfaktoren.
(4) Haben die beiden Zahlen keine gemeinsamen Primfaktoren, so ist 1 ihr größter gemeinsamer Teiler.

```
ggT(120; 900) = ?
        120 = 2·2·2·3   ·5
        900 = 2·2   ·3·3·5·5
       ─────────────────────
ggT(120; 900) = 2·2   ·3   ·5
ggT(120; 900) = 60
```

Begründung: Die roten Zahlen sind gemeinsame Teiler. Auch das Produkt der roten Zahlen ist ein gemeinsamer Teiler. Werden *alle* roten Zahlen multipliziert, dann erhält man den *größten* gemeinsamen Teiler.

Zum Festigen und Weiterarbeiten

▲ **1.** Bestimme durch Zerlegen in Primfaktoren den größten gemeinsamen Teiler von:

a.	60 und 100	b.	12 und 25	c.	36 und 48	d.	90 und 225
	135 und 375		12 und 21		125 und 175		81 und 270
	56 und 96		51 und 102		144 und 256		180 und 420

Mögliche Ergebnisse: a. 8; 15; 20; 25 b. 1; 3; 6; 51 c. 12; 16; 18; 25 d. 27; 40; 45; 60

▲ **2.** Bestimme durch Primfaktorzerlegung den ggT der drei Zahlen.

a.	14, 20 und 36	b.	25, 52 und 110	c.	42, 56 und 84	d.	360, 420 und 760
	48, 36 und 72		160, 180 und 200		105, 48 und 216		530, 920 und 1 050

Mögliche Ergebnisse: a. 2; 6; 12 b. 1; 10; 20 c. 3; 6; 14 d. 10; 15; 20

▲ **3.** Erläutere:
Der größte gemeinsame Teiler zweier Zahlen ergibt sich als Produkt der *niedrigsten* Potenzen der gemeinsamen Primfaktoren.

```
ggT(72; 126) = ?
        72 = 2³·3²
       126 = 2 ·3²·7
ggT(72; 126) = 2 ·3² = 18
```

Übungen

▲ **4.** Zerlege in Primfaktoren. Bestimme den ggT der beiden Zahlen.

a.	45; 108	b.	72; 96	c.	66; 198	d.	46; 161	e.	72; 168
	52; 182		51; 238		36; 162		78; 208		84; 138
	105; 225		55; 125		72; 168		96; 152		48; 176

Mögliche Ergebnisse: a. 26; 15; 13; 9 b. 17; 14; 24; 5 c. 66; 24; 18; 11 d. 8; 4; 26; 23 e. 16; 6; 24; 12

▲ **5.** Zerlege in Primfaktoren, bestimme den ggT.

a.	360; 200	b.	270; 256	c.	142; 135	d.	245; 650	e.	144; 256
	240; 360		840; 720		255; 325		130; 390		720; 960
	360; 920		124; 130		424; 662		1 240; 360		1 000; 700

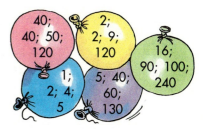

Kleinstes gemeinsames Vielfaches

Aufgabe

1. Tanjas Vater möchte eine neue Leiste aus Metall an der Kellerwand anschrauben. Die neue Leiste hat Bohrungen im Abstand von 9 cm. An der Kellerwand befinden sich bereits Bohrungen im Abstand von 6 cm vom linken Rand.

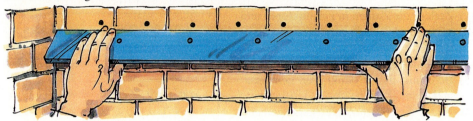

a. In welchen Abständen kann man Schrauben einsetzen ohne zusätzlich bohren zu müssen?

b. In welchem Abstand vom linken Rand befindet sich das *erste gemeinsame* Loch?

Lösung

a.

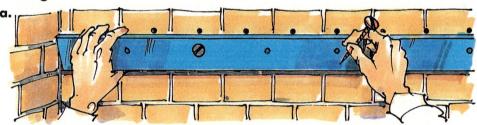

Wand: Abstand der Löcher vom linken Rand in cm:
6, 12, 18, 24, 30, 36, 42, 48, 54, 60, 66, 72, 78, ...
Das sind die Vielfachen von 6.

Metallleiste: Abstand der Löcher vom linken Rand in cm:
9, 18, 27, 36, 45, 54, 63, 72, 81, ...
Das sind die Vielfachen von 9.
Abstand der gemeinsamen Löcher vom linken Rand in cm:
18, 36, 54, 72, ...
Das sind die **gemeinsamen Vielfachen** von 6 und 9.

b. Der kleinste Abstand (vom linken Rand) für ein gemeinsames Loch beträgt 18 cm.

Information

(1) Kleinstes gemeinsames Vielfaches

In Aufgabe 1 haben wir die Vielfachen von 6 und von 9 notiert und anschließend die *gemeinsamen* Vielfachen dieser beiden Zahlen bestimmt.

- $V_2 = \{2, 4, 6, 8, 10, 12, 14, 16, 18, ...\}$
- $V_3 = \{3, 6, 9, 12, 15, 18, 21, ...\}$

Gemeinsame Vielfache sind: 6, 12, 18, ...

6 ist das **kleinste gemeinsame Vielfache (kgV)** der Zahlen 2 und 3.
Wir schreiben: $\mathrm{kgV}(2;3) = 6$

(2) Schnelles Verfahren zum Bestimmen des kgV

Das kleinste gemeinsame Vielfache von zwei Zahlen können wir vereinfacht so bestimmen:
(a) Wähle die größere der beiden Zahlen (hier: die Zahl 10) aus.
(b) Bilde das 1fache, 2fache, 3fache, … dieser Zahl. Prüfe jeweils, ob es auch ein Vielfaches der anderen Zahl (hier: 8) ist.

Das erste gemeinsame Vielfache (hier: 40) ist das kgV der beiden Zahlen.

```
kgV(10; 8) = ?

Wähle 10.
Ist 10 Vielfaches von 8?   nein
Ist 20 Vielfaches von 8?   nein
Ist 30 Vielfaches von 8?   nein
Ist 40 Vielfaches von 8?   ja

kgV(10; 8) = 40
```

Zum Festigen und Weiterarbeiten

2. An einer Wand befinden sich Bohrungen im Abstand von 10 cm, auf einer Leiste im Abstand von 15 cm (vergleiche Abbildung zu Aufgabe 1, Seite 28).
In welchem Abstand befinden sich gemeinsame Löcher?

3. Bestimme die ersten drei gemeinsamen Vielfachen.
Gib das kleinste gemeinsame Vielfache an.

  a. 4; 6   **b.** 4; 5   **c.** 7; 12   **d.** 7; 19
  10; 15   8; 10   15; 18   26; 39

4. Bestimme das kleinste gemeinsame Vielfache.

  a. 5; 6   **b.** 6; 9   **c.** 50; 60   **d.** 21; 48
  3; 7   8; 12   60; 210   125; 150

Mögliche Ergebnisse: a. 21; 30; 35   b. 18; 24; 28   c. 200; 300; 420   d. 336; 480; 750

5. Bestimme wie in der Information (2) oben das kleinste gemeinsame Vielfache.

  a. 20; 30   **b.** 12; 15   **c.** 80; 100   **d.** 45; 60   **e.** 160; 180
  15; 20   5; 15   40; 50   100; 120   320; 400

Mögliche Ergebnisse: a. 60; 60; 90   b. 15; 60; 120   c. 200; 300; 400   d. 180; 300; 600   e. 1200; 1440; 1600

6. Gibt es zwei Zahlen ohne gemeinsames Vielfaches? Begründe.

Übungen

7. Bestimme die gemeinsamen Vielfachen der Zahlen.
Gib das kleinste gemeinsame Vielfache an.

  a. 4; 8   **b.** 4; 10   **c.** 20; 18   **d.** 10; 155
  5; 7   6; 8   15; 25   200; 800

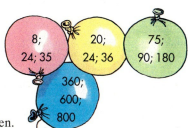

8. Bestimme das kleinste gemeinsame Vielfache der Zahlen.

  a. 6; 10   **b.** 10; 12   **c.** 14; 21   **d.** 110; 160   **e.** 144; 180
  3; 8   6; 15   15; 50   260; 300   56; 72
  3; 11   9; 12   25; 35   360; 480   23; 13
  4; 7   12; 50   28; 42   390; 650   14; 180

*Mögliche Ergebnisse: a. 24; 28; 30; 32; 33   b. 30; 36; 60; 200; 300   c. 42; 84; 150; 170; 175
d. 1950; 1440; 1600; 1760; 3900   e. 299; 720; 1260; 1800; 504*

9. Übertrage die Tabelle in dein Heft. Bilde das kgV. Rechne im Kopf.

a.
kgV	3	4	6	7	9	11	15	25
2	6							
4								
5								

b.
kgV	3	5	6	9	10	15	20	25
7								
8								
9								

10. Bestimme das kleinste gemeinsame Vielfache der Zahlen. Was fällt dir auf?

a. 4 und 8
   6 und 12
   5 und 15

b. 8 und 40
   15 und 45
   25 und 125

c. 2 und 9
   3 und 8
   4 und 5

d. 3 und 100
   11 und 13
   7 und 20

11. Gib zwei Zahlen an, bei denen

a. 20, b. 40, c. 75, d. 100, e. 140   das kleinste gemeinsame Vielfache ist.

12. Von einer U-Bahn-Station fährt ab 6 Uhr alle 5 Minuten ein Zug und alle 4 Minuten ein Bus ab.
Nach wie vielen Minuten fahren wieder ein Zug und ein Bus gleichzeitig ab?

13. Bei Düsenjets werden nach 40 Starts und Landungen die Bremsbeläge erneuert. Die Reifen werden ausgewechselt, wenn der Jet 90-mal gestartet und gelandet ist.
Nach wie vielen Starts und Landungen werden die Bremsbeläge und die Reifen gleichzeitig ausgewechselt?

14. Bestimme das kgV der Zahlen.

a. 6; 8; 12
   5; 15; 20

b. 8; 10; 15
   4; 7; 14

c. 8; 12; 15
   12; 24; 36

d. 20; 30; 40
   5; 20; 35

e. 6; 18; 24; 27
   3; 6; 8; 12

f. 15; 20; 30; 45
   7; 11; 13; 19

Mögliche Ergebnisse
a. bis d.: 24; 28; 50; 60; 120; 72; 100; 120; 120; 140
e. und f.: 24; 180; 216; 600; 19 019

$$\text{kgV}(5; 6; 10) = ?$$

$V_5 = \{5, 10, 15, 20, 25, 30, 35, \ldots\}$
$V_6 = \{6, 12, 18, 24, 30, 36, 42, \ldots\}$
$V_{10} = \{10, 20, 30, 40, 50, 60, \ldots\}$

$$\text{kgV}(5; 6; 10) = 30$$

15. Bestimme das kgV der Zahlen.

a. 4; 6; 12
   5; 10; 25

b. 6; 9; 10
   5; 8; 12

c. 2; 5; 11
   3; 4; 5

d. 2; 5; 13
   5; 8; 15

16. Bei einem Trainingsrennen starten die Radrennfahrer Jan, Didi und Rudi zu einem gemeinsamen Rennen. Für eine Runde benötigt Jan 30 Sekunden, Didi 40 Sekunden und Rudi 50 Sekunden.
Nach wie viel Sekunden überfahren sie gemeinsam die Start-Ziel-Linie?

17. Die Kettenräder eines Fahrrades haben

  a. 24 und 30 Zähne;

  b. 30 und 42 Zähne.

Nach wie vielen Umdrehungen der Pedale haben beide Kettenräder wieder dieselbe Lage erreicht?

Zum Knobeln

▲ 18. Die sieben Banditen Groll, Grull, Grill, Grall, Grell, Gröll und Greul waren Stammgäste in Jimmys Kneipe.
Der erste kam täglich, der zweite jeden zweiten Tag, der dritte jeden dritten Tag usw.
„Sollte ich euch wieder einmal alle zusammen hier sehen", sagte Jimmy, „dann steche ich auf meine Kosten ein Fass an, das ihr leertrinken könnt."
Er glaubte nämlich, dass dieses kaum eintreffen könnte.
Es traf doch ein. Wann?

▲ Bestimmen des kleinsten gemeinsamen Vielfachen durch Primfaktorzerlegung

Das kleinste gemeinsame Vielfache von zwei Zahlen können wir auch durch Primfaktorzerlegung der beiden Zahlen bestimmen.

(1) Zerlege die gegebenen Zahlen in Primfaktoren und schreibe gleiche Faktoren untereinander.

(2) Bestimme das Produkt aller auftretenden Primfaktoren.

Information

$$\text{kgV}(100; 70) = ?$$
$$100 = 2 \cdot 2 \cdot 5 \cdot 5$$
$$70 = 2 \cdot 5 \cdot 7$$
$$\text{kgV}(100; 70) = 2 \cdot 2 \cdot 5 \cdot 5 \cdot 7$$
$$= 2^2 \cdot 5^2 \cdot 7$$
$$\text{kgV}(100; 70) = 700$$

Begründung:
$2 \cdot 2 \cdot 5 \cdot 5$ (also 100) wird mit 7 multipliziert. Man erhält ein Vielfaches (das 7fache) von 100, nämlich $2 \cdot 2 \cdot 5 \cdot 5 \cdot 7$.
$2 \cdot 5 \cdot 7$ (also 70) wird mit $2 \cdot 5$ (also 10) multipliziert. Man erhält ein Vielfaches (das 10fache) von 70, nämlich $2 \cdot 2 \cdot 5 \cdot 5 \cdot 7$.
Es ist $2^2 \cdot 5^2 \cdot 7$ also gemeinsames Vielfaches von 100 und 70.
Es gibt kein kleineres Vielfaches; also ist $2 \cdot 2 \cdot 5 \cdot 5 \cdot 7$ das kleinste gemeinsame Vielfache von 100 und 70.

Kapitel 1

Zum Festigen und Weiterarbeiten

▲ **1.** Bestimme durch Primfaktorzerlegung das kgV der beiden Zahlen.

   a. 30; 48   **b.** 28; 40   **c.** 13; 15   **d.** 16; 24   **e.** 15; 35
       15; 27   48; 48   18; 36   21; 28   20; 45

Mögliche Ergebnisse: a. 135; 240; 480   b. 48; 160; 280   c. 36; 195; 260   d. 48; 84; 160   e. 105; 150; 180

▲ **2.** Bestimme durch Primfaktorzerlegung das kgV der drei Zahlen.

   a. 12; 15; 18   **b.** 20; 36; 24   **c.** 56; 72; 48
       10; 15; 20   18; 45; 30   64; 98; 80

Mögliche Ergebnisse: a. 60; 120; 180   b. 90; 180; 360   c. 1008; 1440; 15680

▲ **3.** Erläutere:
Das kleinste gemeinsame Vielfache zweier Zahlen ergibt sich als Produkt der *höchsten* Potenzen aller auftretenden Primfaktoren.

$$\begin{aligned} \text{kgV}(18; 20) &= ? \\ 18 &= 2 \cdot 3^2 \\ 20 &= 2^2 \quad\;\; \cdot 5 \\ \hline \text{kgV}(18; 20) &= 2^2 \cdot 3^2 \cdot 5 = 180 \end{aligned}$$

Übungen

▲ **4.** Bestimme das kgV der beiden Zahlen.

   a. 21; 27   **b.** 80; 120   **c.** 160; 240   **d.** 120; 165   **e.** 135; 225
       19; 95   210; 315   125; 175   110; 165   140; 175
       36; 90   120; 144   210; 245   320; 384   280; 385

Mögliche Ergebnisse: a. 95; 180; 189; 270   b. 240; 500; 630; 720   c. 480; 875; 1000; 1470
                      d. 330; 1320; 1920; 3200   e. 675; 700; 1400; 3080

▲ **5.** Berechne das kgV der beiden Zahlen.

   a. 100; 140   **b.** 108; 144   **c.** 272; 144   **d.** 1640; 1024
       144; 180   105; 210   175; 212   930; 860
       336; 480   252; 378   360; 520   2400; 920

▲ **6.** Bestimme das kgV der drei Zahlen.

   a. 15; 20; 25   **b.** 10; 12; 16   **c.** 120; 150; 180   **d.** 105; 175; 225
       9; 12; 30   7; 21; 35   150; 200; 250   480; 600; 720
       8; 18; 30   12; 18; 30   150; 165; 195   180; 270; 405
       18; 24; 30   18; 20; 45   180; 324; 432   224; 336; 420

Mögliche Ergebnisse: a. 150; 180; 300; 360; 360   b. 105; 140; 180; 180; 240   c. 1800; 2000; 3000; 6480; 21450
                      d. 1575; 1620; 2400; 3360; 7200

Spiel (2 bis 4 Spieler)

7. kgV-Memory

Spielvorbereitung: Jede Gruppe erhält 36 Karteikarten (DIN A 8). Auf 18 Karten schreibt ihr je zwei Zahlen, z. B. 12; 7. Auf die übrigen 18 Karten schreibt ihr die zugehörigen kgV dieser Zahlen. Achtet unbedingt darauf, dass hier keine Fehler gemacht werden. Die Zahlen sollten so gewählt werden, dass die kgV nicht größer als 200 werden.

Spielablauf: Die Karten werden gemischt und dann verdeckt auf dem Tisch verteilt. Abwechselnd werden je zwei Karten aufgedeckt. Handelt es sich um ein Paar aus Zahlen und zugehörigem kgV, so darf der Spieler die Karten an sich nehmen und weiterspielen. Im anderen Fall dreht er die Karten wieder um und der nächste Spieler ist dran.

Gewonnen hat, wer am Schluss die meisten Karten gesammelt hat.

Vermischte Übungen

1. Prüfe durch geeignete Zerlegung in Summanden.

   a. 742 ist teilbar durch 7
   1 144 ist teilbar durch 11
   1 339 ist teilbar durch 13
   1 421 ist teilbar durch 7

   b. 9 ist Teiler von 3 819
   7 ist Teiler von 2 135
   17 ist Teiler von 1 751
   22 ist Teiler von 6 623

   c. 93 093 ist teilbar durch 31
   71 ist Teiler von 213 284
   82 123 ist teilbar durch 41
   32 ist Teiler von 74 111

2. Drei Läuferinnen trainieren gleichzeitig auf der 400-m-Bahn eines Stadions. Die erste braucht für eine Runde 60 Sekunden, die zweite 80 Sekunden und die dritte 120 Sekunden. Nach wie viel Sekunden laufen die drei Läuferinnen gemeinsam über die Start-Ziel-Linie?

3. Die Vorderräder eines Treckers haben einen Umfang von 180 cm, die Hinterräder 420 cm. Auf beide Räder wird unten ein Kreidestrich gemalt.
   Bestimme die Entfernung, bei der die Kreidestriche von Vorder- und Hinterrad wieder zugleich den Boden berühren.

4. In einem Sägewerk sollen 3 Baumstämme mit den Längen 12 m, 10 m und 8 m in lauter gleich lange Stücke zersägt werden (ohne Verschnitt).
   Wie lang können die Stücke werden?

5. Tims Eltern besitzen ein Grundstück von 30 m Länge und 18 m Breite. Es soll eingezäunt werden. Die Pfosten sollen möglichst auf allen Seiten denselben Abstand (in vollen Metern) haben.
   a. Welche Abstände kommen in Betracht?
   b. Welches ist der größtmögliche Abstand?

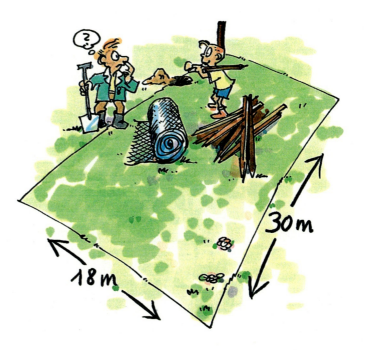

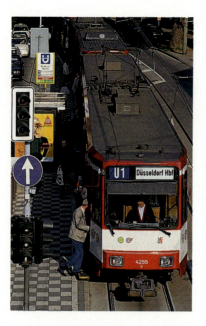

6. Die Nachtwache einer Kühl-Lagerhaus-Gesellschaft beginnt ihren Dienst um 18 Uhr. Sie hat die Aufgabe alle 25 Minuten die Funktion der Kühlung und alle 40 Minuten die Funktion der Stromversorgung zu überprüfen. Zu jeder vollen Stunde muss sie sich bei der Zentrale der Wachgesellschaft melden.
Nach welcher Zeit fallen alle drei Aufträge zusammen?
Um welche Uhrzeit ist das?

7. An einem Knotenpunkt für öffentliche Verkehrsmittel fahren zur gleichen Zeit Straßenbahnen der Linien 1, 2 und 3 ab. Linie 1 hat einen Zeittakt von 6 Minuten, Linie 2 einen von 18 Minuten und Linie 3 einen von 10 Minuten.
Nach wie viel Minuten treffen die Straßenbahnen das nächste Mal wieder gleichzeitig zusammen?

8. Ein 96 dm breiter und 252 dm langer Saal soll mit quadratischen Fliesen ausgelegt werden; es sollen nur ganze Fliesen verwendet werden. Man benötigt weniger Fliesen, wenn diese möglichst groß sind.
Welche größte Seitenlänge müssen die Fliesen haben?

9. Beim Abschlusstraining zum Großen Preis von Malaysia erzielte der Formel-1-Pilot Michael Schumacher durchschnittliche Rundenzeiten von 1 Minute 42 Sekunden. Sein Bruder Ralf benötigte durchschnittlich 1 Minuten 44 Sekunden.
Nach welcher Zeit ist bei diesen Durchschnittszeiten mit einer Überrundung zu rechnen?
Wie viele Runden sind dann jeweils gefahren?

10. Auf der Seite 6 hast du erfahren, dass der Planet Merkur rund 90 Tage für einen Sonnenumlauf benötigt. Die Venus benötigt dafür rund 240 Tage und die Erde rund 360 Tage.
Kannst du jetzt berechnen, in welchen Zeitabständen diese drei Planeten mit der Sonne eine gerade Linie bilden (siehe Abbildung auf Seite 6)?

11. Fülle die Tabelle aus. Was fällt dir auf?

a	b	a · b	ggT (a; b)	kgV (a; b)	ggT · kgV
6	8				
12	18				
16	4				
11	17				

12. Setze für die Leerstellen passende natürliche Zahlen ein. Die Zahl 1 soll nicht eingesetzt werden.
Hinweis: Es gibt jeweils mehrere Lösungen.

a. kgV(☐ ; ☐) = 48
kgV(☐ ; ☐) = 90
kgV(☐ ; ☐) = 168

b. ggT(☐ ; ☐) = 48
ggT(☐ ; ☐) = 90
ggT(☐ ; ☐) = 168

c. kgV(☐ ; ☐ ; ☐) = 42
kgV(☐ ; ☐ ; ☐) = 110
kgV(☐ ; ☐ ; ☐) = 195

13. Ein Tyrann hat ein Gefängnis mit durchnummerierten Einzelzellen, deren Türen mit drei verschiedenen Schlössern versehen sind. An seinem Geburtstag werden einige Sträflinge nach einer eigenartigen Vorschrift entlassen:
Drei zufällig ermittelte Zahlen geben an, an welche Häftlinge Schlüssel verteilt werden. In diesem Jahr bekommt jeder sechste Häftling den Schlüssel für das erste Schloss, jeder achte den Schlüssel für das zweite Schloss und jeder fünfzehnte den Schlüssel für das dritte Schloss.
Zur Zeit sind 500 Zellen belegt.

a. Wie viele Häftlinge haben drei Schlüssel und können das Gefängnis verlassen?
b. Welche drei Zahlen im Bereich von 2 bis 20 müssten zufällig ermittelt werden, damit der Häftling aus Zelle 80 zu den Entlassenen gehört?
c. Gibt es eine Zahlenkombination aus drei Zahlen im Bereich von 2 bis 10, bei der nur ein einziger Häftling entlassen wird?

14. a. Finde eine möglichst kleine Zahl, die durch alle Zahlen von 1 bis 9 ohne Rest teilbar ist.   **Zum Knobeln**
b. In den folgenden vier Zahlen kommen die zehn Ziffern 0, 1, 2, 3, 4, 5, 6, 7, 8, 9 genau einmal vor.
(1) 2 438 195 760   (2) 3 785 942 160   (3) 4 753 869 120   (4) 4 876 391 520
Alle vier Zahlen sind ohne Rest teilbar durch jede Zahl von 1 bis ?

15. Finde die richtigen Zahlen. Schreibe die zugehörigen Buchstaben der Reihe nach auf. Es ergibt sich ein Lösungswort.

(1) Die Zahl ist durch 12 teilbar.
(2) Die Zahl ist durch 3 und durch 6, aber nicht durch 9 teilbar.
(3) Die Zahl ist durch 4, 5 und 7 teilbar.
(4) Die Zahl ist nicht durch 2, 3, 4 und 5 teilbar.

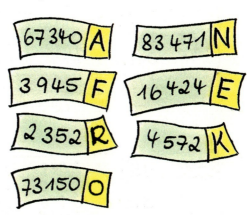

16. *Sechs auf einen Streich*   **Spiel (2 Spieler)**
Du benötigst 3 Würfel und ein Blatt, auf dem du die Zahlen von 2 bis 9 notierst. Es wird abwechselnd gewürfelt. Aus den Augenzahlen bildest du eine 3-stellige Zahl deiner Wahl. Die Zahlen, die Teiler deiner 3-stelligen Zahl sind, darfst du wegstreichen. Gewonnen hat der Spieler, der zuerst alle Zahlen durchgestrichen hat.

Bist du fit?

1. Setze passend | (ist Teiler von) oder ∤ (ist nicht Teiler von) ein.

   a. 7 ▪ 28   b. 9 ▪ 45   c. 8 ▪ 96   d. 11 ▪ 111   e. 45 ▪ 990
      5 ▪ 35   10 ▪ 55   7 ▪ 105   13 ▪ 143   13 ▪ 182
      6 ▪ 42   8 ▪ 36   9 ▪ 108   9 ▪ 144   17 ▪ 153
      7 ▪ 40   9 ▪ 54   12 ▪ 112   14 ▪ 144   23 ▪ 163

2. Bestimme die Teilermengen von:

   a. 20   b. 24   c. 36   d. 45   e. 68   f. 55   g. 104   h. 112   i. 188   j. 380
      30   50   48   56   72   96   120   144   264   256

3. Die Teilermengen sind fehlerhaft notiert. Berichtige.

   a. $T_{38} = \{1, 2, 4, 19, 38\}$
   b. $T_{36} = \{1, 2, 3, 4, 6, 9, 12, 16, 18, 36\}$
   c. $T_{51} = \{1, 3, 9, 17, 51\}$
   d. $T_{63} = \{1, 3, 7, 9, 13, 21, 63\}$
   e. $T_{52} = \{1, 2, 4, 8, 13, 26, 52\}$
   f. $T_{76} = \{1, 2, 3, 4, 9, 19, 38, 76\}$

4. Welche Teilermengen sind angegeben? Vervollständige.

   a. $T_\square = \{1, 2, 11, \square\}$
   b. $T_\square = \{1, 2, 17, \square\}$
   c. $T_\square = \{1, 2, 23, \square\}$
   d. $T_\square = \{1, 2, 37, \square\}$
   e. $T_\square = \{1, \square, \square, 26\}$
   f. $T_\square = \{1, 2, \square, \square, \square, \square, \square, 114\}$

5. Notiere die Vielfachenmengen. Gib jeweils die ersten zwölf Zahlen an.

   a. V_4 b. V_6 c. V_{12} d. V_{14} e. V_{21} f. V_{17} g. V_{102} h. V_{125}
      V_7 V_8 V_{15} V_{13} V_{25} V_{18} V_{303} V_{275}

6. Welche Vielfachenmenge ist das? Vervollständige.

   a. $V_\square = \{6, 12, \square, \square, \square, \square, \ldots\}$
   b. $V_\square = \{9, 18, \square, \square, \square, \square, \ldots\}$
   c. $V_\square = \{\square, 22, 33, \square, \square, \square, \ldots\}$
   d. $V_\square = \{\square, \square, \square, 20, \square, \square, \ldots\}$
   e. $V_\square = \{\square, \square, 51, 68, \square, \square, \ldots\}$
   f. $V_\square = \{\square, \square, 69, 92, \square, \square, \ldots\}$
   g. $V_\square = \{\square, \square, \square, 76, \square, \square, \ldots\}$
   h. $V_\square = \{\square, \square, \square, 96, \square, \square, \ldots\}$

7.

35	72	927	6172	37 850	5 687 469
36	125	1017	7620	60 002	7 231 943
45	310	2225	9186	87 904	8 041 563
64	400	5316	9700	185 558	72 856 392

   Suche die Zahlen heraus, die teilbar sind

   (1) durch 2,   (2) durch 3,   (3) durch 5,   (4) durch 9,   (5) durch 10.

8.

200	150	2 049	6 275	17 528	741 300
175	275	8 300	6 200	36 008	864 075
280	320	3 296	2 552	71 572	252 545
325	400	7 188	7 400	63 886	683 965

   Suche die Zahlen heraus, die teilbar sind   (1) durch 4,   (2) durch 25.

9. Suche die Primzahlen heraus.

a.
12	15	11
14	7	18
17	21	13

b.
26	34	23
19	31	25
33	29	28

c.
42	47	41
37	49	38
56	43	51

d.
85	63	73
67	83	69
9	71	81

Kontrolle: Es sind jeweils 4 Primzahlen.

10. Zerlege in Primfaktoren.

a. 24	b. 32	c. 120	d. 816	e. 1 100
30	54	130	608	1 408
40	64	112	253	1 872
26	84	105	360	1 575

11. Bestimme den größten gemeinsamen Teiler von:

a. 8 und 12	b. 21 und 35	c. 35 und 70	d. 124 und 136	e. 125 und 875
20 und 30	30 und 75	78 und 96	140 und 160	160 und 280
11 und 17	39 und 65	132 und 84	107 und 127	360 und 480
15 und 35	27 und 45	121 und 55	175 und 280	169 und 390

12. Bestimme das kleinste gemeinsame Vielfache von:

a. 10 und 15	b. 8 und 13	c. 24 und 30	d. 28 und 35	e. 45 und 72
15 und 6	15 und 25	26 und 65	25 und 45	108 und 96
9 und 12	40 und 60	25 und 80	21 und 28	120 und 160
10 und 25	30 und 80	32 und 40	110 und 130	270 und 300

13. Zwei Balken von 6 m und 10 m Länge sollen in möglichst große, gleich lange Stücke zersägt werden. Es sollen keine Reste beim Zersägen übrig bleiben. Wie lang werden die Stücke?

14. Stefan hat eine zweispurige Autorennbahn. Er lässt seine zwei Autos gleichzeitig abfahren. Das erste Auto benötigt 8 Sekunden, das zweite 6 Sekunden für eine Runde.
Wann fahren beide Autos wieder gleichzeitig über die Start-Ziel-Linie?

15. Fahrradkontrolle auf dem Schulhof. Bei jedem dritten Fahrrad werden die Reifen untersucht, bei jedem fünften die Lichtanlage.
Bei welchen Fahrrädern werden zugleich Reifen und Licht überprüft?

16. Beim normalen Gehen beträgt Tims Schrittweite 65 cm.
Welche Entfernung legt er mit 1, 2, 3, 4, ..., 10 Schritten zurück?

Im Blickpunkt

Auf der Suche nach Primzahlen

Schon seit langer Zeit üben die Primzahlen auf die Menschen einen ganz besonderen Reiz aus. Gibt es eigentlich viele solcher Zahlen oder nur wenige? Gibt es auch sehr große Primzahlen? Wie kann man sie finden?

Eine alte Methode, Primzahlen zu entdecken, stammt von dem griechischen Wissenschaftler Eratosthenes von Kyrene. Er lebte im dritten Jahrhundert vor Christus und war Leiter der berühmten Bibliothek von Alexandria (Ägypten). Eratosthenes hat ein Verfahren entwickelt, wie man aus einer Menge von Zahlen die Primzahlen heraussuchen kann, man nennt dieses Verfahren:

Das Sieb des Eratosthenes

Zunächst schreibt man die Reihe der natürlichen Zahlen nacheinander auf, z.B. die Zahlen 1 bis 6 in die erste Reihe, 7 bis 12 in die zweite Reihe usw. Dann fängt man an zu „sieben", das heißt auf folgende Weise Zahlen zu streichen:

- Streiche die 1, sie ist keine Primzahl.
- Markiere die erste Primzahl, also die Zahl 2, mit einem Rahmen. Streiche dann alle Vielfachen der 2, also 4, 6, 8 usw.
- Markiere die 3 und streiche dann alle Vielfachen der 3.
- Markiere die 5 und streiche dann alle Vielfachen der 5.
  usw.

1. Welche Zahlen werden bei diesem Verfahren „ausgesiebt", welche bleiben übrig?
   Warum müssen dabei z.B. die Vielfachen von 4 nicht extra gestrichen werden?

2. Übertrage die Tabelle in dein Heft und ergänze sie bis Hundert. Bestimme mit dem Sieb des Eratosthenes die Primzahlen bis Hundert.

3. Bestimme mithilfe dieses Verfahrens alle Primzahlen zwischen 950 und 1000. Welche Zahlen kannst du dabei sofort weglassen?
   Hinweis: Die Teilbarkeitsregeln können die Arbeit erleichtern.

Merkwürdige Eigenschaften der Primzahlen

4. Zwei Primzahlen, zwischen denen nur eine weitere Zahl liegt, nennt man *Primzahlzwillinge*.
Ein Beispiel hierfür sind die Zahlen 5 und 7.
Suche nach weiteren solchen Primzahlzwillingen.
Wie viele solcher Paare gibt es unter den Zahlen bis 100?

5. Es gibt Primzahlen, deren Spiegelzahl wieder eine Primzahl ist,
wie z.B. 13 und 31 oder 107 und 701
Suche weitere Primzahlen mit dieser Eigenschaft.

6. Es gibt auch Primzahlen, die vom Aufbau ihrer Ziffern her in sich symmetrisch sind,
z.B. 11 oder 181 oder 727
Versuche weitere solcher Primzahlen zu finden.

Wie groß können Primzahlen sein?

7. Man könnte denken, dass sehr große Zahlen keine Primzahlen sein können, da sie bestimmt viele Teiler haben müssten. Dies ist jedoch ein Irrtum. Ebenso ist es ein Irrtum zu glauben, dass die Reihe der Primzahlen irgendwann einmal aufhört.
Man kann zeigen, dass es unendlich viele Primzahlen gibt. Zu jeder Primzahl lässt sich also noch eine grössere finden.
Neue und immer grössere Primzahlen zu finden ist jedoch nicht einfach. Viele Mathematiker versuchen dies heutzutage auch mithilfe von Computern. Große Primzahlen werden von Wissenschaftlern für das Verschlüsseln von Nachrichten verwendet.
Eine für damalige Zeit große Primzahl wurde im Jahr 1951 mithilfe eines Computers berechnet. Es war die Zahl 170 141 183 460 469 231 731 687 303 515 884 105 727, eine Zahl mit 39 Stellen.
Die größte Primzahl, die man im Jahr 2000 kannte, passt hingegen auf keine Buchseite mehr. Sie hat 2 098 050 Stellen.
Wie viele Seiten eines Buches füllt diese Primzahl aus? Schätze zunächst.
Hinweis: Nimm an, dass in eine Zeile 75 Ziffern passen und eine Seite 50 Zeilen hat.

Kreise – Winkel – Drehung

Auf dem Bild ist der 50. Breitenkreis nördlicher Breite markiert. Dieser Breitenkreis verläuft genau durch die Stadt Mainz. In Wirklichkeit kann man die Breitenkreise natürlich nicht sehen. Es handelt sich dabei um gedachte Linien. Ebenso gibt es Längenkreise. Längen- und Breitenkreise dienen dazu jeden Ort der Erde genau zu bestimmen. Denke z. B. an Schiffe, die irgendwo auf dem Ozean in Seenot geraten sind und ihre genaue Position durchgeben müssen.

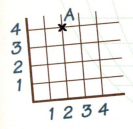

Du kennst bereits die Möglichkeit Punkte im Koordinatensystem durch zwei Zahlen, die Koordinaten, festzulegen. In der Abbildung ist z. B. der Punkt A (2 | 4) durch die Koordinaten 2 und 4 festgelegt.

Ähnlich kann man das Gradnetz der Erde benutzen. Statt der waagerechten und dazu senkrechten Geraden im Koordinatensystem haben wir beim Gradnetz Breitenkreise und Längenkreise.
Die Breitenkreise laufen parallel zum Äquator und werden zu den Polen hin immer kleiner.
Die Längenkreise laufen durch beide Pole und sind alle gleich groß.
Mainz liegt auf dem 50. nördlichen Breitengrad.

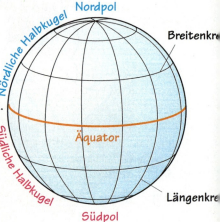

- Suche auf dem Globus oder im Atlas weitere Orte, die auf dem 50. nördlichen Breitengrad liegen. Um die Lage von Mainz zu bestimmen muss man noch zusätzlich einen Längenkreis angeben. Mainz liegt in der Nähe des 8. östlichen Längenkreises.

Statt 50. nördlicher Breitenkreis sagt man auch 50° nördlicher Breite.

Was 50° (gelesen: *50 Grad*) bedeutet, lernst du in diesem Kapitel.

Kreise

Information

Im linken Bild wird auf einem Fußballfeld der Mittelkreis markiert. Das Mädchen im mittleren Bild zeichnet an der Tafel mit einem Bindfaden und einem Stück Kreide einen Kreis um einen Punkt, den *Mittelpunkt*.
Zeichne selbst mit einem Faden, einer Stecknadel und einem Bleistift einen Kreis in dein Heft. Worauf musst du dabei achten?
Wähle auf dem Kreis verschiedene Punkte und miss ihren Abstand vom Mittelpunkt.
Führe das auch bei der Figur rechts aus. Was stellst du hier fest?

Die Punkte auf einem **Kreis** haben von dem festen Punkt M denselben Abstand r; wir schreiben:

$|PM| = |P_1M| = |P_2M| = |P_3M| = r$

Der Punkt M heißt **Mittelpunkt des Kreises,** der Abstand r heißt der **Radius des Kreises.**

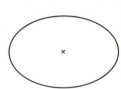

---

1. *Gehe auf Entdeckungsreise.*
   a. Wie kann ein Gärtner ein kreisförmiges Beet anlegen?
   b. Wo findest du Kreise in deiner Umwelt?
   c. Wo findest du Kreise auf einem Globus?

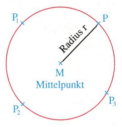

Zum Festigen und Weiterarbeiten

2. Gegeben ist eine Strecke $\overline{MP}$.
Zeichne mithilfe des Zirkels einen Kreis, der M als Mittelpunkt hat und durch den Punkt P geht.

3. Übertrage die Figur in dein Heft. Zeichne dann Symmetrieachsen ein.
Wie viele findest du?

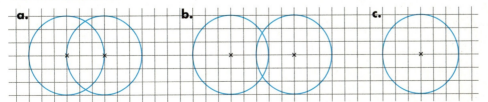

4. Wie muss man einen Zylinder, einen Kegel, eine Kugel durchschneiden, damit als Schnittflächen Kreisflächen entstehen?

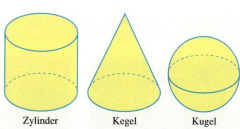
Zylinder Kegel Kugel

5. **a.** Zeichne mit einem möglichst großen Geldstück einen Kreis in dein Heft. Versuche den Radius zu bestimmen.

b. Eine Strecke, die zwei Punkte des Kreises verbindet und durch den Mittelpunkt geht, heißt *Durchmesser*.
Zeichne einen Kreis mit dem Radius r = 3,5 cm und zeichne mehrere Durchmesser ein.
Welche Beziehung besteht zwischen dem Radius r und dem Durchmesser d eines Kreises?

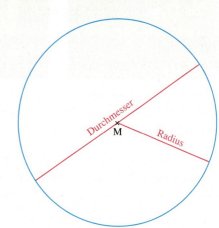

c.

Durchmesser	6 cm		12 cm	18 mm		
Radius	3 cm	5 cm			16 mm	2,5 km

> Ein **Durchmesser** eines Kreises ist eine Strecke, die zwei Kreispunkte verbindet und durch den Mittelpunkt des Kreises geht.
> Ein Durchmesser ist doppelt so lang wie ein Radius: $d = 2 \cdot r$.

Übungen

6. **a.** Zeichne die Kreisfigur (1) vergrößert auf ein Zeichenblatt.
Färbe sie mit deinen Lieblingsfarben ähnlich wie in Bild (2).

b. Erfinde selbst schöne Kreisfiguren und färbe sie.

(1) 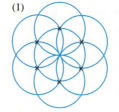   (2)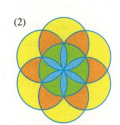

7. Übertrage die Figur in dein Heft. Du kannst sie auch färben.

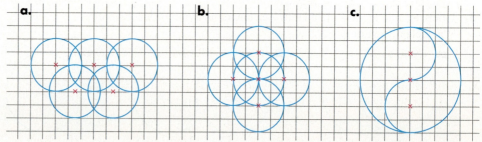

8. Lege dein Geodreieck auf ein Zeichenblatt und umfahre es. Halbiere die Seiten des entstandenen Dreiecks und zeichne die Figur wie rechts.

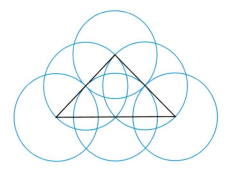

9. Zeichne die Figur vergrößert auf ein Blatt.

a. 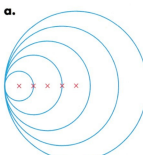   **c.** 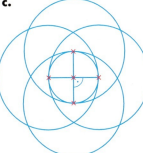   **e.**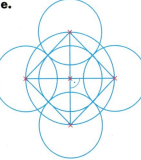

b. 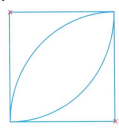   **d.** 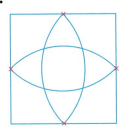   **f.**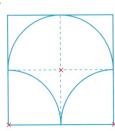

10. Das Bild zeigt dir, wie du ein schönes Ei in beliebiger Größe zeichnen kannst. Beginne mit dem Kreis und den beiden eingezeichneten Durchmessern.

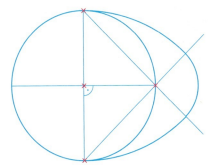

11. Zeichne zwei Kreise mit den Radien 2 cm und 3 cm, die
(1) keinen Punkt gemeinsam haben;
(2) sich in zwei Punkten schneiden;
(3) sich in einem Punkt berühren.

12. Zeichne Kreise mit demselben Mittelpunkt M. Die Durchmesser sollen 4 cm, 6 cm, 8 cm, 10 cm und 12 cm betragen. Du kannst die Ringe verschieden färben.

13. Zeichne mit dem Zirkel einen Kreis mit dem angegebenen Radius r. Markiere zuerst den Mittelpunkt M. Gib den Durchmesser d des Kreises an.

a. r = 3 cm   **c.** r = 36 mm   **e.** r = 2 cm 3 mm   **g.** r = 4,5 cm
b. r = 5 cm   **d.** r = 27 mm   **f.** r = 3 cm 2 mm   **h.** r = 2,8 cm

14. Zeichne mit dem Zirkel einen Kreis mit dem angegebenen Durchmesser d. Markiere zuerst den Mittelpunkt M. Gib den Radius r des Kreises an.

   a. d = 6 cm   **c.** d = 64 mm   **e.** d = 8 cm 4 mm   **g.** d = 8,2 cm
   b. d = 8 cm   **d.** d = 52 mm   **f.** d = 7 cm 2 mm   **h.** d = 7,8 cm

15. Zeichne in ein Koordinatensystem (Einheit 1 cm) einen Kreis mit dem Mittelpunkt M(5|6). Der Radius beträgt 5 cm.
Beachte: In der Abb. rechts auf die Hälfte verkleinert.
Zeichne nun die folgenden Punkte ein:
A(5|1), B(8|4), C(3|2), D(10|12), E(1|9), F(8|2), G(5|10), H(1|2).
Welche dieser Punkte liegen
(1) auf dem Kreis;
(2) im Inneren des Kreises;
(3) außerhalb des Kreises?

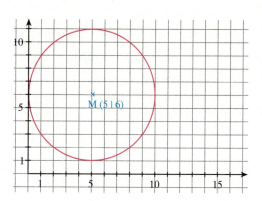

16. In Kassel, Gießen und Frankfurt sind Rettungshubschrauber stationiert. Sie fliegen Orte bis zu einer Entfernung von 50 km an (Einsatzradius).

  a. Bestimme auf der Landkarte diejenigen Gebiete, die von diesen Rettungshubschraubern erreicht werden können.
Arbeite mit Transparentpapier und Zirkel.

  b. Welche Städte können
(1) von keinem,
(2) von mindestens einem,
(3) nur von einem
dieser Rettungshubschrauber erreicht werden?

  c. Welche Städte können von zwei dieser Rettungshubschrauber erreicht werden?

17. Zeichne in ein Koordinatensystem (Einheit 1 cm) die Punkte A(8|0), B(14|6), C(8|12) und D(2|6).

  a. Zeichne den Kreis, der durch alle vier Punkte geht.

  b. Gib die Koordinaten seines Mittelpunktes an.

18. Zeichne einen Kreis mit einem Radius von 3 cm. Zeichne ein Rechteck, das mit seinen Ecken auf dem Kreis liegt. Eine Seite des Rechtecks soll

  a. 5 cm,   **b.** 4,5 cm   lang sein.

Wie lang ist die andere Seite?

Zum Knobeln **19.** Zeichne einen Kreis und zerlege ihn mit dem Zirkel   **a.** in 5,   **b.** in 6,   **c.** in 7 gleich große Kreisbogen.
Finde die Zirkelspanne durch Probieren. Vergleiche sie mit dem Radius.

Winkel

Halbgerade – Winkel

(1) Halbgerade (Strahl)

Information

Auf dem linken Bild siehst du einen Radarturm mit Sender und Antenne. Er dreht sich und der Sender sendet dabei ständig einen Radarstrahl aus. Radarstrahlen breiten sich wie Lichtstrahlen geradlinig aus. Trifft ein Strahl auf ein Hindernis, z. B. ein Flugzeug, so wird er zurückgeworfen und von der Antenne empfangen. Die vom Strahl getroffenen Punkte erscheinen auf dem kreisrunden Bildschirm (rechtes Bild) als leuchtende Punkte. Es lassen sich darauf Lage und Entfernung der Flugzeuge erkennen.

Die Zeichnung rechts stellt den sich drehenden Radarstrahl in einer Zeichnung dar.
Denke dir in der Zeichnung rechts den Radius des Kreises unbegrenzt geradlinig fortgesetzt. Es entsteht dann eine **Halbgerade** (ein *Strahl*) mit dem *Anfangspunkt S*. Wie den Radarstrahl kann man die Halbgerade um den Punkt S drehen.
Beachte den Unterschied zwischen einer Geraden, einer Halbgeraden und einer Strecke:

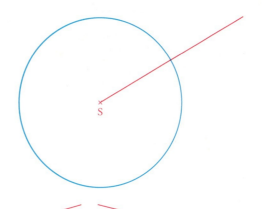

Strecke
nach beiden Seiten begrenzt

Halbgerade (Strahl)
nach einer Seite unbegrenzt

Gerade
nach beiden Seiten unbegrenzt

(2) Winkel

Auf dem Bild links siehst du ein Thermometer aus einem Auto. Wenn das Kühlwasser warm wird, schlägt der Zeiger langsam aus (Bild rechts). Er überstreicht dabei den Ausschnitt eines Kreises. Er ist Teil eines *Winkelfeldes*.
Auch ein Radarstrahl überstreicht in einer bestimmten Zeit ein Winkelfeld.

Kapitel 2

Aufgabe

1. Zeichne die Figur in dein Heft.

   a. Drehe mithilfe von Transparentpapier und Zirkelspitze die Halbgerade g um ihren Anfangspunkt S. Welche Möglichkeiten gibt es, die Halbgerade g so zu drehen, dass sie auf die Halbgerade h fällt? Färbe mit verschiedenen Farben die Flächen, die die Halbgerade g dabei überstreicht. Sie heißen *Winkelfelder*, kurz *Winkel*.

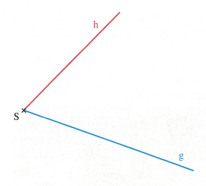

   b. Drehe die Halbgerade h um den Punkt S, bis sie auf die Halbgerade g fällt. Welche Möglichkeiten gibt es?

Lösung

a. Wenn man die Halbgerade g gegen den Uhrzeiger (linksherum) dreht, erhält man den gelben Winkel. Dreht man die Halbgerade g mit dem Uhrzeiger (rechtsherum), so erhält man den grünen Winkel.

b. Wenn man die Halbgerade h gegen den Uhrzeiger (linksherum) dreht, erhält man den gelben Winkel. Dreht man die Halbgerade h mit dem Uhrzeiger (rechtsherum), so erhält man den grünen Winkel.

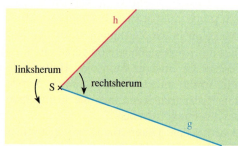

Information

Dreht man eine Halbgerade g um ihren Anfangspunkt S bis zur Halbgeraden h, so wird ein Gebiet überstrichen; dieses Gebiet heißt **Winkel**.
Der Punkt S heißt **Scheitelpunkt** (kurz: *Scheitel*) des Winkels, die beiden Halbgeraden g und h heißen die beiden **Schenkel** des Winkels.

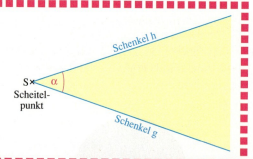

Durch die beiden Halbgeraden g und h mit dem gemeinsamen Anfangspunkt S sind zwei Winkel festgelegt.
Statt einen Winkel zu färben, kann man ihn auch durch einen Kreisbogen und einen griechischen Buchstaben kennzeichnen.
Die ersten fünf griechischen Buchstaben:

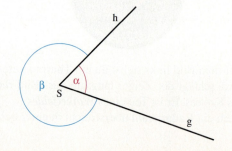

α	β	γ	δ	ε
Alpha	Beta	Gamma	Delta	Epsilon

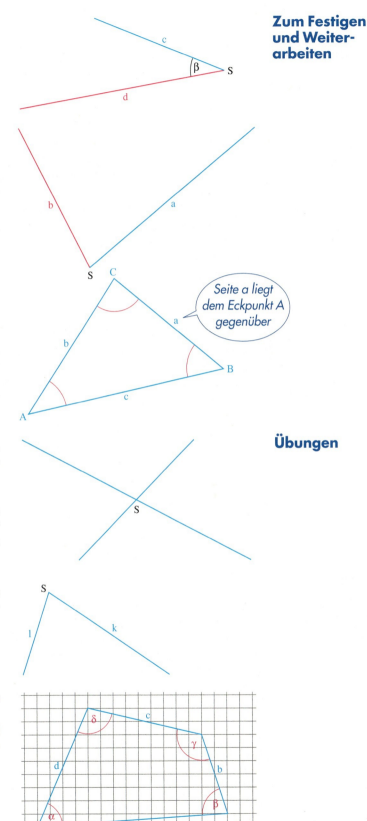

2. Erkläre die Entstehung des Winkels β
   a. durch Drehung der Halbgeraden d;
   b. durch Drehung der Halbgeraden c.

Zum Festigen und Weiterarbeiten

3. Zeichne den Winkel in dein Heft. Durch die beiden Halbgeraden a und b sind zwei Winkel festgelegt. Erkläre ihre Entstehung und bezeichne in deinem Heft jeden Winkel durch einen Bogen und einen griechischen Buchstaben.

4. In einem Dreieck werden die Winkel so bezeichnet: Zum Eckpunkt A gehört der Winkel α, zu B gehört β, zu C gehört γ.
   a. Zeichne das Dreieck nach Augenmaß in dein Heft und bezeichne die markierten Winkel.
   b. Zeichne rot die Halbgeraden zum Winkel α. Erkläre die Entstehung dieses Winkels durch Drehung. Verfahre entsprechend bei den anderen Winkeln. Verwende verschiedene Farben.

Seite a liegt dem Eckpunkt A gegenüber

5. Schreibe eine Zeile den griechischen Buchstaben α, eine Zeile den griechischen Buchstaben β usw.

Übungen

6. Zeichne die Figur nach Augenmaß in dein Heft. Bezeichne jeden der vier Winkel mit einem Bogen und einem griechischen Buchstaben.

7. Bezeichne im Heft die beiden Winkel, die durch die Halbgeraden k und l festgelegt sind.

8. Bezeichne im Heft die Eckpunkte des Vierecks.
Erkläre die Entstehung der vier Winkel α, β, γ und δ durch Drehung von Halbgeraden.

Vergleichen von Winkeln – Winkelarten

Aufgabe

1.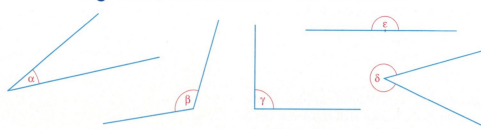

   a. Welcher dieser fünf Winkel ist am größten, welcher am kleinsten? Ordne sie.
   b. Beim Winkel γ sind die beiden Schenkel senkrecht zueinander. Man sagt:
      Der Winkel γ ist ein **rechter Winkel**.

      Beim Winkel ε bilden die beiden Schenkel eine Gerade. Man sagt:
      Der Winkel ε ist ein **gestreckter Winkel**.

      Beschreibe die Größe der anderen Winkel im Vergleich zu einem rechten bzw. gestreckten Winkel.

   Lösung
   a. Der Winkel δ ist am größten, α ist am kleinsten. Es gilt α < γ < β < ε < δ.
   b. Der Winkel α ist kleiner als ein rechter Winkel.
      Der Winkel β ist größer als ein rechter Winkel, aber kleiner als ein gestreckter.
      Der Winkel δ ist größer als ein gestreckter Winkel.

Information

Wenn die Halbgeraden a und b senkrecht zueinander sind, so bilden sie einen **rechten Winkel**.

Ein Winkel, der kleiner als ein rechter Winkel ist, heißt **spitzer Winkel**.

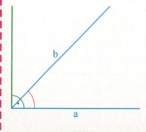

Wenn die Halbgeraden a und b eine Gerade bilden, so bezeichnet man dies als einen **gestreckten Winkel**.

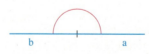

Ein Winkel, der größer als ein rechter und kleiner als ein gestreckter ist, heißt **stumpfer Winkel**.

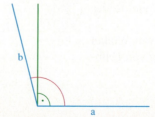

Fallen die beiden Halbgeraden a und b zusammen, so bilden sie einen **Vollwinkel**.

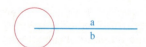

Ein Winkel, der größer als ein gestreckter ist und kleiner als ein Vollwinkel ist, heißt **überstumpfer Winkel**.

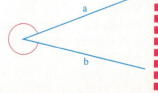

Zum Festigen und Weiterarbeiten

2. a. Julia kann jeden Winkeltyp einstellen.
Beschreibe, wie sie einen spitzen, stumpfen, rechten, gestreckten Winkel zeigen kann.

b. *Gehe auf Entdeckungsreise*
Suche rechte Winkel, spitze Winkel und stumpfe Winkel in deiner Umwelt.

3. Vergleiche die drei Winkel α, β und γ ihrer Größe nach. Verwende Transparentpapier.

a.

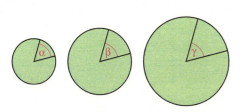

b.

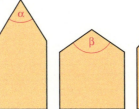 

4. Vergleiche die Winkel nach der Größe. Fülle die Tabelle in deinem Heft aus.

	α	β	γ	δ	ε
α		<			
β	>				
γ					

Beachte: Es kommt nicht auf die Länge der Schenkel an. Du kannst auch Transparentpapier benutzen.

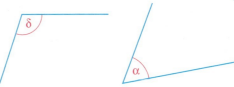

5. Gib an, ob es sich um einen spitzen, einen stumpfen, einen überstumpfen oder einen rechten Winkel handelt.

a.

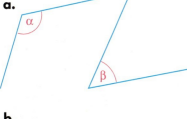 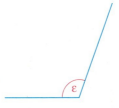

b.

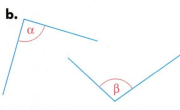 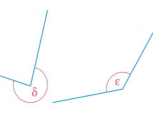

Übungen

6. Ordne die Winkel nach der Größe.
Gib an, ob es jeweils ein stumpfer, ein überstumpfer oder ein spitzer Winkel ist.

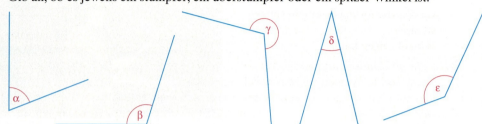

7. Benenne in dem Vieleck spitze, stumpfe, überstumpfe und rechte Winkel.

a.
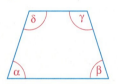

c.
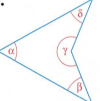

e.
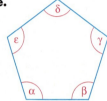

b.
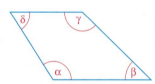

d.
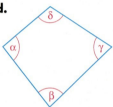

f.
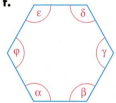

8. a. Zeichne die Figur in dein Heft.
(1) Notiere spitze und stumpfe Winkel.
(2) Notiere gleich große Winkel.

b. Betrachte die Figur.
(1) Notiere spitze und stumpfe Winkel.
(2) Notiere auch gleich große Winkel.

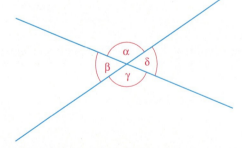
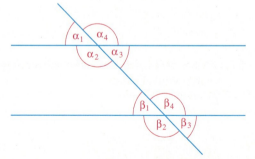

9. a. Zeichne ein Dreieck
(1) mit drei spitzen Winkeln;
(2) mit einem rechten Winkel;
(3) mit einem stumpfen Winkel.

b. Zeichne ein Viereck
(1) mit zwei stumpfen und zwei spitzen Winkeln;
(2) mit drei spitzen und einem stumpfen Winkel;
(3) mit mindestens einem rechten Winkel.

Messen von Winkeln

(1) Angabe der Größe eines Winkels durch Maßzahl und Maßeinheit

Information

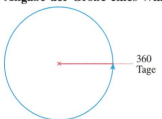

Die Ägypter und Babylonier haben ein Maß für Winkel benutzt, das auch noch bis heute üblich ist. Damals wurde das Jahr als Kreis dargestellt. Man nahm an, es hätte 360 Tage.
Auch bei einem Kompass (siehe rechts) hat man den Vollwinkel in 360 gleich große Teilwinkel unterteilt.

Der 360. Teil eines Vollwinkels hat die Größe **1 Grad** (geschrieben 1°).
Seine Öffnungsweite ist nur sehr gering; man kann die beiden Schenkel kaum unterscheiden.

Einheitswinkel der Größe 1°.
(Öffnungsweite 1°)

Der Winkel α hat die Größe 34°.
Das bedeutet: Der Winkel α ist so groß wie 34 Winkel von 1° zusammen.
34° ist ein Maß für die Öffnungsweite des Winkels.

Maßzahl   Maßeinheit

Unterscheide einen Winkel (geometrische Figur) und seine Größe (Öffnungsweite).

---

(2) Winkelmesser

Mit dem Geodreieck kannst du auch Winkel messen. Dazu besitzt es zwei Skalen von 0° bis 180°, eine innere und eine äußere. Die innere Skala beginnt links mit 0°; die äußere Skala beginnt rechts mit 0°.
Sieh dir diese Winkelmesser genau an.

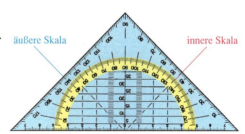

äußere Skala   innere Skala

(3) Einteilung der Winkel

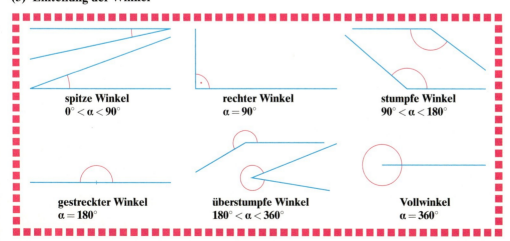

spitze Winkel
$0° < α < 90°$

rechter Winkel
$α = 90°$

stumpfe Winkel
$90° < α < 180°$

gestreckter Winkel
$α = 180°$

überstumpfe Winkel
$180° < α < 360°$

Vollwinkel
$α = 360°$

Kapitel 2

Aufgabe

1. Zeichne den Winkel in dein Heft. Miss mit dem Geodreieck die Größe des Winkels β.

Lösung

1. Möglichkeit

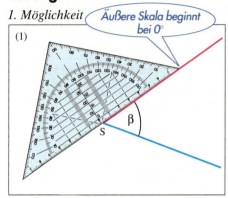
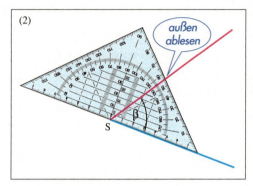

1. Schritt: Lege das Geodreieck zunächst so an wie in Bild (1).
Beachte: Der 0-Punkt der Zentimeterskala muss genau auf dem Scheitel S liegen.

2. Schritt: Drehe das Geodreieck dann um S rechtsherum bis in die Lage von Bild (2). Lies nun die Größe des Winkels β ab.
Ergebnis: β = 55°

2. Möglichkeit

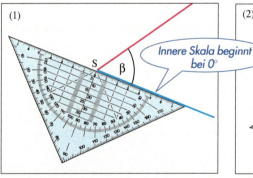
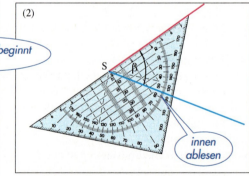

1. Schritt: Lege das Geodreieck zunächst so an wie in Bild (1).

2. Schritt: Drehe das Geodreieck dann um S linksherum bis in die Lage von Bild (2). Lies nun die Größe des Winkels β ab.
Ergebnis: β = 55°

Zum Festigen und Weiterarbeiten

2. Miss den Winkel α mit
(1) der inneren Skala des Geodreiecks.
(2) der äußeren Skala des Geodreiecks.
Beschreibe, wie du vorgehst.

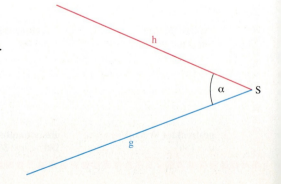

3. Übertrage die Winkel in dein Heft und miss die Größe der Winkel. Schätze vorher.
Beachte: Du musst die Schenkel der Winkel verlängern. Zum genauen Messen muss ein Schenkel bis zur Skala auf dem Geodreieck reichen.

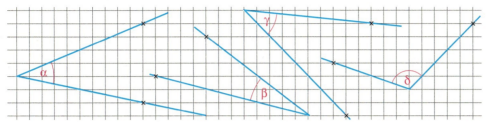

4. Übertrage in dein Heft und erläutere, wie man einen überstumpfen Winkel messen kann.
Gib die Größe des Winkels α an.

5. Was kannst du über die Größe eines spitzen, rechten, stumpfen, gestreckten und eines überstumpfen Winkels aussagen?

6. Stellt euch eine „Winkelscheibe" her. Zeichnet dazu zwei gleich große Kreise (Radius: 7 cm) auf verschieden farbigem Karton, markiert den Mittelpunkt und schneidet sie aus. Schneidet dann beide Kreise bis zum Mittelpunkt ein und steckt beide Kreise ineinander.
Der eine Partner stellt mit der Scheibe einen grünen Winkel ein, der andere schätzt seine Größe. Dann wird gemessen. Wechselt euch ab. Bildet die Summe der Unterschiede. Sieger ist, wer (bei gleicher Anzahl der Schätzungen) das kleinste Ergebnis hat.
Statt mit der Scheibe einen Winkel einzustellen, kann man ihn auch zeichnen.

Spiel (2 Spieler)

Geschätzt	Gemessen	Unterschied

Festlegung der Breiten- und Längenkreise durch Winkel

Du weißt von Seite 36, dass man die Lage von Orten auf der Erde durch einen Breiten- und einen Längenkreis festlegen kann. So liegt zum Beispiel Mainz auf dem 50. nördlichen Breitenkreis. Dieser Breitenkreis ist wie im Bild rechts durch einen Winkel von 50° bestimmt. Deshalb sagt man auch 50° nördlicher Breite.
Kiew (Ukraine) liegt auf dem 50. nördlichen Breitenkreis und dem 30. östlichen Längenkreis. Dieser Längenkreis ist wie im Bild durch einen Winkel von 30° bestimmt. Deshalb sagt man auch 30° östlicher Länge.

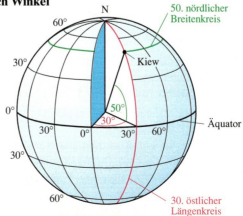

Information

Übungen

7. Übertrage die Winkel in dein Heft. Schätze ihre Größe. Miss dann genau.

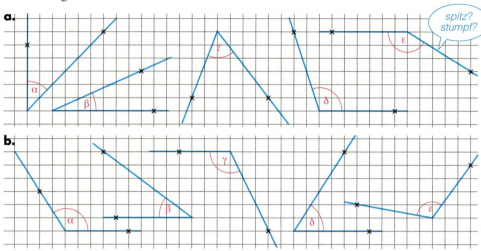

Die Größe der Winkel findest du unter folgenden Maßen: 23°; 35°; 45°; 56°; 60°; 72°; 108°; 112°; 117°; 123°; 124°; 149°

8. Miss die drei Winkel in dem Dreieck ABC. Schätze vorher. Addiere die Winkelgrößen. Was stellst du fest?

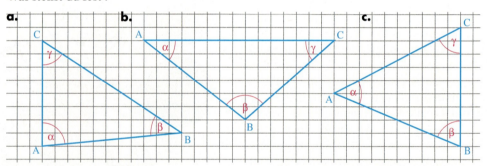

9. Zeichne die überstumpfen Winkel in dein Heft und bestimme ihre Größe. Verlängere vorher die Schenkel.

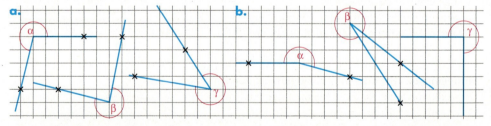

10. Zeichne das Dreieck ABC in ein Koordinatensystem (Einheit 1 cm) und miss die drei Winkel in dem Dreieck.
Prüfe wie in Aufgabe 8.

    a. A(1|2), B(16|1), C(13|11)   **b.** A(1|10), B(9|2), C(21|8)

11. Zeichne in ein Koordinatensystem (Einheit 1 cm) das Viereck ABCD mit A(2|2), B(18|1), C(22|10), D(10|18) und miss die vier Winkel in dem Viereck.
Addiere die Winkelgrößen. Was stellst du fest?

12. Gegeben sind Winkel mit folgenden Größen:
34°; 112°; 77°; 90°; 315°; 105°; 180°; 89°; 210°; 310°; 76°; 199°; 90°; 270°; 78°; 3°; 335°; 200°; 9°; 91°; 181°; 269°; 99°; 27°

   a. Welche dieser Winkel sind spitze, welche rechte, welche stumpfe?
   b. Gib die überstumpfen Winkel an.

13. Der Stundenzeiger einer Uhr überstreicht in einer bestimmten Zeit einen Winkel.
Wie groß ist der Winkel, den der Stundenzeiger

   a. in 3 Stunden,   **d.** in 1 Stunde,
   b. in 6 Stunden,   **e.** in 5 Stunden,
   c. in 9 Stunden,   **f.** in 11 Stunden

überstreicht?

14. a. Eine runde Torte wird in 8 gleich große Teile zerschnitten. Wie groß ist der Winkel an der Spitze der Tortenstücke?

   b. Übertrage die Tabelle in dein Heft und fülle sie aus.

Zahl der Stücke	2	3	4	5	6	8	9	10	12
Größe des Winkels									

15. a. Wer von den drei Fußballspielern hat den größten Einschusswinkel und damit die beste Chance ein Tor zu erzielen?
Arbeite mit Transparentpapier.

   b. Äußere dich dazu:
   „Der Torwart verkürzt den Winkel durch Herauslaufen."

16. a. Neben einer Treppe ist eine Auffahrt (eine „schiefe Ebene") für Rollstuhlfahrer gebaut.
Zeichne die Auffahrt in dein Heft und miss den Neigungswinkel α. Wähle 1 cm für 1 m in der Wirklichkeit.

   b. In der Bauvorschrift steht, dass die Dachneigung α eines Hauses in diesem Wohngebiet zwischen 30° und 40° liegen muss.
Prüfe, ob die Vorschrift hier eingehalten wird.

Zeichnen von Winkeln

Aufgabe

1. Zeichne mit dem Geodreieck an die Halbgerade g nach oben einen Winkel mit dem Scheitel S und der Größe 65°.

Lösung

1. Möglichkeit

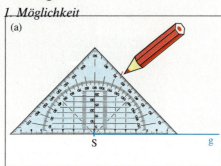

Lege das Geodreieck so an die Halbgerade g wie in Bild (a). Markiere bei 65° einen Punkt.
Beachte: Der 0-Punkt der Zentimeterskala muss auf dem Scheitel S liegen.
Verbinde den Markierungspunkt (Bild (b)) mit dem Scheitel S (Bild (c)).

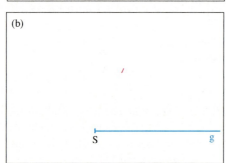
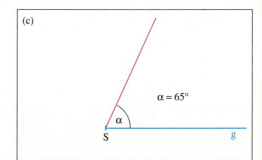

2. Möglichkeit

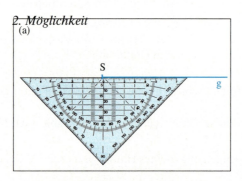
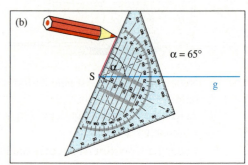

Lege das Geodreieck so an die Halbgerade g wie in Bild (a).
Drehe das Geodreieck linksherum um 65°, bis es die Lage in Bild (b) erreicht hat.
Zeichne den zweiten Schenkel des Winkels α von S aus.

Zum Festigen und Weiterarbeiten

2. Zeichne an die Halbgerade h nach oben [nach unten] den Winkel β mit dem Scheitel S und der Größe 50°.

3. Zeichne einen Winkel mit der Größe:
    a. 30° **b.** 90° **c.** 105° **d.** 45° **e.** 150° **f.** 135° **g.** 55° **h.** 165°
Überlege dir vorher, ob es sich um einen spitzen, stumpfen oder rechten Winkel handelt.

4. Erkläre, wie man den überstumpfen Winkel mit der Größe 235° zeichnen kann.

Beachte: 235° = 180° + 55°

Gib eine zweite Möglichkeit an.
Zeichne einen Winkel mit der Größe:

- **a.** 185° **c.** 245° **e.** 305° **g.** 320°
- **b.** 190° **d.** 270° **f.** 336° **h.** 195°

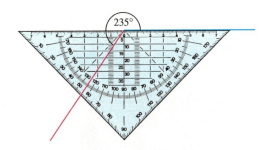

Übungen

5. Zeichne einen Winkel mit der angegebenen Größe. Überlege dir vorher, um was für einen Winkel es sich handelt.

- **a.** 40°   **d.** 26°   **g.** 110° **j.** 113° **m.** 300° **p.** 267° **s.** 311°
- **b.** 77°   **e.** 90°   **h.** 170° **k.** 147° **n.** 270° **q.** 249° **t.** 358°
- **c.** 57°   **f.** 180° **i.** 155° **l.** 139° **o.** 330° **r.** 293° **u.** 360°

6. Zeichne das Dreieck mit den angegebenen Maßen in dein Heft. Beginne mit der Strecke $\overline{AB}$. Bestimme die Größe des dritten Winkels.

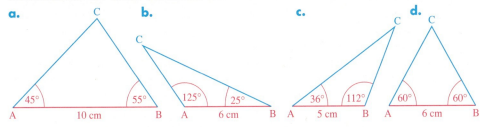

7. a. Eine 5 m lange Leiter ist an eine Hauswand gelehnt. Die Leiter ist unten 1,8 m von der Wand entfernt. Übertrage die Zeichnung in dein Heft; wähle den Maßstab 1 : 100.
(1) Wie hoch reicht die Leiter?
(2) Aus Sicherheitsgründen muss der Anstellwinkel α zwischen 68° und 75° groß sein. Trifft dies zu?

b. Eine steile Gebirgsstraße hat einen Neigungswinkel von 11°.
Welche Höhe würde man erreichen, wenn man 12 km geradeaus fahren könnte?
Lege eine geeignete Zeichnung an.

c. Die Sonnenstrahlen bilden mit dem waagerechten Boden einen Winkel von 30°. Dabei wirft ein Baum einen 8 m langen Schatten.
Bestimme durch eine Zeichnung die Höhe des Baumes.

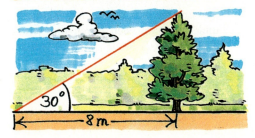

8. Beim Diskuswerfen beträgt der Radius des Wurfkreises 1,25 m, der Winkel des Wurfsektors ist 45° groß.
Zeichne die Anlage in dein Heft. Wähle 2 cm für 1 m.

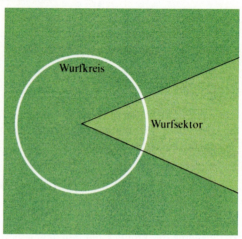

9. a. Zeichne einen Kreis mit dem Radius 3 cm. Markiere vorher den Mittelpunkt M.
Lege den *Mittelpunktswinkel* α = 72° von M aus fünfmal aneinander.

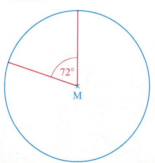

b. Zeichne einen Kreis mit dem Radius 3 cm. Teile ihn mithilfe des Mittelpunktswinkels α = 72° in fünf gleiche Teile.
Zeichne ebenso einen Farbkreis, der in 6 [in 9] gleich große Teile zerlegt ist.

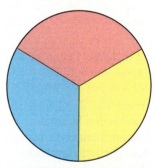

10. Zu einem Fotoapparat kann man drei Objektive mit unterschiedlichen Brennweiten erhalten. Das Normalobjektiv (50 mm Brennweite) hat einen Bildwinkel von 47°, ein Weitwinkelobjektiv (28 mm Brennweite) hat einen Bildwinkel von 75°, ein Teleobjektiv (200 mm Brennweite) hat einen Bildwinkel von 13°.
Zeichne die drei Winkel nebeneinander und zeige, wie sich durch die Winkel (bei gleicher Entfernung) der Bildausschnitt ändert.

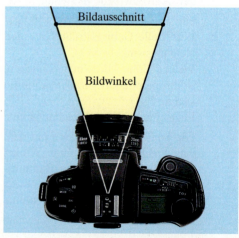

Drehsymmetrische Figuren – Drehungen

Drehsymmetrische Figuren

Aufgabe

1. Auf dem Bild siehst du eine Windkraftanlage. Das Flügelrad einer solchen Anlage ist rechts oben vereinfacht dargestellt. Übertrage diese Figur auf Transparentpapier. Hefte das Transparentpapier mit der Zirkelspitze im Punkt Z fest und drehe es linksherum (entgegen dem Uhrzeigersinn) mit Z als Drehpunkt.
Bei welchen Drehungen kommt die Figur mit sich zur Deckung?

Lösung

Bei den Linksdrehungen um 120°, um 240° und um 360° kommt die Figur mit sich zur Deckung.
Man sagt auch:
Die Figur wird auf sich selbst abgebildet.

Zum Festigen und Weiterarbeiten

2. **a.** Übertrage die Figur auf Transparentpapier und drehe sie um den Punkt Z linksherum (entgegen dem Uhrzeigersinn).
Wie viele Linksdrehungen gibt es, bei denen die Figur auf sich abgebildet wird? Gib die *Drehwinkel* an.

   b. Versuche, die Figur in Teilaufgabe a. durch Rechtsdrehungen (Drehungen im Uhrzeigersinn) auf sich abzubilden. Gib zu jeder Rechtsdrehung an, welche Linksdrehung ihr entspricht.

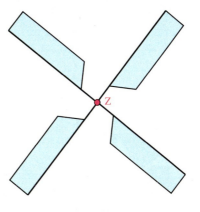

Wenn eine Figur bei einer Linksdrehung um einen Punkt Z mit einem Drehwinkel zwischen 0° und 360° mit sich zur Deckung kommt, dann ist die Figur **drehsymmetrisch**.

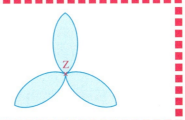

---

3. *Gehe auf Entdeckungsreise*. Suche weitere drehsymmetrische Figuren in deiner Umwelt. Du kannst sie an Bauwerken, aber auch auf ganz alltäglichen Gegenständen finden.

Kapitel 2

Übungen

4. Die Figur ist drehsymmetrisch.
Bei welchen Drehwinkeln kommt die Figur mit sich selbst zur Deckung?

a.    b. 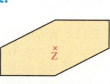   c. d.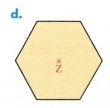

5. Zeichne das Bild der Figur bei einer Linksdrehung   (1) um 90°;   (2) um 270°.
Mache eine Aussage über die Drehsymmetrie der Gesamtfigur.

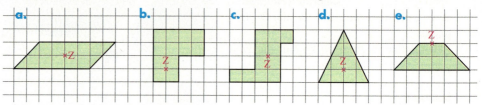

6. Mache eine Aussage über die Drehsymmetrie der Figur. Gib den kleinsten Drehwinkel an, bei dem die Figur mit sich selbst zur Deckung kommt. Zeichne die Figur vergrößert in dein Heft und färbe sie.

a.    b.    c.

7. Ist die Figur drehsymmetrisch?
Gib gegebenenfalls den kleinsten Drehwinkel an.

(1)   (2)    (3)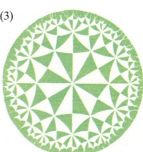

8. Erzeuge aus der Figur eine drehsymmetrische Figur. Führe dazu nacheinander drei Linksdrehungen um 90° mit Z als *Drehzentrum* aus.

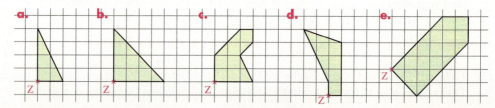

• Punktsymmetrie

- Betrachte die Spielkarte rechts.
- Welche Besonderheit findest du bei solchen Spielkarten?
- Die Spielkarte ist nicht achsensymmetrisch, aber drehsymmetrisch. Dreht man die Karte nämlich um 180° (*Halbdrehung*), so kann man das Bild auf der Karte nicht von der Ausgangslage unterscheiden. Sie kommt also mit sich selbst zur Deckung.
- Drehsymmetrie mit dem kleinsten Drehwinkel von 180° nennt man auch *Punktsymmetrie*. Statt von Halbdrehung spricht man von *Punktspiegelung*.
- Wir wollen nun eine einfache Konstruktionsvorschrift für die Herstellung punktsymmetrischer Figuren erarbeiten.
- Dabei wählen wir zunächst einfache Figuren.

Aufgabe

1. a. Ergänze das Dreieck ABC durch eine Drehung um den Eckpunkt A und dem Drehwinkel 180° zu einer punktsymmetrischen Figur.

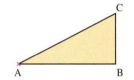

b. In Teilaufgabe a. erhältst du zu dem Eckpunkt C einen Symmetriepartner C'. Wie liegen beide Punkte zum Drehzentrum A?

Lösung

a.

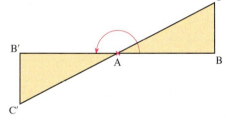

Wir drehen die Seite $\overline{AB}$ um A um 180° bzw. wir verlängern die Strecke $\overline{BA}$ über A hinaus um die Länge dieser Strecke und erhalten die Seite $\overline{AB'}$. Ebenso drehen wir die Seite $\overline{AC}$ um A um 180° bzw. wir verlängern die Seite $\overline{CA}$ über A hinaus um die Länge dieser Strecke und erhalten die Strecke $\overline{AC'}$.

Wir verbinden schließlich B' und C'. Das Dreieck ABC und das Bilddreieck AB'C' bilden zusammen eine punktsymmetrische Figur.

b. Der Punkt C und sein Symmetriepartner C' liegen auf einer Geraden durch das Drehzentrum A.
Außerdem sind C und C' vom Drehzentrum A gleich weit entfernt.

Eine Figur heißt **punktsymmetrisch** zum Punkt Z, wenn sie bei Halbdrehung (Drehung um 180°) um Z mit sich zur Deckung kommt.
Der Punkt Z heißt **Symmetriezentrum.**
Ein Punkt P und sein Symmetriepartner P' liegen auf einer Geraden durch Z und sind von Z gleich weit entfernt.

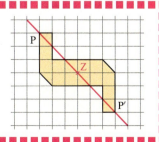

Kapitel 2

Zum Festigen und Weiterarbeiten

2. Übertrage die Figur in dein Heft. Ergänze sie zu einer punktsymmetrischen Figur.

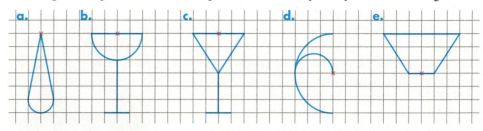

3.

Nicht alle Spielkarten sind punktsymmetrisch.
 a. Welche dieser Spielkarten sind punktsymmetrisch?
 b. Welche dieser Spielkarten sind achsensymmetrisch?
    Wie viele Symmetrieachsen besitzen sie?

Übungen

4. Übertrage in dein Heft. Ergänze sie zu einer punktsymmetrischen Figur. Färbe die Gesamtfigur.

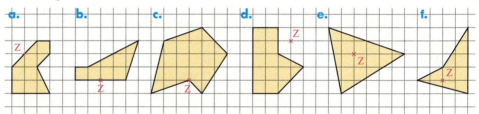

5. Welche der Figuren sind punktsymmetrisch? Gib – falls möglich – das Symmetriezentrum an.

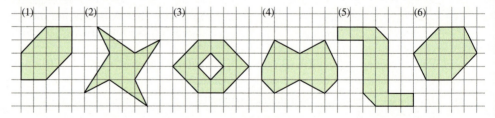

6. Betrachte die Teilfiguren aus einem Wabenmuster.
Welche der Figuren sind punktsymmetrisch? Zeichne gegebenenfalls das Symmetriezentrum ein.
Übertrage dazu das Muster in dein Heft.

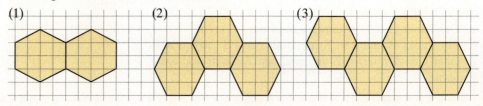

7. Hier siehst du einige punktsymmetrische Figuren.

a. *Gehe auf Entdeckungsreise.*
Versuche punktsymmetrische Figuren in deiner Umwelt zu finden. Denke auch an Spielfelder beim Sport, an Brettspiele, an Markenzeichen von Autos, an Flaggen.
b. Welche Druckbuchstaben sind punktsymmetrisch?
c. Welche Ziffern sind punktsymmetrisch?

8.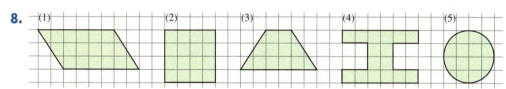

a. Welche Figur ist punktsymmetrisch? Gib – falls möglich – das Symmetriezentrum an.
b. Welche Figur ist achsensymmetrisch? Gib – falls möglich – die Symmetrieachse(n) an.

9. Färbe im Heft den Rest der Figur so, dass ein punktsymmetrisches Muster entsteht.

a.   **b.**   **c.**

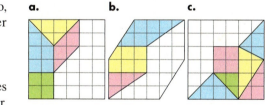

10. Färbe mit zwei Farben die Teile des Rechtecks so, dass das gefärbte Muster

a. achsensymmetrisch, aber nicht punktsymmetrisch ist;
b. punktsymmetrisch, aber nicht achsensymmetrisch ist;
c. weder achsensymmetrisch noch punktsymmetrisch ist.

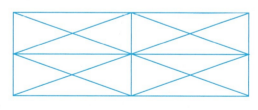

11. Aus welcher Teilfigur kannst du das punktsymmetrische Vieleck G durch Punktspiegelung erzeugen?

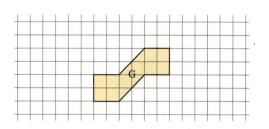

12. Zeichne

a. zwei Kreise,   **c.** drei Geraden
b. einen Kreis und eine Gerade,

so, dass sie zusammen eine punktsymmetrische Figur ergeben.

Vermischte Übungen

1. Zeichne die Figur auf Karopapier in ein Quadrat mit der Seitenlänge 6 cm.
Ist die Figur (1) achsensymmetrisch; (2) punktsymmetrisch?

a.   b.   c.   d.   e.   f.

2. a. Zeichne ein Quadrat mit der Seitenlänge 10 cm. Zeichne in das Quadrat einen Kreis, der die Quadratseiten berührt.
Wie groß ist sein Radius?
Wie findest du seinen Mittelpunkt?

b. Setze diese Figur weiter nach innen fort.
Färbe die Figur.

c. Färbe die Figur so, dass sie achsensymmetrisch [punktsymmetrisch] ist.

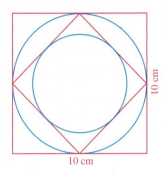

3. zu **a.** 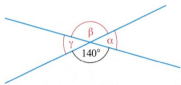   zu **b.** 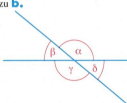   zu **c.**

a. Wie groß sind die Winkel α, β und γ?

b. Welche Winkel sind gleich groß?
Welche Winkel ergänzen sich zu 180°?
Welche Winkel ergänzen sich zu einem Vollwinkel?

c. Begründe die Aussage: Wenn sich zwei Geraden senkrecht schneiden, entstehen vier rechte Winkel.

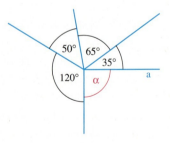

4. a. Zeichne die Figur rechts in dein Heft.
Beginne mit der Halbgeraden a.

b. Wie groß ist der Restwinkel α? Miss und rechne.

5. Die Erde dreht sich in 24 Stunden einmal um ihre Achse.
Um wie viel Grad dreht sie sich in

a. 1 Stunde;   d. 8 Stunden;
b. 6 Stunden; e. 20 Stunden;
c. 12 Stunden; f. 15 Stunden?

▲ **6.** Ein Kran benötigt für eine volle Drehung 120 Sekunden. Welche Zeit benötigt er für eine Drehung um

a. 90°;   b. 60°;   c. 120°;   d. 30°?

Bist du fit?

1. Übertrage die Gitterpunkte in dein Heft. Jeder Punkt soll Mittelpunkt eines Kreises sein. Alle Kreise haben denselben Radius.
   Färbe die entstehende Kreisfigur, sodass ein schönes Muster entsteht.

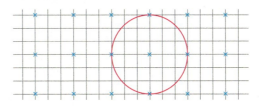

2. Übertrage die Figur mit den angegebenen Maßen in dein Heft.
   Färbe sie mit zwei Farben.

3. Zeichne auf Karopapier ein Quadrat. Die Seiten sollen 8 Kästchenlängen lang sein. Zeichne nun einen Kreis durch die vier Ecken.
   Bestimme Durchmesser und Radius.

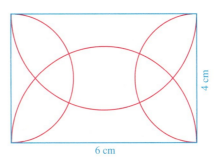

4. **a.** Gib an, ob der Winkel ein spitzer, ein stumpfer, ein überstumpfer oder ein rechter Winkel ist.

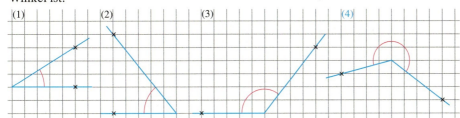

   b. Zeichne die Winkel in dein Heft und miss ihre Größe. Schätze vorher.

5. Zeichne einen Winkel mit der Größe:
   a. 40°; 63°; 134°; 65°; 120°; 168°; 33°; 155°;
   b. 290°; 277°; 315°; 353°.

6. **a.** Zeichne in ein Koordinatensystem (Einheit 1 cm) das Dreieck ABC mit A(1|6), B(12|2), C(9|13).
   b. Miss die drei Winkel des Dreiecks.

7. In einem Koordinatensystem (Einheit 1 cm) haben die Eckpunkte eines Dreiecks ABC die Koordinaten A(6|6), B(10|10) und C(3|9). Drehe das Dreieck dreimal nacheinander um 90° um den Punkt A so, dass eine drehsymmetrische Figur entsteht.

8. Ist die abgebildete Figur eine drehsymmetrische Figur, ist sie sogar punktsymmetrisch? Gib gegebenenfalls den kleinsten Drehwinkel an.

a. 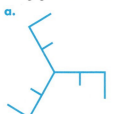   **b.** 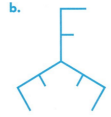   **c.**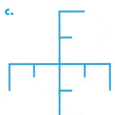

Bruch<small>zahlen</small>

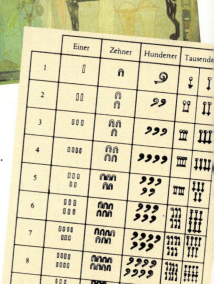

In dem Bild rechts siehst du auf der Wand Hieroglyphen. Das ist eine Bilderschrift, die von den Ägyptern bereits vor über 5000 Jahren benutzt wurde. Auch für die Zahlen benutzten die Ägypter Bildzeichen. Sie kannten auch schon Brüche wie z. B. $\frac{1}{2}$ oder $\frac{1}{4}$.

$\frac{1}{2}$ wurde z. B. mit der Hieroglyphe ⌒ oder ⌒ „Hälfte" ausgedrückt.

In der Tabelle siehst du einige ägyptische Zahlzeichen. Wenn die Ägypter einen Bruch, z. B. $\frac{1}{3}$, darstellen wollten, malten sie einfach über das Zeichen für 3 einen Mund
$\frac{1}{3}$ war dann:

Die Zeichen in der Tabelle bedeuten:

Einer:	kleiner senkrechter Strich
Zehner:	Henkel (Hufeisen)
Hunderter:	Spirale (Tau)
Tausender:	Lotusblüte

- Versuche die folgenden Zahlen in der altägyptischen Schreibweise aufzuschreiben:
  $\frac{1}{7}, \frac{1}{25}, \frac{1}{30}, \frac{1}{12}$

- Denke dir selbst einige ägyptische Brüche aus.
  Dein Nachbar kann versuchen sie zu entschlüsseln.

Einführung der Brucheinheiten und ihrer Vielfachen

Zerlegen eines Ganzen in Halbe, Drittel, Viertel, …

Aufgabe

1. Zwei Freunde teilen sich zu gleichen Teilen *eine* Pizza. Jeder bekommt eine *halbe* Pizza.

   1 *ganze* Pizza   1 *halbe* Pizza

   1 *ganze* Pizza = 2 *halbe* Pizzas

a. Wie viel bekommt jeder, wenn sich 3, 4, 5, 6 Freunde eine Pizza gleichmäßig teilen? Zeichne auch.

b. Wie viele drittel, viertel, fünftel, sechstel Pizzas ergeben eine ganze Pizza?

Lösung
a.

ganze Pizza   drittel Pizza   viertel Pizza   fünftel Pizza   sechstel Pizza

Bei 3 Freunden wird die ganze Pizza in drei gleich große Stücke zerschnitten;
bei 3 Freunden bekommt jeder eine *drittel* Pizza,
bei 4 Freunden jeder eine *viertel* Pizza,
bei 5 Freunden jeder eine *fünftel* Pizza,
bei 6 Freunden jeder eine *sechstel* Pizza.

b. 1 *ganze* Pizza = 3 *drittel* Pizzas   1 *ganze* Pizza = 5 *fünftel* Pizzas
1 *ganze* Pizza = 4 *viertel* Pizzas   1 *ganze* Pizza = 6 *sechstel* Pizzas

Zum Festigen und Weiterarbeiten

2. a. Die Torte im Bild ist mithilfe eines Tortenteilers in gleich große Teile zerschnitten. In wie viele Teile ist sie zerschnitten? Wie heißt ein solcher Teil?

b. (1)   (2)   (3)   (4)   (5)

In wie viele gleich große Teile ist das Ganze (z. B. eine Torte, ein Eierkuchen) zerlegt? Wie heißt ein solcher Teil?

3. Auch ein Rechteck stellt ein Ganzes dar. Denke z. B. an einen Kuchen.

a. In wie viele gleich große Teile ist das Ganze zerlegt? Wie heißt ein solcher Teil?

(1) 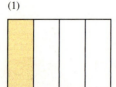 (2) 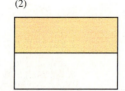 (3) 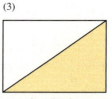 (4)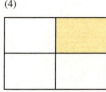

b. Zeichne ein Rechteck wie im Bild auf Karopapier. Färbe vom Ganzen
  (1) ein Drittel;   (2) ein Sechstel;   (3) ein Achtel;   (4) ein Zwölftel.
Wähle die Seitenlängen des Rechtecks vorteilhaft.

4. a. In wie viele gleich große Teile ist das Ganze jeweils zerlegt? Wie heißt ein solcher Teil?

b. Das Ganze wurde in vier Teile zerlegt. In welcher Figur sind Viertel ($\frac{1}{4}$) dargestellt?

(1)   (2)   (3)   (1)   (2)  (3)

5. Wie viele Halbe, Drittel, Viertel, Fünftel, Sechstel, Siebtel, Achtel, Neuntel, Zehntel ergeben ein Ganzes? Zeichne auch.

6. Welcher Teil desselben Ganzen ist größer? Begründe auch deine Antwort.
  a. 1 Drittel oder 1 Halbes   **b.** 1 Drittel oder 1 Viertel   **c.** 1 Fünftel oder 1 Sechstel

Information

Zerlegt man ein Ganzes in 2, 3, 4, 5, 6, ... *gleich große* Teile, so erhält man *Halbe, Drittel, Viertel, Fünftel, Sechstel, ...*

Man schreibt $\frac{1}{2}$ für ein Halbes, $\frac{1}{3}$ für ein Drittel, $\frac{1}{4}$ für ein Viertel, $\frac{1}{5}$ für ein Fünftel, $\frac{1}{6}$ für ein Sechstel usw.

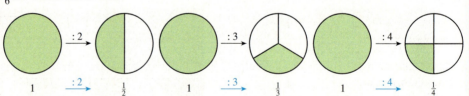

$\frac{1}{2}$ ist die Hälfte eines Ganzen,
1 Ganzes hat 2 Halbe.

$\frac{1}{3}$ ist der 3. Teil eines Ganzen,
1 Ganzes hat 3 Drittel.

$\frac{1}{4}$ ist der 4. Teil eines Ganzen,
1 Ganzes hat 4 Viertel.

In der Silbe „*-tel*" steckt das Wort Teil.
Ein Viertel ($\frac{1}{4}$) bedeutet danach: eins von vier gleich großen Teilen (eines Ganzen).

7. In wie viele gleich große Teile ist das Ganze zerlegt? Wie heißt ein solcher Teil? **Übungen**

a.   c.    e.   g.

b. 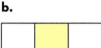   d. 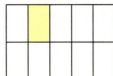   f. 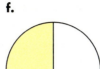   h.

8. Zeichne ein geeignetes Rechteck in dein Heft. Färbe rot:
a. $\frac{1}{4}$ b. $\frac{1}{3}$ c. $\frac{1}{7}$ d. $\frac{1}{9}$ e. $\frac{1}{10}$ f. $\frac{1}{12}$ g. $\frac{1}{100}$

9. Zerlege das Rechteck auf
a. drei,   b. vier
verschiedene Weisen in vier gleich große Teile.
Färbe jeweils $\frac{1}{4}$ des Rechtecks.

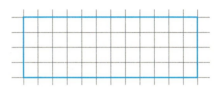

10. Auch eine Strecke stellt ein Ganzes dar. Denke z. B. an eine Holzleiste.
Färbe rot:
a. $\frac{1}{2}$ b. $\frac{1}{3}$ c. $\frac{1}{4}$ d. $\frac{1}{6}$ e. $\frac{1}{12}$

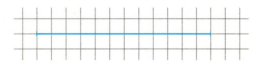

11. Auch ein Quader stellt ein Ganzes dar. Denke z. B. an ein Stück Käse oder ein Stück Butter.
In wie viele gleich große Teile ist das Ganze zerlegt? Wie heißt ein solcher Teil?

a. 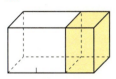   b. 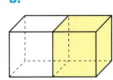   c. 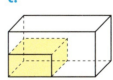   d.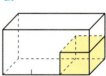

12. Die Fläche stellt die Hälfte [ein Viertel] eines Ganzen dar.
Zeichne ab und ergänze zu einem Ganzen.

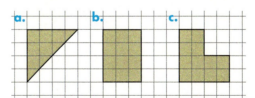

13. Zeichne die Fläche ab.
Ergänze sie zu einem Ganzen.

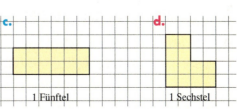

a. 1 Drittel   b. 1 Achtel   c. 1 Fünftel   d. 1 Sechstel

Vielfache von Halben, Dritteln, Vierteln, ...
Zähler kleiner als Nenner

Aufgabe

1. Eine Pizza wird in 4 gleich große Teile aufgeschnitten. Sarah nimmt 3 solche Teile. Das sind 3 Viertel der ganzen Pizza.
Statt *3 Viertel* schreibt man auch $\frac{3}{4}$.

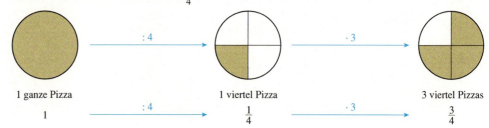

a. Erkläre, wie $\frac{5}{8}$ eines Ganzen (z. B. einer Pizza) entsteht. Stelle das Ganze durch eine Kreisfläche dar.

b. Erkläre, wie $\frac{3}{8}$ eines Ganzen (z. B. eines Kuchens) entsteht. Stelle das Ganze durch ein Rechteck dar.

Lösung

a. Die Kreisfläche (die Pizza) wird in 8 gleich große Teile zerlegt, davon werden dann 5 Teile genommen.

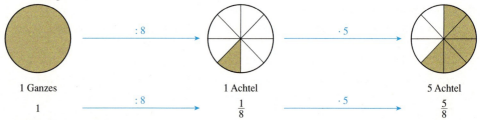

b. Das Rechteck (der Kuchen) wird in 8 gleich große Teile zerlegt, davon werden dann 3 Teile genommen.

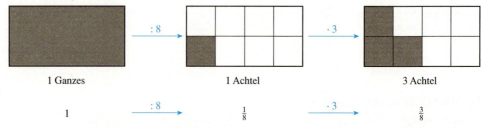

Information

$\frac{1}{2}, \frac{1}{4}, \frac{3}{4}, \frac{1}{8}, \frac{3}{8}, \frac{5}{8}, \frac{2}{3}, \ldots$ sind **Brüche**.

Der *Nenner* eines Bruches gibt an, in wie viele gleich große Teile ein Ganzes zerlegt wird. Er *benennt* die Teile.

Der *Zähler* gibt an, wie viele solcher Teile dann genommen werden. Er *zählt* die Teile.

$\frac{1}{2}, \frac{1}{3}, \frac{1}{4}, \frac{1}{5}, \frac{1}{6}, \ldots$ heißen *Stammbrüche*.

$\dfrac{3}{4}$ ← Zähler
← Bruchstrich
← Nenner

Kapitel 3

2. Zeichne drei gleich große Kreise auf Karton und schneide sie aus. Zerschneide einen Kreis in Halbe, einen Kreis in Viertel und einen Kreis in Achtel. Lege damit:
a. $\frac{1}{2}$ b. $\frac{3}{4}$ c. $\frac{2}{4}$ d. $\frac{1}{8}$ e. $\frac{3}{8}$ f. $\frac{5}{8}$ g. $\frac{6}{8}$

Zum Festigen und Weiterarbeiten

3. Welche Brüche sind dargestellt? Erkläre, wie sie entstanden sind.
  a. Das Ganze ist eine Kreisfläche. (Denke z. B. an eine Torte.)

(1) 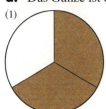 (2)  (3) 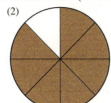 (4)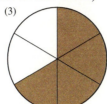

  b. Das Ganze ist ein Rechteck. (Denke z. B. an einen Kuchen.)

(1)  (2)  (3) 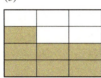 (4)

4. Schreibe als Bruch (mit Zähler und Nenner).
  a. 7 Achtel b. 5 Sechstel c. 4 Zehntel d. 3 Siebtel e. 4 Neuntel f. 3 Zwölftel

5. Zeichne das Rechteck ab. Färbe davon:
a. $\frac{2}{4}$ c. $\frac{3}{6}$ e. $\frac{4}{8}$ g. $\frac{7}{8}$ i. $\frac{5}{12}$
b. $\frac{2}{6}$ d. $\frac{4}{6}$ f. $\frac{2}{8}$ h. $\frac{5}{8}$ j. $\frac{7}{16}$

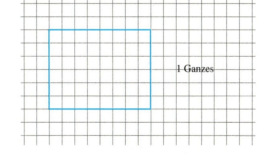

1 Ganzes

6. Wie viel fehlt an einem Ganzen?
a. $\frac{3}{4}$ c. $\frac{5}{8}$ e. $\frac{1}{3}$ g. $\frac{2}{6}$ i. $\frac{3}{10}$
b. $\frac{1}{4}$ d. $\frac{1}{8}$ f. $\frac{2}{3}$ h. $\frac{5}{6}$ j. $\frac{6}{10}$

7. Welcher Bruch ist dargestellt?

Übungen

a.   b.   c.   d.

8. Schneide von einem (rechteckigen) Blatt Papier ab:
a. $\frac{3}{4}$ b. $\frac{5}{8}$ c. $\frac{2}{3}$ d. $\frac{5}{6}$
Falte das Papier vorher geeignet.

9. Zeichne ein geeignetes Rechteck auf Karopapier. Färbe rot:
a. $\frac{4}{5}$ b. $\frac{5}{6}$ c. $\frac{3}{7}$ d. $\frac{5}{9}$

10. Welcher Bruch wird durch die (1) rot, (2) gelb gefärbte Fläche dargestellt?

a.

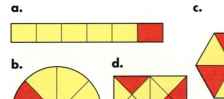

c.   e.   f.

b.   d.

11. a. Färbe $\frac{7}{8}$ des Rechtecks. Es gibt mehrere Möglichkeiten.

b. Zerlege das Rechteck auf drei verschiedene Weisen in 8 gleich große Teile.
Färbe jeweils $\frac{5}{8}$ des Rechtecks.

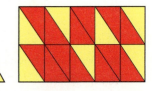

12. Ein Ganzes sei durch eine Strecke dargestellt. Färbe rot:

a. $\frac{3}{4}$ c. $\frac{2}{3}$ e. $\frac{3}{6}$ g. $\frac{5}{12}$

b. $\frac{2}{4}$ d. $\frac{5}{6}$ f. $\frac{4}{6}$ h. $\frac{11}{12}$

13. Welcher Bruchteil des Quaders ist grün?

a. 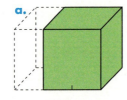   b. 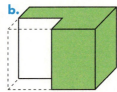   c. 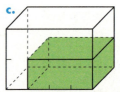   d.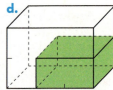

14. a. In wie viele gleich große Teile ist das Zifferblatt einer Uhr durch die Ziffern eingeteilt?

b. Welchen Bruchteil des Zifferblattes überstreicht der kleine Zeiger in
(1) 4 Stunden;
(2) 5 Stunden;
(3) 11 Stunden?

15. Wie viel fehlt an einem Ganzen?

a. $\frac{2}{4}$ c. $\frac{3}{6}$ e. $\frac{4}{7}$ g. $\frac{7}{9}$

b. $\frac{4}{5}$ d. $\frac{3}{8}$ f. $\frac{2}{7}$ h. $\frac{5}{12}$

16. Die Fläche stellt den angegebenen Bruchteil eines Ganzen dar. Zeichne ab und ergänze zu einem Ganzen.

a.   b. 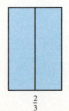   c.   d.

$\frac{3}{6}$ $\frac{2}{3}$ $\frac{5}{9}$ $\frac{2}{3}$

Beliebige Vielfache von Halben, Dritteln, Vierteln, ...
Gemischte Schreibweise

1. Jans und Annes Mutter backt Waffeln. Jan ist hungrig und isst 3 Waffeln, Anne schafft nur $1\frac{3}{5}$ Waffeln. Wie viele Fünftel Waffeln hat jeder gegessen?

Aufgabe

Lösung

Anne: 1 Ganze und 3 Fünftel

8 Fünftel
$1\frac{3}{5} = \frac{8}{5}$

Jan: 3 Ganze

15 Fünftel
$3 = \frac{15}{5}$

Ergebnis: Anne isst $\frac{8}{5}$ Waffeln, Jan $\frac{15}{5}$.

Information

Ist bei einem Bruch der Zähler kleiner als der Nenner, so nennt man ihn einen **echten Bruch**.
Beispiele: $\frac{1}{2}$; $\frac{3}{4}$; $\frac{3}{5}$; $\frac{2}{7}$

Bei Brüchen kann der Zähler auch größer als der Nenner oder gleich dem Nenner sein. Solche Brüche heißen **unechte Brüche**.
Beispiele: $\frac{3}{2}$; $\frac{11}{4}$; $\frac{17}{8}$; $\frac{4}{4}$; $\frac{8}{8}$

Manche unechten Brüche geben die Anzahl von Ganzen, also natürliche Zahlen an.
Beispiele: $\frac{4}{4}=1$; $\frac{8}{4}=2$; $\frac{12}{4}=3$ $\frac{3}{3}=1$; $\frac{6}{3}=2$; $\frac{9}{3}=3$

Andere unechte Brüche geben mehr als ein Ganzes oder mehrere Ganze an. Solche Brüche kann man auch in der **gemischten Schreibweise** notieren. Sie ist eine kurze Schreibwiese für eine Summe aus einer natürlichen Zahl und einem echten Bruch.
Beispiele: $\frac{3}{2}=1+\frac{1}{2}=1\frac{1}{2}$ $\frac{11}{4}=2+\frac{3}{4}=2\frac{3}{4}$

---

2. Welche Brüche sind dargestellt?
Notiere das Ergebnis auch in der gemischten Schreibweise.

(1)   (2)   (3)

Zum Festigen und Weiterarbeiten

3. Das Ganze ist ein Rechteck.
Stelle folgende Brüche dar. Notiere die Brüche auch als natürliche Zahl oder in der gemischten Schreibweise.

1 Ganzes

a. $\frac{3}{3}$; $\frac{6}{3}$; $\frac{9}{3}$ **b.** $\frac{4}{3}$; $\frac{5}{3}$; $\frac{8}{3}$ **c.** $\frac{12}{6}$; $\frac{8}{6}$; $\frac{13}{6}$

Es gibt jeweils mehrere Möglichkeiten.

4. Zeichne auf Karton sechs Kreise und schneide sie aus. Zerschneide zwei Kreise in Halbe, zwei Kreise in Viertel, zwei Kreise in Achtel. Lege damit:
   a. $\frac{3}{2}$; $\frac{4}{2}$
   b. $\frac{5}{4}$; $\frac{8}{4}$; $\frac{6}{4}$; $\frac{7}{4}$
   c. $\frac{9}{8}$; $\frac{16}{8}$; $\frac{10}{8}$; $\frac{15}{8}$

5. Schreibe jeweils als Bruch (mit Zähler und Nenner).
   a. 4 Drittel; 3 Viertel
   b. 5 Achtel; 8 Fünftel
   c. 10 Drittel; 3 Zehntel

Übungen

6. Welche Brüche sind dargestellt?
   Notiere das Ergebnis auch in der gemischten Schreibweise oder als natürliche Zahl.

   a.
   d.
   b.
   c.
   e.

7. Das Ganze ist eine Strecke.
   Stelle folgende Brüche dar.
   a. $\frac{5}{2}$; $\frac{6}{2}$; $\frac{3}{2}$ b. $\frac{7}{5}$; $\frac{13}{5}$; $\frac{10}{5}$ c. $\frac{20}{10}$; $\frac{11}{10}$; $\frac{24}{10}$
   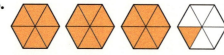
   Notiere die Brüche auch als natürliche Zahl bzw. in der gemischten Schreibweise.

8. a. Wie viele Halbe, Viertel, Achtel sind 2, 3, 5, 7, 9, 10 Ganze?
   b. Wie viele Drittel, Sechstel, Zwölftel sind 2, 3, 4, 5, 10 Ganze?
   c. Wie viele Fünftel, Zehntel, Zwanzigstel sind 4, 9, 10, 12, 20 Ganze?

   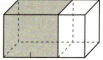

9. Wie viele Ganze sind:
   a. $\frac{6}{2}$; $\frac{10}{2}$; $\frac{24}{4}$; $\frac{36}{4}$; $\frac{24}{8}$; $\frac{56}{8}$
   b. $\frac{12}{3}$; $\frac{27}{3}$; $\frac{18}{6}$; $\frac{42}{6}$; $\frac{24}{12}$; $\frac{60}{12}$
   c. $\frac{20}{5}$; $\frac{45}{5}$; $\frac{30}{10}$; $\frac{80}{10}$; $\frac{40}{20}$; $\frac{100}{20}$
   d. $\frac{125}{25}$; $\frac{350}{50}$; $\frac{180}{30}$; $\frac{300}{60}$; $\frac{320}{40}$; $\frac{720}{80}$
   e. $\frac{162}{27}$; $\frac{144}{36}$; $\frac{144}{48}$; $\frac{112}{16}$; $\frac{192}{24}$; $\frac{375}{75}$

10. Um wie viel ist der Bruch größer als ein Ganzes? Du kannst auch zeichnen.
    a. $\frac{3}{2}$ b. $\frac{7}{4}$ c. $\frac{14}{8}$ d. $\frac{5}{3}$ e. $\frac{11}{6}$ f. $\frac{20}{12}$ g. $\frac{8}{5}$ h. $\frac{17}{10}$

11. Wie viel fehlt am nächsten Ganzen?
    a. $1\frac{1}{2}$ c. $2\frac{3}{8}$ e. $5\frac{4}{6}$ g. $1\frac{3}{5}$ i. $\frac{5}{2}$ k. $\frac{26}{8}$ m. $\frac{65}{12}$ o. $\frac{126}{20}$
    b. $2\frac{1}{4}$ d. $3\frac{2}{3}$ f. $4\frac{3}{12}$ h. $3\frac{7}{10}$ j. $\frac{13}{4}$ l. $\frac{13}{3}$ n. $\frac{37}{5}$ p. $\frac{124}{20}$

Umwandeln der gemischten Schreibweise in einen Bruch und umgekehrt

1. a. Rechts siehst du $2\frac{4}{5}$ Waffeln. Wie viele Fünftel Waffeln sind das?

b. Ein Pizza-Bäcker hat einige Pizzas in Drittel aufgeschnitten, insgesamt sind noch $\frac{7}{3}$ übrig.
Schreibe den unechten Bruch $\frac{7}{3}$ in gemischter Schreibweise.

Aufgabe

Lösung

a. $2\frac{4}{5}$ bedeutet:

2 Ganze und 4 Fünftel

Wir stellen uns vor:
1 Ganzes sind 5 Fünftel.
2 Ganze sind 10 Fünftel,
dazu noch 4 Fünftel,
ergibt 14 Fünftel:
$2\frac{4}{15} = \frac{14}{5}$

b. $\frac{7}{3}$ bedeutet:

7 Drittel

Wir stellen uns vor:
3 Drittel ergeben 1 Ganzes.
6 Drittel ergeben 2 Ganze,
es bleibt noch 1 Drittel:
$\frac{7}{3} = 2\frac{1}{3}$

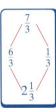

2. Gib als unechten Bruch an.
  a. $6\frac{1}{2}$; $5\frac{3}{4}$; $2\frac{3}{8}$; $3\frac{2}{3}$; $4\frac{5}{6}$; $7\frac{5}{12}$; $8\frac{2}{5}$; $4\frac{6}{10}$
  b. $1\frac{1}{2}$; $3\frac{1}{4}$; $2\frac{3}{6}$; $4\frac{5}{8}$; $5\frac{9}{10}$; $3\frac{4}{5}$; $1\frac{7}{8}$; $2\frac{3}{4}$

Zum Festigen und Weiterarbeiten

3. Gib die unechten Brüche in der gemischten Schreibweise an.
  a. $\frac{9}{2}$; $\frac{35}{4}$; $\frac{35}{8}$; $\frac{25}{3}$; $\frac{46}{6}$; $\frac{39}{12}$; $\frac{37}{5}$; $\frac{73}{10}$
  b. $\frac{5}{2}$; $\frac{11}{3}$; $\frac{21}{4}$; $\frac{27}{5}$; $\frac{27}{6}$; $\frac{50}{8}$; $\frac{33}{10}$; $\frac{25}{4}$

4. Betrachte die folgenden unechten Brüche: $\frac{15}{5}, \frac{17}{5}, \frac{15}{4}, \frac{20}{4}, \frac{28}{7}, \frac{11}{7}, \frac{45}{9}, \frac{28}{9}, \frac{70}{10}, \frac{71}{10}$
  a. Welche dieser Brüche kann man in der gemischten Schreibweise angeben?
  b. Welche dieser Brüche stellen natürliche Zahlen dar, welche nicht?
  c. Gib zu Teilaufgabe a. und zu Teilaufgabe b. jeweils eine Bedingung an.

5. Gib als unechten Bruch an.
  a. $4\frac{1}{2}$; $3\frac{3}{4}$; $7\frac{3}{4}$; $8\frac{1}{4}$; $5\frac{7}{8}$; $6\frac{3}{8}$; $9\frac{5}{8}$
  b. $5\frac{1}{3}$; $8\frac{2}{3}$; $9\frac{1}{6}$; $2\frac{5}{6}$; $3\frac{4}{6}$; $1\frac{7}{12}$; $4\frac{5}{12}$
  c. $3\frac{3}{5}$; $6\frac{2}{5}$; $5\frac{1}{5}$; $7\frac{9}{10}$; $8\frac{3}{10}$; $4\frac{1}{20}$; $7\frac{11}{20}$
  d. $5\frac{4}{10}$; $6\frac{24}{100}$; $8\frac{21}{100}$; $5\frac{119}{1\,000}$; $4\frac{345}{1\,000}$
  e. $5\frac{7}{11}$; $6\frac{5}{12}$; $9\frac{13}{15}$; $7\frac{17}{20}$; $8\frac{17}{25}$; $4\frac{83}{100}$
  f. $54\frac{2}{3}$; $205\frac{3}{4}$; $16\frac{7}{8}$; $14\frac{5}{6}$; $220\frac{4}{5}$; $118\frac{4}{10}$

Übungen

6. Gib in der gemischten Schreibweise an.
  a. $\frac{11}{2}$; $\frac{19}{2}$; $\frac{17}{4}$; $\frac{31}{4}$; $\frac{31}{8}$; $\frac{53}{8}$; $\frac{76}{8}$
  b. $\frac{17}{2}$; $\frac{26}{4}$; $\frac{20}{3}$; $\frac{39}{6}$; $\frac{20}{6}$; $\frac{67}{12}$; $\frac{85}{12}$
  c. $\frac{37}{5}$; $\frac{41}{5}$; $\frac{49}{5}$; $\frac{36}{10}$; $\frac{83}{10}$; $\frac{75}{20}$; $\frac{106}{20}$
  d. $\frac{34}{10}$; $\frac{234}{100}$; $\frac{586}{100}$; $\frac{381}{100}$; $\frac{3\,215}{1\,000}$; $\frac{7\,178}{1\,000}$
  e. $\frac{59}{3}$; $\frac{63}{4}$; $\frac{126}{5}$; $\frac{83}{6}$; $\frac{128}{7}$; $\frac{143}{8}$; $\frac{131}{9}$
  f. $\frac{64}{11}$; $\frac{111}{12}$; $\frac{69}{15}$; $\frac{75}{20}$; $\frac{181}{25}$; $\frac{194}{50}$; $\frac{431}{60}$

Bruch als Quotient natürlicher Zahlen

Aufgabe

1. Tanja, Melanie und Sarah haben nur Geld für zwei Pizzas.
Sie wollen gerecht teilen. Jedes Mädchen soll gleich viel bekommen.
Wie viel Pizza bekommt jedes Mädchen?

Lösung

Wir teilen jede Pizza in 3 gleich große Teile. Von jeder der beiden Pizzas bekommt ein Mädchen ein Drittel ($\frac{1}{3}$), also insgesamt 2 Drittel ($\frac{2}{3}$).

$2 : 3 = \frac{2}{3}$

Ergebnis: Jedes Mädchen erhält $\frac{2}{3}$ Pizzas.

Tanja Melanie Sarah

Information

Bruchstrich bedeutet Dividieren

Den *Quotienten zweier natürlicher Zahlen* kann man auch als *Bruch* schreiben.
Beispiele: $2 : 3 = \frac{2}{3}$; $3 : 2 = \frac{3}{2} = 1\frac{1}{2}$

Auch Quotienten mit dem Nenner 1, wie 3 : 1, oder Quotienten mit dem Zähler 0, wie 0 : 4, wollen wir als Bruch schreiben.
Beispiele: $3 : 1 = \frac{3}{1}$; $0 : 4 = \frac{0}{4}$

Zum Festigen und Weiterarbeiten

2. 5 Kinder teilen sich 3 Tafeln Schokolade. Wie viel bekommt jedes Kind?

3. Welcher Quotient und welcher Bruch ist dargestellt?

a. 3 Riegel werden an 4 Kinder verteilt. b. 2 Waffeln werden an 5 Personen verteilt.

 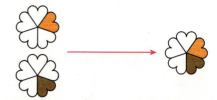

4. Der Bruch $\frac{3}{4}$ kann bedeuten:

(1) Von einem Ganzen 3 Viertel (2) Von 3 Ganzen je ein Viertel

  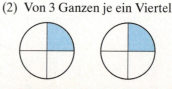

Erkläre ebenso: a. $\frac{4}{5}$; b. $\frac{3}{7}$; c. $\frac{5}{6}$; d. $\frac{5}{8}$. Zeichne dazu.

5. Notiere als Bruch. Gib das Ergebnis – falls möglich – auch als natürliche Zahl oder in der gemischten Schreibweise an.

a. 7 : 2
   1 : 2
b. 3 : 4
   7 : 4
c. 2 : 4
   4 : 2
d. 3 : 5
   18 : 5
e. 3 : 12
   28 : 12
f. 1 : 5
   5 : 1
g. 0 : 3
   0 : 5

6. Verwandle durch Dividieren in die gemischte Schreibweise.

a. $\frac{23}{7}$ c. $\frac{43}{3}$ e. $\frac{143}{12}$ g. $\frac{333}{34}$ i. $\frac{7428}{35}$

b. $\frac{29}{8}$ d. $\frac{99}{7}$ f. $\frac{190}{17}$ h. $\frac{511}{43}$ j. $\frac{3395}{41}$

$$\frac{13}{5} = 13 : 5$$
$$= 2 + (3 : 5)$$
$$= 2 + \frac{3}{5}$$
$$= 2\frac{3}{5}$$

7.  Wie viel bekommt jeder?

a. 3 Äpfel werden an 4 Kinder verteilt.
b. 4 Eierkuchen werden an 3 Kinder verteilt.
c. 6 Kinder teilen sich 15 Birnen.
d. 14 Kinder teilen sich 2 Torten.

Übungen

8. Notiere als Bruch. Gib das Ergebnis – wenn möglich – auch als natürliche Zahl oder in der gemischten Schreibweise an.

a. 5 : 8
   11 : 8
b. 3 : 4
   5 : 4
c. 2 : 6
   15 : 6
d. 17 : 25
   31 : 25
e. 9 : 1
   15 : 1
f. 0 : 7
   0 : 1
g. 1 : 7
   7 : 1
h. 1 : 9
   0 : 9

9. Verwandle den unechten Bruch durch Division in die gemischte Schreibweise.

a. $\frac{67}{5}$ b. $\frac{100}{6}$ c. $\frac{133}{9}$ d. $\frac{93}{7}$ e. $\frac{131}{11}$ f. $\frac{387}{25}$ g. $\frac{876}{12}$ h. $\frac{9315}{77}$

10. Berechne.

a. 29 : 7
b. 43 : 6
c. 49 : 9
d. 93 : 8
e. 251 : 10
f. 84 : 5
g. 178 : 18
h. 113 : 12
i. 1 415 : 60
j. 32 073 : 75
k. 2 474 : 125
l. 45 976 : 250

$$25 : 6 = 4\frac{1}{6}$$

11. Stellt euch wie rechts ein Anlegespiel her für die Brüche:
$\frac{1}{2}, \frac{1}{5}, \frac{2}{3}, \frac{2}{4}, \frac{5}{6}, \frac{7}{8}, \frac{3}{4}, \frac{8}{12}, \frac{3}{8}, \frac{4}{3}, 1\frac{3}{4}, 1\frac{1}{8}$.
Ihr erhaltet 12 Zahlenkarten und 24 Bildkarten. Mischt die 12 Zahlenkarten und legt sie verdeckt als Stapel auf den Tisch. Mischt dann die 24 Bildkarten und verteilt sie. Jeder legt seine Bildkarten offen auf den Tisch. Reihum wird nun die oberste Karte des Stapels aufgedeckt. Wer passende Bildkarten hat, legt sie dazu. Sieger ist, wer zuerst alle Bildkarten anlegen konnte.

Spiel (2 – 4 Spieler)

Brüche als Maßzahlen in Größenangaben

Aufgabe

1. Mario kauft auf dem Markt ein. Auf seinem Einkaufszettel sind die Gewichte in kg angegeben; auf der Waage kann man sie in g ablesen.
Um das Gewicht auf der Waage zu kontrollieren, rechnet Mario die Gewichtsangaben auf dem Zettel jeweils in g um. Verfahre ebenso.

Lösung

Das Ganze ist hier 1 kg, das sind 1 000 g.

(1) $\frac{1}{4}$ kg ist der 4te Teil von 1 kg,
1 kg $\xrightarrow{:4}$ $\frac{1}{4}$ kg
also der 4te Teil von 1 000 g.
1 000 g $\xrightarrow{:4}$ 250 g

$\boxed{\frac{1}{4} \text{ kg} = 250 \text{ g}}$

(2) $\frac{3}{4}$ kg ist das 3fache von $\frac{1}{4}$ kg,
1 kg $\xrightarrow{:4}$ $\frac{1}{4}$ kg $\xrightarrow{\cdot 3}$ $\frac{3}{4}$ kg
also das 3fache von 250 g.
1 000 g $\xrightarrow{:4}$ 250 g $\xrightarrow{\cdot 3}$ 750 g

$\boxed{\frac{3}{4} \text{ kg} = 750 \text{ g}}$

(3) $1\frac{3}{4}$ kg bedeutet ausführlich:
1 kg + $\frac{3}{4}$ kg
Das sind:
1 000 g + 750 g, also 1 750 g.

$\boxed{1\frac{3}{4} \text{ kg} = 1\,750 \text{ g}}$

Mit Brüchen als Maßzahlen kann man Größen wie Längen, Flächeninhalte, Volumina (Rauminhalte), Gewichte und Zeitspannen angeben.

$\frac{3}{4}$ kg

Maßzahl   Maßeinheit

Zum Festigen und Weiterarbeiten

1 t = 1 000 kg
1 kg = 1 000 g

2. Gib die Gewichtsangaben in der angegebenen Maßeinheit an.

a. g: $\frac{1}{8}$ kg; $\frac{3}{8}$ kg; $\frac{5}{8}$ kg; $\frac{1}{5}$ kg; $\frac{3}{5}$ kg **c.** kg: $\frac{1}{4}$ t; $\frac{6}{8}$ t; $\frac{7}{10}$ t; $\frac{3}{100}$ t; $\frac{11}{1000}$ t

b. g: $\frac{7}{8}$ kg; $\frac{9}{10}$ kg; $\frac{1}{20}$ kg; $\frac{6}{20}$ kg; $\frac{6}{100}$ kg **d.** kg: $\frac{3}{50}$ t; $\frac{10}{250}$ t; $\frac{1}{25}$ t; $\frac{20}{25}$ t; $\frac{1}{40}$ t

Mögliche Maßzahlen: 200; 60; 11; 800; 700; 625; 25; 60; 250; 375; 900; 600; 600; 125; 300; 40; 875; 750; 50; 40; 30

3. Wandle in die nächst kleinere Maßeinheit um.

a. $1\frac{1}{2}$ kg; $2\frac{3}{4}$ kg; $3\frac{5}{8}$ kg; $2\frac{3}{8}$ kg **b.** $1\frac{3}{8}$ t; $3\frac{1}{2}$ t; $2\frac{1}{4}$ t; $4\frac{7}{8}$ t; $5\frac{7}{8}$ t

Mögliche Maßzahlen: 3 625; 4 875; 2 750; 3 500; 1 500; 2 525; 2 375; 2 250; 1 375; 4 750; 5 875

4. Gib in der gemischten Schreibweise an:
$\frac{7}{2}$ kg; $\frac{15}{4}$ kg; $\frac{13}{8}$ kg; $\frac{27}{10}$ kg; $\frac{324}{100}$ kg; $\frac{11}{2}$ t; $\frac{19}{4}$ t; $\frac{27}{8}$ t; $\frac{43}{10}$ t; $\frac{219}{100}$ t

5. Gib als Anteil von 1 kg an:
  a. 500 g   **b.** 100 g   **c.** 1 g   **d.** 250 g

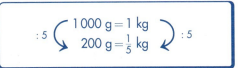

6. 3 kg Äpfel werden verteilt an
  a. 4 Personen;   **b.** 5 Personen;   **c.** 10 Personen;   **d.** 2 Personen.
  Wie viel kg erhält jeder?

7. Das Ganze kann auch 1 m oder 1 km sein. Erkläre, wie im Beispiel gezeichnet und gerechnet worden ist. Zeichne und rechne ebenso.

Übungen

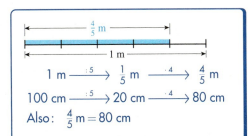

  a. $\frac{3}{10}$ m = □ cm   **d.** $\frac{3}{4}$ km = □ m
  b. $\frac{2}{4}$ m = □ cm   **e.** $\frac{7}{10}$ km = □ m
  c. $\frac{2}{5}$ m = □ cm   **f.** $\frac{3}{8}$ km = □ m

8. Gib die Längenangaben an
  a. in cm: $\frac{1}{2}$ m; $\frac{1}{4}$ m; $\frac{3}{4}$ m; $\frac{6}{10}$ m; $\frac{1}{20}$ m; $\frac{3}{5}$ m   **c.** in mm: $\frac{1}{5}$ cm; $\frac{3}{5}$ cm; $\frac{7}{10}$ cm; $\frac{4}{5}$ cm; $\frac{9}{10}$ cm
  b. in m: $\frac{1}{2}$ km; $\frac{1}{8}$ km; $\frac{4}{8}$ km; $\frac{5}{8}$ km; $\frac{9}{10}$ km   **d.** in mm: $\frac{4}{5}$ m; $\frac{3}{5}$ m; $\frac{3}{10}$ m; $\frac{1}{100}$ m; $\frac{7}{100}$ m

9. Wandle in die nächst kleinere Maßeinheit um:
  $1\frac{3}{4}$ m; $4\frac{1}{2}$ m; $3\frac{4}{5}$ m; $2\frac{1}{4}$ km; $1\frac{4}{10}$ km; $4\frac{2}{5}$ km.

10. a. Gib die Länge der blauen Strecke mithilfe eines Bruches in m an.

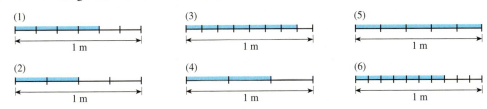

  b. Welcher Bruchteil fehlt jeweils an einem vollen Meter?

11. Schreibe den Quotienten mithilfe eines Bruches.
  Gib das Ergebnis auch in einer kleineren Maßeinheit an.

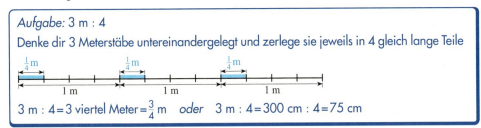

  a. 3 m : 5; 3 m : 10; 4 m : 5; 5 m : 20   **c.** 3 dm : 4; 4 dm : 25; 7 m : 8; 3 m : 8
  b. 3 km : 4; 3 km : 5; 9 km : 10; 7 km : 8   **d.** 4 cm : 5; 5 dm : 2; 9 m : 5; 3 km : 15

12. Gib als Anteil an
   a. von 1 m: 50 cm; 10 cm; 1 cm
   b. von 1 kg: 500 g; 100 g; 1 g; 250 g

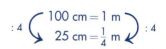

13. In einem Rezept für eine Suppe steht:
Man nehme $\frac{3}{4}\,l$ Brühe, $\frac{1}{8}\,l$ Rotwein, …

(1)  (2) 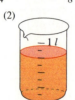 (3) (4) (5)  (6)

   a. Welcher Messbecher enthält die Brühe, welcher den Rotwein?
   b. Gib den Inhalt der anderen vier Messbecher in l an.
   c. Gib für jeden Messbecher an, wie viel l Flüssigkeit bis zu einem Liter noch fehlt.

14. Kleinere Flüssigkeitsmengen, z. B. Arzneien, werden häufig in ml (Milliliter) angegeben. Gib die Volumenangaben in ml an.
   a. $\frac{1}{2}\,l$; $\frac{2}{5}\,l$; $\frac{5}{8}\,l$; $\frac{3}{4}\,l$; $\frac{1}{10}\,l$ **b.** $\frac{9}{10}\,l$; $\frac{7}{8}\,l$; $\frac{1}{100}\,l$; $\frac{15}{100}\,l$; $\frac{7}{20}\,l$ **c.** $\frac{70}{100}\,l$; $\frac{7}{1000}\,l$; $\frac{1}{4}\,l$; $\frac{4}{5}\,l$; $\frac{9}{20}\,l$

15. **a.** 5 l Saft sollen auf 8 Gläser gleichmäßig verteilt werden. $1\,l = 1000\,ml$
   b. 7 l Saft sollen auf 20 Gläser gleichmäßig verteilt werden.
   Wie viel Liter Saft sind in jedem Glas? Gib das Ergebnis auch in ml an.

16. Schreibe das Ergebnis mithilfe eines Bruches. Gib das Ergebnis auch in ml an.
   a. 3 l : 4   **b.** 3 l : 8   **c.** 11 l : 25   **d.** 7 l : 8   **e.** 7 l : 20

17. **a.** Wandle in die gemischte Schreibweise um: $\frac{20}{8}\,l$; $\frac{15}{4}\,l$; $\frac{33}{10}\,l$; $\frac{25}{2}\,l$; $\frac{37}{8}\,l$.
   b. Wandle um in ml: $3\frac{3}{4}\,l$; $2\frac{5}{8}\,l$; $4\frac{1}{2}\,l$; $5\frac{9}{10}\,l$.

18. **a.** In jedem Bild veranschaulicht die grüne Fläche eine Zeitspanne (Bruchteile einer Stunde). Gib diese Zeitspannen in Minuten (min) und mithilfe eines Bruches in Stunden (h) an.

(1) (2) (3) (4) (5) (6)

   b. Welcher Bruchteil einer Stunde fehlt jeweils an einer vollen Stunde?

19. Gib die Zeitspannen in der angegebenen Maßeinheit an.   1 d = 1 Tag
   a. min: $\frac{3}{4}$ h; $\frac{3}{5}$ h; $\frac{5}{6}$ h; $\frac{29}{30}$ h; $\frac{3}{20}$ h; $\frac{11}{15}$ h   **c.** Monate: $\frac{1}{4}$ J; $\frac{2}{3}$ J; $\frac{5}{6}$ J; $\frac{3}{4}$ J; $\frac{1}{12}$ J; $\frac{7}{12}$ J
   b. s: $\frac{1}{60}$ min; $\frac{1}{3}$ min; $\frac{3}{4}$ min; $\frac{4}{5}$ min; $\frac{17}{20}$ min   **d.** h: $\frac{1}{2}$ d; $\frac{3}{4}$ d; $\frac{5}{8}$ d; $\frac{2}{3}$ d; $\frac{11}{12}$ d; $\frac{3}{24}$ d

20. Wandle um in
   a. min: $1\frac{2}{3}$ h; $2\frac{5}{6}$ h; $4\frac{7}{12}$ h; $3\frac{9}{30}$ h   **b.** Monate: $1\frac{7}{12}$ J; $3\frac{2}{3}$ J; $2\frac{1}{6}$ J; $5\frac{3}{4}$ J

21. a. Gib den Flächeninhalt der roten Fläche mithilfe eines Bruches in m² an.

(1) (2) (3) (4) (5) (6)

b. Welcher Bruchteil fehlt jeweils an einem vollen Quadratmeter?

22. Gib die Größe der roten Fläche in m² an.

(1) 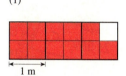 (2) 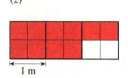 (3) 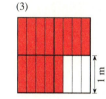 (4)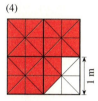

23. Zeichne auf Karopapier ein Quadrat mit der Seitenlänge 1 dm. Färbe eine Fläche der angegebenen Größe. Gib sie auch in cm² an.

a. $\frac{1}{2}$ dm² **b.** $\frac{3}{10}$ dm² **c.** $\frac{7}{10}$ dm² **d.** $\frac{3}{4}$ dm² **e.** $\frac{4}{5}$ dm² **f.** $\frac{13}{100}$ dm²

24. Zeichne wie im Beispiel eine Fläche der angegebenen Größe.

a. $3\frac{1}{2}$ cm² **b.** $5\frac{3}{4}$ cm² **c.** $4\frac{1}{4}$ cm² **d.** $6\frac{2}{4}$ cm²

Gib die Größe auch in mm² an.

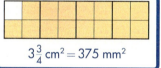

$3\frac{3}{4}$ cm² = 375 mm²

25. Gib den Flächeninhalt in der angegebenen Maßeinheit an.

a. cm²: $\frac{1}{4}$ dm²; $\frac{9}{10}$ dm²; $\frac{2}{5}$ dm²; $\frac{3}{4}$ dm² **c.** m²: $\frac{3}{4}$ a; $\frac{9}{10}$ a; $\frac{3}{20}$ a; $\frac{4}{5}$ a; $\frac{2}{2}$ a; $\frac{1}{4}$ a

b. mm²: $\frac{3}{4}$ cm²; $\frac{3}{5}$ cm²; $\frac{5}{10}$ cm²; $\frac{1}{20}$ cm² **d.** ha: $\frac{1}{5}$ km²; $\frac{3}{10}$ km²; $\frac{4}{25}$ km²; $\frac{19}{50}$ km²

26. Wandle in die nächst kleinere Maßeinheit um:

$2\frac{1}{4}$ m²; $3\frac{3}{4}$ m²; $4\frac{1}{2}$ m²; $3\frac{1}{4}$ dm²; $1\frac{1}{2}$ dm²; $2\frac{3}{4}$ dm²

1 cm² = 100 mm²
1 dm² = 100 cm²
1 m² = 100 dm²
1 a = 100 m²
1 ha = 100 a
1 km² = 100 ha

27. Schreibe mit einem Bruch. Gib das Ergebnis auch in einer kleineren Maßeinheit an.

a. 3 m² : 4; 2 km² : 5; 7 cm² : 10   **b.** 7 m² : 8; 6 dm² : 40; 11 m² : 125

28. Gib als Anteil an von

a. 1 km: 100 m; 500 m; 250 m; 1 m   **c.** 1 a: 1 m²; 10 m²; 50 m²; 25 m²

b. 1 l: 1 ml; 125 ml; 200 ml; 100 ml   **d.** 1 h: 30 min; 1 min; 15 min; 45 min

29. Wandle in die gemischte Schreibweise um: $\frac{7}{4}$ m, $\frac{11}{8}$ l, $\frac{4}{3}$ h, $\frac{15}{2}$ km, $\frac{13}{4}$ l, $\frac{53}{10}$ m², $\frac{9}{5}$ kg.

30. Gib die Volumina (Rauminhalte) in der angegebenen Maßeinheit an.

a. dm³: $\frac{3}{4}$ m³; $\frac{2}{5}$ m³; $\frac{7}{10}$ m³; $\frac{17}{100}$ m³   **b.** cm³: $\frac{5}{8}$ dm³; $\frac{4}{5}$ dm³; $\frac{3}{10}$ dm³; $\frac{57}{100}$ dm³

1 m³ = 1 000 dm³
1 dm³ = 1 000 cm³

31. Was ist größer? **a.** $\frac{1}{2}$ m oder $\frac{1}{5}$ m   **b.** $\frac{1}{4}$ l oder $\frac{1}{3}$ l   **c.** $\frac{1}{8}$ kg oder $\frac{1}{2}$ kg

Bruchteile von beliebigen Größen – Drei Grundaufgaben
Bestimmen eines Teils von einer Größe

Aufgabe

1. Familie Meyer (3 Personen) und Familie Stein (4 Personen) spielen gemeinsam Lotto. Sie haben vereinbart, einen Gewinn auf alle 7 Familienmitglieder gleichmäßig zu verteilen.
Am letzten Spieltag haben sie gemeinsam 21 000 € gewonnen.

   a. Welchen Anteil am Gewinn erhält jede Familie?

   b. Wie viel € erhält jede Familie?

Lösung

a. Das Ganze ist der Gewinn, also 21 000 €. Er muss in 7 gleich große Teile zerlegt werden.
Jeder Teil ist $\frac{1}{7}$ des Gewinns.
3 dieser Teile erhält Familie Meyer, das sind $\frac{3}{7}$ des Gewinns.
4 dieser Teile erhält Familie Stein, das sind $\frac{4}{7}$ des Gewinns.

b. $\frac{3}{7}$ von 21 000 € erhält Familie Meyer:

$$21\,000\,€ \xrightarrow{\text{davon } \frac{3}{7}} 9\,000\,€$$
$$:7 \searrow \quad \nearrow \cdot 3$$
$$3\,000\,€$$

$\frac{3}{7}$ von 21 000 € = (21 000 € : 7) · 3
   = 9 000 €

Ergebnis: Familie Meyer erhält 9 000 €.

$\frac{4}{7}$ von 21 000 € erhält Familie Stein:

$$21\,000\,€ \xrightarrow{\text{davon } \frac{4}{7}} 12\,000\,€$$
$$:7 \searrow \quad \nearrow \cdot 4$$
$$3\,000\,€$$

$\frac{4}{7}$ von 21 000 € = (21 000 € : 7) · 4
   = 12 000 €

Ergebnis: Familie Stein erhält 12 000 €.

Information

Ein Bruch dient auch zur Angabe einer *Rechenanweisung* (eines Bruchoperators).
Die Rechenanweisung $\frac{3}{4}$ **von** bedeutet:
Dividiere eine Größe **durch 4, multipliziere** dann das Ergebnis **mit 3** (bzw. zerlege in 4 gleich große Teile, nimm dann 3 davon).

Man erhält einen **Teil der Größe.**
Der *Nenner* des Bruches gibt die Anweisung zum Dividieren, der Zähler zum Multiplizieren an.

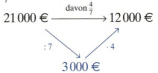

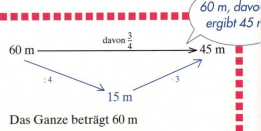

Das Ganze beträgt 60 m
$\frac{1}{4}$ des Ganzen beträgt 60 m : 4 = 15 m
$\frac{3}{4}$ des Ganzen beträgt 15 m · 3 = 45 m

Kapitel 3

2. Ein geplanter Schifffahrtskanal ist 90 km lang. Im ersten Bauabschnitt sollen $\frac{2}{9}$, im zweiten Bauabschnitt $\frac{4}{9}$ und im letzten Bauabschnitt $\frac{3}{9}$ der Kanallänge fertig gestellt werden. Wie viel km sind die einzelnen Bauabschnitte lang?
Fertige auch eine Skizze an, verwende einen 9 cm langen Streifen für den ganzen Schifffahrtskanal.

Zum Festigen und Weiterarbeiten

3. Fülle die Lücken in den Pfeilbildern aus.

a.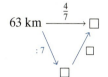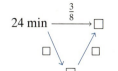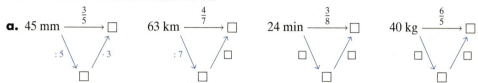

b.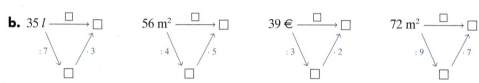

4. Bestimme:
a. $\frac{7}{3}$ von 24 kg;   b. $\frac{2}{9}$ von 45°;   c. $\frac{5}{12}$ von 60 min;   d. $\frac{12}{5}$ von 60 min.
Zeichne zuerst ein Pfeilbild wie in Aufgabe 3.

5. a. Lege ein Pfeilbild an; rechne im Kopf.
   (1) $\frac{4}{3}$ von 24 kg;   (2) $\frac{7}{10}$ von 160 l;   (3) $\frac{2}{3}$ von 24 h;   (4) $\frac{3}{2}$ von 24 h

b. Schreibe wie in Teilaufgabe a.; rechne im Kopf.
   120 m $\xrightarrow{\frac{5}{8}}$ □;   65 a $\xrightarrow{\frac{7}{5}}$ □;   51 € $\xrightarrow{\frac{2}{3}}$ □;   24 h $\xrightarrow{\frac{5}{6}}$ □

6. a. Tanja und Tim sollen $\frac{2}{3}$ von 6 m² berechnen. Dabei gehen sie unterschiedlich vor.
Tanjas Weg: *Tims Weg:*

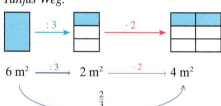 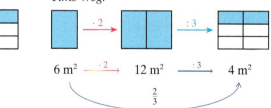

Beschreibe beide Wege und vergleiche sie.

b. Bestimme
   (1) $\frac{7}{3}$ von 36 km; $\frac{7}{3}$ von 30 min; $\frac{7}{3}$ von 12 €; $\frac{7}{3}$ von 18 l; $\frac{7}{3}$ von 1008 cm²
   (2) $\frac{5}{10}$ von 36 km; $\frac{5}{10}$ von 30 min; $\frac{5}{10}$ von 12 €; $\frac{5}{10}$ von 18 l; $\frac{5}{10}$ von 1008 cm²
   (3) $\frac{10}{4}$ von 36 km; $\frac{10}{4}$ von 30 min; $\frac{10}{4}$ von 12 €; $\frac{10}{4}$ von 18 l; $\frac{10}{4}$ von 1008 cm²
   (4) $\frac{4}{12}$ von 36 km; $\frac{4}{12}$ von 30 min; $\frac{4}{12}$ von 12 €; $\frac{4}{12}$ von 18 l; $\frac{4}{12}$ von 1008 cm²

Rechne auf eine der beiden Arten wie im Beispiel oben. Überlege, ob es günstiger ist, zuerst zu dividieren und dann zu multiplizieren oder umgekehrt.
Mögliche Maßzahlen: 90; 70; 4; 9; 2520; 10; 84; 42; 504; 2352; 45; 12; 28; 75; 336; 15; 6; 30; 18; 6; 2452

7. Im Beispiel wird die Rechenanweisung „$\frac{3}{4}$ von" auf die Maßeinheit 1 kg angewandt. Man erhält als Ergebnis die Größe $\frac{3}{4}$ kg.
Fülle die Lücke aus.

a. $1\,l \xrightarrow{\square} \frac{5}{8}\,l$ b. $1\,m \xrightarrow{\frac{2}{5}} \square\,m$ c. $1\,h \xrightarrow{\square} \frac{2}{3}\,h$ d. $1\,t \xrightarrow{\frac{3}{4}} \square\,t$

Übungen

8. a. $35\,m \xrightarrow{\frac{3}{5}} \square$, :5, ·3, $\square$
b. $21\,m^2 \xrightarrow{\frac{5}{7}} \square$, $\square$, $\square$, $\square$
c. $400\,€ \xrightarrow{\square} \square$, :100, ·4, $\square$
d. $280\,kg \xrightarrow{\square} \square$, :14, ·15, $\square$

9.
a. $\frac{4}{3}$ von 24 m
$\frac{7}{10}$ von 30 dm
$\frac{3}{5}$ von 80 km
$\frac{2}{5}$ von 45 cm

b. $\frac{8}{11}$ von 55 m²
$\frac{3}{4}$ von 48 ha
$\frac{2}{3}$ von 42 cm²
$\frac{5}{6}$ von 36 a

c. $\frac{2}{4}$ von 6 m
$\frac{3}{6}$ von 8 kg
$\frac{4}{6}$ von 15 l
$\frac{4}{10}$ von 5 a

d. $\frac{3}{5}$ von 7 dm
$\frac{3}{8}$ von 5 l
$\frac{3}{4}$ von 9 €
$\frac{5}{8}$ von 3 kg

10. Bestimme
a. $\frac{5}{3}$,   b. $\frac{5}{10}$,   c. $\frac{11}{4}$,   d. $\frac{3}{9}$ von (1) 12 cm; (2) 24 cm.
Überlege, ob es günstiger ist zuerst zu dividieren oder zuerst zu multiplizieren.

11. Berechne:
a. $\frac{2}{5}$ von 45 t, 155 t, 825 t, 3875 t
b. $\frac{1}{2}$, $\frac{1}{3}$, $\frac{5}{6}$, $\frac{4}{5}$, $\frac{9}{10}$, $\frac{4}{15}$ von 150 €

12. a. Lege ein Pfeilbild an; rechne im Kopf.
(1) $\frac{5}{8}$ von 120 m   (2) $\frac{4}{2}$ von 18 cm   (3) $\frac{2}{3}$ von 75 min   (4) $\frac{3}{10}$ von 450 ha

b. Notiere wie in Teilaufgabe a.; rechne im Kopf.
(1) $32\,l \xrightarrow{\frac{7}{8}} \square$ (2) $69\,m \xrightarrow{\frac{5}{3}} \square$ (3) $64\,kg \xrightarrow{\frac{5}{4}} \square$ (4) $96\,ha \xrightarrow{\frac{5}{6}} \square$

13. Notiere kürzer.
a. $\frac{2}{5}$ von 1 kg
$\frac{5}{2}$ von 1 kg
b. $\frac{8}{25}$ von 1 km
$\frac{25}{8}$ von 1 km
c. $\frac{4}{15}$ von 1 h
$\frac{15}{4}$ von 1 h
d. $\frac{2}{3}$ von 1 Jahr
$\frac{3}{2}$ von 1 Jahr
e. $\frac{4}{5}$ von 1 m²
$\frac{3}{10}$ von 1 m²

14. Berechne:
a. $\frac{2}{3}$ von 72 Nüssen;   b. $\frac{4}{5}$ von 350 Briefmarken;   c. $\frac{3}{4}$ von 144 Schülern.

15. Miriam hat zum Geburtstag 30 € bekommen. Davon spart sie $\frac{4}{5}$ für die Anschaffung eines modischen Rucksacks.
Wie viel € sind das?

16. Bei einem Schulfest veranstaltet die Klasse 6a eine Tombola. Sie nahm 216 € ein.
$\frac{2}{3}$ der Einnahmen sollen an ein Kinderdorf überwiesen werden.
Wie viel € sind das?

17. Jans Mutter besitzt 96 ha Land. Auf $\frac{5}{8}$ dieses Landes baut sie Getreide an.
Wie viel ha Land sind das?

18. Eine Kleinbildkamera kostet 195 €. Janusz hat mit seinen Eltern eine Abmachung:
Wenn er $\frac{3}{5}$ des Betrages selbst anspart, geben ihm seine Eltern den Rest dazu.
Wie viel € muss er sparen? Wie viel € geben ihm die Eltern dann dazu?

19. Lars besitzt 48 Murmeln. Bei einem Spiel verliert er $\frac{3}{4}$ seiner Murmeln.
Wie viele Murmeln hat er noch?

20. Ein Eisenträger wiegt 256 kg. $\frac{3}{4}$ des Trägers wurde abgeschnitten.
Wie viel kg wiegt der Rest?

21. Eine Schule hat 420 Schülerinnen und Schüler. $\frac{3}{5}$ der Schülerschaft sind Jungen.
Wie viele Mädchen sind in der Schule?

22. In einem Karton sind 60 Eier. Beim Transport zerbrechen $\frac{1}{4}$ der Eier.
Wie viele ganze Eier sind noch in dem Karton?

23. Die Erdoberfläche ist 510 Mio. km² groß.
$\frac{3}{10}$ der Erdoberfläche ist festes Land, der Rest ist mit Wasser bedeckt.
Wie viel km² der Erdoberfläche ist mit Land, wie viel mit Wasser bedeckt?

24. Julia hat 400 € auf ihrem Sparkonto. Nach einem Jahr werden ihr $\frac{3}{100}$ dieses Betrages als Zinsen gutgeschrieben. Wie viel € hat Julia nach einem Jahr auf ihrem Konto?

25.

a. Wie viel € kosten $\frac{1}{2}$ kg Brot, $\frac{3}{8}$ kg Kaffee, $\frac{3}{4}$ kg Butter?
b. Stelle selbst geeignete Aufgaben und löse sie.

Bestimmen des Ganzen

Aufgabe

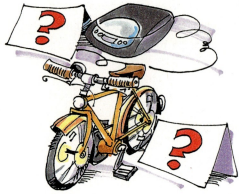

1. a. Miriam will sich einen Discman kaufen. Sie hat dafür 23 € gespart.
Miriam sagt:
„Leider habe ich erst $\frac{1}{3}$ des Kaufpreises gespart."
Wie viel € kostet der Discman?

b. Patrick will sich ein Fahrrad kaufen. Er hat 290 € gespart.
Patrick sagt:
„Ich habe schon $\frac{2}{3}$ des Kaufpreises zusammen."
Wie teuer ist das Fahrrad?

Lösung

a. *Wir suchen:*
den Kaufpreis, das Ganze.

Wir wissen:
$\frac{1}{3}$ des Kaufpreises beträgt 23 €.

Wir überlegen und rechnen:
1 Drittel des Kaufpreises beträgt 23 €.

3 Drittel des Kaufpreises, also das Ganze, beträgt 69 €.

Ergebnis: Der Discman kostet 69 €.

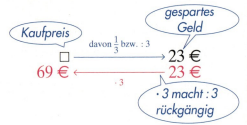

b. *Wir suchen:*
den Kaufpreis, das Ganze.

Wir wissen:
$\frac{2}{3}$ des Kaufpreises beträgt 290 €.

Wir überlegen und rechnen:
2 Drittel des Kaufpreises beträgt 290 €.

1 Drittel des Kaufpreises beträgt 145 €.

3 Drittel des Kaufpreises, also das Ganze, beträgt 435 €.

Ergebnis: Das Fahrrad kostet 435 €.

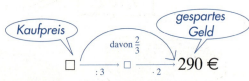

Rückgängig machen:

2. Bestimme die Rechenanweisungen. Fange mit den kurzen Pfeilen an. Was fällt dir auf?

a. 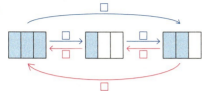   b.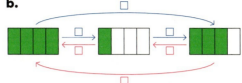

3. Fülle die Lücken aus.

a. 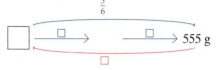   b.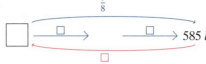

4. Bestimme die Gesamtgröße (das Ganze).

a. □ $\xrightarrow{\frac{1}{4}}$ 435 l   b. □ $\xrightarrow{\frac{5}{8}}$ 25 t   c. □ $\xrightarrow{\frac{6}{5}}$ 18 l   d. □ $\xrightarrow{\frac{6}{3}}$ 150 €

5. Wie groß ist das Ganze?

a. $\frac{1}{4}$ des Gewichts sind 3 kg   b. $\frac{1}{5}$ der Länge sind 4 m   c. $\frac{2}{5}$ des Volumens sind 14 l

$\frac{1}{3}$ des Gewichts sind 4 kg $\frac{1}{8}$ der Länge sind 7 m $\frac{3}{10}$ des Volumens sind 15 m³

$\frac{3}{4}$ des Gewichts sind 9 kg $\frac{4}{5}$ der Länge sind 12 m $\frac{5}{6}$ des Volumens sind 20 l

$\frac{3}{8}$ des Gewichts sind 12 t $\frac{7}{8}$ der Länge sind 56 m $\frac{2}{3}$ des Volumens sind 18 m³

Mögliche Maßzahlen: 15; 56; 12; 50; 20; 45; 32; 35; 12; 12; 64; 24; 27

6. Fülle die Lücken aus. Zerlege dazu die Rechenanweisung in eine Divisions- und eine Multiplikationsanweisung; rechne dann rückwärts.

a. □ $\xrightarrow{\frac{2}{9}}$ 10 min   b. □ $\xrightarrow{\frac{15}{2}}$ 30 dm²   c. □ $\xrightarrow{\frac{3}{2}}$ 45 kg   d. □ $\xrightarrow{\frac{3}{5}}$ 12 s

7. Wie groß ist die Gesamtgröße (das Ganze)? Denke dir die Rechenanweisung in eine Divisions- und eine Multiplikationsanweisung zerlegt; rechne dann rückwärts.

a. □ $\xrightarrow{\frac{1}{4}}$ 21 l   b. □ $\xrightarrow{\frac{2}{4}}$ 300 g   c. □ $\xrightarrow{\frac{1}{5}}$ 12 s   d. □ $\xrightarrow{\frac{2}{5}}$ 60 kg

□ $\xrightarrow{\frac{3}{4}}$ 21 l   □ $\xrightarrow{\frac{3}{5}}$ 330 €   □ $\xrightarrow{\frac{1}{4}}$ 36 s   □ $\xrightarrow{\frac{5}{2}}$ 15 kg

8. Bestimme das Ganze (die Gesamtgröße). Rechne rückwärts.

a. □ $\xrightarrow{\frac{4}{7}}$ 16 cm   c. □ $\xrightarrow{\frac{9}{10}}$ 2700 m   e. □ $\xrightarrow{\frac{8}{7}}$ 56 min   g. □ $\xrightarrow{\frac{5}{5}}$ 15 mm

b. □ $\xrightarrow{\frac{3}{5}}$ 90 g   d. □ $\xrightarrow{\frac{3}{4}}$ 36 kg   f. □ $\xrightarrow{\frac{7}{8}}$ 56 s   h. □ $\xrightarrow{\frac{4}{5}}$ 8 dm²

Zum Festigen und Weiterarbeiten

Übungen

Kapitel 3

9. Wie groß ist das Ganze?

a. $\frac{1}{6}$ des Gewichts sind 9 kg d. $\frac{1}{10}$ der Länge sind 12 m g. $\frac{1}{12}$ der Zeitspanne sind 3 h

b. $\frac{5}{6}$ des Gewichts sind 45 t e. $\frac{9}{10}$ der Länge sind 540 m h. $\frac{7}{12}$ der Zeitspanne sind 28 h

c. $\frac{4}{6}$ des Gewichts sind 24 g f. $\frac{7}{10}$ der Länge sind 21 m i. $\frac{5}{12}$ der Zeitspanne sind 15 h

10. Wie groß ist das Ganze?

a. $\frac{3}{5}$ vom Ganzen sind 39 kg b. $\frac{7}{10}$ vom Ganzen sind 91 m c. $\frac{7}{8}$ vom Ganzen sind 175 l

$\frac{7}{12}$ vom Ganzen sind 49 l $\frac{3}{4}$ vom Ganzen sind 93 ha $\frac{9}{24}$ vom Ganzen sind 198 ml

$\frac{2}{3}$ vom Ganzen sind 16 min $\frac{4}{7}$ vom Ganzen sind 52 € $\frac{17}{30}$ vom Ganzen sind 136 m³

11. a. Lege ein Pfeilbild an; rechne im Kopf.

(1) $\frac{3}{4}$ von ☐ sind 24 m   (2) $\frac{2}{5}$ von ☐ sind 46 t   (3) $\frac{5}{7}$ von ☐ sind 105 h

b. Schreibe wie in Teilaufgabe a.; rechne im Kopf.

(1) ☐ $\xrightarrow{\frac{4}{5}}$ 32 l   (2) ☐ $\xrightarrow{\frac{9}{8}}$ 72 €   (3) ☐ $\xrightarrow{\frac{5}{6}}$ 85 m²   (4) ☐ $\xrightarrow{\frac{4}{3}}$ 64 t

12. Tim verlor beim Spiel 6 Kugeln. Das waren $\frac{2}{3}$ seiner Kugeln.
Wie viele besaß er vorher?

13. Anne wurde mit 18 Stimmen zur Klassensprecherin gewählt. Das waren $\frac{9}{14}$ aller abgegebenen Stimmen.
Wie viele Stimmen wurden insgesamt abgegeben?

14. Tanja und Marcus streichen den Gartenzaun. Tanja sagt:
„Heute Nachmittag haben wir 36 m geschafft, das ist $\frac{3}{4}$ des ganzen Zaunes."
Wie lang ist der ganze Zaun?

15. Bei einer Fahrradkontrolle werden an 34 Fahrrädern Mängel festgestellt. Das sind $\frac{2}{7}$ aller kontrollierten Räder.
An wie vielen Fahrrädern wurden keine Mängel festgestellt?

16. Marcus und Tim machen eine 3-tägige Fahrradtour. Nach 2 Tagen haben sie 108 km zurückgelegt. Tim sagt stolz: „Das sind schon $\frac{4}{5}$ der gesamten Strecke."
Wie viel km müssen sie noch zurücklegen?

17.

a. Wie viel € kostet 1 l Buttermilch?
b. Wie viel € kostet 1 l Sahne?
c. Wie viel € kosten 5 l Apfelsaft?

Bestimmen des Anteils

Aufgabe

1. Sarah bekommt monatlich 15 € Taschengeld. Davon spart sie 4 €. Welchen Anteil des Taschengeldes spart sie?

Vier von Fünfzehn: $\frac{4}{15}$ des Taschengeldes

Lösung
Denke dir 15 € in 15 Eurostücken.
Jeder Euro ist $\frac{1}{15}$ des Taschengeldes,
4 € sind dann viermal so viel,
also $\frac{4}{15}$ des Taschengeldes.
Ergebnis: Sarah spart wöchentlich
$\frac{4}{15}$ ihres Taschengeldes.

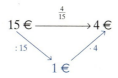

2. Gib die Rechenanweisung an.

Zum Festigen und Weiterarbeiten

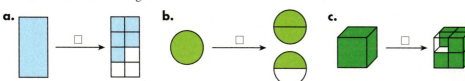

3. Fülle die Lücken aus.

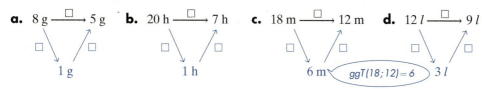

4. Gib die Rechenanweisung an; schreibe wie im Beispiel.

a. $9\,l \xrightarrow{\square} 7\,l$ **c.** $60\,\text{min} \xrightarrow{\square} 40\,\text{min}$

b. $25\,€ \xrightarrow{\square} 40\,€$ **d.** $20\,\text{m}^2 \xrightarrow{\square} 11\,\text{m}^2$

$7\,€ \xrightarrow{\frac{2}{7}} 2\,€$
$\frac{2}{7}$ von 7 € sind 2 €

5. Gib den Anteil der gefärbten Fläche an der ganzen Fläche an.
Überlege dazu: Wie viele Karos hat das Rechteck; wie viele davon sind gefärbt?

a. 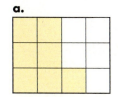 **b.** 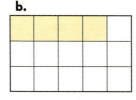 **c.** 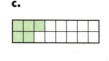 **d.**

6. *Sprechweisen im Alltag*
8 von 24 Schülern einer Klasse sind in einem Sportverein.
Gib diesen Anteil der Schüler als Bruch an.

Kapitel 3

7. Welcher Anteil ist das?
   a. 3 € von 7 €
   b. 3 g von 12 g
   c. 24 m von 80 m
   d. 7 l von 15 l
   e. 7 Monate von 12 Monaten
   f. 18 Schüler von 25 Schülern

Übungen

8. Gib die Rechenanweisung an. Vergleiche die Rechenwege.
   a. 40 cm □→ 24 cm   40 cm □→ 24 cm   **b.** 160 g □→ 200 g   160 g □→ 200 g

   1 cm   8 cm   1 g   10 g

9. Bestimme eine Rechenanweisung. Suche zuerst eine passende Zwischengröße (siehe Aufgabe 8).
   a. 18 m □→ 30 m   **b.** 35 m □→ 25 m   **c.** 25 l □→ 30 l   **d.** 100 l □→ 75 l

10. Fülle die Lücke aus. Bestimme den Anteil.
   a. 16 m sind □ von 24 m
   b. 28 kg sind □ von 70 kg
   c. 10 l sind □ von 14 l
   d. 88 m² sind □ von 56 m²
   e. 18 cm sind □ von 27 cm
   f. 48 kg sind □ von 36 kg

11. Welcher Anteil ist das?
   a. 7 € von 15 €
   b. 14 km von 21 km
   c. 27 kg von 54 kg
   d. 4 m² von 12 m²
   e. 8 t von 20 t
   f. 45 s von 60 s
   g. 3 kg von 8 kg
   h. 48 l von 54 l

12. In einer Klasse sind 26 Schüler. Davon kommen 7 zu Fuß in die Schule, 5 mit dem Fahrrad und 14 mit dem Bus.
   a. Wie groß ist der Anteil der Schüler, die zu Fuß kommen?
   b. Stelle weitere Fragen und beantworte sie.

13. Hamed will sich ein Fahrrad zu 350 € kaufen. Er hat schon 280 € gespart. Welchen Anteil des Preises muss er noch sparen?

14. Bei einer Klassensprecherwahl wurden insgesamt 32 Stimmen abgegeben.
   a. Welcher Anteil der abgegebenen Stimmen entfiel auf Dennis?
   b. Stelle weitere Fragen und beantworte sie.

15. In eine 2-Liter Flasche [1-Liter Flasche; $\frac{1}{2}$-Liter Flasche] wird $\frac{1}{2}$ l Apfelsaft gefüllt. Welcher Anteil der Flasche ist gefüllt?

Vermischte Übungen

Überlege dir bei den folgenden Aufgaben, was gesucht ist.

Der Teil einer Größe ist gesucht

$\frac{3}{4}$ von 60 €

Gegeben
Anteil: $\frac{3}{4}$
Ganzes: 60 €

Gesucht
Teil des Ganzen

Ansatz
60 € $\xrightarrow{\frac{3}{4}}$ □

Rechnung
(60 € : 4) · 3
= 45 €

Das Ganze ist gesucht

$\frac{3}{4}$ von einem Ganzen beträgt 90 €

Gegeben
Anteil: $\frac{3}{4}$
Teil des Ganzen: 90 €

Gesucht
Ganzes

Ansatz
□ $\xrightarrow{\frac{3}{4}}$ 90 €

Rechnung
(90 € : 3) · 4
= 120 €

Der Anteil am Ganzen ist gesucht

30 € von 80 €

Gegeben
Ganzes: 80 €
Teil des Ganzen: 30 €

Gesucht
Anteil am Ganzen

Ansatz
80 € $\xrightarrow{\square}$ 30 €

Rechnung
30 € : 80 €
= $\frac{30}{80} = \frac{3}{8}$

1. Eine geplante Umgehungsstraße ist 12 km lang. $\frac{5}{6}$ der Straße sind schon fertig gestellt. Wie viel km sind das?

2. Wegen Grippe-Erkrankung fehlen 9 Schüler, das sind genau $\frac{3}{8}$ der Klasse. Wie viele Schüler hat die Klasse?

3. Jennifer ist mit 24 Stimmen zur Klassensprecherin gewählt worden. Es wurden insgesamt 30 Stimmen abgegeben. Welchen Anteil der Stimmen erhielt Jennifer?

4. Ingo hat mit seinen Eltern vereinbart, dass er nicht mehr als $\frac{2}{5}$ seines Taschengeldes im Monat für Süßigkeiten ausgibt. Im Moment sind das 6 €. Wie viel € Taschengeld bekommt er?

5. Ein Landwirt besitzt 56 ha Land. Auf 32 ha pflanzt er Kartoffeln. Welcher Anteil seines Landes ist das?

6. Bei einer Fahrradkontrolle werden an 34 Fahrrädern Mängel festgestellt. Das sind $\frac{2}{7}$ aller kontrollierten Räder. Wie viele Fahrräder wurden insgesamt kontrolliert?

7. Beim Mahlen von Weizen entsteht Mehl; es macht (etwa) $\frac{2}{3}$ des Weizengewichts aus. Wie viel kg Mehl erhält man aus
  a. 174 kg, **b.** 345 kg, **c.** 3 t Weizen?

8. Herr Neumann hat Rasensamen eingekauft. Dirk schaut sich die Verpackung an und sagt:
„Das reicht aber nur für $\frac{3}{5}$ der Fläche."
Wie groß soll die Rasenfläche werden?

9. Michaels Mutter möchte einen Farbfernseher kaufen. Der Händler verlangt eine Anzahlung von $\frac{3}{10}$ des Preises, der Rest ist bei Lieferung zu zahlen.
Die Anzahlung beträgt 330 €. Wie viel kostet das Gerät?

10. Ein Onkel vererbt seinen beiden Nichten Julia und Laura sowie seinem Neffen Daniel insgesamt 18 900 €. Julia erhält $\frac{4}{9}$, Laura $\frac{1}{3}$ und Daniel $\frac{2}{9}$ des Vermögens.
Wie viel € erhält jeder?

11. Zwei Kollegen spielen gemeinsam Lotto. Herr May setzt 2 € ein, Herr Lab 3 €.
a. Welchen Anteil des Einsatzes hat Herr May gezahlt, welchen Herr Lab?
b. Ein Gewinn von 175 € wird genauso verteilt wie der Einsatz.
Wie viel € bekommt Herr May, wie viel Herr Lab?

12. Im Kreis rechts ist $\frac{1}{4}$ blau gefärbt. Der entsprechende Mittelpunktswinkel beträgt 90°, das sind $\frac{1}{4}$ von 360°.
Der Vollwinkel entspricht dem Ganzen.
Zeichne einen Kreis mit dem Radius r = 5 cm.
Färbe rot:

a. $\frac{1}{3}$ **c.** $\frac{3}{10}$ **e.** $\frac{4}{9}$ **g.** $\frac{5}{36}$

b. $\frac{5}{6}$ **d.** $\frac{5}{12}$ **f.** $\frac{17}{20}$ **h.** $\frac{37}{60}$

Mittelpunktwinkel

13. Tanjas Vater bekommt monatlich 1 500 € ausgezahlt. Er gibt $\frac{3}{10}$ seines Einkommens für Miete und Heizung aus; $\frac{2}{50}$ braucht er für Kleidung und $\frac{4}{30}$ für sein Auto.
Wie hoch sind die Kosten für diese monatlichen Ausgaben?

14. In einer Klasse sind 36 Schülerinnen und Schüler.
Davon sind $\frac{5}{12}$ Mädchen, $\frac{2}{9}$ Auswärtige und $\frac{7}{18}$ älter als 11 Jahre.
a. Wie viele Mädchen sind in der Klasse?
b. Wie viele kommen von auswärts?
c. Welche weiteren Informationen über die Klasse lassen sich aus den Angaben entnehmen?
Kann man auch etwas über die Anzahl der Jungen sagen?
Stelle sinnvolle Fragen und beantworte sie.

15. Frau Hartmann und Frau Kruse bestellen gemeinsam 10 500 l Heizöl.
$\frac{2}{3}$ davon werden in Hartmanns Öltank gepumpt, den Rest erhalten Kruses.
Der Rechnungsbetrag lautet 3 675 €.
Wie viel € muss jeder bezahlen?

Erweitern und Kürzen von Brüchen

Gleichheit von Anteilen – Brüche mit gleichem Wert

Information

In den Bildern rechts ist jeweils *derselbe* Anteil der Kreisfläche rot gefärbt. (Du kannst an Torten denken.) Dieser Anteil kann jedoch durch verschiedenen Brüche angegeben werden: z. B. $\frac{2}{3}$, $\frac{4}{6}$ und $\frac{8}{12}$

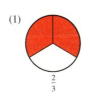

Der Anteil der grün gefärbten Fläche am ganzen Rechteck ist jeweils gleich. Er kann durch verschiedene Brüche angegeben werden.

Wir sagen: Die verschiedenen Brüche $\frac{2}{3}$; $\frac{4}{6}$; $\frac{8}{12}$ haben *denselben Wert*.

Wir schreiben: $\frac{2}{3} = \frac{4}{6} = \frac{8}{12}$

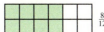

Zum Festigen und Weiterarbeiten

1. Zeichne einen Kreis. Färbe die Hälfte der Kreisfläche rot. Zerlege den Kreis in Viertel [Achtel; Sechzehntel]. Wie viele Viertel [Achtel; Sechzehntel] ergeben $\frac{1}{2}$?

2. Welcher Anteil der Fläche ist gefärbt? Gib dazu mehrere Brüche an.

(1) 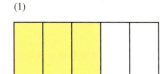 (2) 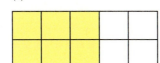 (3)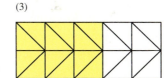

Übungen

3. Welcher Anteil ist in dem Bild
   (1) rot,   (2) gelb gefärbt?
   Gib mehrere Brüche an.

   a.   b.   c.

4. a. 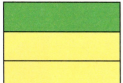 b. c.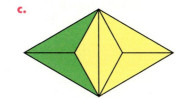

Unterteile die Gesamtfläche weiter in gleich große Teilfächen.
Gib verschiedene Brüche für den Anteil
(1) der grün gefärbten Fläche an;   (2) der gelb gefärbten Fläche an.

Kapitel 3

Erweitern eines Bruches

Aufgabe

1. Ein Anteil kann durch verschiedene Brüche angegeben werden.
Wie kann man aus einem Bruch andere Brüche mit demselben Wert erhalten?
Im Bild rechts ist die Quadratfläche in vier gleich große Teile zerlegt. $\frac{3}{4}$ der Quadratfläche ist grün gefärbt.
Verfeinere die Einteilung, indem du die Quadratfläche

(1) in doppelt so viele Teile,
(2) in dreimal so viele Teile,
(3) in viermal so viele Teile zerlegst.

Gib den durch die grüne Fläche bestimmten Anteil jeweils durch einen entsprechenden Bruch an.

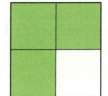

Lösung

(1)   (2) 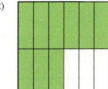 (3)

Die Fläche ist statt in 4 Teile in *doppelt* so viele Teile, also in $4 \cdot 2 = 8$ Teile, zerlegt.
Statt 3 Teile sind dann auch *doppelt* so viele, also $3 \cdot 2 = 6$ Teile, grün gefärbt.
$\frac{3}{4} = \frac{3 \cdot 2}{4 \cdot 2} = \frac{6}{8}$

Die Fläche ist statt in 4 Teile in *dreimal* so viele Teile, also in $4 \cdot 3 = 12$ Teile, zerlegt.
Statt 3 Teile sind dann auch *dreimal* so viele, also $3 \cdot 3 = 9$ Teile, grün gefärbt.
$\frac{3}{4} = \frac{3 \cdot 3}{4 \cdot 3} = \frac{9}{12}$

Die Fläche ist statt in 4 Teile in *viermal* so viele Teile, also in $4 \cdot 4 = 16$ Teile, zerlegt.
Statt 3 Teile sind dann auch *viermal* so viele, also $3 \cdot 4 = 12$ Teile, grün gefärbt.
$\frac{3}{4} = \frac{3 \cdot 4}{4 \cdot 4} = \frac{12}{16}$

Information

Erweitern eines Bruches

Ein Bruch wird erweitert, indem man zugleich seinen Zähler und seinen Nenner mit derselben natürlichen Zahl (Erweiterungszahl) multipliziert. Der Wert des Bruches ändert sich dabei *nicht*.

 Verfeinern der Einteilung

$\frac{3}{4} \quad = \quad \frac{3 \cdot 2}{4 \cdot 2} \quad = \quad \frac{6}{8}$

Beispiele:
$\frac{3}{4} \overset{2}{=} \frac{3 \cdot 2}{4 \cdot 2} = \frac{6}{8}$; $\frac{3}{4} \overset{3}{=} \frac{3 \cdot 3}{4 \cdot 3} = \frac{9}{12}$; $\frac{3}{4} \overset{4}{=} \frac{3 \cdot 4}{4 \cdot 4} = \frac{12}{16}$ also: $\frac{3}{4} = \frac{6}{8} = \frac{9}{12} = \frac{12}{16} = \ldots$

Zum Festigen und Weiterarbeiten

2. Der Kreis ist in zwei Teile unterteilt. Zu dem gefärbten Teil der Kreisfläche gehört der Bruch $\frac{1}{2}$.
Verfeinere die Einteilung, indem du den Kreis

(1) in doppelt so viele Teile,
(2) in viermal so viele Teile,
(3) in achtmal so viele Teile unterteilst.

Gib jeweils den gefärbten Teil durch einen Bruch an.

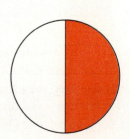

Kapitel 3

3. Erweitere den Bruch
   a. $\frac{3}{7}$, **b.** $\frac{9}{5}$, **c.** $\frac{11}{8}$, **d.** $\frac{10}{2}$
   nacheinander mit den Erweiterungszahlen 4, 5, 6, 7, 8.

$$\frac{2}{3} \stackrel{4}{=} \frac{8}{12}; \frac{2}{3} \stackrel{5}{=} \frac{10}{15}; \dots$$

4. Gib die Erweiterungszahl an. Notiere wie im Beispiel.
   a. $\frac{5}{9} = \frac{35}{63}$ **b.** $\frac{7}{8} = \frac{56}{64}$ **c.** $\frac{11}{3} = \frac{55}{15}$ **d.** $\frac{3}{1} = \frac{21}{7}$

$$\frac{4}{5} \stackrel{3}{=} \frac{12}{15}$$

5. Erweitere die Brüche $\frac{2}{3}, \frac{1}{6}, \frac{3}{2}, \frac{8}{5}, \frac{4}{15}, \frac{4}{1}$ und $\frac{3}{10}$ so, dass
   a. der Nenner 30 ist;   **b.** der Zähler 24 ist.
   Gib jeweils die Erweiterungszahl an.

6. Verfeinere die Einteilung des folgenden Ganzen, indem du jedes Teil nochmals   **Übungen**
   (1) in 2 Teile,   (2) in 3 Teile,   (3) in 4 Teile teilst.
   Zeichne ins Heft. Gib jeweils einen Bruch für die gefärbte Fläche an.

   a.   **b.**   **c.**   **d.**   **e.**

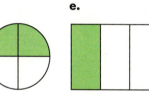

7. Erweitere nacheinander mit 2, 3, 5, 10, 11, 12, 24 und 25.
   a. $\frac{2}{3}$ **b.** $\frac{1}{8}$ **c.** $\frac{3}{5}$ **d.** $\frac{4}{7}$ **e.** $\frac{5}{12}$ **f.** $\frac{11}{1}$ **g.** $\frac{8}{15}$ **h.** $\frac{7}{12}$ **i.** $\frac{18}{25}$ **j.** $\frac{24}{13}$

8. a. Erweitere $\frac{5}{8}, \frac{2}{3}, \frac{7}{12}, \frac{5}{4}, \frac{4}{6}, \frac{3}{8}, \frac{5}{24}, \frac{5}{1}$ so, dass der Nenner 24 ist.
   b. Erweitere $\frac{3}{5}, \frac{10}{15}, \frac{6}{10}, \frac{2}{30}, \frac{6}{1}, \frac{5}{2}, \frac{5}{6}$ so, dass (1) der Nenner 30, (2) der Zähler 30 ist.

9. Erweitere jeweils so, dass der Nenner 10, 100 oder 1000 ist.
   a. $\frac{11}{5}; \frac{5}{4}$ **c.** $\frac{9}{20}; \frac{7}{25}$ **e.** $\frac{21}{250}; \frac{52}{125}$
   b. $\frac{9}{2}; \frac{3}{25}$ **d.** $\frac{13}{40}; \frac{39}{200}$ **f.** $\frac{5}{8}; \frac{131}{200}$

$$\frac{7}{20} \stackrel{5}{=} \frac{35}{100}$$

10. Welche der Brüche $\frac{6}{5}, \frac{18}{25}, \frac{25}{6}, \frac{5}{8}, \frac{9}{20}, \frac{8}{15}, \frac{45}{11}, \frac{15}{4}, \frac{5}{12}, \frac{10}{9}, \frac{3}{50}, \frac{3}{125}, \frac{30}{7}, \frac{9}{40}$ lassen sich so erweitern, dass
   a. der Nenner eine Stufenzahl (10, 100, 1000, …) wird;   ▲ **b.** der Zähler 90 wird?

11. Setze für □ die passende Zahl ein. Gib auch die Erweiterungszahl an.
   a. $\frac{3}{7} = \frac{\square}{28}$ **c.** $\frac{7}{12} = \frac{35}{\square}$ **e.** $\frac{\square}{12} = \frac{48}{36}$ **g.** $\frac{3}{4} = \frac{\square}{8} = \frac{\square}{24} = \frac{\square}{120} = \frac{\square}{840}$
   b. $\frac{5}{4} = \frac{15}{\square}$ **d.** $\frac{3}{\square} = \frac{24}{40}$ **f.** $\frac{\square}{12} = \frac{36}{48}$ **h.** $\frac{6}{5} = \frac{18}{\square} = \frac{72}{\square} = \frac{144}{\square} = \frac{720}{\square}$

12. Bestimme die Erweiterungszahl. Welche Aussagen sind falsch?
   Berichtige bei dem Bruch auf der rechten Seite dann nur den Nenner.
   a. $\frac{5}{8} = \frac{35}{56}$ **b.** $\frac{4}{11} = \frac{36}{99}$ **c.** $\frac{12}{7} = \frac{48}{28}$ **d.** $\frac{11}{9} = \frac{110}{99}$ **e.** $\frac{17}{23} = \frac{51}{96}$ **f.** $\frac{16}{15} = \frac{256}{225}$
    $\frac{7}{9} = \frac{42}{63}$ $\frac{13}{5} = \frac{65}{25}$ $\frac{8}{15} = \frac{48}{90}$ $\frac{25}{8} = \frac{125}{56}$ $\frac{37}{46} = \frac{111}{138}$ $\frac{52}{63} = \frac{364}{441}$

Kapitel 3

13. Erweitere die Brüche so, dass sie dann
  (1) einen gemeinsamen Nenner haben,
  (2) einen gemeinsamen Zähler haben.

$\frac{2}{3}; \frac{4}{5}$ (1) $\frac{10}{15}; \frac{12}{15}$ (2) $\frac{4}{6}; \frac{4}{5}$

a. $\frac{1}{2}; \frac{3}{4}$ **b.** $\frac{5}{4}; \frac{1}{6}$ **c.** $\frac{9}{10}; \frac{4}{25}$ **d.** $\frac{5}{6}; \frac{3}{8}$ **e.** $\frac{3}{2}; \frac{2}{3}; \frac{4}{5}$ **f.** $\frac{15}{14}; \frac{10}{21}; \frac{3}{35}; \frac{9}{70}$

14. Erweitere die beiden Brüche jeweils so, dass sie dann den
  (1) kleinsten gemeinsamen Nenner haben,
  (2) kleinsten gemeinsamen Zähler haben.

$\frac{5}{6}; \frac{3}{4}$ (1) $\frac{10}{12}; \frac{9}{12}$ (2) $\frac{15}{18}; \frac{15}{20}$

Denke an kgV

a. $\frac{9}{10}; \frac{15}{4}$ **b.** $\frac{5}{12}; \frac{15}{8}$ **c.** $\frac{15}{8}; \frac{25}{6}$ **d.** $\frac{45}{14}; \frac{25}{21}$
  $\frac{1}{6}; \frac{3}{8}$ $\frac{18}{25}; \frac{12}{5}$ $\frac{10}{9}; \frac{8}{15}$ $\frac{22}{27}; \frac{55}{18}$
  $\frac{4}{5}; \frac{1}{3}$ $\frac{11}{10}; \frac{7}{15}$ $\frac{6}{25}; \frac{9}{10}$ $\frac{77}{36}; \frac{33}{40}$

15. Erweitere die Brüche; sie sollen einen möglichst kleinen gemeinsamen Nenner haben.

a. $\frac{3}{4}; \frac{7}{8}; \frac{5}{6}; \frac{11}{12}$ **b.** $\frac{7}{10}; \frac{13}{15}; \frac{21}{5}; \frac{9}{20}$ **c.** $\frac{13}{12}; \frac{19}{18}; \frac{9}{8}; \frac{10}{9}$ **d.** $\frac{5}{6}; \frac{7}{8}; \frac{9}{10}; \frac{14}{15}$

16. Notiere durch w bzw. f, ob die Aussage wahr oder falsch ist.

a. $\frac{7}{3} = \frac{42}{18}$ **c.** $\frac{9}{14} = \frac{72}{126}$ **e.** $\frac{25}{19} = \frac{300}{209}$ **g.** $\frac{22}{27} = \frac{66}{81}$ **i.** $\frac{18}{32} = \frac{54}{96}$
b. $\frac{12}{13} = \frac{48}{52}$ **d.** $\frac{17}{8} = \frac{68}{32}$ **f.** $\frac{17}{41} = \frac{51}{132}$ **h.** $\frac{3}{5} = \frac{75}{45}$ **j.** $\frac{12}{45} = \frac{144}{900}$

Ändere im Falle einer falschen Aussage bei dem rechten Bruch entweder den Zähler oder den Nenner (aber nicht beide zugleich) so ab, dass eine wahre Aussage entsteht.

Kürzen eines Bruches

Aufgabe

1. Der Bruch $\frac{12}{30}$, rechts im Bild dargestellt, ist durch Erweitern aus einem Bruch entstanden.
Wie kann dieser Bruch heißen?
Erkläre auch anhand der Unterteilung des Rechtecks, wie man das Erweitern rückgängig machen kann.

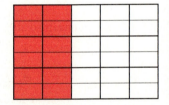

Lösung

Zerlegt man die Fläche statt in 30 in nur halb so viele, also in 15 Teile, so muss man statt 12 Teile auch nur halb so viele, also 6 Teile rot färben.
Zerlegt man die Fläche statt in 30 in nur ein drittel [sechstel] so viele, also in 10 [5] Teile, so muss man statt 12 Teile auch nur ein drittel [sechstel] so viele, also 4 [2] Teile färben.

(1)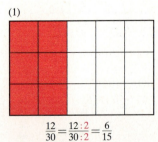

(2)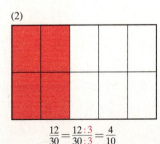

(3)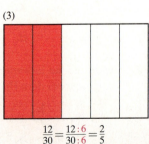

$\frac{12}{30} = \frac{12:2}{30:2} = \frac{6}{15}$ $\frac{12}{30} = \frac{12:3}{30:3} = \frac{4}{10}$ $\frac{12}{30} = \frac{12:6}{30:6} = \frac{2}{5}$

Information

Kürzen eines Bruches

Ein Bruch wird gekürzt, indem man zugleich seinen Zähler und seinen Nenner durch dieselbe natürliche Zahl (Kürzungszahl) dividiert. Der Wert des Bruches ändert sich dabei *nicht*.

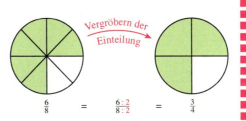

$\frac{6}{8} = \frac{6:2}{8:2} = \frac{3}{4}$

Beispiele:

$\frac{12}{30} = \frac{12:2}{30:2} = \frac{6}{15}$; $\quad \frac{12}{30} = \frac{12:3}{30:3} = \frac{4}{10}$; $\quad \frac{12}{30} = \frac{12:6}{30:6} = \frac{2}{5}$ $\quad$ also: $\frac{12}{30} = \frac{6}{15} = \frac{4}{10} = \frac{2}{5}$

Zum Festigen und Weiterarbeiten

2. In der Figur sind $\frac{8}{12}$ rot gefärbt. Vergröbere schrittweise die Einteilung. Gib jeweils den roten Teil durch einen entsprechenden Bruch an.

3. Gegeben sind die Brüche $\frac{36}{32}$; $\frac{36}{48}$; $\frac{180}{80}$; $\frac{72}{48}$; $\frac{72}{64}$ und $\frac{108}{144}$.

a. Kürze jeden der Brüche mit der Kürzungszahl 4.

b. Kürze jeden der Brüche so, dass du (1) den Nenner 16, (2) den Zähler 9 erhältst.

Mögliche Ergebnisse: a): $\frac{9}{4}$; $\frac{9}{6}$; $\frac{9}{8}$; $\frac{9}{10}$; $\frac{9}{12}$; $\frac{9}{16}$; $\frac{12}{16}$; $\frac{18}{16}$; $\frac{20}{16}$; $\frac{24}{16}$; $\frac{36}{16}$; $\frac{40}{16}$

4. Kürze; es gibt mehrere Möglichkeiten. Gib wie im Beispiel jeweils die Kürzungszahl an.

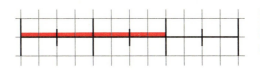

$\frac{30}{48} = \frac{15}{24}$ (2) $\quad \frac{30}{48} = \frac{10}{16}$ (3) $\quad \frac{30}{48} = \frac{5}{8}$ (6)

a. $\frac{30}{40}$ **b.** $\frac{20}{16}$ **c.** $\frac{18}{12}$ **d.** $\frac{45}{30}$ **e.** $\frac{34}{36}$ **f.** $\frac{16}{40}$ **g.** $\frac{40}{60}$ **h.** $\frac{20}{10}$ **i.** $\frac{80}{120}$ **j.** $\frac{144}{60}$ **k.** $\frac{108}{180}$

5. Erkläre:
Brüche wie $\frac{4}{7}$; $\frac{11}{5}$; $\frac{8}{9}$ lassen sich (außer mit der Kürzungszahl 1) nicht kürzen.
Gib weitere solche Brüche an.

Einen Bruch kann man mit *jeder* natürlichen Zahl (außer 0) *erweitern*.
Einen Bruch kann man *nur* mit den *gemeinsamen Teilern* von Zähler und Nenner *kürzen*.
Beispiel: $\frac{12}{8}$ kann mit 4, mit 2 und mit 1 gekürzt werden.
Ein Bruch, der nur mit 1 gekürzt werden kann, heißt *Grunddarstellung* (Zähler und Nenner sind teilerfremd).

---

6. a. Kürze schrittweise bis zur Grunddarstellung.

$\frac{36}{60} = \frac{18}{30} = \frac{9}{15} = \frac{3}{5}$
$\quad\quad\; 2 \quad\quad 2 \quad\quad 3$

(1) $\frac{30}{45}$ (2) $\frac{18}{24}$ (3) $\frac{40}{60}$ (4) $\frac{150}{90}$ (5) $\frac{120}{24}$ (6) $\frac{140}{350}$

b. Mit welcher Kürzungszahl kommt man sofort zur Grunddarstellung? Um welchen Teiler von Zähler und Nenner handelt es sich?

Mögliche Ergebnisse: a): $\frac{1}{5}$; $\frac{2}{3}$; $\frac{3}{4}$; $\frac{5}{3}$; $\frac{2}{5}$; 5; $\frac{2}{3}$

Übungen

7. Kürze die Brüche $\frac{12}{30}$, $\frac{18}{24}$, $\frac{24}{6}$, $\frac{48}{60}$ und $\frac{6}{54}$ **a.** mit 2;   **b.** mit 3;   **c.** mit 6.

8. Kürze jeweils.
   a. $\frac{14}{24}$; $\frac{15}{25}$; $\frac{16}{26}$ **b.** $\frac{21}{35}$; $\frac{27}{33}$; $\frac{33}{55}$ **c.** $\frac{32}{20}$; $\frac{27}{18}$; $\frac{36}{60}$ **d.** $\frac{84}{96}$; $\frac{60}{75}$; $\frac{78}{91}$

9. Setze für □ die passende Zahl ein. Gib auch die Kürzungszahl an.
   a. $\frac{6}{8} = \frac{3}{\square}$ **b.** $\frac{12}{20} = \frac{\square}{5}$ **c.** $\frac{15}{25} = \frac{\square}{5}$ **d.** $\frac{10}{12} = \frac{\square}{6}$ **e.** $\frac{72}{96} = \frac{6}{\square}$ **f.** $\frac{90}{72} = \frac{\square}{4}$

   $\frac{15}{20} = \frac{\square}{4}$ $\frac{20}{25} = \frac{4}{\square}$ $\frac{16}{12} = \frac{4}{\square}$ $\frac{40}{60} = \frac{2}{\square}$ $\frac{195}{52} = \frac{15}{\square}$ $\frac{88}{110} = \frac{\square}{5}$

10. Welche Aussagen sind falsch?
Gib die Kürzungszahl an. Berichtige dann bei dem linken Bruch nur den Nenner.
   a. $\frac{36}{40} = \frac{9}{10}$ **b.** $\frac{63}{45} = \frac{7}{5}$ **c.** $\frac{49}{64} = \frac{7}{8}$ **d.** $\frac{48}{64} = \frac{3}{4}$ **e.** $\frac{165}{180} = \frac{11}{12}$ **f.** $\frac{78}{169} = \frac{6}{13}$

   $\frac{56}{36} = \frac{7}{4}$ $\frac{35}{65} = \frac{7}{13}$ $\frac{33}{77} = \frac{3}{7}$ $\frac{45}{35} = \frac{15}{11}$ $\frac{64}{400} = \frac{4}{25}$ $\frac{108}{144} = \frac{9}{11}$

11. Kürze schrittweise bis zur Grunddarstellung.

$$\frac{36}{96} \stackrel{2}{=} \frac{18}{48} \stackrel{2}{=} \frac{9}{24} \stackrel{3}{=} \frac{3}{8}$$

   a. $\frac{12}{16}$; $\frac{84}{21}$; $\frac{12}{18}$ **c.** $\frac{36}{90}$; $\frac{48}{80}$; $\frac{75}{60}$ **e.** $\frac{63}{36}$; $\frac{45}{54}$; $\frac{84}{48}$

   b. $\frac{40}{50}$; $\frac{28}{24}$; $\frac{24}{36}$ **d.** $\frac{42}{28}$; $\frac{75}{45}$; $\frac{32}{48}$ **f.** $\frac{24}{60}$; $\frac{96}{120}$; $\frac{112}{84}$ **g.** $\frac{42}{30}$; $\frac{90}{135}$; $\frac{36}{40}$ **h.** $\frac{60}{144}$; $\frac{48}{128}$; $\frac{42}{126}$

12. Gib jeweils, falls noch nötig, die Grunddarstellung an.
   a. $\frac{4}{10}$; $\frac{5}{11}$; $\frac{6}{12}$; $\frac{7}{13}$; $\frac{8}{14}$; $\frac{9}{15}$ **c.** $\frac{40}{2}$; $\frac{39}{3}$; $\frac{38}{4}$; $\frac{37}{5}$; $\frac{36}{6}$; $\frac{35}{7}$ **e.** $\frac{56}{70}$; $\frac{18}{45}$; $\frac{72}{63}$; $\frac{32}{36}$; $\frac{65}{39}$; $\frac{45}{27}$

   b. $\frac{16}{22}$; $\frac{17}{23}$; $\frac{18}{24}$; $\frac{19}{25}$; $\frac{20}{26}$; $\frac{21}{27}$ **d.** $\frac{32}{12}$; $\frac{33}{13}$; $\frac{34}{14}$; $\frac{35}{15}$; $\frac{36}{16}$; $\frac{37}{17}$ **f.** $\frac{10}{16}$; $\frac{23}{29}$; $\frac{33}{9}$; $\frac{38}{18}$; $\frac{39}{19}$; $\frac{84}{36}$

13. Gib in der in Klammern angegebenen Maßeinheit an; verwende die Grundarstellung.

$$\frac{240}{1000} \text{ kg} = \frac{6}{25} \text{ kg}$$

   a. 150 g (kg)   **b.** 25 min (h)   **c.** 30 cm (m)   **d.** 400 g (kg)   **e.** 48 s (min)

      750 m (km)   25 cm (m)   30 s (min)   400 min (h)   375 ml (l)

Spiel (ab 2 Spieler)

14. Stelle dir ein *Domino-Spiel* wie dieses aus Pappe her. Die „Spielsteine" werden gemischt und an die Mitspieler verteilt. Ein Spieler legt einen Stein in die Mitte. Reihum darf jeder Spieler links und rechts gleichwertige Brüche anlegen.
Wer keinen passenden Stein besitzt, setzt aus. Sieger ist, wer zuerst alle Steine anlegen konnte.

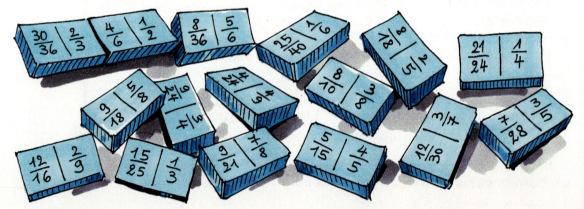

Zahlenstrahl – Bruchzahlen

1. Rechts siehst du einen Zahlenstrahl für natürliche Zahlen. Zeichne den Abschnitt von 0 bis 3 vergrößert in dein Heft; wähle dazu 12 Kästchen für die (Einheits-)Strecke von 0 bis 1.

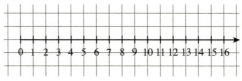

Aufgabe

  a. Trage vom Anfangspunkt 0 aus ab: $\frac{1}{2}; \frac{2}{2}; \frac{3}{3}; \frac{4}{2}; \frac{5}{2}$.

  b. Trage entsprechend ab:

  (1) $\frac{1}{4}; \frac{2}{4}; \frac{3}{4}; \frac{4}{4}; \frac{5}{4}; \ldots; \frac{9}{4}; \frac{10}{4}$

  (2) $\frac{1}{8}; \frac{2}{8}; \frac{3}{8}; \frac{4}{8}; \ldots; \frac{19}{8}; \frac{20}{8}$

Lösung

  a. Du musst die (Einheits-)Strecke von 0 bis 1 in 2 gleich lange Teile teilen und dann 1, 2, 3, 4, bzw. 5 solcher Teilstrecken aneinander setzen und von 0 aus abtragen.

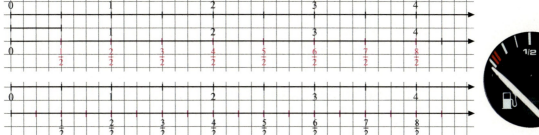

2. Trage auf dem Zahlenstrahl in Aufgabe 1 entsprechend ab.

Zum Festigen und Weiterarbeiten

  a. $\frac{1}{3}; \frac{2}{3}; \frac{3}{3}; \frac{4}{3}; 2\frac{1}{3}$
  b. $\frac{1}{6}; \frac{2}{6}; \frac{3}{6}; \frac{4}{6}; \frac{5}{6}; 1\frac{5}{6}; 2\frac{1}{6}$
  c. $\frac{1}{12}; \frac{4}{12}; \frac{5}{12}; \frac{9}{12}; \frac{11}{12}; 2\frac{1}{12}$

Ebenso wie die natürlichen Zahlen 0, 1, 2, 3, ... kann man auch Brüche wie $\frac{1}{2}, \frac{3}{4}, \frac{5}{8}, \frac{4}{3}$ durch einen Punkt auf dem Zahlenstrahl festlegen.
Wir nennen daher $\frac{1}{2}, \frac{3}{4}, \frac{5}{8}, 2\frac{2}{5}, \frac{0}{12}, \ldots$ **Bruchzahlen.**
Zu einer Bruchzahl (zu einem Punkt des Zahlenstrahls) gehören verschiedene Brüche.

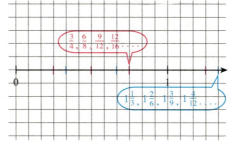

Beispiel: $\frac{3}{4}, \frac{6}{8}, \frac{9}{12}$ gehören zu demselben Punkt: $\frac{3}{4} = \frac{6}{8} = \frac{9}{12}$

Wir sagen: $\frac{3}{4}, \frac{6}{8}$ und $\frac{9}{12}$ sind verschiedene Namen für dieselbe Bruchzahl oder auch:

  die Brüche $\frac{3}{4}, \frac{6}{8}$ und $\frac{9}{12}$ haben denselben Wert.

Die natürlichen Zahlen sind besondere Bruchzahlen (z.B.: $2 = \frac{2}{1} = \frac{8}{4}$).

3. Notiere zu den angegebenen Punkten des Zahlenstrahls einen Bruch.

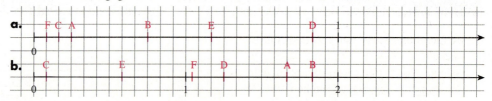

▲ **4.** Mit welchem Bruch kannst du den Punkt angeben in der Mitte von:

a. 1 und 2; b. 3 und 4; c. $\frac{12}{7}$ und $\frac{14}{7}$; d. $\frac{10}{9}$ und $\frac{15}{9}$; e. $\frac{3}{5}$ und $\frac{4}{5}$?

Übungen

5. Zeichne einen Zahlenstrahl; wähle 10 Kästchen für die Strecke von 0 bis 1.
Trage die Punkte ein für: (1) $\frac{1}{5}$; $\frac{2}{5}$; $\frac{3}{5}$; $\frac{4}{5}$; $\frac{5}{5}$; $\frac{6}{5}$; $1\frac{4}{5}$; $2\frac{2}{5}$ (2) $\frac{1}{10}$; $\frac{2}{10}$; $\frac{3}{10}$; $\frac{7}{10}$; $1\frac{5}{10}$; $2\frac{3}{10}$; $\frac{0}{10}$

6. Zeichne einen Zahlenstrahl; wähle für die Strecke von 0 bis 1 die in Klammern angegebene Länge. Trage die Punkte ein für:

a. $\frac{3}{2}$; $\frac{3}{4}$; $\frac{2}{3}$; $1\frac{2}{3}$; $1\frac{1}{6}$; $2\frac{1}{6}$ (6 cm) c. $\frac{7}{5}$; $\frac{9}{10}$; $1\frac{7}{10}$; $2\frac{1}{5}$; $2\frac{1}{10}$; $2\frac{1}{4}$ (5 cm)

b. $\frac{5}{4}$; $\frac{7}{8}$; $\frac{19}{8}$; $2\frac{7}{8}$; $2\frac{11}{16}$; $3\frac{1}{16}$ (4 cm) d. $\frac{5}{12}$; $\frac{2}{3}$; $\frac{7}{6}$; $\frac{3}{4}$; $\frac{7}{12}$; $\frac{4}{6}$; $\frac{11}{24}$ (12 cm)

7. a. Gib zu den einzelnen Punkten des Zahlenstrahls die entsprechende Bruchzahl an.

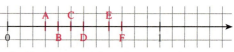

b. Trage die Punkte für die Bruchzahlen $\frac{1}{6}$; $\frac{5}{6}$; $\frac{11}{12}$; $\frac{1}{8}$ und $1\frac{1}{12}$ ein.

c. Gib für jeden der Punkte von Teilaufgabe a. noch zwei weitere Brüche an.

8. Zum Punkt P gehört der Bruch $\frac{2}{3}$ (Abb. (1)).

a. Lies aus den Abbildungen (2) und (3) andere Brüche ab, die auch zum Punkt P gehören.

b. Denke dir den Zahlenstrahl noch weiter unterteilt. Welche Brüche gehören dann auch zum Punkt P?

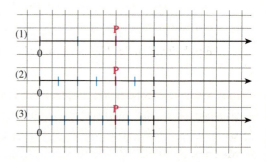

9. Zu welchen der Brüche $\frac{1}{4}$; $\frac{10}{6}$; $\frac{8}{12}$; $\frac{4}{3}$; $\frac{2}{3}$; $\frac{2}{8}$; $\frac{15}{12}$; $\frac{5}{3}$; $\frac{9}{12}$; $\frac{4}{6}$; $\frac{3}{12}$ gehört derselbe Punkt des Zahlenstrahls?

10. Welche der folgenden Bruchzahlen können einfacher als natürliche Zahlen geschrieben werden?
$\frac{12}{6}$; $\frac{4}{8}$; $\frac{0}{10}$; $\frac{13}{1}$; $\frac{14}{2}$; $\frac{15}{3}$; $\frac{16}{4}$; $\frac{17}{5}$; $\frac{18}{6}$; $\frac{19}{7}$

▲ **11.** Mit welchem Bruch kannst du den Punkt angeben in der Mitte von:

a. 4 und 5 b. $3\frac{1}{2}$ und 4 c. $3\frac{2}{9}$ und $4\frac{5}{9}$ d. $\frac{8}{7}$ und $\frac{10}{7}$ e. $2\frac{1}{2}$ und $2\frac{3}{4}$

$2\frac{1}{2}$ und 3 $3\frac{1}{2}$ und $4\frac{1}{2}$ $3\frac{4}{9}$ und $4\frac{1}{9}$ $\frac{2}{5}$ und $\frac{3}{5}$ $2\frac{1}{2}$ und $3\frac{3}{4}$

Ordnen von Bruchzahlen nach der Größe

Aufgabe

1. Zu Sarahs Geburtstagsfeier gibt es Obsttorten.

   a. Von der Himbeertorte bleiben $\frac{7}{12}$ übrig, von der Ananastorte $\frac{5}{12}$.
   Von welcher Torte bleibt weniger übrig?

   b. Von der Himbeertorte bleiben $\frac{7}{12}$ übrig, von der Kiwitorte $\frac{2}{3}$.
   Von welcher Torte bleibt weniger übrig?

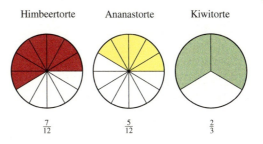

Lösung

a. Der gleiche Nenner 12 der beiden Brüche zeigt:
Himbeertorte und Ananastorte sind beide in 12 gleich große Stücke, also in Zwölftel, zerlegt worden.

Die Zähler zeigen uns:
Von der Himbeertorte ($\frac{7}{12}$) sind 7 Teilstücke übrig, von der Ananastorte nur 5 Teilstücke, also weniger.

Wir erkennen: $\frac{5}{12} < \frac{7}{12}$ (5 Zwölftel < 7 Zwölftel)

Ergebnis: Von der Ananastorte bleibt weniger übrig.

b. Hier lassen sich die beiden Brüche nicht so einfach vergleichen. Wir verfeinern zunächst die Einteilung der Kiwitorte, sodass auch hier jedes Teilstück $\frac{1}{12}$ der Torte ist.
Das bedeutet, wir erweitern den Bruch $\frac{2}{3}$ mit 4: $\frac{2}{3} = \frac{8}{12}$.

Wir erkennen: $\frac{7}{12} < \frac{8}{12}$

Ergebnis: Von der Himbeertorte bleibt weniger übrig.

Information

Bruchzahlen lassen sich vergleichen und der Größe nach ordnen.

Wenn die Nenner von Brüchen gleich sind, lassen sich die Bruchzahlen leicht ordnen. Man braucht nur die Zähler zu vergleichen.

$\frac{5}{12} < \frac{7}{12}$ (5 Zwölftel < 7 Zwölftel), denn $5 < 7$

Wenn die Nenner der Brüche *verschieden* sind, kann man die Brüche so erweitern, dass sie gleiche Nenner haben (*gleichnamig* sind). Der kleinste gemeinsame Nenner heißt *Hauptnenner*.

$\frac{3}{8} < \frac{2}{5}$, da $\frac{15}{40} < \frac{16}{40}$

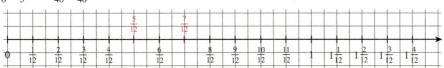

Auf dem Zahlenstrahl liegt der Punkt für die *kleinere* Bruchzahl *links* von dem für die größere Bruchzahl.

Kapitel 3

Zum Festigen und Weiterarbeiten

2. Wovon muss man für Eisschokolade am meisten nehmen, wovon am wenigsten?

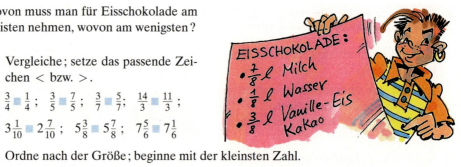

3. a. Vergleiche; setze das passende Zeichen < bzw. >.

$\frac{3}{4} \square \frac{1}{4}$; $\frac{3}{5} \square \frac{7}{5}$; $\frac{3}{7} \square \frac{5}{7}$; $\frac{14}{3} \square \frac{11}{3}$;

$3\frac{1}{10} \square 2\frac{7}{10}$; $5\frac{3}{8} \square 5\frac{7}{8}$; $7\frac{5}{6} \square 7\frac{1}{6}$

b. Ordne nach der Größe; beginne mit der kleinsten Zahl.

(1) $\frac{5}{4}$; $\frac{13}{4}$; $\frac{3}{4}$; $\frac{9}{4}$ (2) $\frac{17}{12}$; $\frac{5}{12}$; $\frac{11}{12}$; $\frac{1}{12}$ (3) $4\frac{7}{9}$; $4\frac{8}{9}$; $4\frac{1}{9}$; $4\frac{5}{9}$

4. a. Welche Zeitspanne ist länger? Betrachte dazu ein Zifferblatt.

(1) $\frac{3}{4}$ h oder $\frac{7}{12}$ h   (2) $\frac{5}{6}$ h oder $\frac{9}{10}$ h

b. Vergleiche durch Erweitern. Überprüfe dein Ergebnis durch Umwandeln der Größen in eine kleinere Einheit.

(1) $\frac{5}{8}$ kg und $\frac{11}{20}$ kg   (3) $\frac{3}{4}$ m, $\frac{2}{5}$ m und $\frac{6}{25}$ m

(2) $\frac{7}{20}$ h und $\frac{5}{12}$ h   (4) $\frac{3}{10}$ h, $\frac{1}{6}$ h und $\frac{5}{12}$ h

5. Vergleiche. Setze das Zeichen <, > bzw. = ein; mache zunächst gleichnamig.

a. $\frac{3}{4} \square \frac{5}{8}$ **b.** $\frac{4}{10} \square \frac{2}{5}$ **c.** $\frac{2}{3} \square \frac{3}{5}$ **d.** $\frac{3}{4} \square \frac{2}{5}$ **e.** $\frac{11}{6} \square \frac{13}{8}$

$\frac{2}{3} \square \frac{5}{6}$ $\frac{5}{6} \square \frac{11}{12}$ $\frac{6}{5} \square \frac{8}{7}$ $\frac{4}{5} \square \frac{5}{6}$ $\frac{7}{10} \square \frac{11}{12}$

▲ **6.** Von einer Kirschtorte bleiben $\frac{5}{12}$ übrig; von einer Himbeertorte $\frac{5}{14}$. Von welcher der beiden bleibt weniger übrig? Begründe.

Kirschtorte   Himbeertorte

▲ Bruchzahlen lassen sich auch leicht vergleichen, wenn die Brüche den gleichen Zähler besitzen.

$\frac{5}{16} < \frac{5}{12}$, denn 1 Sechzehntel < 1 Zwölftel

▲ **7. a.** Vergleiche. Setze das passende Zeichen < bzw. >.

(1) $\frac{1}{4} \square \frac{1}{5}$ (2) $\frac{1}{8} \square \frac{1}{4}$ (3) $\frac{1}{100} \square \frac{1}{10}$ (4) $\frac{3}{4} \square \frac{3}{5}$ (5) $\frac{7}{10} \square \frac{7}{100}$ (6) $4\frac{5}{6} \square 4\frac{5}{12}$

b. Ordne nach der Größe, beginne mit der kleinsten Zahl.

(1) $\frac{1}{3}$; $\frac{1}{5}$; $\frac{1}{9}$; $\frac{1}{4}$ (2) $\frac{7}{8}$; $\frac{7}{5}$; $\frac{7}{10}$ (3) $\frac{5}{6}$; $\frac{7}{8}$; $\frac{11}{12}$ (4) $3\frac{4}{9}$; $2\frac{4}{7}$; $2\frac{4}{5}$

c. Vergeiche durch Erweitern. Überlege zunächst, ob es vorteilhafter ist, die Brüche auf den gleichen Nenner oder auf den gleichen Zähler zu bringen.

(1) $\frac{11}{8}$ und $\frac{13}{10}$ (2) $\frac{6}{7}$ und $\frac{9}{13}$ (3) $\frac{17}{12}$, $\frac{9}{8}$ und $\frac{7}{6}$ (4) $\frac{15}{11}$, $\frac{10}{7}$ und $\frac{20}{13}$

Kapitel 3

Übungen

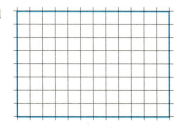

8. a. Zeichne eine Strecke von 12 Karolängen dreimal untereinander ab.
Färbe dann jeweils rot: (1) $\frac{5}{12}$, (2) $\frac{11}{12}$, (3) $\frac{7}{12}$
Ordne die drei Bruchzahlen nach der Größe.

b. Zeichne das nebenstehende Rechteck dreimal ab.
Färbe dann jeweils rot: (1) $\frac{5}{8}$, (2) $\frac{3}{8}$, (3) $\frac{7}{8}$
Ordne die drei Bruchzahlen nach der Größe.

9. Drei Geschwister gewinnen zusammen im Lotto. Tanja erhält $\frac{6}{11}$ des Gewinns, Tim erhält $\frac{2}{11}$, Anne erhält $\frac{3}{11}$.
Wer erhält am meisten, wer am wenigsten? Erläutere.

10. Vergleiche. Setze das passende Zeichen < bzw. >.

a. $\frac{3}{5} \square \frac{2}{5}$; $\frac{3}{7} \square \frac{5}{7}$; $\frac{11}{8} \square \frac{9}{8}$; $\frac{15}{4} \square \frac{17}{4}$
b. $\frac{5}{8} \square \frac{7}{8}$; $\frac{3}{8} \square \frac{9}{8}$; $\frac{9}{11} \square \frac{7}{11}$; $\frac{11}{12} \square \frac{5}{12}$

11. Welche Zeitspanne ist größer?

a. $\frac{3}{4}$ h; $\frac{7}{12}$ h
b. $\frac{5}{6}$ h; $\frac{11}{12}$ h
c. $\frac{3}{4}$ h; $\frac{2}{3}$ h
d. $\frac{5}{6}$ h; $\frac{3}{4}$ h
e. $\frac{9}{10}$ h; $\frac{11}{12}$ h

12. Welche Länge ist größer?

a. $\frac{7}{10}$ m; $\frac{3}{5}$ m
b. $\frac{4}{5}$ m; $\frac{9}{10}$ m
c. $\frac{7}{10}$ m; $\frac{3}{4}$ m
d. $\frac{3}{4}$ m; $\frac{9}{10}$ m

13. Vergleiche. Setze das passende Zeichen <, > bzw. = ein; mache zunächst gleichnamig.

a. $\frac{3}{5} \square \frac{8}{15}$; $\frac{1}{24} \square \frac{5}{8}$; $\frac{2}{3} \square \frac{4}{7}$; $\frac{9}{11} \square \frac{5}{6}$
b. $\frac{7}{10} \square \frac{11}{20}$; $\frac{10}{15} \square \frac{2}{3}$; $\frac{5}{6} \square \frac{7}{10}$; $\frac{11}{6} \square \frac{7}{4}$
c. $\frac{3}{4} \square \frac{5}{6}$; $\frac{7}{10} \square \frac{11}{15}$; $\frac{7}{12} \square \frac{5}{8}$; $\frac{9}{12} \square \frac{15}{20}$

$\frac{7}{10} \square \frac{5}{8}$

$\frac{28}{40} > \frac{25}{40}$

also: $\frac{7}{10} > \frac{5}{8}$

14. Ordne nach der Größe. Verwandle zunächst in die gemischte Schreibweise.

a. 4 und $\frac{17}{4}$
d. $\frac{55}{7}$, $\frac{51}{8}$ und $\frac{52}{9}$
g. $\frac{62}{7}$, $\frac{89}{10}$ und $\frac{71}{8}$
b. $\frac{19}{3}$ und $\frac{23}{5}$
e. $\frac{52}{5}$, $\frac{45}{4}$ und $\frac{68}{7}$
h. $\frac{227}{9}$, $\frac{259}{10}$ und $\frac{295}{12}$
c. $\frac{9}{2}$ und $\frac{7}{5}$
f. $\frac{38}{7}$, $\frac{43}{9}$ und $\frac{67}{11}$
i. $\frac{113}{9}$, $\frac{120}{11}$ und $\frac{105}{8}$

$\frac{13}{5}$ und $\frac{22}{7}$

$2\frac{3}{5} < 3\frac{1}{7}$

also: $\frac{13}{5} < \frac{22}{7}$

15. Schreibe in gemischter Schreibweise. Setze dann < bzw. >.

a. $\frac{9}{2} \square 3$; $\frac{50}{8} \square \frac{52}{9}$
b. $\frac{30}{7} \square 5$; $\frac{17}{4} \square \frac{18}{5}$
c. $\frac{41}{8} \square \frac{49}{10}$; $\frac{70}{6} \square \frac{71}{7}$
d. $\frac{75}{12} \square \frac{171}{30}$; $\frac{80}{9} \square \frac{89}{10}$
e. $\frac{45}{7} \square \frac{34}{5}$; $\frac{15}{4} \square \frac{23}{6}$

16. Überprüfe, ob wahr (w) oder falsch (f).

a. $\frac{3}{4} < \frac{7}{10}$; $\frac{7}{10} > \frac{19}{30}$; $\frac{19}{30} > \frac{3}{5}$; $\frac{3}{5} > \frac{7}{11}$
b. $\frac{5}{4} > \frac{7}{6}$; $\frac{7}{6} < \frac{11}{8}$; $\frac{11}{8} > \frac{13}{10}$; $\frac{13}{10} > \frac{17}{12}$
c. $\frac{3}{8} < \frac{9}{21}$; $\frac{9}{21} > \frac{20}{35}$; $\frac{20}{35} < \frac{12}{27}$; $\frac{12}{27} > \frac{8}{20}$
d. $\frac{17}{5} > \frac{29}{7}$; $\frac{29}{7} < \frac{21}{5}$; $\frac{21}{5} > \frac{35}{8}$; $\frac{35}{8} > \frac{22}{5}$

17. a. Ordne nach der Größe; beginne mit der kleinsten Zahl.
  (1) $\frac{12}{5}$; $\frac{17}{5}$; $\frac{3}{5}$; $\frac{6}{5}$
  (2) $\frac{11}{6}$; $\frac{1}{6}$; $\frac{21}{6}$; $\frac{5}{6}$
  (3) $2\frac{9}{10}$; $2\frac{3}{10}$; $2\frac{7}{10}$; $2\frac{1}{10}$

b. Ordne nach der Größe; beginne mit der größten Zahl.
  (1) $\frac{8}{3}$; $\frac{2}{3}$; $\frac{5}{3}$; $\frac{11}{3}$
  (2) $\frac{4}{7}$; $\frac{24}{7}$; $\frac{14}{7}$; $\frac{5}{7}$
  (3) $1\frac{17}{20}$; $1\frac{3}{20}$; $1\frac{13}{20}$; $1\frac{1}{20}$

18. Mache die Brüche zunächst gleichnamig. Ordne dann die Bruchzahlen.
  a. $\frac{7}{12}$; $\frac{5}{6}$; $\frac{3}{4}$
  c. $\frac{7}{8}$; $\frac{3}{4}$; $\frac{5}{6}$
  b. $\frac{13}{20}$; $\frac{4}{5}$; $\frac{7}{10}$
  d. $\frac{3}{10}$; $\frac{7}{15}$; $\frac{5}{12}$

$$\frac{5}{3} = \frac{30}{18}$$
$$\frac{11}{6} = \frac{33}{18}$$
$$\frac{13}{9} = \frac{26}{18}$$
$$\frac{26}{18} < \frac{30}{18} < \frac{33}{18}$$
$$\frac{13}{9} < \frac{5}{3} < \frac{11}{6}$$

19. Bringe die Brüche auf den angegebenen Nenner; vergleiche dann.
  a. Nenner 24: $\frac{5}{8}$; $\frac{3}{4}$; $\frac{5}{6}$; $\frac{7}{12}$; $\frac{1}{2}$; $\frac{2}{3}$
  c. Nenner 100: $\frac{4}{5}$; $\frac{11}{20}$; $\frac{41}{50}$; $\frac{7}{10}$; $\frac{21}{5}$; $\frac{3}{4}$
  b. Nenner 30: $\frac{2}{3}$; $\frac{7}{10}$; $\frac{5}{6}$; $\frac{8}{15}$; $\frac{1}{2}$; $\frac{3}{5}$
  d. Nenner 1 000: $\frac{7}{50}$; $\frac{5}{8}$; $\frac{19}{125}$; $\frac{8}{25}$; $\frac{31}{200}$

20. Erweitere so, dass beide Nenner (oder Zähler) gleich sind. Setze dann < bzw. >.
  a. $\frac{3}{10}$ ☐ $\frac{7}{20}$; $\frac{5}{6}$ ☐ $\frac{9}{10}$; $\frac{5}{3}$ ☐ $\frac{10}{7}$; $\frac{4}{15}$ ☐ $\frac{8}{25}$
  b. $\frac{3}{4}$ ☐ $\frac{9}{10}$; $\frac{7}{15}$ ☐ $\frac{5}{9}$; $\frac{7}{12}$ ☐ $\frac{11}{18}$; $\frac{11}{5}$ ☐ $\frac{22}{9}$

21. Gib eine kleinere und eine größere Bruchzahl an. Ändere nur den Zähler des Bruches.
  a. $\frac{7}{20}$
  b. $\frac{13}{40}$
  c. $\frac{3}{4}$
  d. $\frac{17}{8}$

$$\frac{2}{9} < \frac{4}{9} < \frac{5}{9}$$

22. Welche Zahl(en) kannst du für x setzen?
  a. $\frac{5}{8} < \frac{x}{8} < \frac{7}{8}$
  b. $\frac{3}{10} < \frac{x}{10} < \frac{7}{10}$
  c. $\frac{7}{5} < \frac{x}{5} < \frac{9}{5}$

23. Vergleiche; setze das passende Zeichen < oder >.
  a. $\frac{1}{8}$ ☐ $\frac{1}{5}$; $\frac{3}{8}$ ☐ $\frac{3}{5}$; $\frac{3}{4}$ ☐ $\frac{3}{8}$; $\frac{7}{9}$ ☐ $\frac{7}{10}$
  b. $\frac{7}{10}$ ☐ $\frac{7}{9}$; $\frac{10}{7}$ ☐ $\frac{10}{9}$; $\frac{7}{4}$ ☐ $\frac{7}{8}$; $\frac{4}{7}$ ☐ $\frac{4}{9}$

24. Ordne nach der Größe.
  a. $\frac{7}{9}$; $\frac{7}{12}$; $\frac{7}{10}$; $\frac{7}{8}$
  b. $\frac{9}{16}$; $\frac{9}{10}$; $\frac{9}{20}$; $\frac{9}{8}$
  c. $4\frac{5}{11}$; $4\frac{5}{16}$; $4\frac{5}{8}$; $4\frac{5}{6}$; $4\frac{5}{21}$

25. Gib eine kleinere und eine größere Bruchzahl an. Ändere nur den Nenner.
  a. $\frac{5}{8}$
  b. $\frac{4}{9}$
  c. $\frac{7}{12}$
  d. $\frac{1}{4}$

$$\frac{4}{11} < \frac{4}{9} < \frac{4}{7}$$

26. Welche Zahl(en) kannst du für x setzen?
  a. $\frac{3}{10} < \frac{3}{x} < \frac{3}{8}$
  b. $\frac{7}{9} < \frac{7}{x} < \frac{7}{5}$
  c. $\frac{8}{5} < \frac{8}{x} < \frac{8}{3}$

27. Ordne nach der Größe:
  a. $\frac{7}{10}$; $\frac{9}{10}$; $\frac{7}{12}$
  b. $\frac{11}{15}$; $\frac{11}{20}$; $\frac{9}{20}$
  c. $\frac{3}{20}$; $\frac{7}{16}$; $\frac{9}{16}$; $\frac{7}{20}$
  d. $\frac{9}{5}$; $\frac{5}{8}$; $\frac{11}{5}$; $\frac{9}{8}$

28. Ordne die Größen; beginne mit der kleinsten.
Überprüfe dein Ergebnis durch Umwandlung in eine kleinere Maßeinheit.
  a. $\frac{7}{10}$ kg; $\frac{3}{10}$ kg; $\frac{3}{50}$ kg
  b. $\frac{7}{10}$ l; $\frac{7}{20}$ l; $\frac{3}{20}$ l
  c. $\frac{7}{6}$ h; $\frac{5}{6}$ h; $\frac{5}{12}$ h
  d. $\frac{9}{4}$ m; $\frac{9}{5}$ m; $\frac{11}{4}$ m

29. Suche einen Bruch zwischen:
  a. $\frac{3}{8}$ und $\frac{7}{8}$
  b. $\frac{2}{9}$ und $\frac{5}{9}$
  c. $\frac{1}{5}$ und $\frac{1}{3}$
  d. $\frac{2}{15}$ und $\frac{2}{5}$

30. Welche der Bruchzahlen $\frac{5}{8}$; $\frac{7}{4}$; $\frac{3}{7}$; $\frac{5}{9}$; $\frac{12}{5}$; $\frac{7}{5}$; $\frac{9}{8}$; $\frac{7}{20}$; $\frac{11}{9}$; $\frac{7}{15}$; $\frac{13}{8}$; $\frac{5}{3}$; $\frac{4}{9}$ sind

a. größer als 1;   **b.** kleiner als 1;   **c.** kleiner als $\frac{1}{2}$ **d.** größer als $1\frac{1}{2}$?

31. Gib fünf Bruchzahlen an, für die gilt:

a. kleiner als 1;   **b.** größer als 1;   **c.** kleiner als $\frac{1}{2}$;   **d.** größer als $\frac{1}{2}$;   **e.** größer als 2.

32. Setze das passende Zeichen < bzw. >.
Beachte: Durch Vergleich z.B. mit 1 oder mit $\frac{1}{2}$ oder mit einer anderen geeigneten Vergleichszahl kannst du manchmal leicht erkennen, welches die größere Bruchzahl ist.

$$\frac{5}{7} \square \frac{3}{8}$$
$$\frac{5}{7} > \frac{1}{2} \text{ und } \frac{3}{8} < \frac{1}{2}$$
$$\text{also } \frac{5}{7} > \frac{3}{8}$$

a. $\frac{11}{10} \square \frac{3}{8}$ **b.** $\frac{9}{4} \square \frac{7}{5}$ **c.** $\frac{3}{8} \square \frac{7}{10}$ **d.** $\frac{7}{12} \square \frac{5}{11}$ **e.** $\frac{2}{3} \square \frac{3}{4}$ **f.** $\frac{11}{10} \square \frac{9}{8}$

$\frac{8}{11} \square \frac{9}{7}$ $\frac{51}{10} \square \frac{20}{7}$ $\frac{5}{11} \square \frac{9}{16}$ $\frac{12}{7} \square \frac{11}{5}$ $\frac{3}{4} \square \frac{4}{5}$ $\frac{9}{10} \square \frac{7}{8}$

33. Ordne. Überlege zunächst, ob du die Größerbeziehung unmittelbar erkennen kannst.

a. $\frac{1}{3}$; $\frac{1}{4}$; $\frac{1}{5}$ **b.** $\frac{2}{3}$; $\frac{3}{4}$; $\frac{4}{5}$ **c.** $\frac{10}{7}$; $\frac{7}{10}$; $\frac{2}{9}$ **d.** $\frac{5}{4}$; $\frac{7}{6}$; $\frac{8}{7}$; $\frac{6}{5}$ **e.** $\frac{19}{20}$; $\frac{9}{4}$; $\frac{12}{25}$; $\frac{13}{10}$

$\frac{4}{3}$; $\frac{5}{4}$; $\frac{6}{5}$ $\frac{3}{8}$; $\frac{9}{4}$; $\frac{7}{5}$ $\frac{11}{4}$; $\frac{7}{5}$; $\frac{25}{8}$ $\frac{9}{10}$; $\frac{10}{9}$; $\frac{14}{15}$; $\frac{15}{14}$ $\frac{17}{36}$; $\frac{41}{35}$; $\frac{71}{45}$; $\frac{13}{24}$

▲ **34.** Es gilt: $\frac{58}{79} < \frac{61}{83}$. Überlege, welches Zeichen (< oder >) passt.

$\frac{58}{79} \square \frac{63}{83}$; $\frac{58}{79} \square \frac{58}{83}$; $\frac{58}{83} \square \frac{61}{83}$; $\frac{55}{83} \square \frac{61}{79}$; $\frac{61}{83} \square \frac{58}{81}$; $\frac{58}{61} \square \frac{83}{58}$; $\frac{83}{61} \square \frac{79}{58}$

35. Kaffee kann man in Packungen zu $\frac{1}{8}$ kg, zu $\frac{1}{4}$ kg und zu $\frac{1}{2}$ kg kaufen.
Welche Packung enthält am meisten, welche am wenigsten Kaffee?

36. Beim Schießen auf eine Torwand erzielt Torsten bei 20 Schüssen 7 Treffer, Jonas bei 30 Schüssen 11 Treffer und Mehmet bei 40 Schüssen 17 Treffer. Wer hat die beste, wer hat die schlechteste Trefferquote (Anteil der Treffer an der Gesamtzahl der Schüsse)?

37. *Bruchzahlen – Skat*   **Spiel (3 Spieler)**
Stellt euch Karten mit Bruchzahlen wie unten her. Es werden 3 Durchgänge gespielt. Jeder bekommt 5 Karten.
Reihum spielt jeweils ein Spieler gegen die beiden anderen. Zunächst spielt das Zweierteam je eine Bruchzahl aus. Der Einzelspieler muss versuchen, eine Bruchzahl auszuspielen, deren Wert zwischen den beiden bereits ausgespielten liegt. Gelingt es ihm, darf er die 3 Karten aufnehmen und zur Seite legen. Gelingt es ihm nicht, nehmen die beiden Gegenspieler die 3 Karten auf.
Sind alle Karten ausgespielt, werden die gewonnenen Karten den einzelnen Spielern als Punkte gutgeschrieben. Wer hat nach den 3 Durchgängen die meisten Punkte?

Vermischte Übungen

1. Gib den Anteil der gefärbten Fläche an der gesamten Fläche an.

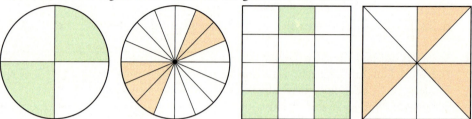

2. Welcher Anteil an einer Stunde ist zwischen 8.30 Uhr und 8.50 Uhr [12.25 Uhr und 13.05 Uhr] vergangen?

3. In einer Klasse sind 14 Mädchen und 11 Jungen. Welcher Anteil der Schüler sind Mädchen?

4. Tanja hat für einen Urlaub 140 € zur Verfügung. $\frac{6}{7}$ davon gibt sie aus.
Wie viel € hat sie übrig?

5. Julia, Lena und Michael sammeln für ein Kinderheim. Julia bekommt 40 €, Lena 50 € und Michael 30 € zusammen.
Wie groß ist der Anteil von Julia [Lena; Michael] am Gesamtergebnis der drei Kinder?

6. Europa ist 10 Mio. km² groß. Davon entfällt auf Deutschland etwa $\frac{9}{250}$, auf Frankreich $\frac{11}{200}$ und auf die Schweiz $\frac{1}{250}$.
  a. Vergleiche die Größe der Fläche von Deutschland und der Schweiz.
  b. Stelle selbst weitere Fragen und beantworte sie.

7. a. Das Dreifache einer Zahl ist 36. Wie groß ist dann $\frac{1}{4}$ dieser Zahl?
  b. $\frac{2}{3}$ einer Zahl ist 28. Wie groß ist das Fünffache dieser Zahl?

8. In den Klassen 6a und 6b sind jeweils 24 Schüler. An einem Wettkampf nehmen $\frac{3}{4}$ der Schüler aus der Klasse 6a und $\frac{2}{3}$ der Schüler aus der Klasse 6b teil.
Aus welcher der beiden Klassen nehmen mehr Schüler am Wettkampf teil?
Wie viele Schüler sind das?

9. Wie groß ist bei einem Quadrat der Anteil einer Seitenlänge am Umfang?

10. Das Streifendiagramm zeigt den Besitz eines Weinbauern.

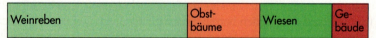

Welchen Anteil des Besitzes nehmen jeweils die Weinreben, die Obstbäume, die Wiesen, die Gebäude ein?

▲ 11. Tim verkaufte CDs auf einem Flohmarkt. Er verkaufte am Vormittag $\frac{1}{4}$ seiner CDs und am Nachmittag $\frac{1}{3}$ der restlichen CDs. Schließlich hatte er noch 12 CDs übrig.
Tim hat pro CD 6 € verdient. Wie viele CDs hatte Tim anfangs?

Bist du fit?

1. Welcher Bruch ist dargestellt?

a.   b.   c.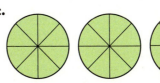

2. Färbe vom Rechteck:
   a. $\frac{3}{4}$; b. $\frac{1}{3}$; c. $\frac{2}{3}$; d. $\frac{5}{6}$

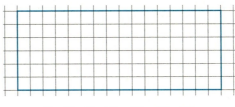

3. a. Notiere die Brüche als natürliche Zahl oder in gemischter Schreibweise.
   (1) $\frac{13}{2}$; $\frac{12}{3}$; $\frac{15}{4}$; $\frac{30}{5}$; $\frac{37}{6}$; $\frac{47}{8}$; $\frac{79}{10}$
   (2) $\frac{35}{11}$; $\frac{72}{12}$; $\frac{76}{15}$; $\frac{140}{20}$; $\frac{181}{25}$; $\frac{135}{50}$; $\frac{349}{100}$

b. Notiere als Bruch.
   (1) $9\frac{1}{2}$; $4\frac{2}{3}$; $5\frac{3}{4}$; $2\frac{3}{5}$; $7\frac{1}{6}$; $6\frac{5}{8}$; $8\frac{9}{10}$
   (2) $24\frac{1}{3}$; $16\frac{3}{4}$; $12\frac{2}{5}$; $7\frac{7}{11}$; $9\frac{11}{15}$; $6\frac{5}{12}$; $8\frac{13}{20}$

4. Notiere den Quotienten als Bruch; gib das Ergebnis gegebenenfalls in gemischter Schreibweise oder als natürliche Zahl an.
   a. 7 : 8; 8 : 7; 3 : 6; 6 : 3; 12 : 5
   b. 30 : 7; 49 : 7; 154 : 10; 219 : 19

5. Wandle um in die in Klammern angegebene Maßeinheit.
   a. $\frac{7}{8}$ kg (g); $4\frac{3}{4}$ kg (g); $\frac{2}{5}$ m (cm); $3\frac{1}{2}$ m (cm)
   b. $\frac{5}{6}$ h (min); $2\frac{5}{12}$ h (min); $7\frac{6}{25}$ a (m²)

6. Kürze bis zur Grunddarstellung.
   a. $\frac{15}{24}$; $\frac{15}{55}$; $\frac{18}{30}$; $\frac{30}{72}$; $\frac{56}{21}$; $\frac{44}{121}$; $\frac{27}{45}$; $\frac{54}{24}$
   b. $\frac{60}{144}$; $\frac{90}{225}$; $\frac{144}{300}$; $\frac{400}{275}$; $\frac{324}{48}$; $\frac{96}{444}$; $\frac{375}{90}$

7. Erweitere auf den angegebenen Nenner.
   a. $\frac{3}{2}$; $\frac{7}{4}$; $\frac{6}{5}$; $\frac{7}{10}$; $\frac{11}{20}$; $\frac{18}{25}$; $\frac{23}{50}$ (Nenner 100)
   b. $\frac{5}{4}$; $\frac{11}{25}$; $\frac{9}{8}$; $\frac{11}{125}$; $\frac{41}{200}$; $\frac{9}{50}$; $\frac{13}{250}$ (Nenner 1 000)

8. Mache die beiden Brüche gleichnamig.
   a. $\frac{5}{6}$; $\frac{7}{15}$ **b.** $\frac{8}{5}$; $\frac{10}{11}$ **c.** $\frac{7}{9}$; $\frac{8}{15}$ **d.** $\frac{11}{18}$; $\frac{5}{12}$ **e.** $\frac{11}{24}$; $\frac{31}{60}$ **f.** $\frac{23}{27}$; $\frac{29}{45}$

9. Vergleiche. Setze das passende Zeichen <, > oder =.
   a. $\frac{7}{12}$ ☐ $\frac{5}{8}$ **b.** $\frac{35}{25}$ ☐ $\frac{21}{15}$ **c.** $\frac{13}{9}$ ☐ $\frac{17}{12}$ **d.** $\frac{5}{7}$ ☐ $\frac{8}{11}$ **e.** $\frac{32}{40}$ ☐ $\frac{48}{60}$ **f.** $\frac{13}{20}$ ☐ $\frac{17}{25}$
   $\frac{11}{6}$ ☐ $\frac{9}{5}$ $\frac{5}{12}$ ☐ $\frac{13}{20}$ $\frac{40}{24}$ ☐ $\frac{25}{15}$ $\frac{11}{15}$ ☐ $\frac{7}{9}$ $\frac{13}{25}$ ☐ $\frac{7}{15}$ $\frac{11}{24}$ ☐ $\frac{19}{40}$

10. Verwandle zunächst in die gemischte Schreibweise. Ordne dann nach der Größe.
   a. $\frac{37}{8}$; $\frac{52}{9}$; $\frac{17}{6}$; $\frac{55}{12}$; $\frac{19}{6}$
   b. $\frac{16}{3}$; $\frac{40}{9}$; $\frac{26}{7}$; $\frac{80}{17}$; $\frac{79}{15}$
   c. $\frac{53}{12}$; $\frac{43}{18}$; $\frac{52}{15}$; $\frac{153}{25}$; $\frac{28}{5}$; $\frac{29}{12}$; $\frac{82}{25}$; $\frac{27}{4}$; $\frac{61}{11}$

11. Bei einer Tombola anlässlich eines Schulfestes werden von den sechsten Klassen Lose verkauft. Die Klasse 6a hat $\frac{2}{15}$, die 6b $\frac{3}{10}$, die 6c $\frac{1}{12}$ und die 6d $\frac{3}{20}$ der Lose verkauft.
   a. Ordne die Klassen nach dem Anteil der verkauften Lose. Gib den Anteil in Prozent an.
   b. Die 6d hat 54 Lose verkauft. Wie viele wurden in den anderen Klassen verkauft?

Kapitel 3

Im Blickpunkt

Der Dreh mit den Brüchen

Wir bauen ein Glücksrad. Das brauchst du dazu:
- Karopapier
- Schere
- Klebstoff
- 1 Bierdeckel
- Fotokarton
- Zirkel, Geodreieck
- 1 Reißzwecke
- 1 kleine Holzperle
- Bleistift, Radiergummi

✂ Übertrage die Figuren auf Karopapier*. Zähle dazu die Kästchen ab; gehe vom oberen roten Kreuzchen aus. Schneide die Scheiben aus und klebe sie auf Fotokarton oder dünne Pappe. In die Mitte stichst du mit der Zirkelspitze je ein kleines Loch.

* Kannst du schon Winkel zeichnen? Du bekommst eine genauere Aufteilung des Glücksrades, wenn du den Kreis mit dem Geodreieck in 10 Abschnitte aufteilst, die alle einen Winkel von 36° haben.

✂ Die Zahlen der kleinen und der großen Scheibe sind Zähler und Nenner von Brüchen. Achte darauf, dass die Zahlen auf der großen Scheibe sehr weit außen stehen müssen, weil sie sonst von der kleinen Scheibe verdeckt werden.

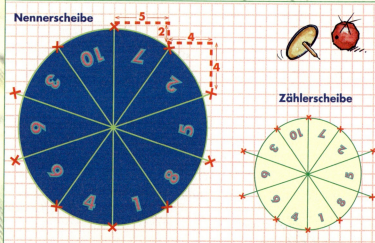

Markiere in einer Ecke einen Pfeil, der auf die Abschnitte des Glücksrades zeigt.

→ Reißzwecke von unten

✂ Durchstich einen Bierdeckel von unten in der Mitte mit einer Reißzwecke und lege die Scheiben über die herausragende Spitze. Stecke auf die Spitze eine kleine Holzperle. Die Scheiben lassen sich jetzt auf dem Bierdeckel leicht drehen. Es ergeben sich ständig neue Kombinationen von Bruchzahlen.

Tipp:
Du brauchst nur die untere Scheibe zu drehen, die obere dreht sich dann mit. Du kannst die Scheibe leichter drehen, wenn du nach Fertigstellung des Glücksrades vom Bierdeckel einen Streifen abschneidest.

1. Dem Bruch auf den Grund gehen
Wer die größte Zahl auf der Außenscheibe erdreht, beginnt.

Partnerspiel

Erdrehst du einen Bruch in der Grunddarstellung, so erhältst du den Wert des Zählers als Punktzahl gutgeschrieben. Erdrehst du dagegen einen Bruch, der noch zu kürzen ist, bekommst du keinen Punkt. Im Beispiel links unten auf der vorigen Seite siehst du den Bruch $\frac{2}{7}$. Das ist ein Bruch in der Grunddarstellung, für den du 2 Punkte bekommen hättest.
Bei einem Durchgang dreht jeder Spieler 5-mal und addiert seine Punkte.
Das Spiel wird über 4 Runden gespielt.
Wer die meisten Punkte hat, gewinnt.

Variante:
Du kannst das Spiel auch so spielen, dass du nur dann Punkte bekommen kannst, wenn du den erdrehten Bruch kürzen kannst. In diesem Fall ist dann die Kürzungszahl die Punktzahl. Für Brüche in der Grunddarstellung gibt es dann keinen Punkt.

2. Einbruch nach Maß.
Es beginnt derjenige, der auf der Innenscheibe die kleinste Zahl erdreht.
Jeder Spieler benötigt drei Spielmarken (z.B. Stifte, Papierschnitzel, ...)

Gruppenspiel (2 bis 4 Spieler)

Gedreht wird reihum. Der erste Mitspieler erdreht einen Bruch. Schafft es der nachfolgende Spieler einen größeren Bruch zu drehen, so darf er eine Spielmarke in die Mitte legen. Bei gleich großem oder kleinerem Bruch darf er keine Marke ablegen. Es muss im weiteren Verlauf des Spiels immer der zuletzt erdrehte Bruch übertroffen werden.
Gewonnen hat, wer zuerst alle Marken abgeben konnte.

3. Ein Spiel für Kenner: Ganze Zahl $\frac{\text{Zähler}}{\text{Nenner}}$

Spiel mit zwei Mannschaften je 2 Spieler

Bei diesem Spiel sind die Zahlen auf dem äußeren Zahlenring die Zehner, die Zahlen auf dem inneren Zahlenring die Einer. Bei den Einern zählt die „10" als „0". So können Zahlen von 10 bis 109 erdreht werden.
Vier Mitspieler bilden zwei Mannschaften. Wer die kleinste Zahl erdreht, beginnt.
Beide Spieler dieser Mannschaft erdrehen je eine Zahl. Die größere der beiden Zahlen ist der Zähler, die kleinere der Nenner eines Bruches.
Die andere Mannschaft muss versuchen, diesen Bruch schneller als ihre Gegner in einen gekürzten Bruch in gemischter Schreibweise umzuwandeln und aufzuschreiben.
Schafft sie das, erhält sie einen Punkt, sonst nicht.

Die Mannschaften sind abwechselnd mit dem Drehen an der Reihe.
Wer zuerst 5 Punkte hat, gewinnt das Spiel.

Kapitel 4

Rechnen mit Bruchzahlen

Bei den alten Ägyptern gab es auch schon Schulen, meist Tempelschulen. Allerdings bestand noch keine Schulpflicht. In diesen Schulen lernten die Kinder neben dem Schreiben und Lesen auch Mathematik. Natürlich gab es auch noch andere Fächer wie Sport und Erdkunde.

Wenn die Schüler mit Brüchen rechnen mussten, hatten sie allerdings ein kleines Problem. Die Ägypter kannten damals nur Brüche mit dem Zähler 1. Weißt du noch, wie diese Brüche genannt werden? Wenn nun aber z. B. der Bruch $\frac{3}{4}$ aufgeschrieben werden sollte, musste er in Brüche mit dem Zähler 1 zerlegt werden.

$\frac{3}{4}$ wurde in $\frac{1}{4}$ und $\frac{1}{2}$ zerlegt. In ägyptischer Schreibweise sieht das so aus:

Das war eine sehr umständliche und mühevolle Rechnerei. Die Schreiber, die mit diesen Zahlen rechnen mussten, benutzten deshalb Umrechnungstabellen. Eine sehr alte auf Leder geschriebene Tabelle siehst du unten in der Abbildung.

Heute haben wir es viel leichter.
Wie man mit Brüchen rechnet, lernst du in diesem Kapitel.

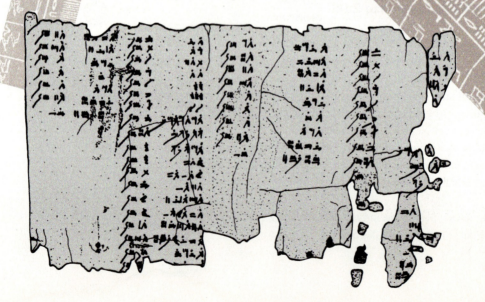

Addieren und Subtrahieren von Bruchzahlen

Aufgabe

1. Jan und Birte haben mit ihren Freunden und Freundinnen eine Geburtstagsparty gefeiert.
Hier siehst du die Reste von 2 Kirschtorten, 2 Pfirsichtorten und 2 Kiwitorten.

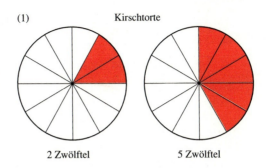

(1) Kirschtorte — 2 Zwölftel, 5 Zwölftel

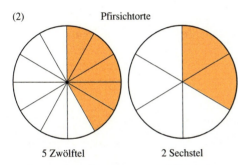

(2) Pfirsichtorte — 5 Zwölftel, 2 Sechstel

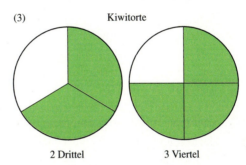

(3) Kiwitorte — 2 Drittel, 3 Viertel

Wie viel Kirschtorte, wie viel Pfirsichtorte und wie viel Kiwitorte sind übrig geblieben?
Gib das Ergebnis jeweils als Anteil einer ganzen Torte an.

Lösung

(1) *Kirschtorte:*

2 Zwölftel + 5 Zwölftel = 7 Zwölftel

$$\frac{2}{12} + \frac{5}{12} = \frac{7}{12}$$

(2) *Pfirsichtorte:*

5 Zwölftel + 2 Sechstel = 5 Zwölftel + 4 Zwölftel = 9 Zwölftel

$$\frac{5}{12} + \frac{2}{6} = \frac{5}{12} + \frac{4}{12} = \frac{9}{12}$$

Verfeinern durch Verdoppeln der Einteilung / Erweitern mit 2

(3) *Kiwitorte:*

Verfeinern durch Vervierfachen der Einteilung / Verfeinern durch Verdreifachen der Einteilung

2 Drittel + 3 Viertel = 8 Zwölftel + 9 Zwölftel = 17 Zwölftel

$$\frac{2}{3} + \frac{3}{4} = \frac{8}{12} + \frac{9}{12} = \frac{17}{12}$$

Erweitern mit 4 / Erweitern mit 3

Ergebnis: Es sind $\frac{7}{12}$ Kirschtorte, $\frac{9}{12}$ Pfirsichtorte und $\frac{17}{12}$ Kiwitorte übrig geblieben.

Zum Festigen und Weiterarbeiten

2. Lisas Mutter hat $\frac{3}{4}$ einer ganzen Schoko-Sahnetorte gekauft. Es wird gegessen:

a. $\frac{1}{4}$ der ganzen Torte;

b. $\frac{1}{2}$ der ganzen Torte;

c. $\frac{1}{3}$ der ganzen Torte.

Welcher Anteil einer ganzen Torte bleibt übrig? Notiere die Aufgabe und rechne.

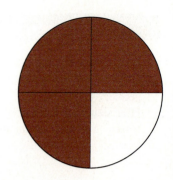

Additions- und Subtraktionsregel bei gleichnamigen Brüchen

Addiere die Zähler.   Subtrahiere die Zähler.
Behalte den gemeinsamen Nenner bei.   Behalte den gemeinsamen Nenner bei.

$$\frac{5}{8} + \frac{2}{8} = \frac{5+2}{8} = \frac{7}{8} \qquad \frac{5}{8} - \frac{2}{8} = \frac{5-2}{8} = \frac{3}{8}$$

$$\frac{a}{c} + \frac{b}{c} = \frac{a+b}{c} \qquad \frac{a}{c} - \frac{b}{c} = \frac{a-b}{c}$$

Additions- und Subtraktionsregel bei ungleichnamigen Brüchen

Mache zuerst die Brüche gleichnamig. Verfahre dann wie bei gleichnamigen Brüchen.

Zuerst gleichnamig machen   *Zuerst gleichnamig machen*

$$\frac{3}{4} + \frac{1}{6} = \frac{9}{12} + \frac{2}{12} \qquad \frac{4}{5} - \frac{3}{20} = \frac{16}{20} - \frac{3}{20}$$

$$= \frac{11}{12} \qquad\qquad\qquad = \frac{13}{20}$$

Der kleinste gemeinsame Nenner von Brüchen heißt **Hauptnenner.** Er ist das kleinste gemeinsame Vielfache der Nenner.

---

3. Welche Additionsaufgabe gehört zu dem Bild? Du kannst das Bild mit Kreisscheiben nachlegen. Gib auch das Ergebnis an.

a. 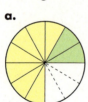   b. 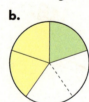   c. 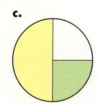   d. 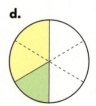   e.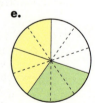

4. Berechne; kürze dann das Ergebnis, soweit möglich.

a. $\frac{3}{5} + \frac{1}{5}$ **b.** $\frac{2}{9} + \frac{2}{9}$ **c.** $\frac{3}{4} - \frac{2}{4}$ **d.** $\frac{7}{10} - \frac{4}{10}$ **e.** $\frac{5}{12} + \frac{3}{12}$ **f.** $\frac{9}{20} - \frac{7}{20}$

5. a. $\frac{1}{4} + \frac{1}{2}$ **b.** $\frac{5}{6} - \frac{2}{3}$ **c.** $\frac{2}{15} + \frac{3}{5}$ **d.** $\frac{15}{16} - \frac{3}{4}$ **e.** $\frac{3}{7} + \frac{3}{49}$ **f.** $\frac{71}{125} + \frac{311}{1000}$

6. Mache die Brüche gleichnamig. Berechne. Kürze das Ergebnis, soweit möglich.

a. $\frac{2}{3} + \frac{1}{4}$ **b.** $\frac{1}{2} - \frac{2}{5}$ **c.** $\frac{3}{4} + \frac{3}{5}$ **d.** $\frac{3}{10} + \frac{7}{12}$ **e.** $\frac{17}{125} + \frac{59}{100}$

$\frac{1}{2} + \frac{1}{3}$ $\frac{5}{6} - \frac{3}{4}$ $\frac{7}{10} - \frac{8}{15}$ $\frac{4}{5} - \frac{4}{13}$ $\frac{14}{15} - \frac{19}{21}$

7. Übertrage die Aufgabe in dein Heft. Fülle die Lücke aus.

  a. $\frac{17}{30} + \frac{\Box}{30} = \frac{29}{30}$ **b.** $\frac{7}{25} + \frac{\Box}{25} = \frac{22}{25}$ **c.** $\frac{\Box}{20} - \frac{1}{20} = \frac{11}{20}$ **d.** $\frac{99}{100} - \frac{\Box}{100} = \frac{11}{100}$

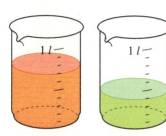

8. Die beiden Messbecher sind mit Saft gefüllt.

  a. Wie viel Liter Saft enthält das linke Gefäß mehr als das rechte?

  b. Der Saft aus beiden Gefäßen wird zusammengegossen. Wie viel Liter ergibt das?

Übungen

9. Berechne; kürze dann, soweit möglich.

  a. $\frac{7}{12} + \frac{3}{12}$ **b.** $\frac{19}{24} - \frac{11}{24}$ **c.** $\frac{19}{96} + \frac{87}{96}$ **d.** $\frac{7}{20} + \frac{9}{20} + \frac{3}{20}$ **e.** $\frac{8}{15} + \frac{4}{15} - \frac{7}{15}$

  $\frac{17}{30} + \frac{4}{30}$ $\frac{57}{60} - \frac{37}{60}$ $\frac{40}{51} + \frac{28}{51}$ $\frac{11}{12} + \frac{5}{12} + \frac{2}{12}$ $\frac{7}{12} + \frac{11}{12} - \frac{5}{12}$

  $\frac{27}{50} + \frac{33}{50}$ $\frac{67}{75} - \frac{17}{75}$ $\frac{55}{72} - \frac{10}{72}$ $\frac{23}{25} + \frac{18}{25} + \frac{24}{25}$ $\frac{47}{50} - \frac{13}{50} - \frac{9}{50}$

10. a. $\frac{37}{60} + \frac{19}{60} + \frac{41}{60} + \frac{23}{60} + \frac{59}{60} + \frac{11}{60}$ **b.** $\frac{58}{75} - \frac{39}{75} + \frac{64}{75} - \frac{41}{75} + \frac{7}{75} - \frac{19}{75}$

11. Welche Bruchzahl musst du für x einsetzen? Gib diese auch gekürzt an.

  a. $\frac{4}{9} + x = \frac{7}{9}$ **d.** $\frac{7}{8} - x = \frac{3}{8}$ **g.** $x + \frac{91}{125} = \frac{116}{125}$

  b. $x + \frac{7}{20} = \frac{19}{20}$ **e.** $\frac{13}{15} - x = \frac{7}{15}$ **h.** $x - \frac{61}{85} = \frac{29}{85}$

  c. $x - \frac{5}{12} = \frac{1}{12}$ **f.** $\frac{11}{21} + x = \frac{20}{21}$ **i.** $\frac{179}{200} - x = \frac{59}{200}$

12. Ein Naturschutzgebiet besteht aus einem $\frac{7}{8}$ km² großen See und einem angrenzenden Gelände, das $\frac{3}{8}$ km² groß ist.
Wie groß ist das gesamte Naturschutzgebiet?

13. Ein Gasbehälter für den Campingkocher wiegt voll $\frac{9}{10}$ kg und leer $\frac{3}{10}$ kg.
Wie viel kg wiegt die Füllung?

14. Julia kommt $\frac{3}{10}$ Sekunden später ins Ziel als die Siegerin Anne. Sarah kommt $\frac{6}{10}$ später ins Ziel als ihre Freundin Julia.
Um wie viel Sekunden ist Sarah langsamer als die Siegerin?

15. Mache die Brüche gleichnamig; berechne.

  a. $\frac{3}{4} + \frac{1}{8}$ **b.** $\frac{9}{10} - \frac{3}{5}$ **c.** $\frac{3}{20} + \frac{2}{5}$ **d.** $\frac{23}{24} - \frac{3}{8}$ **e.** $\frac{3}{80} + \frac{2}{5}$ **f.** $\frac{11}{19} + \frac{18}{133}$

  $\frac{1}{5} + \frac{1}{10}$ $\frac{7}{9} - \frac{2}{3}$ $\frac{2}{3} + \frac{7}{12}$ $\frac{17}{18} - \frac{5}{6}$ $\frac{4}{15} + \frac{67}{75}$ $\frac{77}{144} - \frac{5}{12}$

  $\frac{1}{2} + \frac{5}{6}$ $\frac{1}{2} - \frac{3}{10}$ $\frac{3}{5} + \frac{7}{30}$ $\frac{7}{8} - \frac{11}{40}$ $\frac{5}{6} - \frac{7}{90}$ $\frac{7}{8} - \frac{863}{1000}$

16. Ein Pkw wiegt $\frac{3}{4}$ t, der Anhänger $\frac{1}{8}$ t. Wie schwer ist das gesamte Gespann?

17. Von einem $\frac{7}{10}$ ha großen Grundstück werden $\frac{2}{5}$ ha bebaut.
Wie viel ha bleiben unbebaut?

18. Ein Päckchen wiegt $\frac{3}{4}$ kg, ein zweites Päckchen $\frac{1}{8}$ kg.
a. Wie viel kg ist das eine Päckchen schwerer als das andere?
b. Wie viel kg wiegen beide zusammen?

19. Eine Werbesendung im Fernsehen besteht aus zwei Teilen. Der erste Teil dauert $\frac{5}{12}$ Minuten, der zweite Teil $\frac{1}{4}$ Minute.
a. Welcher Teil dauert länger?
Um wie viele Minuten dauert dieser Teil länger?
b. Wie lange dauert die ganze Sendung?
Gib das Ergebnis in Minuten [in Sekunden] an.

20. Mache beide Brüche gleichnamig; berechne.

a. $\frac{1}{2}+\frac{1}{3}$ **b.** $\frac{1}{4}+\frac{1}{5}$ **c.** $\frac{1}{2}-\frac{1}{3}$ **d.** $\frac{1}{4}-\frac{1}{5}$ **e.** $\frac{2}{3}-\frac{1}{2}$ **f.** $\frac{4}{5}-\frac{3}{4}$

$\frac{1}{3}+\frac{1}{4}$ $\frac{1}{5}+\frac{1}{6}$ $\frac{1}{3}-\frac{1}{4}$ $\frac{1}{5}-\frac{1}{6}$ $\frac{3}{4}-\frac{2}{3}$ $\frac{5}{6}-\frac{4}{5}$

21. a. $\frac{1}{2}+\frac{1}{5}$ **b.** $\frac{3}{10}+\frac{1}{4}$ **c.** $\frac{7}{20}+\frac{11}{30}$ **d.** $\frac{7}{15}+\frac{5}{18}$ **e.** $\frac{43}{100}+\frac{97}{150}$ **f.** $\frac{13}{48}+\frac{7}{60}$

$\frac{1}{2}-\frac{1}{5}$ $\frac{3}{10}-\frac{1}{4}$ $\frac{9}{20}-\frac{4}{30}$ $\frac{19}{24}-\frac{11}{30}$ $\frac{11}{30}-\frac{1}{80}$ $\frac{19}{105}-\frac{7}{165}$

$\frac{3}{4}+\frac{1}{5}$ $\frac{8}{9}+\frac{5}{6}$ $\frac{7}{10}+\frac{14}{25}$ $\frac{1}{45}+\frac{1}{30}$ $\frac{19}{40}+\frac{47}{50}$ $\frac{3}{34}+\frac{32}{51}$

$\frac{3}{4}-\frac{1}{5}$ $\frac{8}{9}-\frac{5}{6}$ $\frac{7}{10}-\frac{1}{25}$ $\frac{59}{75}-\frac{19}{50}$ $\frac{11}{25}-\frac{1}{6}$ $\frac{21}{25}-\frac{5}{12}$

Mögliche Ergebnisse: a. bis c.: $\frac{3}{10}, \frac{7}{10}, \frac{1}{18}, 1\frac{13}{18}, \frac{13}{20}, \frac{11}{20}, \frac{19}{20}, \frac{29}{48}, \frac{33}{50}, 1\frac{13}{50}, \frac{19}{60}, \frac{43}{60}$,

d. bis f.: $\frac{1}{18}, \frac{17}{40}, \frac{17}{48}, \frac{31}{80}, \frac{67}{90}, \frac{73}{102}, \frac{41}{150}, \frac{61}{150}, 1\frac{83}{200}, \frac{32}{231}, \frac{77}{250}, \frac{127}{300}, 1\frac{23}{300}$.

22. Fülle die Felder in der Additionstafel in deinem Heft aus.

a.

+	$\frac{1}{10}$	$\frac{5}{12}$	$\frac{2}{5}$	$\frac{7}{20}$	$\frac{8}{15}$	$\frac{3}{4}$
$\frac{3}{10}$						
$\frac{1}{12}$						
$\frac{4}{5}$						
$\frac{7}{15}$						

b.

+	$\frac{7}{8}$		$\frac{1}{2}$		$\frac{3}{5}$	
$\frac{3}{4}$		$\frac{15}{16}$				$\frac{5}{6}$
$\frac{16}{20}$				$\frac{9}{10}$		$\frac{53}{60}$
					$\frac{11}{12}$	
		$\frac{23}{80}$	$\frac{3}{5}$			

23. Berechne. Kommst du ohne Erweitern aus?

a. $\frac{9}{12}+\frac{1}{4}$ **b.** $\frac{12}{21}+\frac{8}{28}$ **c.** $\frac{4}{5}-\frac{21}{35}$ **d.** $\frac{50}{55}-\frac{42}{66}$ **e.** $\frac{35}{84}+\frac{45}{108}$ **f.** $\frac{52}{117}-\frac{60}{135}$

Kapitel 4

24. Übertrage in dein Heft. Fülle die roten Felder aus.

a. $\frac{1}{4}$ + $\frac{1}{5}$ = ☐
   − + −
   $\frac{1}{5}$ − $\frac{1}{10}$ = ☐
   ─────────────
   ☐ + ☐ = ☐

b. $\frac{1}{3}$ + $\frac{1}{12}$ = ☐
   + + +
   $\frac{1}{2}$ + $\frac{1}{4}$ = ☐
   ─────────────
   ☐ + ☐ = ☐

25. Übertrage die Zahlenmauern in dein Heft und ergänze.

a.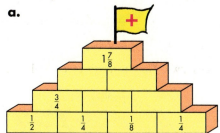

b.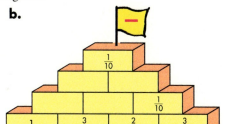

26. Berechne die Summe und auch die Differenz der beiden Bruchzahlen.

a. $\frac{3}{5}$; $\frac{3}{8}$ b. $\frac{1}{2}$; $\frac{1}{9}$ c. $\frac{7}{15}$; $\frac{7}{20}$ d. $\frac{7}{8}$; $\frac{6}{7}$ e. $\frac{4}{5}$; $\frac{3}{4}$ f. $\frac{5}{6}$; $\frac{2}{5}$

27.
a. $\frac{1}{6}+\frac{3}{12}+\frac{5}{12}$
$\frac{5}{18}+\frac{2}{9}+\frac{1}{3}$
$\frac{3}{20}+\frac{3}{10}+\frac{1}{5}$

b. $\frac{37}{50}+\frac{4}{5}+\frac{3}{10}$
$\frac{13}{20}+\frac{1}{10}-\frac{1}{2}$
$\frac{14}{15}-\frac{1}{3}-\frac{2}{5}$

c. $\frac{7}{60}+\frac{9}{10}+\frac{5}{12}$
$\frac{11}{30}+\frac{11}{150}+\frac{4}{25}$
$\frac{671}{1000}+\frac{19}{200}-\frac{3}{125}$

d. $\frac{7}{12}+\frac{5}{18}-\frac{301}{360}$
$\frac{13}{15}-\frac{1}{90}-\frac{2}{9}$
$\frac{44}{75}-\frac{8}{125}-\frac{11}{375}$

Mögliche Ergebnisse: $\frac{1}{4},\frac{1}{5},\frac{3}{5},\frac{5}{6},\frac{5}{6},\frac{7}{12},\frac{13}{20},1\frac{21}{25},1\frac{19}{30},1\frac{13}{30},\frac{1}{40},\frac{19}{60},\frac{37}{75},\frac{371}{500}$.

28.
a. $\frac{1}{2}+\frac{1}{4}+\frac{2}{5}$
$\frac{2}{3}+\frac{1}{6}+\frac{4}{9}$

b. $\frac{5}{8}+\frac{1}{4}-\frac{2}{3}$
$\frac{11}{12}-\frac{1}{8}-\frac{1}{2}$

c. $\frac{13}{20}+\frac{7}{8}+\frac{4}{5}$
$\frac{5}{6}+\frac{4}{9}+\frac{7}{15}$

d. $\frac{5}{8}+\frac{3}{10}-\frac{5}{12}$
$\frac{19}{20}-\frac{7}{30}-\frac{3}{50}$

Mögliche Ergebnisse: $\frac{11}{15},1\frac{5}{18},1\frac{3}{20},\frac{5}{24},\frac{7}{24},1\frac{1}{30},2\frac{13}{40},1\frac{67}{90},\frac{61}{120},\frac{197}{300}$.

29. Auffallende Ergebnisse.

a. $\frac{5}{6}+\frac{4}{9}+\frac{3}{20}+\frac{7}{30}+\frac{2}{15}+\frac{1}{45}+\frac{11}{60}$

b. $\frac{23}{50}+\frac{11}{20}+\frac{14}{125}+\frac{27}{40}+\frac{93}{200}+\frac{11}{250}+\frac{97}{500}$

c. $\frac{71}{80}-\frac{13}{60}+\frac{19}{48}-\frac{5}{16}+\frac{14}{15}-\frac{1}{2}-\frac{3}{16}$

d. $\frac{1}{2}-\frac{1}{6}+\frac{1}{4}-\frac{1}{5}+\frac{1}{6}-\frac{11}{20}$

30. Welche Bruchzahl musst du für x einsetzen?

a. $\frac{1}{3}+x=\frac{5}{9}$
$x+\frac{2}{5}=\frac{7}{10}$

b. $x-\frac{3}{4}=\frac{5}{8}$
$\frac{1}{2}-x=\frac{1}{6}$

c. $x+\frac{3}{10}=\frac{8}{15}$
$x-\frac{7}{12}=\frac{9}{10}$

d. $\frac{3}{9}=x+\frac{1}{6}$
$\frac{4}{15}=x-\frac{5}{12}$

e. $\frac{1}{6}=\frac{3}{4}-x$
$0=\frac{17}{25}-x$

31. Der Minuend ist $\frac{8}{9}$. Der Subtrahend ist

a. $\frac{2}{3}$;   b. $\frac{1}{2}$;   c. $\frac{5}{6}$.

Welche der Bruchzahlen $\frac{7}{7}, \frac{2}{9}, \frac{1}{18}, \frac{7}{18}$ ist die richtige Differenz?

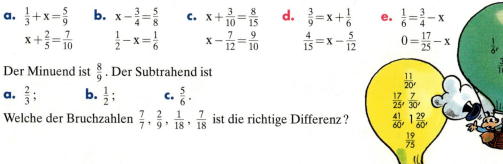

32. **a.** Schreibe $\frac{8}{7}$ [$\frac{5}{9}$; $\frac{4}{3}$] auf drei verschiedene Weisen als Summe.

$$\frac{8}{7} = \frac{5}{7} + \frac{3}{7}$$

b. Schreibe $\frac{4}{13}$ [$\frac{9}{17}$; $\frac{2}{5}$] auf drei verschiedene Weisen als Differenz.

$$\frac{4}{13} = \frac{12}{13} - \frac{8}{13}$$

33. Ein Schüler hat auf Kärtchen Brüche notiert.
Prüfe nach, ob wahr oder falsch.
(1) $A + B > C + D$
(2) $D - B < C - A$
(3) $A + C - D > B$
(4) $D - A + B < C$
Erfinde neue Aufgaben

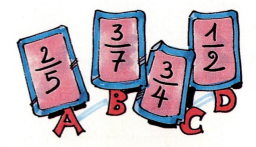

34. Weißgold besteht zu $\frac{3}{4}$ aus reinem Gold, zu $\frac{3}{20}$ aus reinem Silber und zum restlichen Teil aus Kupfer.

a. Wie groß ist der Edelmetallanteil (Gold und Silber) im Weißgold?

b. Wie groß ist der Kupferanteil?

c. Eine Kette aus Weißgold wiegt 180 g. Wie viel g Edelmetall und wie viel g Kupfer enthält die Kette?

35. Schreibe die Brüche wie die Ägypter als Summe von Stammbrüchen auf (siehe Seite 110). Gehe vor wie im Beispiel.

a. $\frac{5}{6}$ **b.** $\frac{3}{8}$ **c.** $\frac{9}{14}$ **d.** $\frac{5}{18}$ **e.** $\frac{7}{24}$

$$\frac{8}{15} = \frac{5+3}{15} = \frac{5}{15} + \frac{3}{15}$$
$$= \frac{1}{3} + \frac{1}{5}$$

36. *Rechenschlange*
Die Kopfzahl ist die Kontrollzahl.

Addieren und Subtrahieren von Bruchzahlen in gemischter Schreibweise

Addieren von Bruchzahlen in gemischter Schreibweise

1. Berechne die Summe. **Aufgabe**

   a. $1\frac{3}{5} + 2\frac{1}{5}$ **b.** $1\frac{7}{8} + \frac{5}{8}$

Lösung

a.

 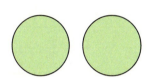

   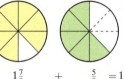

$1\frac{3}{5}$ + $2\frac{1}{5}$ = $3\frac{4}{5}$ $1\frac{7}{8}$ + $\frac{5}{8}$ = $1\frac{12}{8}$

$\qquad\qquad\qquad\qquad\qquad\qquad\qquad\qquad = 1 + \frac{8}{8} + \frac{4}{8} = 2\frac{4}{8} = 2\frac{1}{2}$

2. Im Bild sind zwei Bruchzahlen durch verschiedene Farben dargestellt. Die Bruchzahlen sollen addiert werden. Notiere die Additionsaufgabe und auch das Ergebnis. Du kannst das Bild mit Kreisscheiben nachlegen.   **Zum Festigen und Weiterarbeiten**

3. **a.** $1\frac{3}{7} + \frac{2}{7}$ **b.** $\frac{1}{6} + 2\frac{4}{6}$ **c.** $5\frac{3}{4} + 2$ **d.** $4 + \frac{1}{2}$ **e.** $\frac{7}{12} + 1$ **f.** $4\frac{5}{9} + 2\frac{1}{9}$

4. **a.** $1\frac{4}{9} + \frac{5}{9}$ **b.** $\frac{3}{10} + 4\frac{7}{10}$ **c.** $2\frac{4}{5} + \frac{3}{5}$ **d.** $\frac{11}{12} + 6\frac{7}{12}$ **e.** $2\frac{3}{4} + 3\frac{2}{4}$ **f.** $5\frac{8}{11} + 4\frac{6}{11}$

5. Mache die Brüche gleichnamig. Addiere.

   a. $5\frac{1}{2} + \frac{1}{6}$ **e.** $4\frac{7}{9} + 1\frac{2}{3}$
   b. $1\frac{3}{4} + \frac{5}{8}$ **f.** $8\frac{5}{6} + 2\frac{7}{18}$
   c. $3\frac{2}{5} + \frac{6}{10}$ **g.** $3\frac{3}{4} + \frac{7}{8}$
   d. $\frac{4}{5} + 2\frac{11}{30}$ **h.** $2\frac{5}{6} + 5\frac{2}{3}$

$$6\frac{2}{3} + 3\frac{7}{12} = 6\frac{8}{12} + 3\frac{7}{12}$$
$$= 9\frac{15}{12} = 10\frac{3}{12} = 10\frac{1}{4}$$

6. Addiere; benutze den Hauptnenner.

   a. $2\frac{1}{2} + \frac{1}{3}$ **c.** $1\frac{1}{4} + 3\frac{1}{6}$ **e.** $\frac{9}{10} + 1\frac{3}{4}$ **g.** $4\frac{5}{8} + 3\frac{7}{10}$ **i.** $2\frac{11}{30} + 13\frac{13}{18}$
   b. $\frac{2}{5} + 4\frac{1}{3}$ **d.** $6\frac{4}{5} + \frac{1}{2}$ **f.** $1\frac{5}{6} + 2\frac{4}{9}$ **h.** $8\frac{11}{20} + 1\frac{17}{30}$ **j.** $5\frac{14}{15} + 7\frac{21}{25}$

Übungen

7. Im Bild sind zwei Bruchzahlen durch verschiedene Farben dargestellt. Die Bruchzahlen sollen addiert werden. Notiere die Additionsaufgabe und auch das Ergebnis.
Du kannst das Bild mit Kreisscheiben nachlegen.

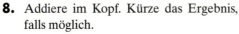

8. Addiere im Kopf. Kürze das Ergebnis, falls möglich.

a. $4\frac{1}{6}+\frac{2}{6}$ b. $\frac{2}{9}+5\frac{4}{9}$ c. $8\frac{2}{5}+4$ d. $7\frac{2}{5}+3\frac{1}{5}$ e. $1\frac{4}{9}+\frac{3}{9}$ f. $\frac{3}{7}+1\frac{2}{7}$

$5\frac{4}{15}+\frac{8}{15}$ $\frac{1}{8}+1\frac{1}{8}$ $7\frac{3}{11}+2$ $8\frac{3}{7}+1\frac{2}{7}$ $2\frac{1}{4}+\frac{2}{4}$ $\frac{6}{10}+4\frac{1}{10}$

9. a. $3\frac{1}{8}+\frac{7}{8}$ b. $4\frac{1}{2}+8\frac{1}{2}$ c. $2\frac{4}{5}+\frac{3}{5}$ d. $7\frac{8}{9}+\frac{4}{9}$ e. $3\frac{13}{20}+2\frac{11}{20}$ f. $2\frac{4}{15}+4\frac{11}{15}$

$\frac{3}{7}+9\frac{4}{7}$ $1\frac{5}{8}+1\frac{4}{8}$ $3\frac{7}{10}+\frac{9}{10}$ $\frac{11}{12}+1\frac{7}{12}$ $4\frac{19}{25}+1\frac{1}{25}$ $5\frac{7}{18}+7\frac{11}{18}$

10. a. $2\frac{1}{2}+\frac{1}{4}$ b. $5\frac{3}{4}+\frac{1}{2}$ c. $9\frac{4}{7}+1\frac{11}{14}$ d. $5\frac{29}{30}+4\frac{97}{150}$ e. $7\frac{5}{8}+2\frac{91}{96}$

$\frac{3}{8}+4\frac{1}{4}$ $\frac{2}{3}+1\frac{5}{6}$ $2\frac{19}{25}+4\frac{2}{5}$ $8\frac{11}{25}+3\frac{41}{125}$ $1\frac{2}{13}+5\frac{77}{78}$

Mögliche Ergebnisse: $2\frac{1}{2}, 2\frac{3}{4}, 4\frac{5}{8}, 5\frac{5}{6}, 6\frac{1}{4}, 7\frac{4}{25}, 7\frac{11}{78}, 10\frac{46}{75}, 10\frac{55}{96}, 11\frac{5}{14}, 11\frac{96}{125}, 12\frac{13}{24}$.

11. a. $8\frac{1}{2}+7\frac{1}{3}$ b. $4\frac{2}{3}+2\frac{1}{2}$ c. $4\frac{5}{6}+6\frac{4}{5}$ d. $4\frac{5}{12}+1\frac{3}{5}$ e. $4\frac{11}{50}+3\frac{39}{80}$

$5\frac{3}{4}+4\frac{1}{6}$ $2\frac{5}{6}+1\frac{3}{8}$ $2\frac{7}{8}+5\frac{5}{12}$ $8\frac{4}{15}+3\frac{7}{8}$ $9\frac{17}{40}+\frac{1}{30}$

Mögliche Ergebnisse: $4\frac{5}{24}, 5\frac{7}{30}, 6\frac{1}{6}, 7\frac{1}{6}, 7\frac{283}{400}, 8\frac{7}{24}, 9\frac{11}{24}, 9\frac{1}{12}, 11\frac{19}{30}, 12\frac{17}{120}, 14\frac{7}{8}, 15\frac{5}{6}$.

12. Ein Lastwagen ist $10\frac{1}{2}$ m lang, sein Anhänger $6\frac{3}{4}$ m.
Wie viel Meter ist der ganze Lastzug lang?

13. a. $4\frac{1}{2}+2\frac{3}{4}+5\frac{1}{4}$ b. $7\frac{3}{10}+1\frac{4}{5}+2\frac{3}{10}$ c. $3\frac{1}{2}+1\frac{3}{4}+5\frac{1}{8}$ d. $6\frac{3}{5}+1\frac{7}{10}+4\frac{3}{4}$

$2\frac{2}{3}+5\frac{8}{9}+1\frac{2}{3}$ $3\frac{8}{15}+7\frac{4}{5}+4\frac{11}{15}$ $7\frac{2}{3}+2\frac{11}{12}+4\frac{17}{24}$ $3\frac{5}{9}+7\frac{1}{4}+\frac{5}{6}$

Mögliche Ergebnisse: $10\frac{2}{9}, 10\frac{3}{8}, 11\frac{2}{5}, 11\frac{23}{36}, 12\frac{1}{2}, 13\frac{1}{20}, 14\frac{1}{5}, 15\frac{7}{24}, 16\frac{1}{15}, 18\frac{3}{20}$.

14. a. $1\frac{7}{20}+4\frac{8}{15}+2\frac{11}{30}+3\frac{17}{60}+\frac{3}{4}+5\frac{1}{12}$ b. $2\frac{17}{18}+1\frac{31}{45}+4\frac{8}{15}+3\frac{7}{9}+6\frac{3}{10}+\frac{13}{90}$

15. Ein Güterwagen wiegt leer $10\frac{1}{2}$ t und wird beladen. Zunächst werden $5\frac{1}{2}$ t zugeladen, dann $2\frac{3}{4}$ t; $1\frac{1}{4}$ t; $4\frac{3}{4}$ t; $6\frac{2}{5}$ t; $\frac{3}{8}$ t und schließlich 2 t.
Wie viel Tonnen wiegt der beladene Wagen?

16. Ein Werbeblock besteht aus zwei Teilen. Der erste dauert $2\frac{3}{4}$ Minuten, der zweite $3\frac{5}{6}$ Minuten.
Wie lange dauert die Werbung insgesamt?

Subtrahieren von Bruchzahlen in gemischter Schreibweise

1. Berechne die Differenz. **Aufgabe**

a. $3\frac{4}{5} - 1\frac{3}{5}$

b. $2\frac{1}{4} - \frac{3}{4}$

Lösung

a. Im Bild sind $3\frac{4}{5}$ Kreisscheiben, davon werden $1\frac{3}{5}$ weggezogen.

b. Im Bild sind $2\frac{1}{4}$ Kreisscheiben, davon werden $\frac{3}{4}$ weggezogen.

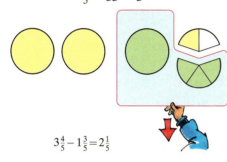

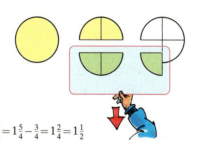

$3\frac{4}{5} - 1\frac{3}{5} = 2\frac{1}{5}$

$2\frac{1}{4} - \frac{3}{4} = 1\frac{5}{4} - \frac{3}{4} = 1\frac{2}{4} = 1\frac{1}{2}$

2. Subtrahiere im Kopf.

a. $5\frac{7}{10} - \frac{3}{10}$
b. $4\frac{5}{12} - \frac{5}{12}$
c. $8\frac{3}{4} - 6$
d. $3\frac{9}{10} - 1\frac{7}{10}$
e. $8\frac{7}{9} - 8\frac{4}{9}$
f. $9\frac{7}{10} - 9\frac{3}{10}$

Zum Festigen und Weiterarbeiten

3.
a. $9 - \frac{2}{5}$
b. $6 - 2\frac{3}{8}$
c. $2 - \frac{3}{7}$
d. $4\frac{1}{5} - \frac{3}{5}$

e. $1\frac{7}{10} - \frac{9}{10}$
f. $3\frac{17}{20} - \frac{19}{20}$
g. $8\frac{5}{22} - \frac{6}{22}$
h. $7\frac{19}{60} - \frac{29}{60}$

$8 - \frac{2}{3}$
$= 7\frac{3}{3} - \frac{2}{3}$
$= 7\frac{1}{3}$

$5\frac{2}{7} - \frac{4}{7}$
$= 4\frac{9}{7} - \frac{4}{7}$
$= 4\frac{5}{7}$

4.
a. $9\frac{1}{3} - 4\frac{2}{3}$
b. $7\frac{3}{10} - 3\frac{9}{10}$
c. $3\frac{22}{25} - 1\frac{23}{25}$
d. $4\frac{71}{75} - 3\frac{73}{75}$

5.
a. $8\frac{2}{3} - \frac{4}{9}$
b. $5\frac{9}{10} - 3\frac{1}{2}$
c. $6\frac{1}{2} - \frac{3}{4}$

d. $4\frac{5}{12} - \frac{2}{3}$
e. $8\frac{3}{20} - 3\frac{4}{5}$
f. $7\frac{1}{3} - 6\frac{7}{12}$

g. $2\frac{1}{6} - \frac{5}{24}$
h. $1\frac{1}{7} - \frac{5}{14}$
i. $9\frac{3}{8} - 8\frac{3}{4}$

j. $6\frac{1}{3} - \frac{1}{2}$
k. $4\frac{3}{5} - 1\frac{2}{3}$
l. $7\frac{3}{10} - 2\frac{3}{4}$

m. $4\frac{5}{8} - \frac{9}{30}$
n. $7\frac{3}{10} - 2\frac{15}{35}$
o. $6\frac{7}{25} - 5\frac{9}{20}$

6. Im Bild wird eine Subtraktionsaufgabe dargestellt. Überlege, welche Bruchzahl von welcher anderen subtrahiert werden soll.
Notiere die Subtraktionsaufgabe und auch das Ergebnis.

a.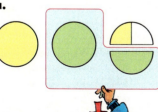

b.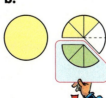

c.

Kapitel 4

Übungen

7. Rechne im Kopf; notiere die Differenz.

a. $2\frac{5}{8} - \frac{3}{8}$ b. $7\frac{3}{4} - 2\frac{3}{4}$ c. $4\frac{5}{9} - 1\frac{2}{9}$ d. $1\frac{7}{10} - \frac{4}{10}$ e. $8\frac{1}{2} - 5$ f. $12\frac{3}{4} - 4$

$7\frac{9}{10} - \frac{3}{10}$ $5\frac{2}{7} - 1\frac{2}{7}$ $6\frac{9}{10} - 4\frac{7}{10}$ $3\frac{3}{4} - \frac{2}{4}$ $6\frac{3}{5} - 6$ $1\frac{7}{10} - 1$

8. a. $1 - \frac{1}{7}$ b. $9 - \frac{2}{5}$ c. $7 - 1\frac{5}{8}$ d. $9\frac{3}{8} - \frac{5}{8}$ e. $6\frac{7}{20} - 4\frac{11}{20}$ f. $4\frac{2}{9} - 1\frac{7}{9}$

$7 - \frac{3}{4}$ $8 - \frac{5}{6}$ $5 - 2\frac{3}{10}$ $4\frac{2}{5} - \frac{3}{5}$ $4\frac{5}{12} - 2\frac{7}{12}$ $6\frac{1}{4} - 5\frac{3}{4}$

9. a. $5\frac{1}{2} - \frac{1}{4}$ b. $5\frac{7}{10} - 2\frac{3}{5}$ c. $6\frac{1}{4} - \frac{1}{2}$ d. $4\frac{1}{2} - 1\frac{3}{4}$ e. $7\frac{19}{60} - 4\frac{19}{20}$ f. $8\frac{31}{105} - 1\frac{7}{15}$

$8\frac{2}{3} - \frac{1}{6}$ $9\frac{2}{3} - 1\frac{2}{9}$ $8\frac{1}{6} - \frac{2}{3}$ $5\frac{3}{8} - 2\frac{1}{2}$ $8\frac{11}{100} - 1\frac{11}{25}$ $6\frac{9}{14} - 5\frac{31}{98}$

10. a. $9\frac{1}{2} - 1\frac{2}{5}$ b. $7\frac{1}{2} - \frac{2}{3}$ c. $6\frac{1}{4} - 2\frac{2}{3}$ d. $8\frac{3}{50} - 2\frac{7}{40}$ e. $3\frac{17}{30} - 1\frac{9}{80}$ f. $2\frac{9}{40} - 1\frac{99}{125}$

$3\frac{4}{5} - 2\frac{3}{10}$ $8\frac{2}{5} - \frac{1}{2}$ $5\frac{3}{4} - 3\frac{5}{6}$ $4\frac{11}{50} - 1\frac{37}{90}$ $9\frac{51}{80} - 4\frac{113}{120}$ $4\frac{11}{49} - 3\frac{9}{14}$

11. a. $5 - 2\frac{1}{2} - 1\frac{1}{3}$ c. $6 + 2\frac{4}{9} - 4\frac{2}{3}$ e. $7\frac{2}{15} - 2\frac{2}{3} - 3\frac{9}{20}$

b. $8\frac{3}{4} - 3\frac{1}{5} - 2\frac{3}{8}$ d. $9\frac{1}{6} - 1\frac{4}{9} - 5\frac{1}{2}$ f. $1\frac{2}{7} + 5\frac{1}{2} - 5\frac{4}{7}$

Mögliche Ergebnisse: $1\frac{1}{60}, 1\frac{3}{14}, 1\frac{1}{6}, 2\frac{2}{9}, 3\frac{1}{10}, 3\frac{7}{40}, 3\frac{7}{9}.$

12. Maria bekommt für ihr Zimmer einen neuen Schrank. Dieser ist $3\frac{1}{4}$ m breit. Maria stellt ihn an die $4\frac{1}{2}$ m lange Wand. Wie viel Platz bleibt noch?

13. Eine Ölkanne fasst $3\frac{1}{2}$ l. Sie ist mit $2\frac{3}{4}$ l Öl gefüllt. Wie viel l Öl kann noch zugegossen werden?

14. Ein Lastwagen wiegt unbeladen $1\frac{4}{5}$ t. Das zulässige Gesamtgewicht beträgt $3\frac{1}{2}$ t. Wie viel t darf man höchstens zuladen?

15. Von einem $7\frac{1}{4}$ ha großen Waldstück werden $2\frac{2}{3}$ ha in ein Freizeitgelände umgestaltet. Außerdem werden für Straßen, Wege und Parkplätze noch $\frac{2}{5}$ ha Wald gerodet. Wie groß ist das verbleibende Waldstück?

16. Welche Bruchzahl musst du für x einsetzen?

a. $x - 3\frac{2}{5} = 4$ b. $x + 2\frac{1}{3} = 5\frac{1}{2}$ c. $4\frac{5}{6} - x = 1\frac{1}{4}$ d. $3\frac{1}{2} - x = \frac{3}{5}$

Zum Knobeln ▲ 17. Die Gewichte von 6 Glaskugeln sind $3\frac{5}{6}$ kg, $3\frac{7}{12}$ kg, $4\frac{1}{8}$ kg, $3\frac{3}{4}$ kg, $4\frac{1}{4}$ kg und $4\frac{3}{8}$ kg. Wie kann man diese Kugeln so auf die beiden Waagschalen einer Waage verteilen, dass sie genau im Gleichgewicht ist?

Vermischte Übungen zum Addieren und Subtrahieren

1. Berechne.
   a. $\frac{3}{4}+\frac{3}{10}$
   b. $\frac{2}{3}-\frac{3}{5}$
   c. $\frac{9}{50}-\frac{3}{20}$
   d. $\frac{3}{10}+\frac{7}{12}$
   e. $\frac{19}{200}-\frac{23}{250}$

2.
   a. $2\frac{2}{5}+1\frac{3}{10}$
       $4\frac{7}{8}-\frac{1}{2}$
       $6\frac{3}{4}-3\frac{2}{3}$

   b. $4\frac{2}{3}+3\frac{4}{9}$
       $6\frac{3}{4}-2\frac{5}{12}$
       $3\frac{2}{3}-\frac{3}{4}$

   c. $\frac{99}{100}+8\frac{1}{10}$
       $7\frac{2}{5}-\frac{9}{10}$
       $9\frac{3}{8}-2\frac{1}{6}$

   d. $7\frac{11}{14}+2\frac{31}{42}$
       $6\frac{7}{12}-3\frac{41}{48}$
       $4\frac{5}{18}-3\frac{37}{45}$

   e. $6\frac{7}{18}+3\frac{5}{198}$
       $3\frac{77}{1000}-1\frac{83}{125}$
       $8\frac{11}{24}-8\frac{5}{36}$

3.
   a. $1-\frac{3}{7}$
   b. $1\frac{7}{10}-\frac{9}{10}$
   c. $6\frac{1}{7}-5\frac{6}{7}$
   d. $8\frac{1}{9}-5\frac{8}{9}$
   e. $10\frac{5}{12}-5\frac{10}{12}$
   f. $9\frac{7}{20}-4\frac{11}{20}$
   g. $8\frac{2}{3}-\frac{4}{9}$
   h. $5\frac{9}{10}-3\frac{1}{2}$
   i. $6\frac{1}{2}-\frac{3}{4}$
   j. $4\frac{5}{12}-\frac{2}{3}$
   k. $8\frac{3}{20}-3\frac{4}{5}$
   l. $7\frac{1}{3}-6\frac{7}{12}$
   m. $2\frac{1}{6}-\frac{5}{24}$
   n. $1\frac{1}{7}-\frac{5}{14}$
   o. $9\frac{3}{8}-8\frac{3}{4}$
   p. $5\frac{3}{4}-\frac{1}{6}$
   q. $4\frac{1}{2}-3\frac{2}{5}$
   r. $8\frac{5}{6}-8\frac{4}{9}$
   s. $7\frac{2}{15}-\frac{11}{15}$
   t. $8\frac{1}{40}-5\frac{9}{40}$

4.
   a. Berechne den Umfang von jedem Dreieck.
   b. Um wie viel cm unterscheiden sich beide Umfänge?

(1)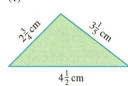
(2)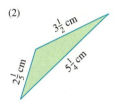

5. Übertrage die Aufgabe in dein Heft. Fülle die roten Felder aus.

   a.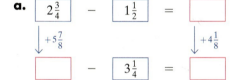
   b.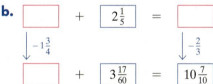

6. a.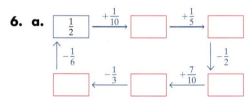
   b.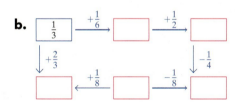

7.
   a. Bilde die Summe aus $\frac{1}{2}$, $\frac{1}{4}$, $\frac{1}{8}$, $\frac{1}{16}$ und $\frac{1}{32}$.
   Wie viel fehlt dann noch bis zum nächsten Ganzen?
   b. Berechne die Differenz aus $\frac{1}{2}$ und $\frac{1}{3}$ sowie die Differenz aus $\frac{1}{3}$ und $\frac{1}{4}$.
   Um wie viel ist die erste Differenz größer als die zweite?

8.
   a. $\frac{5}{9}+\frac{4}{15}+\frac{13}{30}+\frac{11}{45}+\frac{7}{18}+\frac{2}{5}+\frac{19}{13}+\frac{7}{90}$
   b. $5\frac{1}{2}+1\frac{3}{4}+2\frac{2}{3}+4\frac{5}{7}+1\frac{1}{21}+\frac{9}{28}$
   c. $4\frac{1}{3}-1\frac{3}{7}+2\frac{4}{5}-3\frac{8}{21}+5\frac{11}{15}-3\frac{2}{35}$
   d. $20-2\frac{3}{5}-4\frac{4}{9}-7\frac{1}{4}-1\frac{1}{45}-3\frac{41}{60}$

9. Berechne die Summen. Welche Summe ist die größte, welche die kleinste?
   $4\frac{8}{11}+9\frac{13}{15}$; $6\frac{8}{5}+8\frac{3}{20}$; $10\frac{19}{21}+3\frac{11}{14}$; $5\frac{5}{12}+8\frac{1}{18}$

10. Übertrage die Aufgabe in dein Heft. Fülle die Kästen in den ersten vier Zeilen aus. Addiere dann jeweils die Bruchzahlen in den untereinander stehenden blau umrandeten Kästen. Trage die jeweilige Summe in die rot umrandeten Felder unter dem Strich ein.

a.
$\frac{4}{5} - \boxed{} \frac{1}{2} = \boxed{}$
$\boxed{} \frac{3}{4} - \boxed{} \frac{2}{5} = \boxed{}$
$\boxed{} \frac{1}{2} - \boxed{} \frac{1}{10} = \boxed{}$
$\boxed{} \frac{9}{10} - \boxed{} \frac{3}{4} = \boxed{}$
$\boxed{} - \boxed{} = 1\frac{1}{5}$

b.
$1\frac{1}{12} - \boxed{} \frac{3}{4} = \boxed{}$
$\boxed{} - \boxed{} \frac{4}{5} = 2\frac{1}{5}$
$1\frac{2}{3} - \boxed{} = 1\frac{1}{2}$
$\boxed{} \frac{1}{3} - \boxed{} = \frac{1}{20}$
$\boxed{} - \boxed{} = \boxed{}$

11. Katrins Eltern wollen ein Haus bauen. Ein Drittel der Baukosten haben sie angespart, $\frac{3}{8}$ der Baukosten erhalten sie durch eine Erbschaft.
  a. Über welchen Anteil an den Baukosten verfügen Katrins Eltern schon?
  b. Welchen Anteil an den Baukosten müssen sie bei einer Bank leihen?

12. Welche Bruchzahl musst du an Stelle von x einsetzen?
  a. $x + \frac{3}{4} = 1$
  b. $x + \frac{1}{6} = \frac{1}{5}$
  c. $x - \frac{5}{6} = \frac{5}{6}$
  d. $4\frac{2}{7} + x = 9$
  e. $6\frac{2}{5} - x = 6\frac{1}{10}$
  f. $x + 3\frac{1}{3} = 4\frac{1}{2}$
  g. $x - 1\frac{3}{4} = \frac{2}{5}$
  h. $4 - x = \frac{4}{9}$

13. Gegeben sind die Bruchzahlen: $\frac{2}{3}, \frac{5}{6}, 1\frac{1}{24}, 1\frac{3}{8}, 1\frac{3}{4}$.
Von welchen beiden dieser Zahlen ist
  a. $2\frac{5}{12}$ die Summe;
  b. $1\frac{1}{12}$ die Differenz?

14. Tanja ist $14\frac{1}{2}$ Jahre alt, Daniel $12\frac{2}{3}$ Jahre, Michael $10\frac{3}{4}$ Jahre und Anne $8\frac{5}{6}$ Jahre alt. Zwischen welchen beiden Kindern ist der Altersunterschied am kleinsten?

15. Ein Waldgebiet besteht aus Laubwald, Nadelwald und Mischwald. Der Bestand an Laubwald und Mischwald umfasst zusammen $\frac{5}{12}$ des gesamten Waldgebietes, der reine Laubwald allein macht nur $\frac{2}{15}$ des gesamten Waldgebietes aus. Welchen Anteil am gesamten Waldgebiet hat
(1) der Nadelwald;   (2) der Mischwald?

Testament
Meine Nichte Tanja soll $\frac{5}{7}$ und mein Neffe Tim $\frac{3}{7}$ meines Vermögens erhalten.

16. Tanja und Tim erben das Vermögen ihres Onkels. Lies das Testament. Was meinst du dazu?

Spiel (2 Spieler)

17. Nehmt zwei Würfel. Würfelt abwechselnd mit beiden Würfeln. Bildet aus beiden Augenzahlen einen Bruch; dabei soll der Zähler nicht größer als der Nenner sein. Jeder notiert seinen Bruch. Addiert beim nächsten Wurf den neuen Bruch hinzu. Wer zuerst die Zahl 5 überschreitet, hat gewonnen.

Bist du fit?

1. **a.** 3 Sechstel + 2 Sechstel **b.** 1 Siebtel + 5 Siebtel **c.** 40 Hundertstel − 10 Hundertstel

2. Berechne im Kopf. Notiere das Ergebnis.

   a. $\frac{3}{8}+\frac{2}{8}$ **b.** $\frac{1}{9}+\frac{7}{9}$ **c.** $\frac{4}{10}+\frac{5}{10}$ **d.** $\frac{11}{20}+\frac{6}{20}$ **e.** $\frac{8}{25}+\frac{13}{25}$ **f.** $\frac{30}{100}+\frac{7}{100}$

   $\frac{5}{7}-\frac{2}{7}$ $\frac{3}{6}-\frac{2}{6}$ $\frac{11}{12}-\frac{6}{12}$ $\frac{8}{15}-\frac{7}{15}$ $\frac{19}{40}-\frac{12}{40}$ $\frac{17}{30}-\frac{17}{30}$

3. **a.** $\frac{3}{4}+\frac{2}{4}$ **b.** $\frac{7}{10}+\frac{6}{10}$ **c.** $\frac{33}{50}+\frac{19}{50}$ **d.** $\frac{7}{8}-\frac{3}{8}$ **e.** $\frac{8}{10}-\frac{7}{10}$

   $\frac{4}{8}+\frac{5}{8}$ $\frac{5}{6}+\frac{5}{6}$ $\frac{81}{100}+\frac{77}{100}$ $\frac{4}{9}-\frac{1}{9}$ $\frac{24}{25}-\frac{3}{25}$

4. Fülle die Lücken aus, rechne weiter.

   a. $\frac{2}{3}+\frac{1}{4}=\frac{\square}{12}+\frac{\square}{12}$ **b.** $\frac{1}{6}+\frac{4}{9}=\frac{\square}{18}+\frac{\square}{18}$ **c.** $\frac{4}{5}-\frac{1}{2}=\frac{\square}{10}-\frac{\square}{10}$ **d.** $\frac{7}{8}-\frac{5}{6}=\frac{\square}{24}-\frac{\square}{24}$

5. Mache die Brüche gleichnamig. Berechne. Kürze das Ergebnis, soweit möglich.

   a. $\frac{1}{2}+\frac{1}{4}$ **b.** $\frac{5}{12}+\frac{2}{3}$ **c.** $\frac{4}{5}+\frac{7}{10}$ **d.** $\frac{2}{3}+\frac{3}{4}$ **e.** $\frac{7}{10}+\frac{2}{25}$ **f.** $\frac{5}{7}+\frac{5}{8}$

   $\frac{2}{3}-\frac{1}{6}$ $\frac{11}{15}-\frac{3}{5}$ $\frac{3}{4}-\frac{9}{20}$ $\frac{5}{6}-\frac{3}{4}$ $\frac{19}{20}-\frac{11}{30}$ $\frac{5}{7}-\frac{5}{8}$

6. **a.** $1+\frac{1}{3}$ **b.** $\frac{1}{4}+2$ **c.** $6+\frac{1}{2}$ **d.** $\frac{3}{8}+3$ **e.** $\frac{4}{7}+7$ **f.** $\frac{2}{11}+9$

   $3\frac{7}{20}+\frac{3}{20}$ $\frac{4}{25}+3\frac{6}{25}$ $6+9\frac{3}{4}$ $5\frac{3}{10}+2\frac{3}{10}$ $5\frac{3}{8}+\frac{4}{8}$ $\frac{6}{12}+3\frac{5}{12}$

   $2\frac{5}{8}-\frac{1}{8}$ $3\frac{6}{7}-\frac{5}{7}$ $7\frac{1}{2}-7$ $6\frac{4}{7}-2\frac{1}{7}$ $5\frac{3}{8}-1\frac{3}{8}$ $7\frac{4}{5}-7\frac{4}{5}$

7. **a.** $2\frac{2}{3}+\frac{1}{9}$ **b.** $1\frac{1}{2}+\frac{7}{8}$ **c.** $4\frac{2}{3}+1\frac{4}{5}$ **d.** $6\frac{4}{15}+3\frac{5}{6}$

   $6\frac{4}{5}-\frac{7}{10}$ $4\frac{3}{10}-\frac{1}{2}$ $4\frac{2}{3}-1\frac{4}{5}$ $6\frac{4}{15}-3\frac{5}{6}$

8. Britta und Jan fahren mit ihrem Vater in die Heide. Von ihrem Parkplatz führen zwei Wege zu einem Aussichtspunkt. Für den ersten Weg benötigt man zu Fuß eine Dreiviertelstunde, für den zweiten Weg nur eine halbe Stunde.

   a. Wie viele Stunden ist man auf dem zweiten Weg eher am Ziel?

   b. Wie viele Stunden braucht man für den Hin- und Rückweg auf verschiedenen Wegen?

9. Eine Schulklasse erreicht bei einer Wanderung nach $2\frac{3}{4}$ Stunden ihr Ziel. Sie hält sich dort $1\frac{1}{2}$ Stunden auf. Für den Rückweg benötigt die Gruppe nur $2\frac{1}{2}$ Stunden.
   Wie lange ist die Gruppe unterwegs? Rechne auch in Minuten.

10. Addiere. Wie viel fehlt dann noch am nächsten Ganzen?

    a. $2\frac{1}{3}+1\frac{1}{3}$ **b.** $\frac{9}{10}+\frac{5}{12}$ **c.** $\frac{8}{15}+\frac{11}{20}$ **d.** $7\frac{7}{9}+3\frac{3}{4}$

    $4\frac{1}{5}+3\frac{3}{10}$ $7\frac{5}{8}+1\frac{3}{5}$ $6\frac{1}{2}+2\frac{2}{3}$ $1\frac{13}{24}+5\frac{11}{16}$

    > $4\frac{1}{9}+3\frac{4}{9}=7\frac{5}{9}$
    > $\frac{4}{9}$ fehlt dann noch an 8

11. Eine Kiste wiegt mit Inhalt $20\frac{3}{4}$ kg.
Die leere Kiste wiegt $3\frac{3}{12}$ kg.
Wie schwer ist der Inhalt?

12. Gewichte bei einem Paket (in kg):

Gewicht des Inhalts (Nettogewicht)	$\frac{1}{2}$	$1\frac{3}{4}$	$3\frac{4}{9}$		$2\frac{5}{8}$	$\frac{7}{20}$
Gewicht der Verpackung (Tara)	$\frac{1}{8}$	$\frac{1}{5}$	$1\frac{1}{6}$	$\frac{1}{4}$	$1\frac{1}{2}$	
Gesamtgewicht (Bruttogewicht)				$\frac{9}{10}$	$5\frac{2}{3}$	$3\frac{4}{5}$	$\frac{12}{25}$

Übertrage die Tabelle in dein Heft und fülle sie aus.

13. Gasverbrauch der Familie Kramer: $4\frac{1}{2}$ m³ am Montag, $5\frac{1}{10}$ m³ am Dienstag.

a. Wie viel m³ Gas wurden insgesamt an beiden Tagen verbraucht?

b. Wie viel m³ Gas wurden am Dienstag mehr als am Montag verbraucht?

14. Fülle die Tabelle in deinem Heft aus.

a.

1. Summand	$\frac{3}{8}$	$\frac{4}{5}$	$\frac{1}{6}$	
2. Summand	$\frac{1}{4}$	$\frac{2}{3}$		$\frac{4}{5}$
Summe			$\frac{7}{9}$	$\frac{19}{20}$

b.

Minuend	$\frac{5}{7}$	$\frac{7}{8}$	$\frac{1}{2}$	
Subtrahend	$\frac{7}{14}$	$\frac{5}{6}$		$\frac{2}{5}$
Differenz			$\frac{1}{10}$	$\frac{4}{15}$

15. Einfache Ergebnisse.

a. $\frac{1}{2}+\frac{1}{3}+\frac{1}{6}$
$\frac{3}{4}+\frac{2}{5}+\frac{17}{20}$
$\frac{1}{2}+\frac{1}{9}+\frac{7}{18}$

b. $4\frac{3}{10}+\frac{1}{5}+\frac{1}{2}$
$1\frac{7}{12}+6\frac{3}{4}+\frac{2}{3}$
$8\frac{1}{15}+9\frac{1}{3}+2\frac{3}{5}$

c. $\frac{3}{4}+\frac{5}{12}-\frac{1}{6}$
$7\frac{2}{9}+1\frac{11}{12}-4\frac{5}{36}$
$9\frac{1}{6}-2\frac{1}{10}-3\frac{1}{15}$

d. $8\frac{3}{4}-5\frac{5}{6}-1\frac{8}{21}$
$6\frac{13}{24}-4\frac{7}{15}-2\frac{3}{40}$
$7\frac{53}{60}-\frac{11}{45}-5\frac{23}{36}$

16. Vergleiche. Setze das passende Zeichen <, > bzw = ein.

a. $\frac{4}{5}+\frac{3}{20}$ ■ 1
b. $2\frac{1}{8}-1\frac{1}{2}$ ■ $\frac{10}{16}$
c. $\frac{1}{5}+\frac{1}{9}$ ■ $\frac{1}{3}$
d. $1\frac{1}{40}+\frac{1}{50}$ ■ $\frac{1}{4}-\frac{1}{5}$

17. a. $x+\frac{1}{2}=\frac{7}{8}$
b. $x+\frac{2}{5}=\frac{3}{4}$
c. $x-\frac{2}{3}=\frac{5}{9}$
d. $\frac{6}{7}-x=\frac{5}{14}$
e. $\frac{5}{6}-x=\frac{3}{10}$

18. Berechne. Gib das Ergebnis auch in einer kleineren Einheit ohne Brüche an.

a. $\frac{1}{2}$ Std. $+\frac{1}{4}$ Std.
$\frac{7}{8}l-\frac{1}{4}l$

b. $\frac{3}{4}$ kg $+\frac{5}{8}$ kg
$\frac{3}{5}t-\frac{3}{10}t$

c. $\frac{3}{4}$ m² $+\frac{4}{5}$ m² $+\frac{1}{2}$ m²
$\frac{2}{5}l+\frac{9}{10}l-\frac{4}{25}l$

d. $\frac{1}{3}$ s $+\frac{4}{11}$ s $+\frac{7}{33}$ s
$\frac{5}{6}$ g $-\frac{3}{8}$ g $-\frac{1}{12}$ g

19. Tim hat eingekauft.
Wie schwer ist der Inhalt seiner Einkaufstasche?

Vervielfachen und Teilen von Bruchzahlen

Vervielfachen von Bruchzahlen

Aufgabe

1. Nach Michaels Geburtstagsparty sind noch $\frac{2}{7}$ von einer Erdbeertorte übrig. Michael isst am nächsten Tag den Rest der Erdbeertorte und sagt angeberisch: „Davon hätte ich gut und gern das 3fache essen können." Wie viel ist das?

Lösung

Das „3fache von $\frac{2}{7}$" bedeutet: Nimm $\frac{2}{7}$ dreimal, also $\frac{2}{7} \cdot 3$

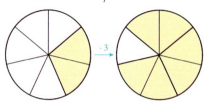   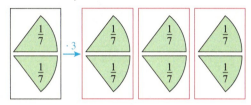

2 Siebtel $\xrightarrow{\cdot 3}$ 6 Siebtel   2 Siebtel $\cdot$ 3 = 2 Siebtel + 2 Siebtel + 2 Siebtel

$\frac{2}{7} \xrightarrow{\cdot 3} \frac{6}{7}$ $\frac{2}{7} \cdot 3 = \frac{2}{7} + \frac{2}{7} + \frac{2}{7} = \frac{6}{7}$

Wir schreiben: $\frac{2}{7} \cdot 3 = \frac{2 \cdot 3}{7} = \frac{6}{7}$

Ergebnis: Michael behauptet, er hätte $\frac{6}{7}$ Torte geschafft.

Wir vervielfachen (multiplizieren) die Bruchzahl $\frac{4}{5}$ mit 3, indem wir nur den Zähler des Bruches mit 3 multiplizieren.
Der Nenner bleibt unverändert.

$$\frac{4}{5} \cdot 3 = \frac{4 \cdot 3}{5} = \frac{12}{5}$$

Zum Festigen und Weiterarbeiten

2. Schreibe eine Multiplikationsaufgabe und berechne. Bestätige die obige Regel.

   a.   b.   c.

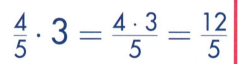

3. Lege   **a.** $\frac{3}{4} \cdot 5$,   **b.** $\frac{5}{8} \cdot 3$ mit Pappscheiben bzw. zeichne. Berechne das Produkt.

4. Berechne: **a.** $\frac{2}{5} \cdot 2$ **b.** $\frac{3}{4} \cdot 3$ **c.** $\frac{2}{9} \cdot 4$ **d.** $\frac{2}{3} \cdot 7$ **e.** $\frac{3}{8} \cdot 1$ **f.** $\frac{6}{7} \cdot 5$

5. Schreibe als Summe. Berechne auch.

   a. $\frac{3}{5} \cdot 4$ **b.** $\frac{3}{4} \cdot 5$ **c.** $\frac{6}{7} \cdot 2$

   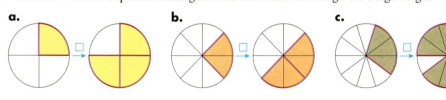

6. **a.** Vervielfache $\frac{3}{5}$ mit 8; erweitere $\frac{3}{5}$ mit 8. Vergleiche die Ergebnisse.

   b. Vervielfache $\frac{7}{8}, \frac{4}{7}, \frac{5}{9}$ jeweils mit 3. Erweitere auch jeden der Brüche mit 3. Vergleiche.

   c. Worin besteht der Unterschied zwischen Vervielfachen und Erweitern?

7. Mit welcher Zahl muss man $\frac{4}{5}$ multiplizieren, damit man **a.** $\frac{16}{5}$, **b.** $\frac{24}{5}$, **c.** $\frac{56}{5}$, **d.** $\frac{72}{5}$ erhält?

8. Vergleiche die beiden Rechenwege rechts. Rechne möglichst einfach. Kürze, wenn möglich, das Ergebnis.

a. $2\frac{1}{2} \cdot 3$ **c.** $4\frac{2}{3} \cdot 3$ **e.** $6\frac{5}{6} \cdot 7$

b. $3\frac{1}{5} \cdot 6$ **d.** $5\frac{1}{4} \cdot 6$ **f.** $9\frac{5}{8} \cdot 7$

$$(1)\ 3\tfrac{1}{5} \cdot 4 = (3 + \tfrac{1}{5}) \cdot 4$$
$$= 12 + \tfrac{4}{5} = 12\tfrac{4}{5}$$
$$(2)\ 3\tfrac{1}{5} \cdot 4 = \tfrac{16}{5} \cdot 4$$
$$= \tfrac{64}{5} = 12\tfrac{4}{5}$$

Übungen

9. Schreibe eine Multiplikationsaufgabe und berechne.

a. 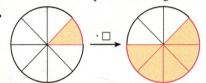   **b.**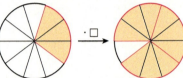

10. Schreibe als Summe. Berechne auch.   **a.** $\frac{2}{3} \cdot 4$ **b.** $\frac{5}{8} \cdot 3$ **c.** $\frac{7}{8} \cdot 5$

11. **a.** $\frac{1}{4} \cdot 3$ **b.** $\frac{1}{7} \cdot 5$ **c.** $\frac{1}{8} \cdot 7$ **d.** $\frac{1}{5} \cdot 4$ **e.** $\frac{3}{20} \cdot 3$ **f.** $\frac{5}{50} \cdot 7$ **g.** $\frac{4}{17} \cdot 3$

$\frac{2}{5} \cdot 2$ $\frac{3}{11} \cdot 2$ $\frac{2}{9} \cdot 4$ $\frac{2}{7} \cdot 3$ $\frac{9}{100} \cdot 11$ $\frac{9}{1000} \cdot 11$ $\frac{3}{23} \cdot 5$

$\frac{3}{10} \cdot 3$ $\frac{5}{16} \cdot 3$ $\frac{2}{11} \cdot 5$ $\frac{3}{8} \cdot 5$ $\frac{11}{100} \cdot 7$ $\frac{13}{1000} \cdot 9$ $\frac{7}{35} \cdot 4$

12. Berechne. Gib das Ergebnis auch in gemischter Schreibweise an. Kürze – falls möglich – das Ergebnis.

$$\frac{5}{6} \cdot 9 = \frac{5 \cdot 9}{6} = \frac{45}{6} = 7\frac{3}{6} = 7\frac{1}{2}$$

a. $\frac{3}{8} \cdot 7$ **b.** $\frac{2}{3} \cdot 9$ **c.** $\frac{3}{5} \cdot 8$ **d.** $\frac{5}{9} \cdot 4$ **e.** $\frac{1}{3} \cdot 9$ **f.** $\frac{11}{12} \cdot 5$ **g.** $\frac{12}{25} \cdot 9$

$\frac{5}{6} \cdot 8$ $\frac{4}{9} \cdot 8$ $\frac{2}{7} \cdot 6$ $\frac{3}{4} \cdot 6$ $\frac{7}{9} \cdot 8$ $\frac{7}{15} \cdot 6$ $\frac{15}{17} \cdot 9$

$\frac{7}{8} \cdot 3$ $\frac{4}{5} \cdot 7$ $\frac{5}{8} \cdot 4$ $\frac{3}{7} \cdot 8$ $\frac{6}{7} \cdot 5$ $\frac{7}{30} \cdot 7$ $\frac{11}{50} \cdot 3$

13. Multipliziere die Bruchzahlen $\frac{3}{4}$; $\frac{7}{5}$; $\frac{17}{15}$; $\frac{17}{20}$; $\frac{11}{30}$; $\frac{1}{12}$; $\frac{9}{2}$; $\frac{14}{3}$; $\frac{13}{60}$; $\frac{19}{10}$ der Reihe nach
(1) mit 60;   (2) mit 300.
Bei welchen Bruchzahlen ist das Produkt kleiner, bei welchen größer
(1) als 60,   (2) als 300?
Was fällt dir auf?

14. a. Multipliziere $\frac{3}{4}$ mit 3; 7; 12; 1; 0; 11; 15; 20; 30.

b. Berechne das 15fache von $\frac{2}{3}$; $\frac{3}{4}$; $\frac{5}{6}$; $\frac{7}{8}$; $\frac{8}{9}$; $\frac{9}{10}$; $\frac{11}{12}$; $\frac{20}{30}$.

c. Verdreifache die Zahlen $\frac{1}{5}$; $\frac{2}{7}$; $\frac{3}{4}$; $\frac{4}{5}$; $\frac{7}{9}$; $\frac{6}{11}$; $\frac{12}{13}$; $\frac{14}{15}$.

15. Rechne möglichst einfach.

a. $3\frac{1}{4} \cdot 3$ **c.** $3\frac{2}{9} \cdot 4$ **e.** $3\frac{3}{4} \cdot 3$ **g.** $5\frac{7}{9} \cdot 8$ **i.** $8\frac{9}{11} \cdot 7$

b. $4\frac{2}{5} \cdot 2$ **d.** $5\frac{3}{10} \cdot 3$ **f.** $4\frac{3}{5} \cdot 4$ **h.** $6\frac{5}{8} \cdot 12$ **j.** $12\frac{5}{6} \cdot 9$

Mögliche Ergebnisse: $11\frac{1}{4}$; $71\frac{3}{5}$; $9\frac{3}{4}$; $18\frac{2}{5}$; $64\frac{3}{4}$; $12\frac{8}{9}$; $79\frac{1}{2}$; $61\frac{8}{11}$; $15\frac{9}{10}$; $46\frac{2}{9}$; $8\frac{4}{5}$; $115\frac{1}{2}$

16. Setze für x eine natürliche Zahl ein, sodass eine wahre Aussage entsteht.

a. $\frac{1}{5} \cdot x = \frac{4}{5}$ c. $\frac{3}{10} \cdot x = \frac{9}{10}$ e. $\frac{x}{12} \cdot 5 = \frac{10}{12}$ g. $\frac{3}{8} \cdot x = 1\frac{7}{8}$ i. $\frac{7}{9} \cdot x = 6\frac{2}{9}$

b. $\frac{2}{9} \cdot x = \frac{8}{9}$ d. $\frac{x}{7} \cdot 3 = \frac{6}{7}$ f. $\frac{x}{15} \cdot 7 = \frac{14}{15}$ h. $\frac{5}{7} \cdot x = 6\frac{3}{7}$ j. $\frac{5}{13} \cdot x = 5\frac{10}{13}$

17. Berechne. Gib das Ergebnis auch in gemischter Schreibweise an.

a. $\frac{4}{5}$ kg · 7; $\frac{5}{6}$ dm · 7; $\frac{6}{17}$ cm · 9;   b. $\frac{3}{7}$ g · 10; $\frac{7}{15}$ l · 4; $\frac{8}{27}$ km · 7

18. a. Ein Trinkbecher enthält $\frac{1}{4}$ l Saft.
Wie viel l Saft enthalten 3 Trinkbecher?

b. Eine Tasse fasst $\frac{1}{8}$ l Milch.
Wie viel l Milch fassen 5 Tassen?

c. In einer Flasche sind $\frac{7}{10}$ l Mineralwasser.
Wie viel l Mineralwasser sind in einem Kasten mit 12 Flaschen?

19. a. Eine Flasche enthält $\frac{3}{4}$ l Orangensaft.
Wie viel l Saft enthalten 6 Flaschen?

b. Für 1 Päckchen Puddingpulver benötigt man $\frac{3}{4}$ l Milch.
Wie viel l Milch benötigt man für 4 Päckchen?

20. a. Eine Dose Pfirsiche wiegt $\frac{7}{10}$ kg. Wie viel kg wiegen
(1) 6 Dosen;   (2) 10 Dosen;   (3) 12 Dosen?

b. Ein Transporter hat $\frac{3}{4}$ t Ladegewicht. Wie viel t kann er transportieren
(1) mit 3 Fahrten;   (2) mit 5 Fahrten;   (3) mit 9 Fahrten?

c. Aus 1 kg Trauben erhält man $\frac{5}{6}$ l Saft. Wie viel l Traubensaft erhält man aus
(1) 15 kg Trauben;   (2) 20 kg Trauben;   (3) 40 kg Trauben?

d. Der Schall legt $\frac{1}{3}$ km in 1 s zurück. Wie viel km legt er in
(1) 3 s,   (2) 5 s,   (3) 8 s   zurück?

21. Maria hat viele Freundinnen und Freunde zu ihrer Party eingeladen. Sie nimmt deshalb von allen Zutaten des Rezeptes die dreifache Menge. Rechne.

22. a. $\frac{3}{7}$ soll mit einer Zahl multipliziert werden. Das Produkt soll eine natürliche Zahl sein.
Gib drei passende Zahlen an.

b. $\frac{7}{30}$ soll mit einer natürlichen Zahl multipliziert werden. Das Produkt soll kleiner als 1 sein. Gib alle passenden natürlichen Zahlen an.

c. $\frac{5}{9}$ soll mit einer Zahl multipliziert werden, sodass das Ergebnis in gemischter Schreibweise mit $\frac{8}{9}$ endet.
Gib (1) eine passende Zahl an; (2) mehrere passende Zahlen an.

Teilen von Bruchzahlen

Aufgabe

1. Nach Lisas Geburtstagsparty sind noch Reste von zwei Torten übrig: $\frac{1}{4}$ Kiwitorte und $\frac{2}{3}$ Ananastorte.
Lisa will mit ihren beiden Geschwistern teilen, also muss jeder Rest in drei gleich große Teile geteilt werden.
Wie viel erhält jedes Kind?

Lösung

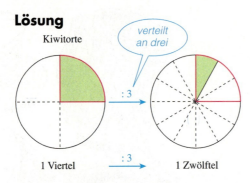
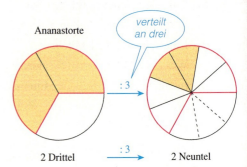

Wir schreiben: $\frac{1}{4} : 3 = \frac{1}{4 \cdot 3} = \frac{1}{12}$

Der Nenner gibt an, in wie viele gleich große Teile das Ganze zerlegt wird.
Wenn jedes Viertel in 3 gleich große Teile zerlegt ist, ist das Ganze in 12 gleich große Teile zerlegt.
Also ist jeder Teil 1 Zwölftel des Ganzen.

Wir schreiben: $\frac{2}{3} : 3 = \frac{2}{3 \cdot 3} = \frac{2}{9}$

Wenn jedes Drittel in drei gleich große Teile zerlegt wird, ist das Ganze in 9 gleich große Teile zerlegt.
Von jedem der beiden Drittel erhalten wir 1 Neuntel, also zusammen 2 Neuntel.

Ergebnis: Jedes Kind erhält noch $\frac{1}{12}$ Kiwitorte und $\frac{2}{9}$ Ananastorte.

> Wir dividieren die Bruchzahl $\frac{3}{5}$ durch 4, indem wir den Nenner des Bruches mit 4 multiplizieren.
> Der Zähler bleibt unverändert.
>
> $$\frac{3}{5} : 4 = \frac{3}{5 \cdot 4} = \frac{3}{20}$$

Zum Festigen und Weiterarbeiten

2. Schreibe eine Divisionsaufgabe und berechne. Bestätige die obige Regel.

   a.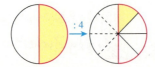
   b.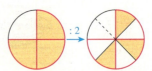
   c.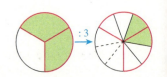

3. Berechne.

   a. $\frac{1}{5} : 2$ c. $\frac{5}{7} : 3$ e. $\frac{8}{9} : 5$ g. $\frac{4}{5} : 3$ i. $\frac{1}{3} : 2$ k. $\frac{4}{5} : 5$ m. $\frac{8}{9} : 5$
   b. $\frac{2}{3} : 3$ d. $\frac{7}{8} : 5$ f. $\frac{5}{6} : 7$ h. $\frac{3}{4} : 7$ j. $\frac{1}{4} : 5$ l. $\frac{7}{10} : 4$ n. $\frac{7}{15} : 6$

Kapitel 4

4. a. Dividiere $\frac{6}{9}$ durch 3 und kürze das Ergebnis. Kürze dann $\frac{6}{9}$ mit 3. Vergleiche.
b. Dividiere jede der Zahlen $\frac{12}{15}$, $\frac{3}{12}$, $\frac{24}{15}$ durch 3 und kürze das Ergebnis. Kürze auch jeden der Brüche mit 3. Vergleiche.
c. Worin besteht der Unterschied zwischen Dividieren und Kürzen?

5. Durch welche Zahl muss man $\frac{3}{5}$ dividieren, damit man **a.** $\frac{3}{10}$, **b.** $\frac{3}{20}$, **c.** $\frac{3}{25}$ erhält?

▲ **6. a.** Jörg rechnet so: $\frac{6}{7} : 3 = \frac{6:3}{7} = \frac{2}{7}$.
Überprüfe seine Rechnung. Mache auch eine Zeichnung.
b. Rechne ebenso: $\frac{8}{5} : 4$; $\frac{9}{7} : 3$; $\frac{15}{8} : 5$; $\frac{21}{6} : 7$; $\frac{24}{7} : 8$; $\frac{2}{3} : 2$; $\frac{8}{10} : 4$
c. In welchen Fällen kann man wie Jörg rechnen?

7. Vergleiche die beiden Rechenwege rechts.
Rechne möglichst einfach.
Kürze – wenn möglich – das Ergebnis.

a. $6\frac{3}{4} : 2$ **c.** $12\frac{1}{2} : 3$ **e.** $15\frac{5}{6} : 5$
b. $5\frac{2}{3} : 4$ **d.** $7\frac{4}{5} : 8$ **f.** $18\frac{2}{9} : 7$

(1) $3\frac{2}{5} : 3 = \frac{17}{5} : 3$
$= \frac{17}{5 \cdot 3} = \frac{17}{15} = 1\frac{2}{15}$
(2) $3\frac{2}{5} : 3 = 3 : 3 + \frac{2}{5} : 3$
$= 1 + \frac{2}{5 \cdot 3} = 1\frac{2}{15}$

8. Schreibe eine Divisionsaufgabe und berechne.   **Übungen**

a. 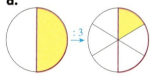   **b.** 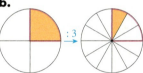   **c.**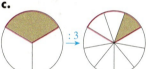

9. Rechne im Kopf.
a. $\frac{1}{2} : 3$ **b.** $\frac{1}{4} : 5$ **c.** $\frac{2}{3} : 3$ **d.** $\frac{3}{5} : 2$ **e.** $\frac{5}{8} : 3$ **f.** $\frac{3}{7} : 9$ **g.** $\frac{7}{4} : 8$ **h.** $\frac{3}{5} : 10$
$\frac{1}{3} : 2$ $\frac{1}{6} : 3$ $\frac{3}{4} : 2$ $\frac{4}{5} : 3$ $\frac{7}{9} : 4$ $\frac{7}{8} : 9$ $\frac{7}{8} : 8$ $\frac{4}{9} : 7$

10. Berechne. Kürze das Ergebnis, falls möglich.
a. $\frac{1}{6} : 4$ **b.** $\frac{15}{7} : 8$ **c.** $\frac{6}{7} : 7$ **d.** $\frac{7}{8} : 5$ **e.** $\frac{3}{17} : 5$ **f.** $\frac{5}{43} : 7$
$\frac{7}{8} : 3$ $\frac{3}{4} : 3$ $\frac{4}{5} : 7$ $\frac{6}{7} : 9$ $\frac{8}{15} : 7$ $\frac{7}{41} : 5$
$\frac{5}{9} : 7$ $\frac{3}{8} : 5$ $\frac{6}{7} : 5$ $\frac{8}{9} : 7$ $\frac{7}{23} : 8$ $\frac{9}{37} : 8$

Mögliche Ergebnisse e. und f.: $\frac{7}{184}$; $\frac{5}{301}$; $\frac{36}{35}$; $\frac{8}{105}$; $\frac{7}{205}$; $\frac{9}{296}$; $\frac{3}{85}$

11. a. $3\frac{4}{5} : 3$ **c.** $12\frac{3}{4} : 6$ **e.** $48\frac{1}{4} : 12$ **g.** $78\frac{3}{4} : 13$ **i.** $4\frac{3}{5} : 5$ **k.** $7\frac{5}{6} : 8$
b. $6\frac{7}{8} : 3$ **d.** $27\frac{7}{8} : 9$ **f.** $75\frac{1}{5} : 15$ **h.** $57\frac{1}{5} : 19$ **j.** $8\frac{5}{7} : 7$ **l.** $11\frac{5}{12} : 9$

12. Setze für x eine natürliche Zahl ein, sodass eine wahre Aussage entsteht.
a. $\frac{1}{4} : x = \frac{1}{12}$ **c.** $\frac{7}{8} : x = \frac{7}{32}$ **e.** $\frac{7}{x} : 6 = \frac{7}{48}$ **g.** $1\frac{2}{7} : x = \frac{9}{28}$ **i.** $2\frac{5}{9} : x = \frac{23}{27}$
b. $\frac{3}{5} : x = \frac{3}{20}$ **d.** $\frac{4}{x} : 5 = \frac{4}{15}$ **f.** $\frac{9}{x} : 8 = \frac{9}{56}$ **h.** $1\frac{5}{8} : x = \frac{13}{56}$ **j.** $3\frac{2}{13} : x = \frac{41}{78}$

13. a. Ein halber Liter Milch wird an drei Kinder verteilt. Wie viel l bekommt ein Kind?

b. Zwei Kinder teilen sich $\frac{3}{4}$ l Apfelsaft. Wie viel l bekommt jedes Kind?

c. In einer Flasche sind $\frac{7}{10}$ l Orangensaft. Drei Geschwister teilen sich den Saft. Wie viel l bekommt jeder?

14. a. In einer Flasche sind $\frac{3}{4}$ l Apfelsaft. Vier Kinder teilen sich den Saft. Wie viel l bekommt jedes?

b. Julia, Lisa und Sarah teilen sich für Puppenkleider einen Stoffrest von $\frac{4}{5}$ m². Wie viel m² bekommt jedes Mädchen?

15. a. Der Umfang eines Quadrates beträgt $30\frac{1}{5}$ cm. Wie lang ist eine Seite dieses Quadrates?

b. Laura beklebt einen Würfel mit gelber Klebefolie. Für die 6 Flächen des Würfels hat sie $1\frac{1}{2}$ m² Folie verarbeitet. Wie viel m² Klebefolie brauchte Laura für eine Fläche?

16. Berechne

a. den 3. Teil von einer halben Tafel Schokolade;

b. den 5. Teil von $\frac{3}{4}$ l Milch;

c. den 6. Teil von $1\frac{1}{2}$ Stunden;

d. die Hälfte von $1\frac{3}{4}$ l Saft.

• Kürzen vor dem Ausrechnen

Information

• Beim Vervielfachen und Teilen erhält man oft Brüche, die man noch kürzen kann:

(1) $\frac{5}{18} \cdot 12 = \frac{5 \cdot 12}{18} = \frac{60}{18} = \frac{10}{3}$;   (2) $\frac{12}{7} : 15 = \frac{12}{7 \cdot 15} = \frac{12}{105} = \frac{4}{35}$

• In diesen Fällen kann man vorteilhaft rechnen, wenn man schon *vor* dem Ausrechnen kürzt:

Erst kürzen, dann ausrechnen

(1)

Erst kürzen, dann ausrechnen

(2)

denn $\frac{5}{18} \cdot 12 = \frac{5 \cdot 12}{18} = \frac{5 \cdot \overset{1}{\cancel{6}} \cdot 2}{\underset{1}{\cancel{6}} \cdot 3} = \frac{10}{3}$ denn $\frac{12}{7} : 15 = \frac{12}{7 \cdot 15} = \frac{\overset{1}{\cancel{3}} \cdot 4}{7 \cdot \underset{1}{\cancel{3}} \cdot 5} = \frac{4}{35}$

• *Beachte:* Der Faktor 6 im Zähler bedeutet: „Multipliziere mit 6", der Faktor 6 im Nenner bedeutet: „Dividiere durch 6".

• Man kann „6 im Zähler" gegen „6 im Nenner" kürzen, denn die Rechenanweisungen „· 6" und „: 6" heben sich gegenseitig auf.

Kapitel 4

Zum Festigen und Weiterarbeiten

1. Kürze vor dem Ausrechnen.

   a. $\frac{4}{9} \cdot 3$ b. $\frac{4}{7} \cdot 14$ c. $\frac{8}{9} : 12$ d. $\frac{12}{5} : 9$ e. $\frac{14}{5} : 21$ f. $\frac{36}{7} : 48$

   $\frac{5}{8} \cdot 6$ $\frac{8}{9} \cdot 27$ $\frac{6}{7} : 9$ $\frac{6}{11} : 24$ $\frac{6}{35} \cdot 15$ $\frac{7}{36} \cdot 24$

2. Bei diesen Aufgaben kann man mehrfach kürzen.

   a. $\frac{4}{8} \cdot 6$ b. $\frac{5}{15} \cdot 21$ c. $\frac{4}{6} : 10$ d. $\frac{15}{20} : 12$

   $\frac{6}{9} \cdot 12$ $\frac{8}{12} \cdot 9$ $\frac{6}{8} \cdot 15$ $\frac{16}{24} : 8$

   $$\frac{6}{8} \cdot 10 = \frac{\overset{3}{\cancel{6}} \cdot \overset{5}{\cancel{10}}}{\underset{4}{\cancel{8}} \cdot \underset{2}{\cancel{}}} = \frac{15}{2} = 7\frac{1}{2}$$

Übungen

3. Berechne. Kürze vor dem Ausrechnen.

   a. $\frac{7}{20} \cdot 5$ b. $\frac{7}{12} \cdot 24$ c. $\frac{7}{15} \cdot 25$ d. $\frac{6}{7} : 9$ e. $\frac{15}{8} : 25$ f. $\frac{12}{17} : 8$

   $\frac{5}{6} \cdot 6$ $\frac{8}{15} \cdot 35$ $\frac{8}{35} \cdot 45$ $\frac{3}{5} : 6$ $\frac{32}{27} : 8$ $\frac{14}{9} : 21$

   $\frac{7}{9} \cdot 12$ $\frac{3}{25} \cdot 15$ $\frac{17}{24} \cdot 8$ $\frac{18}{7} : 6$ $\frac{32}{25} : 16$ $\frac{15}{8} : 12$

   $\frac{3}{27} \cdot 18$ $\frac{9}{16} \cdot 24$ $\frac{7}{18} \cdot 27$ $\frac{12}{5} : 8$ $\frac{12}{7} : 8$ $\frac{56}{17} : 32$

4. Berechne. Kürze vor dem Ausrechnen.

   a. $\frac{25}{51} \cdot 17$ b. $\frac{15}{126} \cdot 108$ c. $2\frac{17}{48} \cdot 72$ d. $\frac{112}{19} : 28$ e. $\frac{162}{44} : 72$ f. $9\frac{6}{17} : 53$

   $\frac{35}{108} \cdot 72$ $1\frac{23}{96} \cdot 84$ $4\frac{13}{27} \cdot 36$ $\frac{133}{15} : 57$ $3\frac{12}{35} \cdot 26$ $8\frac{18}{19} : 85$

   $\frac{19}{153} \cdot 117$ $1\frac{69}{75} \cdot 45$ $3\frac{11}{35} \cdot 25$ $\frac{153}{45} : 51$ $10\frac{4}{15} : 42$ $17\frac{10}{27} : 67$

   Mögliche Ergebnisse: $23\frac{1}{3}$; $\frac{9}{176}$; $8\frac{1}{3}$; $82\frac{6}{7}$; $14\frac{9}{17}$; $\frac{9}{70}$; $104\frac{1}{8}$; $12\frac{6}{7}$; $\frac{7}{27}$; $86\frac{2}{5}$; $\frac{2}{19}$; $\frac{1}{15}$; $169\frac{1}{2}$; $\frac{4}{19}$; $\frac{3}{57}$; $161\frac{1}{3}$; $\frac{3}{17}$; $\frac{7}{45}$; $\frac{11}{45}$

5. Kürze, wenn möglich, vor dem Ausrechnen.

   a. $\frac{5}{12} \cdot 15$ b. $\frac{19}{21} : 7$ c. $\frac{8}{69} \cdot 12$ d. $\frac{72}{23} : 48$ e. $3\frac{7}{8} \cdot 12$ f. $5\frac{9}{15} : 12$ g. $9\frac{9}{12} : 26$

   $\frac{18}{7} : 21$ $\frac{25}{27} \cdot 18$ $\frac{17}{19} \cdot 12$ $\frac{7}{37} \cdot 23$ $2\frac{1}{17} \cdot 9$ $1\frac{45}{48} \cdot 36$ $5\frac{18}{27} : 17$

   $\frac{12}{17} \cdot 9$ $\frac{7}{8} \cdot 4$ $\frac{19}{34} \cdot 17$ $\frac{153}{72} : 34$ $4\frac{4}{13} : 8$ $5\frac{6}{17} \cdot 13$ $5\frac{32}{43} : 38$

   Mögliche Ergebnisse a.–d.: $6\frac{6}{17}$; $3\frac{1}{2}$; $6\frac{1}{4}$; $\frac{15}{23}$; $\frac{6}{49}$; $\frac{19}{147}$; $4\frac{13}{37}$; $\frac{3}{46}$; $1\frac{9}{23}$; $\frac{1}{16}$; $10\frac{14}{19}$; $9\frac{1}{2}$; $16\frac{2}{3}$

   e.–g.: $69\frac{3}{4}$; $\frac{13}{86}$; $\frac{17}{28}$; $46\frac{1}{2}$; $\frac{7}{17}$; $18\frac{9}{17}$; $\frac{1}{3}$; $\frac{7}{13}$; $\frac{7}{15}$; $\frac{3}{8}$; $\frac{23}{42}$

6. *Rechenschlange*
   Kürze immer, wenn es möglich ist. Die Kopfzahl ist die Kontrollzahl.

Vermischte Übungen

1.
a. $\frac{3}{4} \cdot 5$ d. $\frac{7}{8} \cdot 5$ g. $\frac{3}{8} \cdot 12$ j. $\frac{5}{9} \cdot 14$ m. $1\frac{1}{4} \cdot 9$ p. $5\frac{2}{9} \cdot 8$
$\frac{3}{4} : 5$ $\frac{7}{8} : 5$ $\frac{3}{8} : 12$ $\frac{5}{9} : 14$ $1\frac{1}{4} : 9$ $5\frac{2}{9} : 8$

b. $\frac{7}{8} \cdot 3$ e. $\frac{6}{7} \cdot 8$ h. $\frac{4}{5} \cdot 13$ k. $\frac{12}{13} \cdot 7$ n. $1\frac{2}{7} \cdot 5$ q. $7\frac{4}{7} \cdot 9$
$\frac{7}{8} : 3$ $\frac{6}{7} : 8$ $\frac{4}{5} : 13$ $\frac{12}{13} : 7$ $1\frac{2}{7} : 5$ $7\frac{4}{7} : 9$

c. $\frac{5}{6} \cdot 7$ f. $\frac{7}{9} \cdot 4$ i. $\frac{11}{12} \cdot 7$ l. $\frac{11}{12} \cdot 5$ o. $2\frac{3}{8} \cdot 7$ r. $9\frac{5}{8} \cdot 5$
$\frac{5}{6} : 7$ $\frac{7}{9} : 4$ $\frac{11}{12} : 7$ $\frac{11}{12} : 5$ $2\frac{3}{8} : 7$ $9\frac{5}{8} : 5$

2. Rechne im Kopf.
a. $\frac{1}{5} : 4$ b. $\frac{2}{5} : 3$ c. $\frac{6}{7} : 4$ d. $\frac{7}{9} : 8$ e. $\frac{4}{7} : 9$ f. $\frac{3}{8} : 11$
$\frac{1}{7} : 2$ $\frac{5}{6} : 4$ $\frac{3}{9} : 9$ $\frac{5}{12} : 6$ $\frac{5}{8} : 4$ $\frac{4}{9} : 12$

3. Berechne. Kürze, wenn möglich, vor dem Ausrechnen.
a. $\frac{12}{15} \cdot 6$ c. $\frac{49}{35} \cdot 7$ e. $\frac{25}{30} \cdot 5$ g. $1\frac{1}{3} \cdot 72$ i. $6\frac{2}{9} \cdot 12$ k. $7\frac{5}{7} \cdot 28$
$\frac{12}{16} : 6$ $\frac{49}{35} : 7$ $\frac{25}{30} : 5$ $1\frac{1}{3} : 72$ $6\frac{2}{9} : 12$ $7\frac{5}{7} : 28$

b. $\frac{63}{72} \cdot 9$ d. $\frac{16}{24} \cdot 8$ f. $\frac{42}{54} \cdot 6$ h. $8\frac{2}{5} \cdot 35$ j. $8\frac{2}{8} \cdot 24$ l. $6\frac{6}{9} \cdot 18$
$\frac{63}{72} : 9$ $\frac{16}{24} : 8$ $\frac{42}{54} : 6$ $8\frac{2}{5} : 35$ $8\frac{2}{8} : 24$ $6\frac{6}{9} : 18$

4. Setze für x eine natürliche Zahl ein, sodass eine wahre Aussage entsteht.
a. $\frac{3}{5} \cdot x = \frac{12}{5}$ d. $\frac{4}{3} : x = \frac{4}{6}$ g. $\frac{2}{5} \cdot x = \frac{54}{15}$ j. $\frac{6}{7} : x = \frac{18}{105}$
b. $\frac{9}{11} \cdot x = \frac{72}{11}$ e. $\frac{5}{6} : x = \frac{5}{24}$ h. $\frac{2}{3} \cdot x = \frac{42}{9}$ k. $\frac{8}{3} : x = \frac{2}{9}$
c. $\frac{x}{7} \cdot 8 = \frac{56}{7}$ f. $\frac{9}{x} : 7 = \frac{9}{56}$ i. $\frac{3}{7} \cdot x = \frac{36}{28}$ l. $\frac{12}{5} : x = \frac{4}{15}$

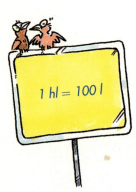

1 hl = 100 l

5. Aus einem Liter Milch kann man $\frac{3}{20}$ kg Käse herstellen. Wie viel kg Käse erhält man aus
(1) 5 l Milch;   (2) 25 l Milch;   (3) 70 l Milch;   (4) 2 hl Milch?

6. a. Eine Flasche enthält $\frac{7}{10}$ l Traubensaft. Der Saft wird gleichmäßig in 6 Gläser verteilt. Wie viel l Saft ist in jedem Glas?

b. Für die Verglasung der Türen eines Spiegelschränkchens mit vier Türen werden insgesamt $\frac{3}{5}$ m² Glas verarbeitet. Wie viel m² Glas braucht man für eine Tür?

7. Das alte Längenmaß Zoll wird heute noch benutzt, wenn man den Durchmesser von Reifen oder von Rohren angibt. 1 Zoll ist etwa $\frac{5}{2}$ cm.

a. Gib den Durchmesser des Reifens im Bild in cm an.

b. Wie groß ist der Durchmesser eines 26-Zoll-Reifens in cm?

c. Gib den Durchmesser eines 3-Zoll-Rohres in cm an.

8. a. Fünf Goldgräber teilen sich $18\frac{3}{4}$ Feinunzen Goldstaub.
Wie viel Feinunzen Goldstaub erhält jeder?

b. Vier Geschwister teilen sich $1\frac{1}{2}\,l$ Milch.
Wie viel l bekommt jeder?

c. Sieben gleich schwere Pakete wiegen zusammen $12\frac{1}{4}$ kg.
Wie viel kg wiegt jedes Paket?

d. Marks Mutter hat $6\frac{3}{4}\,l$ Benzin für eine Strecke von 80 km verbraucht.
Wie viel l verbraucht ihr Auto für 100 km?

9. Laura hat noch 5 Flaschen Orangensaft im Kühlschrank. Jede Flasche enthält $\frac{3}{4}\,l$ Saft.
Sie will den Inhalt der Flaschen gleichmäßig an 6 Kinder verteilen.
Wie viel l Saft bekommt jedes Kind?

10. Für ein Erfrischungsgetränk mischt Lena $\frac{3}{4}\,l$ Mineralwasser und $\frac{3}{8}\,l$ Zitronensaft.
Sie verteilt das Erfrischungsgetränk gleichmäßig in 7 Gläser.
Wie viel Liter sind in jedem Glas?

11. Michael und Anne messen die Größe eines rechteckigen Spielplatzes aus. Michael misst mit 26 Schritten die Länge, Anne mit 27 Schritten die Breite. Michael macht Schritte von je $\frac{4}{5}$ m Länge, Anne solche von je $\frac{3}{5}$ m.
Wie lang und wie breit ist der Spielplatz?

12. a. Herrn Webers Pkw verbraucht auf der Autobahn durchschnittlich $7\frac{1}{2}\,l$ Normalbenzin pro 100 km. Die Fahrstrecke zu seinem Urlaubsort beträgt 1 300 km.
Wie viel l Benzin wird Herr Weber voraussichtlich verbrauchen?

b. Im Stadtverkehr verbraucht Herrn Webers Pkw durchschnittlich $9\frac{3}{4}\,l$ pro 100 km. Die Strecke von Herrn Webers Wohnung zu seinem Arbeitsplatz führt 8 km durch die Stadt.
Wie viel l Benzin verbraucht Herr Weber täglich für die Hin- und Rückfahrt zur Arbeit?

c. Herr Weber arbeitet 5 Tage in der Woche und 230 Tage im Jahr.
Wie viel l Benzin verbraucht er
(1) pro Woche, (2) pro Jahr
für die Fahrt zur Arbeit?

Multiplizieren von Bruchzahlen

Bruchteil von einer Zahl oder Größe – Multiplizieren

Aufgabe

1. Nach Familie Ottos Gartenfest sind noch allerlei Reste übrig:

 $\frac{1}{5}$ von einer Himbeertorte

 $\frac{4}{5}$ von einer Pizza

a. Anne hat den Rest der Himbeertorte gegessen. Sie sagt: „Davon hätte ich höchstens das $1\frac{1}{2}$fache geschafft."
Wie viel ist das?

b. Herr Otto bekommt abends den Rest Pizza. Er isst nur $\frac{2}{3}$ davon.
Wie viel Pizza hat Herr Otto gegessen?

Lösung

a. Das $1\frac{1}{2}$**fache von** $\frac{1}{5}$ bedeutet:
Nimm $\frac{1}{5}$ eineinhalbmal, also $\frac{1}{5} \cdot 1\frac{1}{2}$.
Statt das $1\frac{1}{2}$**fache von** $\frac{1}{5}$ kann man auch schreiben $\frac{3}{2}$ **von** $\frac{1}{5}$, also $\frac{1}{5} \cdot \frac{3}{2}$.

Das bedeutet:
Teile $\frac{1}{5}$ in zwei gleich große Teile und nimm von einem solchen Teil das Dreifache.

b. Statt $\frac{2}{3}$ **von** $\frac{4}{5}$ könnten wir auch sagen:
Nimm $\frac{4}{5}$ zweidrittelmal, also $\frac{4}{5} \cdot \frac{2}{3}$.

Das bedeutet:
Teile $\frac{4}{5}$ in drei gleich große Teile und nimm von einem solchen Teil das Doppelte.

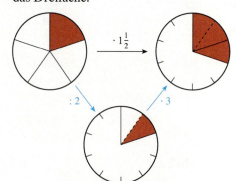

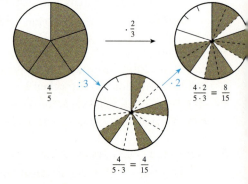

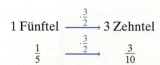

1 Fünftel $\xrightarrow{\cdot \frac{3}{2}}$ 3 Zehntel

$\frac{1}{5} \xrightarrow{\cdot \frac{3}{2}} \frac{3}{10}$

4 Fünftel $\xrightarrow{\cdot \frac{2}{3}}$ 8 Fünfzehntel

$\frac{4}{5} \xrightarrow{\cdot \frac{2}{3}} \frac{8}{15}$

Wir schreiben:
$\frac{1}{5} \cdot \frac{3}{2} = \frac{1}{5} : 2 \cdot 3 = \frac{1}{5 \cdot 2} \cdot 3 = \frac{1 \cdot 3}{5 \cdot 2} = \frac{3}{10}$

Ergebnis: Anne hätte höchstens $\frac{3}{10}$ Torte geschafft.

Wir schreiben:
$\frac{4}{5} \cdot \frac{2}{3} = \frac{4}{5} : 3 \cdot 2 = \frac{4}{5 \cdot 3} \cdot 2 = \frac{4 \cdot 2}{5 \cdot 3} = \frac{8}{15}$

Ergebnis: Herr Otto hat $\frac{8}{15}$ Pizza gegessen.

Information

(1) Anschauliche Deutung der Multiplikation bei Bruchzahlen

Du weißt:

- **Das 3fache von 4** bedeutet:
  Nimm 4 dreimal, also $4 \cdot 3$

- **Das $1\frac{1}{2}$fache von 4** bedeutet:
  Nimm 4 eineinhalbmal, also $4 \cdot 1\frac{1}{2}$

- Statt **das $1\frac{1}{2}$fache von 4** kann man auch schreiben:
  das $\frac{3}{2}$fache von 4, also $4 \cdot \frac{3}{2}$

Ebenso kann man sagen:

- **Das 3fache von $\frac{2}{7}$** bedeutet:
  $\frac{2}{7} \cdot 3$

- **Das $1\frac{1}{2}$fache von $\frac{1}{5}$** bedeutet:
  $\frac{1}{5} \cdot 1\frac{1}{2}$

- Statt **das $1\frac{1}{2}$fache von $\frac{1}{5}$** kann man auch schreiben:
  das $\frac{3}{2}$fache von $\frac{1}{5}$, also $\frac{1}{5} \cdot \frac{3}{2}$

Deshalb sagen wir auch:

$\frac{2}{3}$ von $\frac{4}{5}$ bedeutet $\frac{4}{5} \cdot \frac{2}{3}$

$\frac{2}{3}$ von bedeutet mal $\frac{2}{3}$

(2) Multiplikationsregel von Brüchen

Brüche werden miteinander multipliziert, indem man Zähler mit Zähler und Nenner mit Nenner multipliziert.

$$\frac{4}{5} \cdot \frac{2}{3} = \frac{4 \cdot 2}{5 \cdot 3} = \frac{8}{15}$$

$$\frac{a}{b} \cdot \frac{c}{d} = \frac{a \cdot c}{b \cdot d}$$

Zähler mal Zähler und Nenner mal Nenner

Zum Festigen und Weiterarbeiten

2. Schreibe als Produkt; berechne dann.

a. $\frac{2}{5}$ von $\frac{3}{4}$ b. $\frac{1}{4}$ von $\frac{2}{3}$ c. $\frac{2}{5}$ von $\frac{3}{4}$ d. $\frac{3}{7}$ von $\frac{1}{2}$ e. $\frac{1}{8}$ von $\frac{4}{5}$ f. $\frac{1}{6}$ von $\frac{7}{10}$

$\frac{2}{3}$ von $\frac{7}{8}$ $\frac{2}{4}$ von $\frac{2}{3}$ $\frac{3}{5}$ von $\frac{3}{4}$ $\frac{4}{7}$ von $\frac{1}{2}$ $\frac{2}{8}$ von $\frac{4}{5}$ $\frac{5}{6}$ von $\frac{7}{10}$

3. Berechne.

a. $\frac{2}{3} \cdot \frac{5}{7}$ b. $\frac{3}{4} \cdot \frac{7}{5}$ c. $\frac{7}{8} \cdot \frac{5}{8}$ d. $\frac{3}{4} \cdot \frac{3}{5}$ e. $\frac{1}{2} \cdot \frac{3}{5}$ f. $\frac{8}{9} \cdot \frac{5}{7}$ g. $\frac{11}{12} \cdot \frac{7}{8}$

4. Berechne und vergleiche. Was fällt dir auf?

a. $\frac{2}{3} : 4$ und $\frac{2}{3} \cdot \frac{1}{4}$ b. $\frac{4}{5} \cdot \frac{1}{3}$ und $\frac{4}{5} : 3$ c. $\frac{5}{6} : 2$ und $\frac{5}{6} \cdot \frac{1}{2}$

5. Der zweite Faktor des Produktes wird jedes Mal halbiert.

a. Wie ändert sich der Wert des Produktes?
b. Setze die Kette fort bis $8 \cdot \frac{1}{8}$
c. Verfahre entsprechend mit den folgenden Produkten (jeweils 6 Zeilen).

(1) $\frac{2}{3} \cdot 8 = \frac{16}{3}$ (2) $\frac{2}{5} \cdot 27 = \frac{54}{5}$ (3) $\frac{1}{2} \cdot 125 = \frac{125}{2}$
     $\downarrow :2$ $\downarrow :2$ $\downarrow :2$

$8 \cdot 4 = 32$
$\downarrow :2 \quad \downarrow \square$
$8 \cdot 2 = 16$
$\downarrow :2 \quad \downarrow \square$
$8 \cdot 1 = 8$
$\downarrow :2 \quad \downarrow \square$

6. Du weißt: Wenn man die Zahl 3 mit einer anderen natürlichen Zahl (außer mit 0 oder mit 1) multipliziert, ist das Ergebnis größer als 3. Maria behauptet:
„Ich kann $\frac{3}{4}$ mit einer Zahl multiplizieren, sodass das Ergebnis

a. kleiner ist als $\frac{3}{4}$,   b. halb so groß ist wie $\frac{3}{4}$."

Was meinst du dazu?

Das Ergebnis kann auch kleiner als ein Faktor sein

7. **Kürzen beim Multiplizieren von Brüchen**

Beim Multiplizieren von Brüchen kann man oft kürzen:

(1) Kürzen *nach* dem Ausrechnen: $\frac{4}{5} \cdot \frac{3}{8} = \frac{\cancel{12}^3}{\cancel{40}_{10}} = \frac{3}{10}$

(2) Kürzen *vor* dem Ausrechnen: $\frac{4}{5} \cdot \frac{3}{8} = \frac{\cancel{4}^1 \cdot 3}{5 \cdot \cancel{8}_2} = \frac{3}{10}$

(3) *Mehrfaches* Kürzen *vor* dem Ausrechnen: $\frac{16}{27} \cdot \frac{15}{14} = \frac{\cancel{16}^8 \cdot \cancel{15}^5}{\cancel{27}_9 \cdot \cancel{14}_7} = \frac{40}{63}$

Kürzen vor dem Ausrechnen spart Rechenarbeit

Berechne. Kürze auch.

a. $\frac{5}{8} \cdot \frac{4}{3}$ **b.** $\frac{6}{7} \cdot \frac{4}{9}$ **c.** $\frac{1}{12} \cdot \frac{9}{5}$ **d.** $\frac{7}{8} \cdot \frac{8}{9}$ **e.** $\frac{8}{9} \cdot \frac{3}{4}$ **f.** $\frac{3}{4} \cdot \frac{8}{15}$ **g.** $\frac{10}{9} \cdot \frac{6}{15}$ **h.** $\frac{6}{7} \cdot \frac{7}{12}$

8. Berechne. Hier kann man mehrfach kürzen.

a. $\frac{7}{8} \cdot \frac{16}{21}$ **b.** $\frac{49}{32} \cdot \frac{24}{35}$ **c.** $\frac{63}{25} \cdot \frac{45}{49}$ **d.** $\frac{26}{56} \cdot \frac{42}{117}$ **e.** $\frac{171}{136} \cdot \frac{51}{38}$ **f.** $\frac{117}{68} \cdot \frac{51}{104}$

Übungen

9. Schreibe als Produkt und berechne.

a. $\frac{1}{3}$ von $\frac{1}{2}$ **b.** $\frac{2}{3}$ von $\frac{1}{2}$ **c.** $\frac{4}{6}$ von $\frac{5}{9}$ **d.** $\frac{2}{3}$ von $\frac{4}{5}$ **e.** $\frac{2}{5}$ von $\frac{7}{10}$ **f.** $\frac{5}{6}$ von $\frac{3}{4}$

$\frac{1}{3}$ von $\frac{1}{4}$ $\frac{2}{3}$ von $\frac{1}{3}$ $\frac{7}{8}$ von $\frac{3}{4}$ $\frac{3}{4}$ von $\frac{5}{8}$ $\frac{3}{10}$ von $\frac{3}{4}$ $\frac{1}{4}$ von $\frac{1}{3}$

$\frac{1}{2}$ von $\frac{1}{5}$ $\frac{2}{3}$ von $\frac{1}{4}$ $\frac{5}{7}$ von $\frac{8}{9}$ $\frac{7}{8}$ von $\frac{1}{2}$ $\frac{1}{6}$ von $\frac{1}{8}$ $\frac{2}{5}$ von $\frac{3}{7}$

10. Berechne.

a. $\frac{1}{2} \cdot \frac{1}{2}$ **b.** $\frac{1}{3} \cdot \frac{1}{4}$ **c.** $\frac{3}{7} \cdot \frac{3}{5}$ **d.** $\frac{7}{9} \cdot \frac{5}{8}$ **e.** $\frac{3}{2} \cdot \frac{1}{2}$ **f.** $\frac{1}{2} \cdot \frac{1}{4}$ **g.** $\frac{17}{21} \cdot \frac{8}{5}$ **h.** $\frac{11}{12} \cdot \frac{13}{14}$

$\frac{1}{3} \cdot \frac{1}{2}$ $\frac{1}{5} \cdot \frac{4}{3}$ $\frac{5}{7} \cdot \frac{4}{9}$ $\frac{1}{8} \cdot \frac{5}{3}$ $\frac{1}{3} \cdot \frac{4}{3}$ $\frac{5}{7} \cdot \frac{3}{4}$ $\frac{15}{14} \cdot \frac{9}{8}$ $\frac{17}{19} \cdot \frac{12}{11}$

$\frac{2}{3} \cdot \frac{2}{3}$ $\frac{1}{6} \cdot \frac{1}{2}$ $\frac{8}{9} \cdot \frac{7}{5}$ $\frac{2}{3} \cdot \frac{1}{4}$ $\frac{2}{3} \cdot \frac{3}{2}$ $\frac{7}{8} \cdot \frac{5}{9}$ $\frac{23}{25} \cdot \frac{4}{7}$ $\frac{23}{25} \cdot \frac{21}{22}$

$\frac{3}{4} \cdot \frac{1}{2}$ $\frac{5}{6} \cdot \frac{1}{2}$ $\frac{5}{8} \cdot \frac{7}{6}$ $\frac{1}{2} \cdot \frac{3}{4}$ $\frac{3}{4} \cdot \frac{3}{4}$ $\frac{5}{11} \cdot \frac{7}{3}$ $\frac{19}{18} \cdot \frac{7}{5}$ $\frac{13}{18} \cdot \frac{17}{15}$

Mögliche Ergebnisse g. und h.: $\frac{221}{270}, \frac{92}{175}, \frac{483}{550}, \frac{565}{424}, \frac{135}{112}, \frac{204}{209}, \frac{143}{168}, \frac{133}{90}, \frac{185}{147}, \frac{136}{105}$

11.

a.	b.	c.	d.	e.					
$\frac{2}{3}$	$\frac{1}{3}$	$\frac{4}{7}$	$\frac{2}{9}$	$\frac{9}{9}$	$\cdot$	$\frac{4}{5}$	$\frac{2}{3}$	$\frac{4}{9}$	$\frac{2}{7}$	$\frac{1}{5}$

f.	g.	h.	i.	j.					
$\frac{3}{4}$	$\frac{9}{4}$	$\frac{3}{2}$	$\frac{7}{2}$	$\frac{5}{4}$	$\cdot$	$\frac{5}{2}$	$\frac{7}{4}$	$\frac{3}{2}$	$\frac{5}{4}$	$\frac{9}{8}$

12. Berechne. Kürze.

a. $\frac{3}{7} \cdot \frac{5}{9}$ **b.** $\frac{4}{5} \cdot \frac{7}{8}$ **c.** $\frac{6}{7} \cdot \frac{4}{9}$ **d.** $\frac{12}{7} \cdot \frac{5}{18}$ **e.** $\frac{42}{5} \cdot \frac{7}{36}$ **f.** $\frac{23}{56} \cdot \frac{49}{8}$ **g.** $\frac{63}{11} \cdot \frac{8}{49}$ **h.** $\frac{63}{19} \cdot \frac{13}{42}$

$\frac{7}{8} \cdot \frac{4}{3}$ $\frac{3}{5} \cdot \frac{10}{7}$ $\frac{5}{6} \cdot \frac{9}{11}$ $\frac{24}{5} \cdot \frac{3}{32}$ $\frac{56}{7} \cdot \frac{11}{48}$ $\frac{19}{72} \cdot \frac{64}{5}$ $\frac{36}{7} \cdot \frac{17}{54}$ $\frac{48}{5} \cdot \frac{13}{84}$

$\frac{1}{2} \cdot \frac{8}{9}$ $\frac{4}{9} \cdot \frac{5}{8}$ $\frac{3}{4} \cdot \frac{8}{7}$ $\frac{45}{11} \cdot \frac{8}{35}$ $\frac{5}{27} \cdot \frac{63}{13}$ $\frac{16}{17} \cdot \frac{9}{32}$ $\frac{81}{43} \cdot \frac{8}{27}$ $\frac{56}{37} \cdot \frac{13}{14}$

Mögliche Ergebnisse e. bis h.: $\frac{24}{43}, \frac{9}{34}, \frac{9}{20}, \frac{11}{6}, \frac{52}{35}, \frac{39}{38}, \frac{56}{77}, \frac{34}{21}, \frac{64}{75}, \frac{161}{64}, \frac{72}{67}, \frac{35}{39}, \frac{102}{63}, \frac{152}{45}, \frac{52}{37}, \frac{72}{77}, \frac{49}{30}$

13. Berechne die Produkte. Hier kann man mehrfach kürzen.

a. $\dfrac{10}{2} \cdot \dfrac{4}{5}$ $\dfrac{2}{3} \cdot \dfrac{9}{4}$

b. $\dfrac{7}{8} \cdot \dfrac{4}{7}$ $\dfrac{7}{8} \cdot \dfrac{8}{7}$

c. $\dfrac{3}{100} \cdot \dfrac{10}{9}$ $\dfrac{8}{25} \cdot \dfrac{35}{18}$

d. $\dfrac{11}{70} \cdot \dfrac{21}{22}$ $\dfrac{1}{99} \cdot \dfrac{108}{15}$

e. $\dfrac{75}{39} \cdot \dfrac{91}{50}$ $\dfrac{45}{78} \cdot \dfrac{25}{15}$

f. $\dfrac{12}{35} \cdot \dfrac{14}{18}$ $\dfrac{15}{28} \cdot \dfrac{20}{25}$

g. $\dfrac{3}{10} \cdot \dfrac{5}{9}$ $\dfrac{5}{12} \cdot \dfrac{8}{15}$

h. $\dfrac{12}{13} \cdot \dfrac{26}{36}$ $\dfrac{8}{9} \cdot \dfrac{9}{8}$

i. $\dfrac{16}{27} \cdot \dfrac{36}{24}$ $\dfrac{24}{25} \cdot \dfrac{15}{16}$

j. $\dfrac{2}{7} \cdot \dfrac{14}{4}$ $\dfrac{36}{35} \cdot \dfrac{26}{60}$

k. $\dfrac{24}{39} \cdot \dfrac{26}{60}$ $\dfrac{45}{34} \cdot \dfrac{51}{55}$

l. $\dfrac{7}{10} \cdot \dfrac{15}{14}$ $\dfrac{5}{12} \cdot \dfrac{12}{5}$

14. Berechne das Produkt. Kürze möglichst früh.

a. $\dfrac{3}{4} \cdot \dfrac{8}{15} \cdot \dfrac{7}{12}$

b. $\dfrac{3}{4} \cdot \dfrac{12}{15} \cdot \dfrac{21}{9}$

c. $\dfrac{2}{3} \cdot \dfrac{6}{7} \cdot \dfrac{5}{8}$

d. $\dfrac{1}{2} \cdot \dfrac{4}{5} \cdot \dfrac{15}{8}$

e. $\dfrac{3}{4} \cdot \dfrac{5}{6} \cdot \dfrac{8}{15}$

f. $\dfrac{6}{7} \cdot \dfrac{14}{9} \cdot \dfrac{15}{21}$

g. $\dfrac{12}{35} \cdot \dfrac{21}{16} \cdot \dfrac{25}{42}$

h. $\dfrac{2}{3} \cdot \dfrac{2}{3} \cdot \dfrac{2}{3} \cdot \dfrac{2}{3}$

i. $\dfrac{4}{7} \cdot \dfrac{5}{9} \cdot \dfrac{36}{23} \cdot \dfrac{21}{32}$

j. $\dfrac{12}{7} \cdot \dfrac{16}{45} \cdot \dfrac{21}{36} \cdot \dfrac{9}{8}$

k. $\dfrac{9}{16} \cdot \dfrac{45}{48} \cdot \dfrac{14}{27} \cdot \dfrac{32}{35}$

l. $\dfrac{18}{25} \cdot \dfrac{3}{4} \cdot \dfrac{35}{27} \cdot \dfrac{12}{11}$

m. $\dfrac{25}{34} \cdot \dfrac{17}{75} \cdot \dfrac{27}{15} \cdot \dfrac{35}{36}$

n. $\dfrac{63}{16} \cdot \dfrac{7}{54} \cdot \dfrac{24}{49} \cdot \dfrac{81}{14}$

o. $\dfrac{42}{17} \cdot \dfrac{19}{54} \cdot \dfrac{24}{57} \cdot \dfrac{34}{36}$

p. $\dfrac{15}{19} \cdot \dfrac{13}{35} \cdot \dfrac{64}{91} \cdot \dfrac{38}{72}$

15.

a. $\dfrac{11}{9} \cdot \dfrac{27}{11}$ $\dfrac{5}{25} \cdot \dfrac{5}{15}$

b. $\dfrac{64}{75} \cdot \dfrac{45}{56}$ $\dfrac{56}{81} \cdot \dfrac{27}{14}$

c. $\dfrac{27}{28} \cdot \dfrac{14}{81}$ $\dfrac{15}{16} \cdot \dfrac{32}{15}$

d. $\dfrac{18}{25} \cdot \dfrac{50}{9}$ $\dfrac{36}{75} \cdot \dfrac{90}{27}$

e. $\dfrac{96}{46} \cdot \dfrac{35}{108}$ $\dfrac{135}{144} \cdot \dfrac{51}{38}$

f. $\dfrac{153}{112} \cdot \dfrac{96}{117}$ $\dfrac{133}{91} \cdot \dfrac{65}{152}$

g. $\dfrac{13}{15} \cdot \dfrac{20}{17}$ $\dfrac{26}{35} \cdot \dfrac{49}{39}$

h. $\dfrac{28}{32} \cdot \dfrac{48}{52}$ $\dfrac{57}{51} \cdot \dfrac{17}{19}$

i. $\dfrac{720}{86} \cdot \dfrac{43}{240}$ $\dfrac{375}{690} \cdot \dfrac{130}{250}$

j. $\dfrac{450}{390} \cdot \dfrac{117}{135}$ $\dfrac{780}{485} \cdot \dfrac{375}{540}$

16. a. Eine $\tfrac{3}{4}$-l-Flasche ist noch zu $\tfrac{2}{3}$ mit Obstsaft gefüllt. Wie viel Obstsaft ist in der Flasche?

b. Ein Gefäß fasst $\tfrac{7}{8}$ l. Es ist zu $\tfrac{4}{5}$ mit Milch gefüllt. Wie viel Milch enthält das Gefäß?

17. Fleisch besteht zu $\tfrac{2}{3}$ aus Wasser. Wie viel kg Wasser enthalten

a. $\tfrac{3}{4}$ kg, b. $\tfrac{1}{2}$ kg, c. $\tfrac{3}{8}$ kg, d. $2\tfrac{1}{2}$ kg, e. $1\tfrac{1}{4}$ kg Fleisch?

18. a. Gärtner Maier verwendet $\tfrac{4}{5}$ ha Land für den Anbau von Blumen. Davon hat er $\tfrac{3}{10}$ mit Rosen und $\tfrac{5}{16}$ mit Nelken bepflanzt. Wie viel ha sind das jeweils?

b. Gärtnerin Schulze hat $\tfrac{5}{8}$ ha Land. Sie verwendet $\tfrac{3}{4}$ davon für den Anbau von Blumen und $\tfrac{1}{20}$ für die Züchtung von Gemüsepflanzen. Wie viel ha sind das?

c. Herrn Bleibtreus Garten ist $\tfrac{9}{2}$ a groß. Auf $\tfrac{2}{3}$ dieser Fläche hat Herr Bleibtreu Rasen gesät. Wie viel a sind das?

19. Wie viel ist
   a. die Hälfte von einem halben Liter;   **c.** ein Drittel von einer Dreiviertelstunde;
   b. ein Viertel von einem halben Meter;   **d.** zwei Drittel von einer Viertelstunde?

20. **a.** Wie viel ist das Doppelte des dritten Teils von einer halben Stunde?
   b. Wie viel ist das Dreifache des vierten Teils von $\frac{3}{4}l$?
   c. Wie viel ist das Vierfache des vierten Teils von $\frac{7}{8}$m?
   d. Wie viel ist die Hälfte vom Dreifachen eines halben Meters?

21. Gib für x eine passende Bruchzahl an.
   a. $\frac{2}{3} \cdot x = \frac{6}{15}$ **d.** $\frac{4}{5} \cdot x = \frac{16}{25}$ **g.** $\frac{2}{3} \cdot x = \frac{6}{9}$ **j.** $\frac{2}{3} \cdot x = \frac{4}{5}$ **m.** $x \cdot 4\frac{3}{5} = \frac{69}{45}$
   b. $\frac{3}{5} \cdot x = \frac{12}{15}$ **e.** $x \cdot \frac{7}{9} = \frac{35}{18}$ **h.** $4 \cdot x = \frac{8}{3}$ **k.** $\frac{4}{5} \cdot x = \frac{7}{10}$ **n.** $1\frac{5}{8} \cdot x = \frac{65}{96}$
   c. $\frac{3}{4} \cdot x = \frac{15}{24}$ **f.** $\frac{2}{3} \cdot x = \frac{2}{5}$ **i.** $\frac{2}{5} \cdot x = 0$ **l.** $\frac{2}{3} \cdot x = \frac{3}{7}$ **o.** $5\frac{2}{3} \cdot x = 7\frac{5}{9}$

22. Berechne die Potenzen wie im Beispiel.

   a. $\left(\frac{3}{4}\right)^3$ **c.** $\left(\frac{2}{5}\right)^4$ **e.** $\left(\frac{8}{9}\right)^2$ **g.** $\left(\frac{1}{4}\right)^3$

   $\left(\frac{2}{3}\right)^4 = \frac{2}{3} \cdot \frac{2}{3} \cdot \frac{2}{3} \cdot \frac{2}{3} = \frac{16}{81}$

   b. $\left(\frac{7}{8}\right)^2$ **d.** $\left(\frac{1}{10}\right)^6$ **f.** $\left(\frac{1}{2}\right)^5$ **h.** $\left(\frac{5}{6}\right)^2$

23. **a.** Berechne. Schreibe jedes Produkt auch als Potenz.
   (1) $\frac{3}{5} \cdot \frac{3}{5}$;   (2) $\frac{7}{8} \cdot \frac{7}{8}$ (3) $\frac{11}{12} \cdot \frac{11}{12}$ (4) $\frac{3}{4} \cdot \frac{3}{4} \cdot \frac{3}{4}$ (5) $\frac{2}{3} \cdot \frac{2}{3} \cdot \frac{2}{3} \cdot \frac{2}{3}$ (6) $\frac{1}{2} \cdot \frac{1}{2} \cdot \frac{1}{2} \cdot \frac{1}{2} \cdot \frac{1}{2}$
   b. Berechne: $\left(\frac{3}{7}\right)^2$; $\left(\frac{7}{8}\right)^3$; $\left(\frac{5}{9}\right)^2$; $\left(\frac{3}{11}\right)^2$
   c. Berechne und vergleiche: $\frac{4^2}{5^2}$; $\left(\frac{4}{5}\right)^2$; $\frac{4^2}{5}$; $\frac{4}{5^2}$

24. Zwei Brüche werden multipliziert. Wie ändert sich das Produkt, wenn
   a. der Zähler eines Bruches verdoppelt wird;
   b. der Nenner eines Bruches verdoppelt wird;
   c. beide Zähler verdoppelt werden;
   d. beide Nenner verdoppelt werden;
   e. der Zähler und der Nenner eines Bruches verdoppelt werden;
   f. der Zähler und der Nenner beider Brüche verdoppelt werden?

25. **a.** Schreibe $\frac{6}{35}$ als Produkt von zwei Brüchen.
   b. Nenne zwei Brüche, die miteinander multipliziert 1 ergeben.
   c. Mit welcher Zahl muss man $\frac{5}{6}$ multiplizieren um das Produkt 18 zu erhalten?

26. Zerlege den Bruch in zwei Faktoren. Es gibt mehrere Möglichkeiten. Gib mindestens zwei Möglichkeiten an.

$\frac{12}{21} = \frac{3}{7} \cdot \frac{4}{3}$ oder $\frac{12}{21} = \frac{2}{3} \cdot \frac{6}{7}$

   a. $\frac{8}{15}$ **b.** $\frac{12}{55}$ **c.** $\frac{9}{25}$ **d.** $\frac{8}{45}$ **e.** $\frac{36}{75}$ **f.** $\frac{27}{125}$ **g.** $\frac{54}{63}$ **h.** $\frac{81}{91}$

27. Berechne möglichst einfach:
   a. $\left(\frac{3}{4}\right)^2 \cdot \left(\frac{4}{5}\right)^2$ **b.** $\left(\frac{7}{8}\right)^2 \cdot \left(\frac{3}{7}\right)^2$ **c.** $\left(\frac{6}{7}\right)^2 \cdot \left(\frac{5}{9}\right)^2$ **d.** $\left(\frac{6}{25}\right)^2 \cdot \left(\frac{15}{8}\right)^2$

Anwenden der Multiplikationsregel auf verschiedene Fälle

1. Die Multiplikationsregel für Brüche lässt sich auch in Fällen anwenden, bei denen nicht beide Faktoren Brüche sind.
Berechne die Produkte.
Wie kannst du hier die Multiplikationsregel anwenden?

Aufgabe

a. (1) $\frac{3}{4} \cdot 7$; (2) $3 \cdot 4$

b. $3\frac{3}{4} \cdot 2\frac{3}{5}$ *Erst umwandeln*

Lösung

a. Du kannst 7 als $\frac{7}{1}$ schreiben.
Jede natürliche Zahl kann man als Bruch schreiben, auch 3 und 4.

(1) $\frac{3}{4} \cdot 7 = \frac{3}{4} \cdot \frac{7}{1}$ (2) $3 \cdot 4 = \frac{3}{1} \cdot \frac{4}{1}$
$ = \frac{21}{4}$ $ = \frac{12}{1} = 12$

Die Multiplikationsregel für Bruchzahlen lässt sich auch bei natürlichen Zahlen anwenden.

b. $3\frac{3}{4} \cdot 2\frac{3}{5} = \frac{15}{4} \cdot \frac{13}{5}$
$\phantom{3\frac{3}{4} \cdot 2\frac{3}{5}} = \frac{15^3 \cdot 13}{4 \cdot 5_1}$
$\phantom{3\frac{3}{4} \cdot 2\frac{3}{5}} = \frac{39}{4}$
$\phantom{3\frac{3}{4} \cdot 2\frac{3}{5}} = 9\frac{3}{4}$

Die Multiplikationsregel für Brüche lässt sich auch bei Bruchzahlen in gemischter Schreibweise anwenden.

2. Schreibe als Produkt mithilfe von Brüchen und berechne. Kürze.

Zum Festigen und Weiterarbeiten

a. $\frac{4}{6} \cdot 6$
b. $7 \cdot \frac{3}{4}$
c. $2\frac{1}{2} \cdot 1\frac{2}{3}$
d. $3\frac{3}{4} \cdot 3\frac{1}{2}$
e. $2\frac{1}{5} \cdot 3\frac{3}{4}$
f. $3\frac{3}{7} \cdot 4\frac{3}{8}$
g. $5\frac{1}{7} \cdot 4\frac{3}{8}$
h. $7\frac{3}{5} \cdot 11\frac{5}{8}$

3. Berechne. Kürze, wenn möglich.

Übungen

a. $\frac{3}{5} \cdot 4$
$11 \cdot \frac{7}{2}$
$\frac{8}{15} \cdot 1$
$7 \cdot \frac{5}{21}$

b. $\frac{2}{3} \cdot 6$
$7 \cdot \frac{3}{4}$
$\frac{4}{5} \cdot 3$
$\frac{5}{9} \cdot 6$

c. $\frac{4}{18} \cdot 6$
$\frac{17}{4} \cdot 9$
$12 \cdot \frac{1}{3}$
$16 \cdot \frac{9}{24}$

d. $\frac{5}{24} \cdot 16$
$\frac{7}{32} \cdot 24$
$35 \cdot \frac{8}{15}$
$42 \cdot \frac{11}{49}$

e. $\frac{3}{4} \cdot 3\frac{1}{2}$
$\frac{2}{3} \cdot 2\frac{1}{4}$
$\frac{3}{4} \cdot 1\frac{7}{9}$
$\frac{4}{5} \cdot 1\frac{7}{8}$

f. $2\frac{1}{2} \cdot 1\frac{1}{4}$
$1\frac{3}{4} \cdot 1\frac{1}{2}$
$1\frac{2}{3} \cdot 3\frac{3}{5}$
$1\frac{1}{4} \cdot 2\frac{2}{5}$

g. $1\frac{2}{25} \cdot \frac{15}{19}$
$1\frac{1}{36} \cdot \frac{18}{19}$
$1\frac{5}{48} \cdot \frac{18}{7}$
$3\frac{5}{27} \cdot \frac{18}{25}$

4. Berechne das Produkt. Kürze.

a. $3\frac{1}{4} \cdot \frac{2}{3}$
$\frac{4}{5} \cdot 3\frac{1}{8}$
$2\frac{1}{4} \cdot 2\frac{2}{3}$
$4\frac{2}{3} \cdot \frac{6}{7}$

b. $2\frac{2}{5} \cdot 3\frac{1}{8}$
$3\frac{1}{9} \cdot 1\frac{5}{7}$
$3\frac{3}{12} \cdot 3\frac{3}{13}$
$3\frac{1}{9} \cdot 3\frac{3}{7}$

c. $2\frac{5}{8} \cdot 4\frac{4}{6}$
$1\frac{2}{15} \cdot 3\frac{1}{2}$
$1\frac{11}{12} \cdot 3\frac{1}{5}$
$6\frac{6}{7} \cdot 2\frac{11}{12}$

d. $2\frac{1}{6} \cdot 2\frac{2}{5}$
$3\frac{3}{7} \cdot 2\frac{3}{16}$
$1\frac{17}{28} \cdot 2\frac{14}{35}$
$1\frac{5}{24} \cdot 3\frac{9}{33}$

e. $3\frac{5}{18} \cdot 6\frac{3}{4}$
$5\frac{11}{16} \cdot 5\frac{7}{13}$
$6\frac{12}{17} \cdot 6\frac{5}{19}$
$4\frac{19}{23} \cdot 3\frac{4}{37}$

5. Berechne die Potenzen.
Beachte: $\left(2\frac{1}{4}\right)^2$ bedeutet $2\frac{1}{4} \cdot 2\frac{1}{4}$.

a. $\left(2\frac{3}{4}\right)^2$
$\left(2\frac{2}{3}\right)^3$

b. $\left(1\frac{7}{8}\right)^2$
$\left(1\frac{1}{2}\right)^3$

c. $\left(\frac{3}{5}\right)^2$
$\left(1\frac{5}{6}\right)^2$

d. $\left(1\frac{3}{7}\right)^2$
$\left(1\frac{1}{4}\right)^2$

e. $\left(3\frac{1}{8}\right)^2$
$\left(3\frac{1}{5}\right)^2$

f. $\left(5\frac{2}{3}\right)^2$
$\left(4\frac{3}{5}\right)^2$

Vermischte Übungen

1. Gegeben: $\frac{4}{5}$; $\frac{7}{8}$; $\frac{5}{9}$; $\frac{7}{12}$.

    (1) Erweitere jeden Bruch mit 7. (3) Multipliziere jeden Bruch mit $\frac{1}{7}$.
    (2) Multipliziere jeden Bruch mit 7. (4) Dividiere jeden Bruch durch 7.

2. Gegeben: $\frac{4}{12}$; $\frac{8}{24}$; $\frac{16}{4}$; $\frac{32}{28}$.

    (1) Kürze jeden Bruch mit 4. (3) Multipliziere jeden Bruch mit $\frac{1}{4}$.
    (2) Dividiere jeden Bruch durch 4. (4) Multipliziere jeden Bruch mit 4.

3. a. $\frac{3}{4} \cdot 5$ b. $\frac{7}{8} \cdot 6$ c. $\frac{6}{7} \cdot 9$ d. $\frac{5}{6} \cdot 12$ e. $\frac{8}{15} \cdot 25$ f. $\frac{7}{18} \cdot 27$ g. $\frac{21}{25} \cdot 45$

    $\frac{3}{4} : 5$ $\frac{7}{8} : 6$ $\frac{6}{7} : 9$ $\frac{5}{6} : 12$ $\frac{8}{15} : 16$ $\frac{7}{18} : 21$ $\frac{21}{25} : 35$

    $\frac{3}{4} \cdot \frac{2}{5}$ $\frac{7}{8} \cdot \frac{5}{6}$ $\frac{6}{7} \cdot \frac{5}{9}$ $\frac{5}{6} \cdot \frac{12}{11}$ $\frac{8}{15} \cdot \frac{13}{24}$ $\frac{7}{18} \cdot \frac{5}{28}$ $\frac{21}{25} \cdot \frac{8}{49}$

    Mögliche Ergebnisse a. bis d.: $10; \frac{3}{10}; 3\frac{3}{4}; \frac{3}{20}; \frac{5}{72}; 5\frac{1}{4}; \frac{10}{21}; \frac{7}{48}; \frac{10}{11}; \frac{35}{48}; 7\frac{5}{7}; \frac{2}{21}; \frac{5}{13}; \frac{4}{21}$
    e. bis g.: $\frac{1}{54}; \frac{6}{45}; 10\frac{1}{2}; \frac{24}{175}; 13\frac{1}{3}; \frac{1}{30}; \frac{5}{72}; \frac{13}{45}; \frac{3}{125}; 37\frac{4}{5}; \frac{7}{13}$

4. a. $\frac{15}{16} \cdot 32$ b. $\frac{27}{28} \cdot 49$ c. $\frac{42}{55} \cdot 35$ d. $\frac{54}{39} \cdot 26$ e. $\frac{49}{56} \cdot 64$ f. $\frac{81}{64} \cdot 48$ g. $\frac{26}{34} \cdot 51$

    $\frac{15}{16} : 45$ $\frac{27}{28} : 36$ $\frac{42}{55} : 63$ $\frac{54}{39} : 36$ $\frac{49}{56} : 63$ $\frac{81}{64} : 36$ $\frac{26}{34} : 91$

    $\frac{15}{16} \cdot \frac{32}{45}$ $\frac{27}{28} \cdot \frac{56}{54}$ $\frac{42}{55} \cdot \frac{45}{77}$ $\frac{54}{39} \cdot \frac{52}{63}$ $\frac{49}{56} \cdot \frac{72}{91}$ $\frac{81}{64} \cdot \frac{32}{63}$ $\frac{26}{34} \cdot \frac{85}{65}$

    $\frac{15}{16} \cdot 1\frac{29}{35}$ $\frac{27}{28} \cdot 1\frac{73}{81}$ $\frac{42}{55} \cdot 7\frac{9}{28}$ $\frac{54}{39} \cdot 1\frac{41}{63}$ $\frac{49}{56} \cdot 4\frac{40}{42}$ $\frac{51}{57} \cdot 152$ $\frac{51}{57} \cdot \frac{133}{136}$

    Mögliche Ergebnisse a. bis d.: $\frac{2}{3}; 30; 1\frac{1}{7}; \frac{1}{48}; 2\frac{2}{7}; \frac{3}{112}; \frac{5}{112}; 5\frac{13}{22}; 47\frac{1}{4}; \frac{3}{78}; 1\frac{5}{7}; 1; 36; \frac{2}{165}; 26\frac{8}{11}; \frac{54}{121}; 1\frac{5}{6}; \frac{1}{26}$
    e. bis g.: $\frac{5}{57}; \frac{9}{14}; 56; \frac{9}{13}; \frac{1}{72}; \frac{9}{256}; 60\frac{3}{4}; \frac{1}{119}; 136; \frac{7}{8}; 39; \frac{1}{133}; 4\frac{1}{3}; 1; \frac{4}{135}$

5. a. Wie viel Liter enthält
    (1) ein Kasten mit 12 Flaschen „TigerQuell";
    (2) eine Kiste mit 15 Flaschen Mosel-Wein;
    (3) ein „6er-Pack" alkoholfreies Bier?

    b. Denke dir den Inhalt jeder der abgebildeten Flaschen an 3 Personen verteilt.
    Wie viel l erhält jede Person aus jeder Flasche?

    c. Angenommen, jede der Flaschen ist zu
    (1) $\frac{2}{3}$; (2) $\frac{3}{4}$; (3) $\frac{4}{5}$ gefüllt.
    Wie viel Liter enthält dann jede Flasche?

6. Eine Feinunze Gold wiegt ungefähr $31\frac{1}{10}$ g.
    Wie viel g wiegen (1) 5 Feinunzen; (2) $\frac{3}{4}$ Feinunzen; (3) $3\frac{1}{2}$ Feinunzen Gold?

7. Der Schall legt $\frac{1}{3}$ km in 1 s zurück. Wie viel km legt er zurück in 7 s, $\frac{1}{2}$ s, $2\frac{1}{2}$ s, $\frac{1}{10}$ s, $\frac{1}{100}$ s?

8. Eine $\frac{7}{10}$-l-Flasche Mineralwasser und eine $\frac{3}{4}$-l-Flasche Orangensaft sind beide nur noch halb voll. Katharina mischt aus den Resten ein Erfrischungsgetränk.
    Das Getränk soll auf 3 Kinder verteilt werden.
    Stelle selbst eine sinnvolle Frage und beantworte sie.

Dividieren von Bruchzahlen

Rückgängigmachen einer Multiplikation – Dividieren

Aufgabe

1. a. Herr Wag bekommt bei einer Lotterie 81 € ausgezahlt; das ist das Dreifache seines Einsatzes.
Herr Los erhält 52 €; das sind $\frac{2}{3}$ seines Einsatzes.
Wie viel Geld hat jeder eingesetzt?

b. Lisa denkt sich eine Zahl. Sie multipliziert diese Zahl mit $\frac{5}{7}$.
Als Ergebnis erhält sie $\frac{3}{4}$.
Welche Zahl hat sich Lisa gedacht?

Lösung

a. (1) Wir suchen den Einsatz von Herrn Wag; er beträgt x €.

x € $\xrightarrow{\cdot 3}$ 81 €

27 € $\xleftarrow[: 3]{\cdot 3}$ 81 € | 27 € $\xleftarrow[\cdot \frac{1}{3}]{\cdot 3}$ 81 €

: 3 macht rückgängig, was · 3 bewirkt. | $\cdot \frac{1}{3}$ bewirkt dasselbe wie : 3

Ergebnis: Herr Wag hat 27 € eingesetzt.

(2) Wir suchen den Einsatz von Herrn Los; er beträgt x €.

x € $\xrightarrow{\cdot \frac{2}{3}}$ 52 €

Wir wollen rückgängig machen, was $\cdot \frac{2}{3}$ bewirkt.

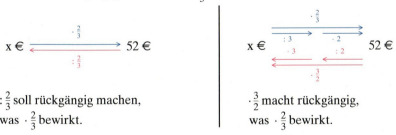

$:\frac{2}{3}$ soll rückgängig machen, was $\cdot \frac{2}{3}$ bewirkt. | $\cdot \frac{3}{2}$ macht rückgängig, was $\cdot \frac{2}{3}$ bewirkt.

Deshalb können wir sagen:
52 € $: \frac{2}{3}$ bedeutet dasselbe wie 52 € $\cdot \frac{3}{2}$.

Ergebnis: Herr Los hat 78 € eingesetzt.

b. Wir suchen Lisas Zahl x.

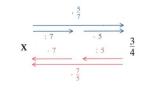

$x = \frac{3}{4} : \frac{5}{7} = ?$ | $x = \frac{3}{4} \cdot \frac{7}{5} = \frac{21}{20}$

Ergebnis: Lisas Zahl heißt $\frac{21}{20}$.

Kapitel 4   **142**

Information

> **(1) Kehrwert eines Bruches**
>
> Man erhält den **Kehrwert** eines Bruches, indem man Zähler und Nenner vertauscht.
>
> $\frac{7}{5}$ ist der Kehrwert von $\frac{5}{7}$; $\frac{5}{7}$ ist der Kehrwert von $\frac{7}{5}$.
>
> **(2) Dividieren durch einen Bruch – Divisionsregel**
>
> Durch einen Bruch wird dividiert, indem man mit dem Kehrwert des Bruches multipliziert.
>
> $\frac{3}{4} : \frac{5}{7} = \frac{3}{4} \cdot \frac{7}{5} = \frac{3 \cdot 7}{4 \cdot 5} = \frac{21}{20}$
>
> $\frac{a}{b} : \frac{c}{d} = \frac{a}{b} \cdot \frac{d}{c}$

Dividieren heißt Multiplizieren mit dem Kehrwert

Zum Festigen und Weiterarbeiten

2. Fülle die Lücken aus; notiere zu jedem Pfeil die zugehörige Aufgabe (mit Gleichheitszeichen).

    a. $\square \xleftrightarrow{\cdot \frac{4}{3}}$ 36 km   **b.** $\frac{3}{4}$ l $\xleftrightarrow{\cdot \frac{5}{7}} \square$ **c.** 28 m $\xleftrightarrow{\cdot \square}$ 12 m

3. **a.** $54 : \frac{2}{3}$ **b.** $36 : \frac{6}{7}$ **c.** $72 : \frac{8}{9}$ **d.** $24 : \frac{4}{5}$ **e.** $18 : \frac{6}{7}$ **f.** $15 : \frac{5}{6}$ **g.** $12 : \frac{3}{4}$

4. Berechne; kürze möglichst vor dem Ausrechnen.

    a. $\frac{3}{4} \cdot \frac{9}{8}$ **b.** $\frac{5}{8} \cdot \frac{8}{15}$ **c.** $\frac{1}{14} \cdot \frac{1}{21}$ **d.** $\frac{32}{35} \cdot \frac{24}{25}$ **e.** $\frac{108}{117} \cdot \frac{36}{39}$ **f.** $\frac{75}{78} \cdot \frac{125}{3}$

      $\frac{2}{5} \cdot \frac{4}{3}$ $\frac{8}{15} \cdot \frac{3}{10}$ $\frac{8}{9} \cdot \frac{12}{15}$ $\frac{42}{27} \cdot \frac{49}{45}$ $\frac{51}{57} \cdot \frac{68}{114}$ $\frac{68}{81} \cdot \frac{119}{108}$

      $\frac{5}{6} \cdot \frac{2}{3}$ $\frac{2}{3} \cdot \frac{4}{5}$ $\frac{15}{18} \cdot \frac{25}{24}$ $\frac{63}{54} \cdot \frac{42}{36}$ $\frac{42}{85} \cdot \frac{126}{51}$ $\frac{75}{52} \cdot \frac{165}{39}$

5. Der Divisor wird jedes Mal halbiert.

    a. Wie ändert sich der Wert des Quotienten?

    b. Setze die Kette rechts drei Zeilen fort.

    c. Verfahre entsprechend mit den folgenden Quotienten (jeweils 6 Zeilen).

      (1) $\frac{2}{3} : 4 = \square$ (2) $\frac{2}{5} : 9 = \square$ (3) $\frac{1}{2} : 25 = \square$

       $\downarrow :2 \quad \downarrow \square$ $\downarrow :3 \quad \downarrow \square$ $\downarrow :5 \quad \downarrow \square$

```
16 : 4  =  4
  ↓ :2     ↓ □
16 : 2  =  8
  ↓ :2     ↓ □
16 : 1  =  16
  ↓ :2     ↓ □
```

6. **a.** Erkläre: $18 \text{ m} : \frac{1}{4}$ bedeutet dasselbe wie $18 \text{ m} \cdot 4$.

     b. Berechne: $15 : \frac{1}{2}$; $12 : \frac{1}{5}$; $14 : \frac{1}{6}$; $16 : \frac{1}{8}$; $13 : \frac{1}{3}$; $11 : \frac{1}{4}$ $9 : \frac{1}{7}$

7. Du weißt: Wenn man die Zahl 15 durch eine natürliche Zahl (außer durch 1) dividiert, ist das Ergebnis kleiner als 15. Jörg behauptet:

„Ich kann 15 durch eine Zahl dividieren, sodass das Ergebnis

    a. größer ist als 15;   **b.** doppelt so groß ist wie 15."

Was meinst du dazu?

Das Ergebnis kann auch größer als die geteilte Zahl sein

Übungen

8. Übertrage in dein Heft. Trage die fehlenden Rechenanweisungen und Größen ein. Notiere zu jedem Pfeil die zugehörige Aufgabe (mit Gleichheitszeichen).

    a. $\square \xleftrightarrow{\cdot \frac{1}{2}}$ 15   **b.** $\square \xleftrightarrow{\cdot \frac{7}{8}}$ 49   **c.** $\square \xleftrightarrow{\cdot \frac{3}{4}}$ 24   **d.** $\square \xleftrightarrow{\cdot \frac{5}{6}}$ 35

9.

a.	b.	c.	d.	e.	:						f.	g.	h.	i.	j.	:				
$\frac{4}{5}$	$\frac{3}{4}$	$\frac{2}{3}$	$\frac{7}{8}$	$\frac{5}{9}$		$\frac{2}{3}$	$\frac{3}{8}$	$\frac{5}{6}$	$\frac{9}{10}$	$\frac{11}{12}$	$\frac{1}{2}$	$\frac{2}{3}$	$\frac{3}{4}$	$\frac{4}{5}$	$\frac{5}{5}$		$\frac{3}{4}$	$\frac{4}{5}$	$\frac{5}{6}$	$\frac{7}{8}$	$\frac{8}{9}$

10.
- **a.** $9 : \frac{3}{5}$; $8 : \frac{4}{7}$
- **b.** $12 : \frac{4}{9}$; $18 : \frac{6}{7}$
- **c.** $12 : \frac{3}{4}$; $16 : \frac{8}{3}$
- **d.** $18 : \frac{9}{5}$; $24 : \frac{8}{9}$
- **e.** $72 : \frac{2}{3}$; $54 : \frac{6}{7}$
- **f.** $64 : \frac{8}{9}$; $24 : \frac{6}{7}$
- **g.** $45 : \frac{9}{11}$; $56 : \frac{7}{8}$
- **h.** $63 : \frac{18}{5}$; $49 : \frac{21}{25}$
- **i.** $560 : \frac{7}{8}$; $126 : \frac{18}{7}$
- **j.** $133 : \frac{19}{21}$; $136 : \frac{17}{12}$
- **k.** $117 : \frac{52}{9}$; $153 : \frac{68}{11}$
- **l.** $152 : \frac{114}{13}$; $162 : \frac{72}{15}$

11.
- **a.** $\frac{2}{3} \cdot \frac{3}{4}$; $\frac{2}{3} \cdot \frac{4}{7}$
- **b.** $\frac{2}{7} \cdot \frac{6}{5}$; $\frac{4}{5} \cdot \frac{2}{3}$
- **c.** $\frac{1}{2} \cdot \frac{1}{4}$; $\frac{8}{9} \cdot \frac{4}{7}$
- **d.** $\frac{7}{8} \cdot \frac{1}{2}$; $\frac{3}{4} \cdot \frac{3}{5}$
- **e.** $\frac{3}{4} \cdot \frac{3}{5}$; $\frac{7}{8} \cdot \frac{3}{4}$
- **f.** $\frac{5}{6} \cdot \frac{2}{9}$; $\frac{1}{4} \cdot \frac{1}{2}$
- **g.** $\frac{4}{5} \cdot \frac{3}{8}$; $\frac{5}{6} \cdot \frac{9}{10}$
- **h.** $\frac{7}{8} \cdot \frac{7}{8}$; $\frac{2}{3} \cdot \frac{11}{12}$
- **i.** $\frac{7}{12} \cdot \frac{14}{15}$; $\frac{15}{16} \cdot \frac{2}{56}$
- **j.** $\frac{27}{14} \cdot \frac{36}{11}$; $\frac{63}{13} \cdot \frac{49}{17}$
- **k.** $\frac{3}{19} \cdot \frac{9}{7}$; $\frac{11}{18} \cdot \frac{15}{27}$
- **l.** $\frac{12}{25} \cdot \frac{8}{15}$; $\frac{36}{14} \cdot \frac{27}{21}$
- **m.** $\frac{108}{117} \cdot \frac{96}{39}$; $\frac{85}{51} \cdot \frac{102}{136}$
- **n.** $\frac{54}{46} \cdot \frac{162}{69}$; $\frac{126}{135} \cdot \frac{42}{165}$

Mögliche Ergebnisse: $3\frac{3}{4}$; $1\frac{1}{4}$; $4\frac{2}{3}$; $2\frac{2}{15}$; $1\frac{1}{6}$; $\frac{33}{56}$; $\frac{50}{54}$; $1\frac{62}{91}$; $26\frac{1}{4}$; $\frac{8}{11}$; $\frac{1}{2}$; $\frac{64}{81}$; 1; $\frac{5}{8}$; $\frac{25}{27}$; 2; $\frac{5}{21}$; $1\frac{1}{5}$; $\frac{11}{12}$; $3\frac{3}{4}$; $1\frac{5}{9}$; $1\frac{1}{4}$; $\frac{8}{9}$; $1\frac{1}{6}$; $1\frac{3}{4}$; $1\frac{1}{10}$; $\frac{1}{2}$; $3\frac{3}{4}$; 2; $\frac{7}{57}$; $2\frac{2}{9}$; $\frac{2}{15}$; $\frac{3}{8}$; $\frac{9}{10}$; $3\frac{2}{3}$.

12.
- **a.** $x \xrightarrow{\cdot \frac{3}{5}} \frac{7}{10}$
- **b.** $\frac{4}{7} \xrightarrow{\cdot \frac{3}{8}} x$
- **c.** $\frac{3}{5} \xrightarrow{\cdot x} \frac{8}{10}$
- **d.** $x \xrightarrow{\cdot \frac{11}{12}} \frac{3}{2}$
- **e.** $\frac{15}{16} \xrightarrow{\cdot x} \frac{25}{24}$
- **f.** $x \xrightarrow{\cdot \frac{35}{27}} \frac{55}{54}$
- **g.** $\frac{4}{5} \xrightarrow{\cdot x} \frac{15}{12}$
- **h.** $x \xrightarrow{\cdot \frac{7}{8}} \frac{5}{9}$

13. Die Goetheschule besuchen 336 Mädchen. Das sind $\frac{4}{7}$ aller Schüler. Wie viele Schüler hat die Goetheschule?

14. Jörgs Vater ist Landwirt. Er hat auf $\frac{3}{5}$ ha Blumenkohl angebaut. Das sind $\frac{3}{4}$ eines Feldes. Wie groß ist das Feld?

15. a. In einem Aquarium steht das Wasser $\frac{3}{4}$ m hoch. Das Aquarium ist nur zu $\frac{5}{8}$ gefüllt. Wie hoch ist das Aquarium?

b. Ein Gefäß ist zu $\frac{2}{5}$ gefüllt. Es enthält $\frac{3}{4}$ l Milch. Wie viel l fasst das Gefäß?

c. Eine Schüssel fasst $\frac{15}{2}$ l, sie ist aber nur zu $\frac{3}{5}$ mit Wasser gefüllt. Das Wasser wird in eine Wanne umgefüllt, die 40 l fasst. Welcher Bruchteil der 40-l-Wanne ist gefüllt?

d. Wenn man den Inhalt von zwei $\frac{3}{4}$-l-Flaschen in ein Bowle-Gefäß füllt, ist es zu $\frac{3}{8}$ gefüllt. Wie viel l fasst das Bowle-Gefäß?

16. Setze anstelle von x eine passende Bruchzahl ein.

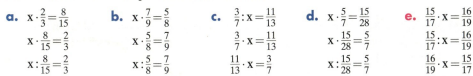

Anwenden der Divisionsregel auf verschiedene Fälle

Aufgabe

1. Die Divisionsregel für Brüche lässt sich auch in Fällen anwenden, bei denen nicht beide Faktoren Brüche sind.
Berechne die Quotienten. Wie kannst du hier die Divisionsregel anwenden?

a. (1) $\frac{3}{4}:5$; (2) $2:\frac{3}{4}$; (3) $3:4$ **b.** $9\frac{5}{7}:3$ **c.** $2\frac{3}{4}:4\frac{1}{3}$

Lösung

a. Schreibe die natürlichen Zahlen als Brüche (z. B. $5 = \frac{5}{1}$).

(1) $\frac{3}{4}:5 = \frac{3}{4}:\frac{5}{1}$
$= \frac{3}{4} \cdot \frac{1}{5}$
$= \frac{3 \cdot 1}{4 \cdot 5} = \frac{3}{20}$

(2) $2:\frac{3}{4} = \frac{2}{1}:\frac{3}{4}$
$= \frac{2}{1} \cdot \frac{4}{3}$
$= \frac{2 \cdot 4}{1 \cdot 3} = \frac{8}{3}$

(3) $3:4 = \frac{3}{1}:\frac{4}{1}$
$= \frac{3}{1} \cdot \frac{1}{4}$
$= \frac{3 \cdot 1}{1 \cdot 4} = \frac{3}{4}$

Die Divisionsregel für Brüche lässt sich also auch bei natürlichen Zahlen anwenden.

b. $9\frac{5}{7}:3 = \frac{68}{7}:\frac{3}{1} = \frac{68}{7} \cdot \frac{1}{3} = \frac{68}{21} = 3\frac{5}{21}$

Man kann hier auch einfacher rechnen:
$9\frac{5}{7}:3 = \left(9 + \frac{5}{7}\right):3 = 9:3 + \frac{5}{7}:3 = 3 + \frac{5}{21} = 3\frac{5}{21}$

c. $2\frac{3}{4}:4\frac{1}{3} = \frac{11}{4}:\frac{13}{3} = \frac{11}{4} \cdot \frac{3}{13} = \frac{33}{52}$

Bruchzahlen in gemischter Schreibweise wandelt man vorher in gewöhnliche Brüche um.

Information

(1) *Man kann 0 durch eine Bruchzahl dividieren. Das Ergebnis ist 0.*
$0:\frac{3}{4} = 0$,
denn die Probe ergibt: $0 \cdot \frac{3}{4} = 0$

(2) *Man kann eine Bruchzahl nicht durch 0 dividieren.*
Du findest *keine* Zahl für $\square$,
für die die Probe $\square \cdot 0 = \frac{3}{4}$ richtig ist.

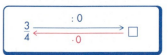

Zum Festigen und Weiterarbeiten

2. Schreibe mithilfe von Bruchzahlen und berechne.

a. $\frac{2}{3}:5$ **c.** $4:5$ **e.** $6:\frac{2}{3}$ **g.** $3\frac{1}{8}:3$ **i.** $15\frac{1}{2}:5$ **k.** $1\frac{3}{4}:1\frac{1}{2}$

b. $\frac{3}{5}:9$ **d.** $8:9$ **f.** $7:\frac{21}{8}$ **h.** $4\frac{1}{6}:2$ **j.** $1\frac{3}{4}:2\frac{1}{2}$ **l.** $1\frac{1}{4}:1\frac{3}{10}$

3. Berechne, wenn möglich:

a. $0 \cdot \frac{5}{7}$ **b.** $0:\frac{5}{7}$ **c.** $\frac{5}{7} \cdot 0$ **d.** $\frac{5}{7}:0$ **e.** $\frac{8}{9}:0$ **f.** $0:\frac{8}{9}$

4. a. Nick aus dem 5. Schuljahr behauptet:
„Die Gleichung $x \cdot 7 = 9$ hat keine Lösung, denn es gibt keine Zahl, die man für x einsetzen kann."
Was sagst du dazu?

b. Bestimme die Lösungsmenge
(Grundmenge: Menge der Bruchzahlen).
(1) $x \cdot 5 = 13$ (2) $x \cdot 7 = 12$ (3) $13 \cdot x = 17$ (4) $6 \cdot x = 24$

Übungen

5. Berechne die Quotienten mithilfe der Divisionsregel.

a. $\frac{3}{4} : 2$
$\frac{5}{6} : 4$

b. $\frac{2}{5} : 3$
$\frac{9}{10} : 10$

c. $\frac{4}{7} : 16$
$5 : \frac{3}{4}$

d. $8 : \frac{12}{7}$
$4 : \frac{2}{3}$

e. $12 : \frac{16}{7}$
$27 : \frac{9}{8}$

f. $2 : \frac{4}{3}$
$4 : \frac{8}{9}$

g. $\frac{6}{5} : 3$
$\frac{15}{16} : 5$

h. $8 : \frac{1}{8}$
$\frac{5}{7} : 3$

i. $\frac{11}{2} : 5$
$7 : \frac{14}{13}$

j. $0 : \frac{12}{13}$
$\frac{3}{8} : 9$

Mögliche Ergebnisse: $\frac{9}{100}$; $\frac{5}{21}$; $6\frac{2}{3}$; $\frac{3}{8}$; $\frac{5}{12}$; $\frac{1}{28}$; 0; $\frac{2}{15}$; $\frac{1}{24}$; $4\frac{2}{3}$; $\frac{5}{24}$; $1\frac{1}{2}$; $\frac{3}{16}$; 64; 6; 21; $4\frac{1}{2}$; $5\frac{1}{4}$; $\frac{11}{10}$; $6\frac{1}{2}$; $\frac{2}{5}$; 24

6. Schreibe als Bruch. Kürze und notiere das Ergebnis, wenn möglich, in gemischter Schreibweise.

a. $8 : 5$; $35 : 5$; $15 : 9$; $18 : 36$; $17 : 13$
b. $56 : 9$; $64 : 18$; $68 : 16$; $84 : 9$; $28 : 27$

7. a. $\frac{3}{8} : \frac{1}{10}$; $\frac{15}{7} : \frac{10}{1}$; $\frac{10}{1} : \frac{15}{3}$; $0 : \frac{1}{12}$; $\frac{1}{2} : \frac{1}{2}$

b. $\frac{1}{3} : 3$; $3 : \frac{1}{3}$; $1 : \frac{1}{3}$; $\frac{1}{3} : 1$; $0 : \frac{1}{3}$

c. $\frac{1}{10} : \frac{1}{8}$; $\frac{1}{10} : \frac{12}{1}$; $\frac{1}{12} : \frac{1}{12}$; $0 : \frac{1}{10}$

d. $8 : \frac{1}{4}$; $\frac{1}{4} : 8$; $\frac{1}{8} : 4$; $4 : \frac{1}{8}$; $\frac{8}{1} : \frac{4}{1}$

8. a. $4\frac{3}{4} : 5$
$4\frac{1}{3} : 4$
$3\frac{1}{4} : 3$

b. $8\frac{1}{2} : 4$
$15\frac{5}{6} : 5$
$24\frac{6}{7} : 6$

c. $12\frac{4}{5} : 6$
$36\frac{9}{11} : 12$
$27\frac{6}{7} : 9$

d. $21\frac{4}{5} : 7$
$45\frac{9}{11} : 15$
$42\frac{6}{7} : 14$

e. $2\frac{1}{2} : 1\frac{3}{4}$
$1\frac{3}{4} : 3\frac{1}{5}$
$1\frac{1}{8} : 6\frac{3}{4}$

f. $9\frac{4}{5} : 3\frac{9}{11}$
$6\frac{2}{9} : 5\frac{5}{6}$
$2\frac{1}{4} : 1\frac{3}{5}$

g. $2\frac{1}{3} : 2\frac{1}{6}$
$5\frac{1}{2} : 1\frac{1}{2}$
$7\frac{1}{3} : 9\frac{1}{6}$

h. $3\frac{1}{9} : 4\frac{1}{5}$
$5\frac{1}{7} : 3\frac{3}{8}$
$6\frac{1}{8} : 8\frac{3}{4}$

9. Berechne die Quotienten. Was fällt dir auf?

a. $24 : \frac{6}{7}$; $12 : \frac{6}{7}$; $6 : \frac{6}{7}$; $1 : \frac{6}{7}$; $\frac{1}{2} : \frac{6}{7}$

b. $\frac{6}{7} : 3$ $\frac{6}{7} : 2$; $\frac{6}{7} : 1$; $\frac{6}{7} : \frac{1}{2}$; $\frac{6}{7} : \frac{1}{3}$

10. Dividiere $\frac{2}{5}$ nacheinander durch $1, \frac{1}{2}, \frac{1}{4}, \dots$.
Setze die Reihe fort.
Wann ist der Quotient größer als 100?

11. a. Frau Schöne fährt auf der Autobahn in $2\frac{3}{4}$ h eine Strecke von 352 km. Wie viel km fährt sie (durchschnittlich) in einer Stunde?

b. Herr Mutig braucht $1\frac{3}{4}$ h für 182 km.

c. Frau Starke legt in $4\frac{3}{4}$ h eine Strecke von 608 km zurück.

12. Eine Bruchzahl wird durch eine zweite Bruchzahl dividiert.
Wie ändert sich der Quotient, wenn

a. (1) nur der Zähler,   (2) nur der Nenner   des Divisors verdoppelt wird;
b. (1) nur der Zähler,   (2) nur der Nenner   des Dividenden verdoppelt wird;
c. (1) nur die Zähler,   (2) nur die Nenner   beider Brüche verdoppelt werden;
d. der Zähler des Dividenden und der Nenner des Divisors verdoppelt werden;
e. der Nenner des Dividenden und der Zähler des Divisors verdoppelt werden;
f. der Zähler und der Nenner
   (1) nur eines Bruches,   (2) beider Brüche verdoppelt werden?

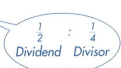

$\frac{1}{2} : \frac{1}{4}$
Dividend   Divisor

▲ Division von Größen

Aufgabe

▲ **1.** Lisas Mutter stellt ihrer Tochter gern knifflige Fragen. Auf dem Küchentisch stehen ein Trinkglas und verschiedene Getränke.
Lisas Mutter:
„Wie oft kann man das Trinkglas füllen

a. mit Orangensaft;

b. mit Apfelsaft;

c. mit Milch?

Du kannst das Ergebnis erst einmal ungefähr angeben. Ich will es dann aber auch genau wissen."

Lösung

a. Man sieht sofort: Das Trinkglas kann *genau dreimal* mit Orangensaft gefüllt werden.

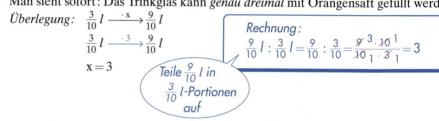

Rechnung:
$$\frac{9}{10}l : \frac{3}{10}l = \frac{9}{10} : \frac{3}{10} = \frac{9^3 \cdot 10^1}{10_1 \cdot 3_1} = 3$$

Teile $\frac{9}{10}$ l in $\frac{3}{10}$ l-Portionen auf

b. Das Trinkglas kann *etwas mehr als zweimal* mit Apfelsaft gefüllt werden.

Rechnung:
$$\frac{7}{10}l : \frac{3}{10}l = \frac{7}{10} : \frac{3}{10} = \frac{7 \cdot 10^1}{10_1 \cdot 3} = \frac{7}{3} = 2\frac{1}{3}$$

Ergebnis: Das Trinkglas kann genau $2\frac{1}{3}$-mal mit Apfelsaft gefüllt werden.

c. Das Trinkglas kann *nicht ganz einmal* gefüllt werden.

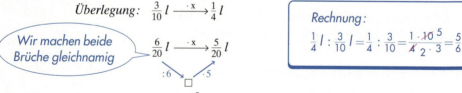

Wir machen beide Brüche gleichnamig

Rechnung:
$$\frac{1}{4}l : \frac{3}{10}l = \frac{1}{4} : \frac{3}{10} = \frac{1 \cdot 10^5}{4_2 \cdot 3} = \frac{5}{6}$$

$x = \frac{5}{6}$

Ergebnis: Das Trinkglas kann zu $\frac{5}{6}$ mit Milch gefüllt werden.

Information

Quotient aus zwei Größen

Wir bilden den Quotienten aus zwei Größen, wenn wir eine Größe (z.B. $\frac{7}{10}$-l-Inhalt der Apfelsaftflasche) aufteilen (z.B. auf $\frac{3}{10}$-l-Inhalt des Trinkglases).

Der Quotient aus zwei Größen ist eine Zahl. $\frac{7}{10}l : \frac{3}{10}l = 2\frac{1}{3}$

Zum Festigen und Weiterarbeiten

▲ **2.** Tims Aquarium fasst 15 *l* Wasser. Er hat ein Schöpfgefäß, das $\frac{3}{4}$ *l* Wasser fasst. Wie oft muss Tim schöpfen um das Aquarium zu füllen?

▲ **3. a.**

b.

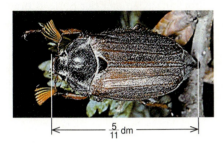

Ein Kopiergerät kann von einem Foto vergrößerte oder verkleinerte Kopien herstellen. Oben siehst du zwei Bilder und darunter ihre Kopien.
Mit welcher Rechenanweisung (welchem Faktor) vergrößert das Kopiergerät?

▲ **4.** Bestimme den Faktor x durch Division der Größen.

a. $\frac{4}{5}$ m $\xrightarrow{\cdot x}$ $\frac{9}{10}$ m   b. $\frac{2}{3}$ *l* $\xrightarrow{\cdot x}$ $\frac{5}{7}$ *l*   c. $\frac{8}{9}$ kg $\xrightarrow{\cdot x}$ $\frac{7}{8}$ kg   d. $\frac{5}{6}$ h $\xrightarrow{\cdot x}$ $\frac{7}{8}$ h

▲ **5.** Berechne die Quotienten.

a. $\frac{3}{8}$ *l* : $\frac{3}{10}$ *l*   b. 4 m : $\frac{5}{8}$ m   c. 1 m : 1 dm   d. 1 cm² : 1 dm²

$\frac{5}{9}$ kg : $\frac{7}{8}$ kg $\frac{7}{3}$ h : 2 h   1 dm : 1 m   1 cm³ : 1 dm³

$\frac{5}{7}$ m : $\frac{4}{9}$ m   3 kg : 4 kg   1 cm : 1 m   1 g : 1 kg

Übungen

▲ **6.** Berechne. Kürze, wenn es möglich ist.

a. $\frac{7}{3}$ m : $\frac{5}{6}$ m   b. $\frac{3}{4}$ kg : $\frac{5}{12}$ kg   c. $\frac{4}{5}$ dm : $\frac{2}{3}$ dm   d. $2\frac{7}{10}$ *l* : $\frac{1}{3}$ *l*

$\frac{4}{15}$ m : $\frac{12}{25}$ m $\frac{35}{72}$ kg : $\frac{45}{96}$ kg $\frac{7}{9}$ cm : $\frac{3}{4}$ cm $4\frac{5}{6}$ kg : $\frac{1}{6}$ kg

$\frac{15}{16}$ *l* : $\frac{5}{8}$ *l* $\frac{48}{51}$ kg : $\frac{64}{34}$ kg $\frac{5}{8}$ *l* : $\frac{3}{8}$ *l* $6\frac{2}{3}$ t : $1\frac{1}{4}$ t

▲ **7.** Setze für den Faktor x die passende Zahl ein.

a. $\frac{5}{6}$ m $\xrightarrow{\cdot x}$ $\frac{35}{6}$ m   d. $\frac{3}{4}$ m · x = $\frac{9}{20}$ m   g. $\frac{7}{10}$ *l* · x = $\frac{7}{20}$ *l*

b. $\frac{7}{9}$ m $\xrightarrow{\cdot x}$ $\frac{42}{18}$ m   e. $\frac{2}{5}$ kg · x = $\frac{12}{25}$ kg   h. $\frac{4}{5}$ m · x = $\frac{84}{15}$ m

c. $\frac{3}{7}$ *l* $\xrightarrow{\cdot x}$ $\frac{57}{91}$ *l*   f. $\frac{5}{6}$ min · x = $\frac{15}{30}$ min   i. $\frac{5}{8}$ kg · x = $\frac{25}{40}$ kg

▲ **8. a.** Der Inhalt einer $\frac{7}{10}$-*l*-Flasche soll in kleine Gläschen abgefüllt werden. Jedes Gläschen enthält $\frac{2}{100}$ *l*. Wie viele Gläschen kann man füllen?

b. Eine Weinflasche enthält $\frac{75}{100}$ *l* Wein. Wie viele Flaschen kann man aus einem Fass
(1) mit 450 *l*,   (2) mit 150 *l*,   (3) mit 1050 *l*   Inhalt füllen?

Kapitel 4

▲ 9. Ein Stück Butter wiegt $\frac{1}{4}$ kg. Marias Mutter kauft $2\frac{1}{2}$ kg Butter.
Wie viele Stücke sind das?

▲ 10. Für eine Büroklammer der Sorte A braucht man $\frac{3}{5}$ m Draht. Eine Maschine verarbeitet $\frac{12}{5}$ m Draht pro Sekunde.
Für eine Klammer der Sorte B braucht man $\frac{3}{20}$ m Draht. Die Maschine verarbeitet $\frac{6}{5}$ m Draht pro Sekunde.
Wie viele Büroklammern der Sorte A, wie viele der Sorte B werden in einer Sekunde hergestellt?

▲ 11. Ein Schöpfgefäß fasst $\frac{3}{8}$ l Wasser.
Wie oft muss man schöpfen um den Behälter zu füllen?

a. Topf ($1\frac{1}{2}$ l)   **c.** Eimer ($11\frac{1}{4}$ l)   **e.** Kanne ($3\frac{6}{8}$ l)

b. Schüssel ($3\frac{3}{4}$ l)   **d.** Aquarium ($23\frac{1}{4}$ l)   **f.** Eimer ($4\frac{5}{8}$ l)

▲ 12. Ein Gartenweg ist 44 m lang. Er soll durch eine Reihe von Platten ausgelegt werden, die je $\frac{4}{5}$ m lang und $\frac{11}{20}$ m breit sind. Die Platten werden aneinander gesetzt

a. mit der längeren Seite;   **b.** mit der kürzeren Seite.
Wie viele Platten werden benötigt?

Vermischte Übungen

1. **a.** $\frac{2}{5}\cdot\frac{5}{9}$ **b.** $\frac{5}{4}\cdot\frac{3}{7}$ **c.** $\frac{2}{3}\cdot\frac{5}{9}$ **d.** $\frac{5}{4}\cdot\frac{3}{7}$ **e.** $\frac{15}{16}\cdot1\frac{3}{5}$ **f.** $\frac{12}{13}:1\frac{1}{5}$ **g.** $3\frac{4}{7}\cdot1\frac{19}{15}$ **h.** $4\frac{2}{9}:6\frac{1}{3}$

$\frac{3}{4}\cdot\frac{5}{8}$ $\frac{3}{7}\cdot\frac{5}{8}$ $\frac{3}{4}\cdot\frac{5}{8}$ $\frac{4}{5}\cdot\frac{2}{7}$ $1\frac{1}{2}\cdot1\frac{1}{4}$ $1\frac{1}{2}:1\frac{1}{4}$ $5\frac{4}{9}\cdot6\frac{3}{7}$ $6\frac{3}{7}:1\frac{11}{14}$

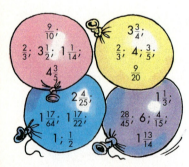

2. Berechne. Kürze, wenn es möglich ist.

a. $\frac{35}{36}\cdot\frac{54}{49}$ **b.** $\frac{8}{15}\cdot\frac{4}{5}$ **c.** $\frac{9}{16}\cdot\frac{5}{4}$ **d.** $\frac{81}{65}\cdot\frac{78}{45}$ **e.** $\frac{15}{18}\cdot\frac{5}{3}$ **f.** $\frac{28}{39}\cdot\frac{56}{52}$

$\frac{21}{22}\cdot\frac{14}{55}$ $\frac{15}{16}\cdot\frac{48}{75}$ $\frac{24}{39}\cdot\frac{26}{60}$ $\frac{48}{55}\cdot\frac{32}{65}$ $\frac{56}{81}\cdot\frac{27}{14}$ $\frac{54}{34}\cdot\frac{51}{81}$

$\frac{24}{25}\cdot\frac{15}{16}$ $\frac{18}{35}\cdot\frac{9}{70}$ $\frac{36}{35}\cdot\frac{49}{81}$ $\frac{72}{49}\cdot\frac{63}{48}$ $\frac{12}{21}\cdot\frac{4}{42}$ $\frac{63}{64}\cdot\frac{56}{72}$

3. **a.** 80 Bogen Papier sind $\frac{3}{4}$ cm hoch.
Wie dick ist ein Bogen?

b. Ein halber Liter Milch wird gleichmäßig auf 3 Tassen verteilt.
Wie viel Liter sind in einer Tasse?

c. Sieben gleich schwere Pakete wiegen zusammen $15\frac{3}{4}$ kg.
Wie viel wiegt ein Paket?

d. Ein Läufer atmet bei einem Atemzug ungefähr $\frac{3}{4}$ l Luft ein. Ungefähr $\frac{1}{5}$ der eingeatmeten Luft ist Sauerstoff.
Wie viel Liter Sauerstoff atmet der Läufer mit einem Atemzug ein?

4. Lenas Fahrrad legt eine Strecke von $2\frac{1}{5}$ m zurück, wenn sich ein Rad genau einmal dreht. Das Kinderfahrrad ihres Bruders Max legt bei einer Radumdrehung nur $\frac{5}{4}$ m zurück.

   a. Welche Strecke legt jedes Fahrrad mit genau
      (1) 10 Umdrehungen;   (2) 100 Umdrehungen;   (3) 1 000 Umdrehungen zurück?

 ▲ **b.** Beide fahren eine Strecke von   (1) 100 m;   (2) 1 km.
      Wie oft drehen sich die Räder jedes Fahrrades?

 ▲ **c.** Der Weg bis zu Lenas Schule ist $2\frac{3}{4}$ km lang. Wie oft müssen sich die Räder ihres Fahrrades auf ihrem Schulweg drehen?

5. *Rechenschlange*

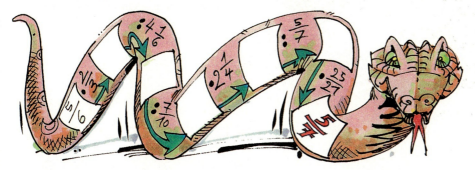

6. Übertrage in dein Heft und fülle aus.

a.

$\frac{2}{3}$	:	$\frac{5}{7}$	=	
:		:		:
	:		=	
=		=		=
$\frac{2}{5}$	:		=	$\frac{1}{3}$

b.

$\frac{3}{5}$	:	$\frac{4}{7}$	=	
:		:		:
		:		=	$\frac{49}{30}$
=		=		=
$\frac{5}{7}$	:		=	

7. Gegeben sind die beiden Bruchzahlen $\frac{8}{9}$ und $\frac{5}{7}$.
Beantworte die Fragen zunächst ohne zu rechnen. Überprüfe durch Rechnung:

   a. Was ist kleiner:
      Das Produkt der beiden Zahlen oder der Quotient der beiden Zahlen?

   b. Was ist größer:
      Das Produkt der beiden Zahlen oder die Summe der beiden Zahlen?

   c. Was ist kleiner:
      Der Quotient der beiden Zahlen oder die Differenz der beiden Zahlen?

Zum Knobeln

8. Drei Wanderburschen arbeiten bei einem Förster für ein Mittagessen. Die Förstersfrau hat eine ganze Schüssel voll Klöße gekocht. Die Wanderburschen kommen zu verschiedenen Zeiten aus dem Wald zurück.
Der erste Bursche isst $\frac{1}{3}$ aller Klöße und geht seines Weges, der zweite isst $\frac{1}{3}$ des Restes und geht seines Weges. Zuletzt kommt der dritte Wanderbursche. Er isst $\frac{1}{3}$ der Klöße, die noch in der Schüssel sind, und lässt noch 8 Klöße übrig.
Wie viele Klöße wurden gekocht?

▲ Häufigkeiten – Diagramme

Aufgabe

▲ **1.** Die Klasse 6a führt eine Verkehrszählung durch. Hier ist die Strichliste von Tim:

Lkw	Kombi-wagen	Pkw	Busse	Motor-räder
ⅢⅠ I	ⅢⅠ ⅢⅠ II ⅢⅠ ⅢⅠ	ⅢⅠ ⅢⅠ	IIII	ⅢⅠ III

a. Welcher Bruchteil der gezählten Fahrzeuge entfällt auf Lkw, auf Kombiwagen usw.?

b. Veranschauliche die Bruchteile in einem Streifendiagramm.

Lösung

a. Tim hat insgesamt 50 Fahrzeuge gezählt, davon sind 6 Lkw. Das sind $\frac{6}{50}$ aller Fahrzeuge.

In der Tabelle sind die Bruchteile für alle Fahrzeugarten angegeben.

Fahrzeugart	Anzahl	Bruchteil
Lkw	6	$\frac{6}{50}$
Kombiwagen	12	$\frac{12}{50}$
Pkw	20	$\frac{20}{50}$
Busse	4	$\frac{4}{50}$
Motorräder	8	$\frac{8}{50}$

b. Denke dir 100 mm Streifenlänge für alle 50 Fahrzeuge, also für die Gesamtzahl. $\left(\frac{50}{50} = 1{,}00\right)$

Streifenlänge für die Lkw: $\frac{6}{50}$ von 100 mm $= \frac{6}{50} \cdot 100$ mm $= \frac{6 \cdot 100}{50}$ mm $= 12$ mm

Für die anderen Fahrzeuge erhältst du:
Kombiwagen 24 mm;   Pkw 40 mm;   Busse 8 mm;   Motorräder 16 mm

| Lkw | Kombiwagen | Pkw | Busse | Motorräder |

Information

(1) Die Anzahlen 6, 12, 20, 4, 8 geben an, wie häufig die einzelnen Fahrzeugarten bei der Zählung vorgekommen sind. Man nennt diese Zahlen die **absoluten Häufigkeiten.**

(2) Die Bruchteile $\frac{6}{50}; \frac{12}{50}; \frac{20}{50}; \frac{4}{50}; \frac{8}{50}$ geben den Anteil jeder Fahrzeugart an der Gesamtzahl der Fahrzeuge an. Sie heißen **relative Häufigkeiten.**

So berechnet man die relative Häufigkeit:

Relative Häufigkeit $= \frac{\text{Absolute Häufigkeit}}{\text{Gesamtzahl}}$

Zum Festigen und Weiterarbeiten

▲ 2. Rechts ist die Strichliste von Katharina.
  a. Gib für jede Fahrzeugart die absolute Häufigkeit an.
  b. Berechne für jede Fahrzeugart die relative Häufigkeit.
  c. Addiere die relativen Häufigkeiten. Was fällt dir auf? Woran liegt das?
  d. Zeichne ein Streifendiagramm für die relativen Häufigkeiten.

Lkw	Kombiwagen	Pkw	Busse	Motorräder
⊪⊪ III	⊪⊪ ⊪⊪ ⊪⊪ III	⊪⊪ ⊪⊪ ⊪⊪ ⊪⊪ IIII	⊪⊪ II	⊪⊪ ⊪⊪ III

▲ 3. Zeichne zur Strichliste von Tim (Aufgabe 1, S. 150) und von Katharina (Aufgabe 2) ein Säulendiagramm.

Übungen

▲ 4. Ein Würfel wurde 100-mal geworfen. Rechts sind die Ergebnisse.
  a. Gib für jede Augenzahl die absolute Häufigkeit an.
  b. Berechne für jede Augenzahl die relative Häufigkeit.
  c. Zeichne ein Streifendiagramm oder ein Säulendiagramm.
  d. Würfle selbst 100-mal und verfahre dann wie in den Teilaufgaben a. bis c.

Augenzahl	Absolute Häufigkeit
1	⊪⊪ ⊪⊪ ⊪⊪ II
2	⊪⊪ ⊪⊪ ⊪⊪ III
3	⊪⊪ ⊪⊪ IIII
4	⊪⊪ ⊪⊪ ⊪⊪ I
5	⊪⊪ ⊪⊪ ⊪⊪ III
6	⊪⊪ ⊪⊪ ⊪⊪ I

▲ 5. Tanja würfelt mit zwei Würfeln gleichzeitig und berechnet bei jedem Wurf die Summe der beiden Augenzahlen. Hier das Ergebnis nach 50 Würfen:

Augensumme	2	3	4	5	6	7	8	9	10	11	12
Absolute Häufigkeit	I	II	III	⊪⊪	⊪⊪ II	⊪⊪ III	⊪⊪ I	⊪⊪	III	II	I

  a. Gib für jede Augensumme die absolute Häufigkeit an.
  b. Berechne für jede Augensumme die relative Häufigkeit.
  c. Zeichne ein Streifendiagramm oder ein Säulendiagramm.
  d. Führe selbst 100 Würfe mit zwei Würfeln durch und verfahre entsprechend.

▲ 6. Die 25 Schüler der Klasse 6a wurden befragt, wie viele Geschwister sie haben (Tabelle rechts).
  a. Berechne die relativen Häufigkeiten.
  b. Zeichne ein Säulendiagramm.

Anzahl der Geschwister	0	1	2	3
Absolute Häufigkeit	⊪⊪ II	⊪⊪ ⊪⊪ I	IIII	II

▲ 7. In der Schulbücherei einer Schule wurden im Laufe eines Jahres ausgeliehen:
96 Abenteuerbücher, 74 Sachbücher, 47 Kinderbücher, 88 Erzählungen, 25 Reiseberichte.
Berechne die einzelnen Häufigkeiten. Zeichne ein Streifendiagramm oder ein Säulendiagramm.

Terme mit Brüchen

Terme mit Klammern

Aufgabe

1. Berechne den Term. Beachte die Klammerregel. *Klammer für sich*

   a. $\frac{7}{8} - (\frac{3}{8} + \frac{1}{4})$
   b. $\frac{1}{2} \cdot (\frac{2}{3} + \frac{1}{6})$
   c. $(\frac{1}{2} - \frac{1}{5}) : 6$

   Lösung

   a. $\frac{7}{8} - (\frac{3}{8} + \frac{1}{4})$
   $= \frac{7}{8} - (\frac{3}{8} + \frac{2}{8})$
   $= \frac{7}{8} - \frac{5}{8}$
   $= \frac{2}{8}$
   $= \frac{1}{4}$

   b. $\frac{1}{2} \cdot (\frac{2}{3} + \frac{1}{6})$
   $= \frac{1}{2} \cdot (\frac{4}{6} + \frac{1}{6})$
   $= \frac{1}{2} \cdot \frac{5}{6}$
   $= \frac{5}{12}$

   c. $(\frac{1}{2} - \frac{1}{5}) : 6$
   $= (\frac{5}{10} - \frac{2}{10}) : 6$
   $= \frac{3}{10} : 6$
   $= \frac{3}{10 \cdot 6}$
   $= \frac{1}{20}$

Zum Festigen und Weiterarbeiten

2. a. $\frac{5}{6} - (\frac{1}{6} - \frac{1}{12})$
   b. $(\frac{2}{3} - \frac{2}{9}) \cdot \frac{3}{4}$
   c. $\frac{2}{3} : (\frac{1}{2} + \frac{1}{6})$
   d. $(\frac{7}{9} + \frac{4}{6}) : \frac{13}{3}$
   e. $\frac{4}{13} \cdot (\frac{1}{6} + \frac{3}{8})$
   f. $4\frac{1}{5} - (2\frac{1}{5} + \frac{4}{5})$

$\frac{1}{6}; \frac{1}{5};$
$\frac{1}{3}; \frac{1}{3}; \frac{3}{4};$
$1; 1\frac{1}{5}$

3. a. $(\frac{3}{4} - \frac{7}{10}) \cdot (\frac{5}{6} + \frac{5}{9})$
   b. $(\frac{5}{9} + \frac{1}{3}) : (\frac{1}{6} + \frac{1}{2})$
   c. $(\frac{7}{12} + \frac{4}{15}) : (4 - 1\frac{7}{8})$

$\frac{5}{72}; \frac{1}{12};$
$\frac{2}{5}; 1\frac{1}{3}$

▲ 4. Ergänze die Tabelle.
   Setze für x die angegebenen Zahlen ein und berechne.

   a. x: $\frac{1}{4}, \frac{5}{6}, \frac{5}{8}, 1$

x	$x + \frac{1}{2}$	$\frac{2}{3} \cdot (x + \frac{1}{2})$
$\frac{1}{4}$		

   c. x: $\frac{5}{6}, \frac{3}{4}, \frac{4}{6}, 1\frac{2}{3}$

x	$x - \frac{2}{3}$	$x + \frac{1}{4}$	$(x - \frac{2}{3}) \cdot (x + \frac{1}{4})$

   b. x: $\frac{1}{2}, \frac{1}{5}, \frac{2}{7}, \frac{4}{5}$

x	$1 - x$	$(1 - x) : \frac{3}{5}$

   d. x: $\frac{5}{6}, \frac{7}{10}, \frac{5}{12}, 3\frac{1}{2}$

x	$x - \frac{2}{5}$	$x + \frac{5}{6}$	$(x - \frac{2}{5}) : (x + \frac{5}{6})$

5. Stelle zunächst den Term auf, berechne ihn dann.
   a. Multipliziere die Summe aus $\frac{5}{8}$ und $\frac{1}{6}$ mit 36.
   b. Subtrahiere von $\frac{2}{3}$ das Produkt der Zahlen $\frac{5}{6}$ und $\frac{3}{5}$.
   c. Dividiere die Differenz der Zahlen $\frac{3}{4}$ und $\frac{1}{2}$ durch die Summe dieser Zahlen.
   d. Multipliziere die Summe der Zahlen $\frac{3}{5}$ und $\frac{3}{4}$ mit der Differenz der Zahlen $\frac{8}{9}$ und $\frac{2}{3}$.

Übungen

6. a. $7-(\frac{1}{5}+\frac{3}{5})$ **b.** $\frac{7}{9}-(\frac{5}{18}+\frac{1}{9})$ **c.** $(\frac{4}{5}-\frac{3}{4})\cdot\frac{5}{7}$ **d.** $4\frac{5}{7}-(1\frac{5}{21}+1\frac{2}{63})$

$\frac{5}{8}-(\frac{7}{8}-\frac{3}{8})$ $\frac{2}{3}-(\frac{14}{15}-\frac{3}{5})$ $\frac{4}{9}+(\frac{5}{6}-\frac{1}{8})$ $3\frac{1}{6}:(1\frac{5}{6}+1\frac{1}{3})$

$5\cdot(\frac{3}{10}+\frac{4}{10})$ $(\frac{1}{2}-\frac{3}{10})\cdot\frac{5}{8}$ $\frac{8}{25}:(\frac{1}{3}-\frac{1}{5})$ $(\frac{1}{3}+\frac{6}{9}):\frac{3}{4}$

$(\frac{8}{9}-\frac{2}{9}):4$ $\frac{3}{2}:(\frac{3}{4}+\frac{3}{8})$ $(\frac{7}{12}+\frac{1}{9})\cdot\frac{4}{5}$ $(2\frac{6}{7}-\frac{40}{14}):5\frac{7}{20}$

7. a. $(\frac{1}{2}+\frac{3}{8})\cdot(\frac{3}{7}+\frac{1}{14})$ **b.** $(\frac{1}{6}+\frac{2}{9}):(\frac{5}{12}+\frac{1}{12})$ **c.** $(\frac{3}{5}+\frac{9}{10})\cdot(\frac{3}{4}+\frac{1}{2}+\frac{1}{6})$

▲ **8.** Setze die Zahlen nacheinander für x ein; berechne dann den Term. Du kannst auch eine Tabelle aufstellen.

a. $\frac{2}{3};\frac{4}{3};\frac{1}{2}$ in $(x-\frac{1}{3})\cdot\frac{1}{2}$ **b.** $2;4\frac{1}{2};\frac{10}{2}$ in $(5-x):\frac{3}{4}$

9. Stelle zunächst den Term auf; berechne ihn dann.

a. Multipliziere die Summe der Zahlen $\frac{3}{4}$ und $\frac{1}{2}$ mit $\frac{2}{5}$.
b. Subtrahiere von $3\frac{1}{2}$ die Summe der Zahlen $1\frac{1}{3}$ und $\frac{5}{6}$.
c. Dividiere die Differenz der Zahlen $\frac{2}{3}$ und $\frac{1}{6}$ durch $\frac{1}{2}$.
d. Dividiere $\frac{4}{15}$ durch die Differenz von $\frac{2}{3}$ und $\frac{4}{9}$.
e. Dividiere die Summe der Zahlen $\frac{3}{4}$ und $\frac{2}{3}$ durch die Differenz der Zahlen $\frac{5}{6}$ und $\frac{3}{4}$.
f. Bilde die Summe aus dem Produkt der Zahlen $\frac{5}{6}$ und $\frac{9}{10}$ und dem Quotienten der Zahlen $\frac{5}{8}$ und $\frac{15}{24}$.

Denke an Klammern

10. a. Lisa hat drei Zahlenkarten in der nebenstehenden Reihenfolge aufgestellt. Sie behauptet:

„Ich kann die Ergebnisse $0;\frac{1}{6};\frac{7}{24}$ erhalten, wenn ich zwischen die Zahlenkarten die Karten mit den Rechenzeichen ▢, ▢ und mit den Klammern ▢, ▢ stelle."

Hat Lisa Recht?

b. Welche Ergebnisse sind möglich, wenn Lisa die Reihenfolge $\frac{3}{4},\frac{2}{3},\frac{1}{2}$ aufstellt.

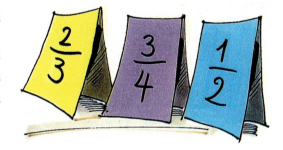

Punktrechnung vor Strichrechnung

Aufgabe

1. a. $\frac{7}{8}-\frac{5}{8}\cdot\frac{3}{5}$ **b.** $\frac{1}{3}+\frac{2}{5}:\frac{3}{10}$ **c.** $\frac{2}{5}\cdot(1-\frac{5}{8}\cdot\frac{4}{3})$

Lösung

a. $\frac{7}{8}-\frac{5}{8}\cdot\frac{3}{5}$

$=\frac{7}{8}-\frac{5\cdot3}{8\cdot5}$

$=\frac{7}{8}-\frac{3}{8}$

$=\frac{4}{8}=\frac{1}{2}$

b. $\frac{1}{3}+\frac{2}{5}:\frac{3}{10}$

$=\frac{1}{3}+\frac{2\cdot10}{5\cdot3}$

$=\frac{1}{3}+\frac{4}{3}$

$=\frac{5}{3}=1\frac{2}{3}$

c. $\frac{2}{5}\cdot(1-\frac{5}{8}\cdot\frac{4}{3})$

$=\frac{2}{5}\cdot(1-\frac{5\cdot4}{8\cdot3})$

$=\frac{2}{5}\cdot(1-\frac{5}{6})$

$=\frac{2}{5}\cdot\frac{1}{6}=\frac{1}{15}$

Kapitel 4

Information

> **Vorrangregeln für das Berechnen von Termen**
> (1) Das Innere einer Klammer wird für sich berechnet.
> (2) Wo keine Klammer steht, geht Punktrechnung vor Strichrechnung.
> (3) Sonst wird von links nach rechts gerechnet.

Zum Festigen und Weiterarbeiten

2. a. $\frac{2}{5} \cdot \frac{5}{8} + \frac{1}{2}$ c. $\frac{2}{15} + \frac{3}{10} \cdot \frac{2}{9}$ e. $7 - \frac{2}{5} \cdot \frac{5}{3}$ g. $2\frac{1}{3} + \frac{3}{8} \cdot \frac{4}{9}$ i. $4\frac{5}{16} + \frac{3}{8} \cdot \frac{2}{3}$

    b. $\frac{5}{6} \cdot \frac{2}{3} - \frac{3}{4}$ d. $5\frac{1}{2} - \frac{4}{7} \cdot \frac{2}{7}$ f. $8\frac{1}{2} - \frac{3}{5} \cdot \frac{2}{25}$ h. $4\frac{1}{5} - \frac{3}{5} \cdot \frac{2}{7}$ j. $7\frac{3}{4} + 6\frac{5}{6} \cdot 12$

3. a. $\frac{2}{5} \cdot \frac{15}{8} + \frac{3}{4} \cdot \frac{1}{2}$ c. $\frac{2}{3} + \frac{2}{9} \cdot \frac{3}{4} + \frac{5}{6}$ e. $(\frac{2}{5} \cdot \frac{15}{8} + \frac{3}{4}) : \frac{1}{2}$ g. $\frac{4 \cdot 10}{9 \cdot 27} - \frac{11}{15} \cdot \frac{5}{12}$

    b. $\frac{1}{2} + \frac{7}{8} - \frac{3}{10} : \frac{6}{25}$ d. $\frac{2}{3} + (2 - \frac{2}{5}) \cdot \frac{5}{6}$ f. $\frac{2}{5} \cdot (\frac{15}{8} + \frac{3}{4} \cdot \frac{1}{2})$ h. $6\frac{1}{2} - \frac{1}{2} : (\frac{2}{3} + 1\frac{1}{6})$

4. Stelle zunächst den Term auf; berechne ihn dann.
   a. Addiere zu dem Produkt der Zahlen 4 und $\frac{2}{3}$ die Zahl $\frac{1}{3}$.
   b. Subtrahiere von dem Quotienten der Zahlen $\frac{1}{2}$ und $\frac{2}{5}$ das Produkt dieser Zahlen.
   c. Multipliziere die Differenz aus $\frac{1}{2}$ und $\frac{1}{3}$ mit 12.

Übungen

5. a. $2 \cdot \frac{3}{4} + \frac{1}{4}$ b. $\frac{7}{3} - \frac{2}{3} \cdot \frac{1}{3}$ c. $\frac{7}{6} \cdot \frac{2}{3} + \frac{1}{4}$ d. $5\frac{1}{2} - \frac{7}{8} \cdot \frac{5}{7}$ e. $9\frac{3}{4} - 3\frac{1}{2} \cdot \frac{5}{7}$

    $\frac{3}{2} : \frac{1}{2} + 5$ $\frac{4}{5} + \frac{3}{2} \cdot \frac{2}{5}$ $2 - \frac{9}{5} : \frac{3}{2}$ $\frac{4}{5} : \frac{3}{5} - 1\frac{1}{3}$ $2\frac{1}{6} + 1\frac{1}{9} : 1\frac{2}{3}$

6. a. $2 + \frac{1}{3} \cdot \frac{3}{4}$ b. $4 : \frac{2}{5} - \frac{1}{5}$ c. $\frac{3}{4} \cdot \frac{2}{9} + \frac{5}{8} \cdot \frac{2}{5}$ d. $\frac{9}{2} \cdot \frac{8}{3} - \frac{3}{10} \cdot \frac{4}{5}$

    $(2 + \frac{1}{3}) \cdot \frac{3}{4}$ $4 : (\frac{2}{5} - \frac{1}{5})$ $\frac{3}{4} \cdot (\frac{2}{9} + \frac{5}{8} \cdot \frac{2}{5})$ $\frac{9}{2} \cdot (\frac{8}{3} - \frac{3}{10} \cdot \frac{4}{5})$

    $2 + (\frac{1}{3} \cdot \frac{3}{4})$ $(4 : \frac{2}{5}) - \frac{1}{5}$ $\frac{3}{4} \cdot (\frac{2}{9} + \frac{5}{8}) \cdot \frac{2}{5}$ $\frac{9}{2} \cdot (\frac{8}{3} - \frac{3}{10}) : \frac{4}{5}$

7. a. $(\frac{3}{5} + \frac{1}{2} \cdot \frac{4}{5}) \cdot (5 - \frac{2}{7})$ b. $(\frac{7}{8} - \frac{1}{4} \cdot \frac{4}{5}) : (\frac{13}{16} + \frac{1}{2})$ c. $(\frac{1}{5} + 1 - \frac{3}{4}) : (\frac{1}{2} + \frac{1}{5})$

8. Schreibe zu dem Baum einen Term; berechne ihn dann.

   a. $\frac{4}{9}$ $\frac{3}{5}$ $\frac{1}{6}$ b. $\frac{6}{17}$ $\frac{2}{3}$ $\frac{3}{4}$ c. $\frac{4}{5}$ $\frac{3}{4}$ $\frac{1}{20}$ d. $3\frac{1}{4}$ $\frac{11}{13}$ $\frac{22}{39}$

   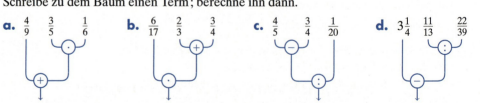

▲ 9. Setze die Zahlen nacheinander für x ein; berechne dann den Term.

   a. 5; $\frac{1}{4}$ in   b. 1; $\frac{4}{9}$ in   c. $\frac{2}{3}$; $\frac{1}{2}$; $1\frac{1}{6}$ in

   $x : \frac{1}{2} - \frac{2}{5} \cdot x$ $x \cdot (\frac{1}{3} : x - \frac{1}{4})$ $\frac{7}{12} \cdot (1\frac{1}{5} \cdot x - x : 1\frac{1}{6})$

10. Stelle zunächst den Term auf; berechne ihn dann.
    a. Multipliziere die Summe aus $\frac{1}{2}$ und $\frac{1}{3}$ mit 15.
    b. Addiere zu dem Quotienten aus $\frac{4}{7}$ und $\frac{2}{21}$ die Zahl $3\frac{1}{3}$.
    c. Subtrahiere von 12 die Summe der Zahlen $\frac{3}{5}$ und $\frac{9}{10}$.
    d. Dividiere die Differenz aus $\frac{2}{3}$ und $\frac{1}{6}$ durch das Produkt aus $\frac{5}{9}$ und $2\frac{1}{4}$.

11. Bei einer Klassenfeier werden $5\frac{5}{6}\,l$ Apfelsaft und $4\frac{2}{3}\,l$ Mineralwasser gemischt und dann in Glaskrüge abgefüllt, die je $\frac{7}{10}\,l$ fassen.
Wie viele Krüge werden gefüllt?

12. $\frac{3}{4}\,l$ Orangensaft und $\frac{1}{2}\,l$ Mineralwasser werden gemischt und sollen in Gläser eingeschenkt werden.
Die Gläser fassen jeweils $\frac{3}{10}\,l$.
Wie viele Gläser kann man füllen und wie viel Liter bleiben im Mixbecher?

13. Fertigt euch die nebenstehenden Karten an.
Partner 1: Er/Sie stellt aus den vorhandenen Karten eine *lösbare* Aufgabe auf. Dabei müssen alle drei Zahlenkarten verwendet werden.
Partner 2: Er/Sie löst die Aufgabe.
Hat Partner 2 die Aufgabe richtig gerechnet, darf er die nächste Aufgabe aufstellen usw.

Teamarbeit

14. In der Aufgabe fehlen Klammern. Setzt diese so ein, dass das Ergebnis richtig ist.

Zum Knobeln

a. $\frac{3}{5}+\frac{2}{3}\cdot\frac{12}{19}=\frac{4}{5}$
b. $6-\frac{3}{4}\cdot\frac{7}{8}=6$
c. $\frac{1}{5}\cdot\frac{1}{2}+\frac{1}{3}\cdot\frac{6}{11}=\frac{1}{11}$
d. $\frac{1}{5}\cdot\frac{1}{2}+\frac{1}{3}\cdot\frac{6}{11}=\frac{3}{22}$
e. $\frac{3}{5}+\frac{12}{5}\cdot\frac{3}{8}\cdot\frac{9}{4}=18$
f. $\frac{3}{5}+\frac{12}{5}\cdot\frac{3}{8}\cdot\frac{9}{4}=3\frac{5}{9}$

• Doppelbrüche

1. Den Quotienten zweier Zahlen kann man auch als Bruch schreiben.
Der Bruchstrich ersetzt das Divisionszeichen.

$3:4=\frac{3}{4}$

Diese Schreibweise wollen wir auch dann verwenden, wenn Bruchzahlen dividiert werden sollen. Solche Brüche nennt man *Doppelbrüche;* berechne die Doppelbrüche.

a. $\dfrac{\frac{1}{3}}{\frac{5}{9}}$
b. $\dfrac{5}{\frac{3}{7}}$
c. $\dfrac{\frac{3}{4}}{8}$

Lösung

a. $\dfrac{\frac{1}{3}}{\frac{5}{9}} = \frac{1}{3}:\frac{5}{9}$
$= \frac{1}{3}\cdot\frac{9}{5}$
$= \frac{1\cdot 9}{3\cdot 5}$
$= \frac{3}{5}$

b. $\dfrac{5}{\frac{3}{7}} = 5:\frac{3}{7}$
$= 5\cdot\frac{7}{3}$
$= \frac{5\cdot 7}{3}$
$= \frac{35}{3} = 11\frac{2}{3}$

c. $\dfrac{\frac{3}{4}}{8} = \frac{3}{4}:8$
$= \frac{3}{4}\cdot\frac{1}{8}$
$= \frac{3\cdot 1}{4\cdot 8}$
$= \frac{3}{32}$

> Ein **Doppelbruch** ist eine andere Schreibweise für einen Quotienten aus Bruchzahlen. Bei einem Doppelbruch treten mehrere Bruchstriche auf. Der *Hauptbruchstrich* ersetzt das Divisionszeichen.
>
> $$\frac{a}{b} : \frac{c}{d} = \frac{\frac{a}{b}}{\frac{c}{d}}$$
>
> *Zähler des Doppelbruches*
> *Hauptbruchstrich*
> *Nenner des Doppelbruches*
>
> *Beispiel:*
> $$\frac{\frac{1}{3}}{\frac{5}{9}} = \frac{1}{3} : \frac{5}{9}$$

Zum Festigen und Weiterarbeiten

2. Schreibe den Doppelbruch als Quotient und berechne.

a. $\dfrac{\frac{3}{4}}{\frac{9}{2}}$ b. $\dfrac{\frac{8}{15}}{\frac{6}{25}}$ c. $\dfrac{\frac{5}{1}}{\frac{3}{8}}$ d. $\dfrac{\frac{8}{7}}{\frac{4}{1}}$ e. $\dfrac{5}{\frac{2}{3}}$ f. $\dfrac{\frac{4}{5}}{2}$

3. Setze in den Bruch $\frac{a}{b}$ für a und b die gegebenen Zahlen ein und berechne.

a. $a = 25$; $b = 400$
b. $a = 39$; $b = 52$
c. $a = 245$; $b = 7$
d. $a = \frac{2}{5}$; $b = \frac{3}{4}$
e. $a = \frac{8}{9}$; $b = \frac{2}{3}$
f. $a = \frac{7}{11}$; $b = 49$

4. Schreibe mit Bruchstrichen; berechne auch.

a. $(3:5) : (8:13)$
b. $(5:8) : 11$
c. $7 : (2:4)$
d. $\frac{3}{11} : (5:7)$
e. $(3:4) : \frac{5}{6}$
f. $(7:8) : (16:21)$

▲ **5.** Setze für a, b, c, d eine geeignete Zahl ein. Die Zahl 1 darf nicht eingesetzt werden.

(1) $\dfrac{\frac{a}{b}}{\frac{c}{d}} = \frac{2}{3}$ (2) $\dfrac{\frac{a}{b}}{\frac{c}{d}} = \frac{4}{5}$ (3) $\dfrac{\frac{a}{b}}{\frac{c}{d}} = \frac{7}{8}$ (4) $\dfrac{\frac{a}{b}}{\frac{c}{d}} = 5$

Übungen

6. Schreibe den Doppelbruch als Divisionsaufgabe und berechne dann.

a. $\dfrac{\frac{2}{5}}{\frac{8}{15}}$ b. $\dfrac{\frac{3}{7}}{\frac{9}{14}}$ c. $\dfrac{\frac{1}{8}}{\frac{5}{12}}$ d. $\dfrac{\frac{4}{7}}{\frac{4}{15}}$ e. $\dfrac{4}{\frac{3}{10}}$ f. $\dfrac{\frac{4}{9}}{3}$ g. $\dfrac{12}{\frac{7}{8}}$ h. $\dfrac{\frac{4}{15}}{20}$ i. $\dfrac{\frac{3}{4}}{12}$ j. $\dfrac{15}{\frac{5}{6}}$ k. $\dfrac{\frac{8}{9}}{\frac{14}{15}}$ l. $\dfrac{\frac{15}{24}}{\frac{5}{18}}$

7. Setze in den Bruch $\frac{a}{b}$ für a und b die gegebenen Zahlen ein; berechne ihn dann.

a. $a = \frac{1}{8}$; $b = \frac{1}{6}$
b. $a = \frac{12}{25}$; $b = \frac{9}{40}$
c. $a = \frac{3}{5}$; $b = \frac{2}{9}$
d. $a = 6$; $b = \frac{3}{20}$

8. Schreibe mit Bruchstrich; berechne:

(1) $(3:2) : (9:4)$
(2) $(7:3) : (14:5)$
(3) $(3:2) : \frac{5}{9}$

Gleichungen mit Bruchzahlen

Aufgabe

1. Julia denkt sich eine Bruchzahl.
   Sie multipliziert diese Zahl mit $\frac{5}{8}$ und subtrahiert danach $\frac{1}{12}$.
   Als Ergebnis erhält sie $\frac{1}{6}$.
   Welche Zahl hat sie sich gedacht?

Lösung

Ein Pfeilbild hilft dir.

$$x \xrightleftharpoons[: \frac{5}{8}]{\cdot \frac{5}{8}} x \cdot \frac{5}{8} \xrightleftharpoons[+ \frac{1}{12}]{- \frac{1}{12}} \frac{1}{6}$$

Rechne schrittweise rückwärts:

1. Schritt: $\frac{1}{6} + \frac{1}{12} = \frac{3}{12} = \frac{1}{4}$

2. Schritt: $\frac{1}{4} : \frac{5}{8} = \frac{1}{4} \cdot \frac{8}{5} = \frac{2}{5}$

Ergebnis: Julia hat sich die Zahl $\frac{2}{5}$ gedacht.

Zum Festigen und Weiterarbeiten

2. Welche der Bruchzahlen $\frac{4}{15}$; $\frac{2}{3}$; $\frac{1}{9}$; $\frac{11}{6}$; $\frac{9}{4}$ erfüllt die Gleichung?
   Prüfe durch Einsetzen.

   a. $x + \frac{5}{3} = \frac{16}{9}$
   b. $x - \frac{3}{4} = \frac{3}{2}$
   c. $y \cdot \frac{3}{8} = \frac{1}{10}$
   d. $z : \frac{2}{7} = \frac{7}{3}$

3. Bestimme die Lösungsmenge. Führe auch die Probe durch.

   a. $x + \frac{5}{6} = \frac{4}{3}$
   b. $x \cdot \frac{7}{8} = \frac{9}{4}$
   c. $x - \frac{1}{2} = \frac{3}{7}$
   d. $x : \frac{5}{12} = \frac{4}{15}$
   e. $x + \frac{2}{5} - \frac{3}{4} = \frac{7}{10}$
   f. $x \cdot \frac{2}{3} - \frac{3}{2} = \frac{1}{6}$
   g. $z : \frac{5}{8} + \frac{4}{5} = 2$
   h. $y \cdot \frac{3}{2} + \frac{5}{8} = \frac{43}{24}$

Übungen

4. Bestimme die Lösungsmenge. Führe auch die Probe durch.

   a. $x + \frac{3}{5} - \frac{2}{3} = \frac{4}{15}$
   b. $x \cdot \frac{2}{3} - \frac{1}{4} = \frac{1}{4}$
   c. $x : \frac{2}{5} + \frac{1}{2} = \frac{5}{2}$
   d. $x \cdot \frac{3}{2} + \frac{5}{8} = 1\frac{19}{24}$
   e. $x : \frac{9}{10} - \frac{4}{15} = \frac{2}{5}$
   f. $(x + \frac{8}{9}) : 1\frac{1}{3} = 2\frac{1}{3}$
   g. $(x - \frac{2}{7}) \cdot \frac{6}{5} = \frac{2}{35}$
   h. $(x - \frac{3}{25}) : 2\frac{1}{10} = \frac{4}{5}$

5. a. $\frac{3}{4} + x = \frac{7}{8}$
   b. $\frac{3}{8} \cdot x = \frac{1}{4}$
   c. $4\frac{1}{2} + x = 5\frac{1}{3}$
   d. $\frac{5}{6} \cdot x + \frac{1}{12} = \frac{1}{3}$
   e. $\frac{3}{4} \cdot x + \frac{4}{5} = \frac{11}{10}$
   f. $2\frac{1}{3} - x = 1\frac{1}{2}$
   g. $\frac{5}{6} + 2 \cdot x = 2\frac{1}{3}$
   h. $\frac{7}{8} \cdot x + 2\frac{1}{4} = 4\frac{9}{16}$

   Beachte: In einem Produkt darf man die Faktoren vertauschen, in einer Summe die Summanden.

6. Miriam denkt sich eine Bruchzahl.
   a. Sie addiert $\frac{3}{5}$ und erhält $\frac{5}{3}$.
   b. Sie subtrahiert $\frac{5}{6}$ und erhält $\frac{3}{8}$.
   c. Sie multipliziert mit $\frac{7}{10}$ und erhält $5\frac{1}{4}$.
   d. Sie dividiert durch 3 und addiert zu dem Quotienten $1\frac{1}{5}$. Das Ergebnis ist 2.
   e. Sie addiert $\frac{1}{6}$ und multipliziert die Summe mit $\frac{3}{20}$. Das Ergebnis ist $\frac{1}{8}$.
   f. Sie subtrahiert $\frac{1}{4}$ und multipliziert die Differenz mit $\frac{4}{5}$. Das Ergebnis ist $\frac{3}{10}$.

Vorteilhaft rechnen mit Bruchzahlen – Rechengesetze

Aufgabe

1. Sarah und Maria lösen die beiden Aufgaben. In ihren Heften stehen diese Ergebnisse:

   a. $(\frac{1}{9} + \frac{3}{9}) + \frac{2}{3}$

Sarah	Maria
(1) $\frac{1}{9} + \frac{3}{9} = \frac{4}{9}$	(1) $\frac{3}{9} + \frac{2}{3} = 1$
(2) $\frac{4}{9} + \frac{2}{3} = \frac{10}{9}$	(2) $\frac{1}{9} + 1 = 1\frac{1}{9}$

   b. $(\frac{2}{9} + \frac{5}{9}) \cdot \frac{9}{5}$

Sarah	Maria
(1) $\frac{2}{9} + \frac{5}{9} = \frac{7}{9}$	(1) $\frac{2}{9} \cdot \frac{9}{5} = \frac{2}{5}$
(2) $\frac{7}{9} \cdot \frac{9}{5} = \frac{7}{5}$	(2) $\frac{5}{9} \cdot \frac{9}{5} = 1$
	(3) $\frac{2}{5} + 1 = 1\frac{2}{5}$

   Was meinst du dazu?

Lösung

a.
$$(\frac{1}{9} + \frac{3}{9}) + \frac{2}{3}$$
$$= (\frac{1}{9} + \frac{3}{9}) + \frac{6}{9}$$
$$= \frac{1+3}{9} + \frac{6}{9}$$
$$= \frac{(1+3)+6}{9}$$

$$\frac{1}{9} + (\frac{3}{9} + \frac{2}{3})$$
$$= \frac{1}{9} + (\frac{3}{9} + \frac{6}{9})$$
$$= \frac{1}{9} + \frac{3+6}{9}$$
$$= \frac{1+(3+6)}{9}$$

Beide Seiten in der Lösung müssen übereinstimmen, weil man beim Addieren natürlicher Zahlen (der Zähler) Klammern beliebig setzen darf.

Verbindungsgesetz:
$(1 + 3) + 6 = 1 + (3 + 6)$

b.
$$(\frac{2}{9} + \frac{5}{9}) \cdot \frac{9}{5}$$
$$= \frac{2+5}{9} \cdot \frac{9}{5}$$
$$= \frac{(2+5) \cdot 9}{45}$$

$$\frac{2}{9} \cdot \frac{9}{5} + \frac{5}{9} \cdot \frac{9}{5}$$
$$= \frac{2 \cdot 9}{45} + \frac{5 \cdot 9}{45}$$
$$= \frac{2 \cdot 9 + 5 \cdot 9}{45}$$

Beide Seiten in der Lösung müssen übereinstimmen, weil man für die Addition und Mulitplikation natürlicher Zahlen (der Zähler) das Verteilungsgesetz anwenden darf.

Verteilungsgesetz:
$(2 + 5) \cdot 9 = 2 \cdot 9 + 5 \cdot 9$

Zum Festigen und Weiterarbeiten

2. Für die Addition natürlicher Zahlen gilt außerdem das Vertauschungsgesetz, das bedeutet: In einer Summe darf man die Summanden vertauschen; z. B. $17 + 23 = 23 + 17$. Prüfe, ob dieses Gesetz auch für die Addition von Bruchzahlen gilt. Berechne und vergleiche.

   a. $\frac{3}{7} + \frac{4}{7}$; $\frac{4}{7} + \frac{3}{7}$
   b. $\frac{5}{6} + \frac{1}{8}$; $\frac{1}{8} + \frac{5}{6}$

3. Herr Bienenstich sagt zu seinem Sohn Tim:
   „Du hast doch schon wieder $\frac{1}{4}$ vom halben Kuchen aufgegessen!"
   Darauf erwidert Tim:
   „Das stimmt gar nicht, es war nur die Hälfte von einem Kuchenviertel."
   Berechne und vergleiche.

4. Prüfe, ob das Vertauschungs- und das Verbindungsgesetz auch für die Multiplikation von Bruchzahlen gelten. Berechne und vergleiche.

   a. $\frac{4}{15} \cdot \frac{5}{8}$; $\frac{5}{8} \cdot \frac{4}{15}$
   b. $(\frac{3}{7} \cdot \frac{4}{9}) \cdot \frac{5}{8}$; $\frac{3}{7} \cdot (\frac{4}{9} \cdot \frac{5}{8})$

5. Prüfe, ob das Verteilungsgesetz auch für Multiplikation und Subtraktion gilt. Berechne und vergleiche:

   a. $(\frac{7}{10} - \frac{1}{2}) \cdot \frac{3}{4}$; $\frac{7}{10} \cdot \frac{3}{4} - \frac{1}{2} \cdot \frac{3}{4}$
   b. $\frac{1}{3} \cdot (\frac{5}{6} - \frac{1}{4})$; $\frac{1}{3} \cdot \frac{5}{6} - \frac{1}{3} \cdot \frac{1}{4}$

6. Berechne und vergleiche.

a. $(\frac{1}{2}+\frac{2}{5}):\frac{3}{4}$
$\frac{1}{2}:\frac{3}{4}+\frac{2}{5}:\frac{3}{4}$
$(\frac{1}{2}+\frac{2}{5})\cdot\frac{4}{3}$

b. $(\frac{1}{2}-\frac{2}{5}):\frac{3}{4}$
$\frac{1}{2}:\frac{3}{4}-\frac{2}{5}:\frac{3}{4}$
$(\frac{1}{2}-\frac{2}{5})\cdot\frac{4}{3}$

c. $(\frac{9}{8}+\frac{3}{4}):\frac{3}{2}$
$\frac{9}{8}:\frac{3}{2}+\frac{3}{4}:\frac{3}{2}$
$(\frac{9}{8}+\frac{3}{4})\cdot\frac{2}{3}$

d. $(\frac{9}{8}-\frac{3}{4}):1\frac{1}{2}$
$\frac{9}{8}:1\frac{1}{2}-\frac{3}{4}:1\frac{1}{2}$
$(\frac{9}{8}-\frac{3}{4})\cdot\frac{2}{3}$

Vertauschungsgesetz (Kommutativgesetz)

(1) *für die Addition*

$\frac{5}{6}+\frac{1}{8}=\frac{1}{8}+\frac{5}{6}$

(2) *für die Multiplikation*

$\frac{4}{15}\cdot\frac{5}{8}=\frac{5}{8}\cdot\frac{4}{15}$

Man darf in einer Summe und in einem Produkt zwei Bruchzahlen miteinander vertauschen.

Verbindungsgesetz (Assoziativgesetz)

(1) *für die Addition*

$(\frac{2}{5}+\frac{1}{4})+\frac{3}{10}=\frac{2}{5}+(\frac{1}{4}+\frac{3}{10})$

(2) *für die Multiplikation*

$(\frac{3}{7}\cdot\frac{4}{9})\cdot\frac{5}{8}=\frac{3}{7}\cdot(\frac{4}{9}\cdot\frac{5}{8})$

Man darf in einer Summe und in einem Produkt Klammern beliebig setzen.

Verteilungsgesetz (Distributivgesetz)

(1) *für Multiplikation und Addition*

$\frac{2}{5}\cdot(\frac{3}{4}+\frac{5}{8})=\frac{2}{5}\cdot\frac{3}{4}+\frac{2}{5}\cdot\frac{5}{8}$

(2) *für Multiplikation und Subtraktion*

$\frac{2}{5}\cdot(\frac{3}{4}-\frac{5}{8})=\frac{2}{5}\cdot\frac{3}{4}-\frac{2}{5}\cdot\frac{5}{8}$

---

7. Rechne vorteilhaft. Beachte Vertauschungs- und Verbindungsgesetz.

a. $\frac{4}{4}+\frac{3}{9}+\frac{5}{4}$
b. $(\frac{7}{6}+\frac{3}{5})+\frac{5}{6}$
c. $\frac{5}{12}+\frac{3}{14}+\frac{1}{12}$
d. $\frac{3}{8}\cdot(\frac{5}{7}\cdot\frac{8}{3})$
e. $(\frac{15}{8}\cdot\frac{7}{11})\cdot\frac{16}{25}$

8. Rechne vorteilhaft. Beachte das Verteilungsgesetz.

a. $\frac{4}{5}\cdot(\frac{5}{8}+\frac{15}{4})$
b. $\frac{45}{14}\cdot(\frac{14}{15}-\frac{7}{9})$
c. $(\frac{25}{6}+\frac{15}{4})\cdot\frac{12}{5}$
d. $(\frac{11}{6}-\frac{2}{9})\cdot\frac{5}{4}$
e. $\frac{5}{6}\cdot(\frac{6}{5}+\frac{2}{3})$
f. $\frac{3}{4}\cdot(\frac{8}{3}-\frac{4}{9})$
g. $\frac{4}{9}\cdot\frac{3}{7}+\frac{4}{9}\cdot\frac{4}{7}$
h. $\frac{4}{5}\cdot\frac{7}{9}-\frac{4}{5}\cdot\frac{2}{9}$
i. $(\frac{8}{5}+\frac{2}{3}):\frac{8}{15}$
j. $(\frac{3}{4}-\frac{1}{7}):\frac{3}{28}$

9. Rechne vorteilhaft.

a. $\frac{3}{4}+\frac{5}{7}+\frac{1}{4}$
b. $\frac{5}{12}+\frac{4}{5}+\frac{7}{12}$
c. $\frac{7}{6}+\frac{3}{4}+\frac{5}{6}$
d. $\frac{4}{5}\cdot\frac{6}{7}\cdot\frac{3}{4}$
e. $\frac{2}{9}\cdot\frac{3}{7}\cdot\frac{9}{2}$
f. $\frac{5}{9}+(\frac{6}{11}+\frac{4}{9})$
g. $4\frac{1}{8}+(1\frac{4}{5}+3\frac{7}{8})$
h. $(\frac{3}{5}\cdot\frac{4}{9})\cdot\frac{5}{3}$
i. $\frac{5}{7}+\frac{1}{2}+\frac{4}{7}$
j. $\frac{5}{9}\cdot\frac{3}{25}\cdot\frac{9}{5}$
k. $\frac{2}{3}\cdot\frac{7}{9}\cdot\frac{9}{6}$
l. $\frac{3}{16}+\frac{1}{2}+\frac{5}{16}$

Übungen

10. Rechne vorteilhaft.

a. $\frac{8}{15}+\frac{10}{21}+\frac{2}{15}+\frac{4}{21}$
b. $\frac{4}{9}\cdot\frac{7}{8}\cdot\frac{9}{2}\cdot\frac{4}{7}$
c. $\frac{1}{3}+\frac{3}{8}+\frac{1}{6}+\frac{1}{8}$

11. Rechne vorteilhaft.

a. $(\frac{3}{11}+\frac{3}{8})\cdot\frac{8}{3}$
b. $(\frac{7}{5}-\frac{4}{15})\cdot\frac{15}{7}$
c. $\frac{11}{25}\cdot\frac{3}{7}+\frac{3}{25}\cdot\frac{3}{7}$
d. $\frac{15}{4}\cdot\frac{12}{5}-\frac{10}{3}\cdot\frac{12}{5}$
e. $(\frac{6}{13}+\frac{3}{5}):\frac{6}{13}$
f. $(\frac{3}{7}-\frac{1}{4}):\frac{3}{28}$
g. $\frac{5}{8}:\frac{2}{3}+\frac{3}{8}:\frac{2}{3}$
h. $\frac{23}{7}:\frac{3}{5}-\frac{2}{7}:\frac{3}{5}$

Vergleich der Zahlbereiche $\mathbb{N}_0$ und $\mathbb{B}_0$

Du hast bisher zwei Zahlbereiche kennen gelernt:
- die Menge der natürlichen Zahlen, kurz $\mathbb{N}_0$;
- die Menge der gebrochenen Zahlen, kurz $\mathbb{B}_0$.

Du weißt: Jede natürliche Zahl ist auch eine gebrochene Zahl, denn du kannst jede natürliche Zahl als Bruch schreiben:

$2 = \frac{2}{1}$; $\quad 5 = \frac{10}{2}$; $\quad 12 = \frac{36}{3}$

Also ist $\mathbb{N}$ eine Teilmenge von $\mathbb{B}_0$.

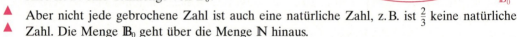

Aber nicht jede gebrochene Zahl ist auch eine natürliche Zahl, z. B. ist $\frac{2}{3}$ keine natürliche Zahl. Die Menge $\mathbb{B}_0$ geht über die Menge $\mathbb{N}$ hinaus.

Du hast erfahren, dass die Rechengesetze für die natürlichen Zahlen auch für die gebrochenen Zahlen gelten: Assoziativgesetze, Kommutativgesetze, Distributivgesetze.

Beim Dividieren zweier natürlicher Zahlen erhalten wir nicht immer eine natürliche Zahl. Dividieren wir jedoch zwei gebrochene Zahlen, so erhalten wir stets eine gebrochene Zahl, außer wenn wir durch null dividieren. Auch bei den gebrochenen Zahlen kann man nicht durch null dividieren.

Aufgabe

▲ **1.** Suche

a. eine natürliche Zahl
(1) zwischen den natürlichen Zahlen 2 und 5;
(2) zwischen den natürlichen Zahlen 8 und 9;

b. eine gebrochene Zahl
(1) zwischen den gebrochenen Zahlen $\frac{1}{10}$ und $\frac{6}{10}$;
(2) zwischen den gebrochenen Zahlen $\frac{8}{10}$ und $\frac{9}{10}$.

Lösung

a.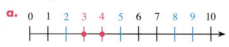

(1) Zwischen den natürlichen Zahlen 2 und 5 liegen die natürlichen Zahlen 3 und 4.

(2) Zwischen den natürlichen Zahlen 8 und 9 findest du *keine* natürliche Zahl.

b.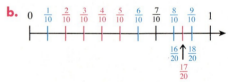

(1) Zwischen den gebrochenen Zahlen $\frac{1}{10}$ und $\frac{6}{10}$ findest du leicht mehrere gebrochene Zahlen, zum Beispiel $\frac{3}{10}$.

(2) Zwischen den gebrochenen Zahlen $\frac{8}{10}$ und $\frac{9}{10}$ findest du zwar keine gebrochene Zahl mit dem Nenner 10, aber zum Beispiel die gebrochene Zahl $\frac{17}{20}$.

Übungen

▲ **2.** Erweitere die Brüche $\frac{8}{10}$ und $\frac{9}{10}$ so, dass du zwischen $\frac{8}{10}$ und $\frac{9}{10}$

a. mindestens 2; **b.** mindestens 9; **c.** mindestens 1 000

gebrochene Zahlen leicht angeben könntest.

Vermischte Übungen

1. *Rechenschlange*
Berechne die fehlenden Zahlen.
Die Kopfzahl ist die Kontrollzahl.

2. a. $\frac{7}{8} \cdot \frac{5}{9}$ d. $\frac{32}{15} \cdot \frac{24}{5}$
$\frac{12}{13} \cdot \frac{26}{15}$ $\frac{17}{18} \cdot 54$

b. $\frac{15}{8} \cdot \frac{18}{20}$ e. $18 \cdot \frac{5}{9}$
$\frac{15}{17} \cdot \frac{21}{21}$ $18 : \frac{5}{9}$

c. $\frac{48}{27} \cdot \frac{56}{45}$ f. $\frac{56}{81} \cdot \frac{63}{72}$
$\frac{72}{49} \cdot \frac{63}{64}$ $\frac{56}{81} \cdot \frac{63}{72}$

3. a. $\frac{3}{4} \cdot \frac{2}{5}$ b. $\frac{7}{6} \cdot \frac{5}{6}$ c. $\frac{8}{9} \cdot \frac{4}{5}$ d. $\frac{5}{7} \cdot \frac{5}{6}$ e. $5\frac{1}{2} \cdot 1\frac{4}{10}$ f. $3\frac{1}{3} - 2\frac{2}{5}$
$\frac{3}{4} \cdot \frac{2}{5}$ $\frac{7}{6} + \frac{5}{6}$ $\frac{8}{9} + \frac{4}{5}$ $\frac{5}{7} - \frac{5}{6}$ $5\frac{1}{2} - 1\frac{4}{10}$ $3\frac{1}{3} : 2\frac{2}{5}$
$3\frac{3}{4} \cdot \frac{5}{2}$ $\frac{7}{6} : \frac{5}{6}$ $\frac{8}{9} \cdot \frac{4}{5}$ $\frac{5}{7} : \frac{5}{6}$ $5\frac{1}{2} : 1\frac{4}{10}$ $3\frac{1}{3} \cdot 2\frac{2}{5}$
$3\frac{3}{4} \cdot \frac{5}{2}$ $\frac{7}{6} - \frac{5}{6}$ $\frac{8}{9} - \frac{4}{5}$ $\frac{5}{7} + \frac{5}{6}$ $5\frac{1}{2} + 1\frac{4}{10}$ $3\frac{1}{3} + 2\frac{2}{5}$

4. Berechne.

a. $\frac{3}{4} \cdot \frac{4}{5} \cdot \frac{5}{6} \cdot \frac{6}{7}$ b. $\frac{4}{5} \cdot \frac{9}{42} \cdot \frac{7}{8} \cdot \frac{45}{54}$ c. $\frac{8}{9} \cdot \frac{15}{13} \cdot \frac{27}{35} \cdot \frac{26}{32}$ d. $\frac{6}{7} \cdot \frac{24}{35} \cdot \frac{21}{48} \cdot \frac{49}{54}$

5. a. $\left(\frac{2}{5}\right)^2$ b. $\left(4\frac{1}{2}\right)^2$ c. $\left(\frac{3}{4}\right)^3$ d. $\left(1\frac{1}{2}\right)^3$ e. $1 - \left(\frac{1}{3}\right)^2$ f. $\left(1\frac{1}{3}\right)^2 + 1\frac{2}{9}$ g. $\left(\frac{1}{2} - \frac{1}{3}\right)^2$

6. a. $\dfrac{3\frac{1}{2}}{1\frac{3}{7}}$ b. $\dfrac{8\frac{2}{11}}{18}$ c. $\dfrac{\frac{2}{5}+\frac{1}{8}}{\frac{9}{10}-\frac{3}{20}}$ d. $\dfrac{\frac{1}{12}:\left(\frac{7}{8}-\frac{5}{6}\right)}{5\frac{1}{7}-1\frac{1}{2}}$ e. $\dfrac{5\frac{3}{8}\cdot 1\frac{1}{3}+7\frac{1}{2}}{7\frac{1}{2}+5\frac{3}{8}:\frac{3}{4}}$

7. Setze anstelle von x eine passende Bruchzahl ein

a. $x \cdot \frac{5}{9} = \frac{35}{9}$ b. $\frac{3}{7} \cdot x = \frac{12}{7}$ c. $x : \frac{5}{9} = \frac{2}{7}$ d. $x \cdot \frac{7}{8} = 1$ e. $\frac{3}{4} \cdot x = \frac{2}{5}$
$x - \frac{5}{9} = \frac{5}{27}$ $\frac{3}{7} - x = \frac{3}{49}$ $\frac{3}{7} \cdot x = \frac{4}{5}$ $x : \frac{3}{4} = \frac{11}{19}$ $x - \frac{3}{4} = \frac{2}{5}$
$x + \frac{5}{9} = \frac{45}{72}$ $\frac{3}{7} - x = \frac{15}{42}$ $\frac{2}{3} + x = \frac{13}{17}$ $\frac{5}{8} + x = \frac{23}{29}$ $\frac{7}{8} : x = \frac{11}{12}$

8. a. Tanjas Mutter hat ihre Freundinnen mit Kindern zum Kaffee eingeladen. Ihre größte Kaffeekanne fasst $1\frac{3}{4}\,l$.
Tanjas Mutter muss die Kanne dreimal füllen, es bleibt nichts übrig.
Wie viel Kaffee wurde getrunken?

b. Die Kinder trinken 8 Flaschen Apfelsaft leer. Jede Flasche enthält $\frac{7}{10}\,l$ Saft.
Wie viel Liter Saft haben die Kinder getrunken?

c. Wurde mehr Kaffee oder mehr Saft getrunken? Begründe deine Antwort.

9. Frau Schmücker entdeckt im Schlussverkauf günstige Stoffangebote. Sie kauft $\frac{3}{4}$ m Baumwollstoff für ihre Tochter und für sich selbst $3\frac{1}{2}$ m Kleiderstoff. Der angebotene Gardinenrest ist ihr zu groß. Sie kauft nur $\frac{2}{3}$ des Restes.
Wie viel € muss Frau Schmücker bezahlen?

10. *Sonderangebot im Supermarkt*
  a. Frau Romanski kauft $\frac{3}{4}$ kg Kalbsbraten, $\frac{3}{8}$ kg Rinderrouladen und $1\frac{1}{2}$ kg Lammkeule.
  Wie viel € muss sie bezahlen?
  b. Stelle selbst weitere Fragen und beantworte sie.

▲ **11.** In einem Behälter sind $16\frac{1}{2}$ l Obstsaft. Wie viele $\frac{3}{4}$-l-Gläser kann man damit füllen?

12. Metzger Koch schneidet von einem $2\frac{1}{2}$ kg schweren Stück Schweinefleisch die Hälfte ab. Daraus schneidet er 8 gleich große Schnitzel.
Herr Kraft kauft davon 6 Schnitzel. 1 kg Schnitzel kostet 6,40 €.
Wie viel € muss Herr Kraft bezahlen?

13. Ein Buch ist genau $10\frac{2}{5}$ mm dick. Jeder der beiden Einbanddeckel ist $\frac{2}{5}$ mm dick. Das Buch hat 240 Seiten. (Das sind 120 Blätter).
Wie dick ist jedes Blatt?

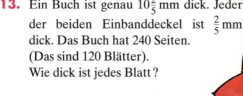
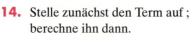

14. Stelle zunächst den Term auf; berechne ihn dann.
  a. Multipliziere die Summe aus $\frac{5}{9}$ und $\frac{5}{6}$ mit $\frac{2}{5}$.
  b. Dividiere 10 durch die Differenz aus $3\frac{1}{4}$ und $2\frac{3}{4}$.
  c. Subtrahiere das Produkt aus $\frac{3}{8}$ und $\frac{4}{9}$ von 1.
  d. Multipliziere die Differenz aus $\frac{2}{3}$ und $\frac{2}{5}$ mit der Summe aus $\frac{1}{4}$ und $\frac{3}{8}$.

15. a. Welche Bruchzahl muss man zu $\frac{3}{4}$ addieren, um $5\frac{1}{2}$ zu erhalten?
  b. Von welcher Bruchzahl muss man $\frac{1}{8}$ subtrahieren, um $4\frac{1}{2}$ zu erhalten?
  c. Mit welcher Bruchzahl muss man $\frac{2}{5}$ multiplizieren, um 1 zu erhalten?
  d. Welche Bruchzahl muss man durch $\frac{5}{8}$ dividieren, um $\frac{5}{8}$ zu erhalten?

16. Setze in den Term für a und b die Bruchzahlen ein. Rechne dann günstig.
  a. $a \cdot 1\frac{3}{5} - b \cdot 1\frac{3}{5}$; $a = 7\frac{4}{9}$, $b = 2\frac{4}{9}$
  b. $a : (\frac{2}{3} + 5 \cdot b)$; $a = 11\frac{4}{7}$, $b = \frac{5}{3}$
  c. $\frac{1}{2} - \frac{3}{5} \cdot (a \cdot \frac{2}{7}) : b$; $a = \frac{5}{3}$, $b = \frac{6}{7}$
  d. $\frac{1}{2} \cdot 5 + (a - b) \cdot 56$; $a = \frac{5}{8}$, $b = \frac{4}{7}$

Bist du fit?

1. Berechne. Kürze, wenn es möglich ist.

   a. $\frac{7}{8} \cdot 4$ b. $\frac{3}{4} : 5$ c. $\frac{24}{25} \cdot \frac{35}{36}$ d. $13 \cdot \frac{7}{26}$ e. $\frac{42}{35} : 21$ f. $\frac{35}{32} \cdot \frac{20}{42}$

   $7 \cdot \frac{8}{9}$ $\frac{3}{7} \cdot \frac{4}{5}$ $\frac{42}{25} \cdot \frac{56}{45}$ $\frac{15}{16} \cdot 24$ $\frac{42}{35} \cdot 21$ $\frac{35}{32} : \frac{20}{42}$

2. a. $7\frac{1}{2} \cdot 6\frac{2}{5}$ b. $6\frac{7}{8} \cdot 4\frac{4}{5}$ c. $2\frac{2}{15} \cdot \frac{16}{45}$ d. $3\frac{7}{9} : 5\frac{2}{3}$ e. $2\frac{2}{5} \cdot 1\frac{7}{8}$ f. $3\frac{2}{7} : 7\frac{2}{3}$

3. Wie viel sind
   a. $\frac{2}{5}$ von $\frac{3}{4}$ l b. $\frac{2}{3}$ von $\frac{4}{5}$ l c. $\frac{3}{4}$ von $\frac{1}{2}$ kg d. $\frac{1}{3}$ von $\frac{1}{4}$ h e. $\frac{4}{5}$ von $\frac{3}{4}$ m² f. $\frac{7}{8}$ von $\frac{4}{5}$ kg

4. a. Wie viel Liter Apfelsaft enthält eine Kiste mit 12 Flaschen zu je $\frac{3}{4}$ l?
   b. Wie viel Liter Wein enthält eine Kiste mit 6 Flaschen zu je $\frac{7}{10}$ l?
   c. Wie viel Liter Bier sind in 12 Gläsern zu je $\frac{3}{10}$ l?
   d. Wie viel Liter Mineralwasser enthält eine Kiste mit 12 Flaschen zu je $\frac{7}{10}$ l?

5. a. $\frac{143 + 57}{25}$ b. $\frac{221}{80 - 63}$ c. $\frac{1000 - 109}{72 + 27}$ d. $\frac{104 - 64}{15 \cdot 8}$ e. $\frac{37 + 15}{455 : 5}$

6. a. $\frac{5}{12} \cdot (\frac{8}{15} - \frac{2}{5})$ c. $8\frac{1}{2} - (3\frac{3}{4} + 2\frac{5}{8})$ e. $(4\frac{2}{3} - 1\frac{5}{6}) \cdot \frac{9}{17}$ g. $11\frac{1}{5} - 3\frac{1}{2} \cdot 2\frac{3}{7}$

   b. $(\frac{7}{20} + \frac{3}{4}) : \frac{11}{25}$ d. $\frac{4}{9} + \frac{2}{3} \cdot \frac{9}{10}$ f. $4\frac{3}{5} : (5\frac{1}{2} + 3\frac{7}{10})$ h. $\frac{7}{15} + 4\frac{1}{5} : 9\frac{1}{3}$

7. Rechne vorteilhaft.

   a. $4\frac{2}{5} + 2\frac{1}{3} + 3\frac{1}{10} + 1\frac{1}{9} + \frac{1}{18}$ b. $5\frac{1}{3} \cdot 2\frac{1}{9} \cdot 1\frac{1}{8}$ c. $2\frac{3}{8} \cdot 3\frac{1}{7} + 3\frac{1}{7} \cdot 4\frac{5}{8}$

8. In 1 l Kraftstoff für Mopeds sind $\frac{1}{26}$ l Öl. Wie viel l Öl sind in 5 l, $\frac{1}{2}$ l, $\frac{3}{4}$ l, $2\frac{1}{2}$ l, $3\frac{1}{4}$ l Kraftstoff?

9. Eine Warenlieferung besteht aus 7 Paketen zu je $2\frac{3}{4}$ kg und aus 9 Paketen zu je $1\frac{4}{5}$ kg.
   Wie groß ist das Gesamtgewicht?

10. Schuh- und Strumpfgrößen werden auch in Zoll angegeben.
    1 Zoll ist gleich etwa $2\frac{1}{2}$ cm.
    Gib für die Größen $7\frac{1}{2}$, 8, $8\frac{1}{2}$, $9\frac{1}{2}$ und $10\frac{1}{2}$ (in Zoll) die Fußlänge in cm an.

Im Blickpunkt

Zauberquadrate

Rechts seht ihr einen Ausschnitt aus Albrecht Dürers Kupferstich „Melancholie". Es handelt sich um ein **magisches Quadrat** (Zauberquadrat), das die Jahreszahl 1514, das Todesjahr seiner Mutter, enthält. Wenn man die Zahlen einer Reihe oder Spalte addiert, erhält man immer dieselbe Zahl als Summe.

Beispiele: $16 + 3 + 2 + 13 = 34$
$3 + 10 + 6 + 15 = 34$

Auch wenn man Zahlen längs einer Diagonalen addiert, erhält man 34.

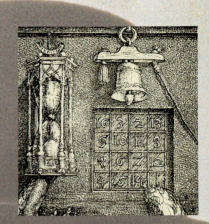

1. Prüft in Dürers Zauberquadrat nach, ob man in jeder Zeile, in jeder Spalte und in jeder Diagonalen die Zahl 34 als Summe erhält.

2. a. Prüft bei dem linken Quadrat nach, ob es sich um ein magisches Quadrat handelt.
   b. Im rechten magischen Quadrat fehlen einige Zahlen. Ergänzt sie.

3. a. Multipliziert jede Zahl des magischen Quadrates links mit der Zahl 5.
Überlegt: Ist das neue Quadrat wieder ein magisches Quadrat? Überprüft das durch Rechnung.
Gilt das auch für andere Zahlen als 5? Prüft das an weiteren Beispielen nach.

b. Addiert zu jeder Zahl des magischen Quadrates die Zahl 3.
Ist das neue Quadrat wieder ein magisches Quadrat?
Gilt das auch für andere Zahlen als 3? Prüft das nach.

4. a.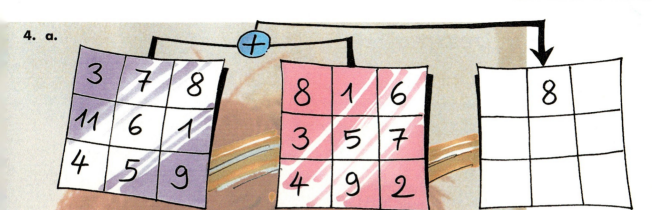

Füllt das dritte Quadrat nach folgender Regel aus: Zu jeder Zahl des ersten magischen Quadrates wird die Zahl des zweiten magischen Quadrates addiert, die im gleichen Feld steht. Entsteht wieder ein magisches Quadrat?

b. Ersetzt in Teilaufgabe a. plus durch mal. Entsteht wieder ein magisches Quadrat?

5. a. Rechts seht ihr ein magisches Quadrat mit Bruchzahlen. Rechnet nach, ob man in jeder Reihe, in jeder Spalte und in den beiden Diagonalen jeweils dieselbe Bruchzahl als Summe erhält.

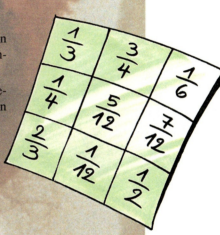

b. Tragt in das linke Quadrat geeignete Zahlen ein, sodass ein magisches Quadrat entsteht.

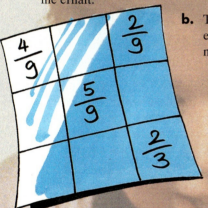

6. Entsteht wieder ein magisches Quadrat?

a. Dividiert jede Zahl des magischen Quadrates in Aufgabe 5.a. durch 3.

b. Multipliziert jede Zahl des magischen Quadrates in Aufgabe 5.a. mit $\frac{3}{4}$.

c. Nehmt die beiden magischen Quadrate aus 5. und verfahrt wie in Aufgabe 4.

Dezimalbrüche

Ski-Weltmeisterschaft St. Anton
Abfahrtslauf Damen 10.02.2001

1. M. Dorfmeister (AUT)	1 min 36,20 s
2. R. Goetschl (AUT)	1 min 36,34 s
3. S. Heregger (AUT)	1 min 36,37 s
4. C. Rey Bellet (SUI)	1 min 36,90 s
5. I. Kostner (ITA)	1 min 37,00 s
6. H. Gerg (GER)	1 min 37,02 s

„Nicht einmal ein Wimpernschlag liegt zwischen Gold und Bronze."

Das war die Überschrift zu einem Artikel über den Ausgang des Abfahrtslauf der Damen bei der Weltmeisterschft in St. Anton 2001.

Kannst du dir denken, was der Schreiber damit ausdrücken wollte?

Der Wimpernschlag wird oft als Vergleich genommen, wenn wir etwas von sehr kurzer Dauer ausdrücken wollen. Das Zwinkern, das ist ja mit dem Wimpernschlag gemeint, ist eine der schnellsten Bewegungen, zu der wir fähig sind. Versuche einmal mit der Stoppuhr das Zwinkern deines Nachbarn zu messen.

Du kannst dein Ergebnis mit genauen Messungen vergleichen, bei denen man das Zwinkern gemessen hat. Der ganze Vorgang dauert 0,4 Sekunden. In der Abbildung kannst du ablesen, wie lange die einzelnen Phasen des Zwinkerns dauern.

senken 0,08 sek

geschlossen 0,15 sek

• Welches ist die kürzeste Zeitspanne, die du persönlich mit der Stoppuhr messen kannst? Du musst zum Messen Start- und Stopptaste so schnell wie möglich hintereinander drücken.

offen 0,17 sek

Bist du schneller als ein Wimpernschlag?

Dezimale Schreibweise für Bruchzahlen

500 m (1. Lauf) WM 2001
1. C. LeMay-Doan (CAN)   37,43 s
2. S. Zhurova (RUS)   37,69 s
3. M. Garbrecht-Enfeld (GER) 37,71 s

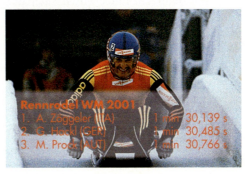

Rennrodel WM 2001
1. A. Zöggeler (ITA)   1 min 30,139 s
2. G. Hackl (GER)   1 min 30,485 s
3. M. Prock (AUT)   1 min 30,766 s

Dezimale Schreibweise für Zehntel, Hundertstel, Tausendstel, …

Aufgabe

1. Bei sportlichen Wettkämpfen wird der 1. Platz, 2. Platz, 3. Platz, … so genau wie möglich ermittelt.

  a. Es ist darum oft zu ungenau, Zeitspannen in ganzen Sekunden anzugeben.
  Wie kann man die Genauigkeit erhöhen?
  Denke an die Stoppuhr im Sportunterricht.
  Was bedeutet die Angabe 7,8 s auf der Stoppuhr?

  b. Sieh dir die Zeitangaben in den Bildern oben an.
  Die Zeitangaben (in Sekunden) enthalten ein Komma.
  Was bedeuten die Ziffern links vom Komma?
  Was bedeuten die Ziffern rechts vom Komma?

  Anleitung: Trage die Zeitangaben (in Sekunden) in eine Stellentafel ein. Damit du für die Ziffern rechts vom Komma Platz hast, musst du die Stellentafel nach rechts erweitern.
  Überlege dabei, welchen Wert die Ziffern in den Tabellenspalten haben.

  c. Schreibe die Zeitspannen mit einem Bruch (in gemischter Schreibweise).

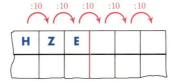

Lösung

a. 1 Sekunde wird in 10 gleich große Teile zerlegt.
Es gilt: 1 Sekunde = 10 zehntel Sekunden.
Für die zehntel Sekunde schreibt man: $\frac{1}{10}$ s = 0,1 s; $\frac{2}{10}$ s = 0,2 s; usw.
7,8 Sekunden bedeutet:
7 ganze Sekunden und 8 zehntel Sekunden, kurz 7,8 s = $7\frac{8}{10}$ s

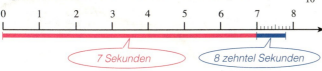

b. Angaben in zehntel Sekunden sind bei vielen Sportarten, z.B. beim Eisschnelllauf, oft nicht genau genug um den Sieger zu bestimmen.
1 zehntel Sekunde wird deshalb in 10 gleich große Teile zerlegt;
jeder Teil ist 1 hundertstel Sekunde.
Man schreibt: $\frac{1}{100}$ s = 0,01 s

Beim Rennrodeln gibt man die Zeitspannen noch genauer an.
1 hundertstel Sekunde wird in 10 gleich große Teile zerlegt;
jeder Teil ist 1 tausendstel Sekunde.
Man schreibt: $\frac{1}{1000}$ s = 0,001 s

Z	E	$\frac{1}{10}$	$\frac{1}{100}$	$\frac{1}{1000}$	
3	7	4	3		37,43 s = 37 s + $\frac{4}{10}$ s + $\frac{3}{100}$ s
3	7	6	9		37,69 s = 37 s + $\frac{6}{10}$ s + $\frac{9}{100}$ s
3	7	7	1		37,71 s = 37 s + $\frac{7}{10}$ s + $\frac{1}{100}$ s
3	0	1	3	9	30,139 s = 30 s + $\frac{1}{10}$ s + $\frac{3}{100}$ s + $\frac{9}{1000}$ s
3	0	4	8	5	30,485 s = 30 s + $\frac{4}{10}$ s + $\frac{8}{100}$ s + $\frac{5}{1000}$ s
3	0	7	6	6	30,766 s = 30 s + $\frac{7}{10}$ s + $\frac{6}{100}$ s + $\frac{6}{1000}$ s

c. Umrechnung in Brüche (in gemischter Schreibweise):

$37,43$ s $= 37$ s $+ \frac{4}{10}$ s $+ \frac{3}{100}$ s
$= 37$ s $+ \frac{40}{100}$ s $+ \frac{3}{100}$ s
$= 37$ s $+ \frac{43}{100}$ s $= 37\frac{43}{100}$ s

$30,139$ s $= 30$ s $+ \frac{1}{10}$ s $+ \frac{3}{100}$ s $+ \frac{9}{1000}$ s
$= 30$ s $+ \frac{100}{1000}$ s $+ \frac{30}{1000}$ s $+ \frac{9}{1000}$ s
$= 30$ s $+ \frac{139}{1000}$ s $= 30\frac{139}{1000}$ s

Entsprechend findest du:
$37,69$ s $= 37\frac{69}{100}$ s
$37,71$ s $= 37\frac{71}{100}$ s

Entsprechend findest du:
$30,485$ s $= 30\frac{485}{1000}$ s
$30,766$ s $= 30\frac{766}{1000}$ s

Information

Dezimalbrüche

12,4; 40,33; 2,363 sind **Dezimalbrüche**.
Dezimalbrüche haben ein Komma.

40,33 wird gelesen:
vierzig Komma drei drei
2,363 wird gelesen:
zwei Komma drei sechs drei

Vor dem Komma stehen die Ganzen, hinter dem Komma stehen die Bruchteile eines Ganzen; der Reihe nach die Zehntel (z), Hundertstel (h), Tausendstel (t), Zehntausendstel (zt), ...

Z	E	z	h	t	zt	
	1	2	4			12,4 = 12 + $\frac{4}{10}$
	4	0	3	3		40,33 = 40 + $\frac{3}{10}$ + $\frac{3}{100}$
	2	6	0	8		26,08 = 26 + $\frac{0}{10}$ + $\frac{8}{100}$
	0	3	6	3		0,363 = 0 + $\frac{3}{10}$ + $\frac{6}{100}$ + $\frac{3}{1000}$
	7	0	5	7		7,057 = 7 + $\frac{0}{10}$ + $\frac{5}{100}$ + $\frac{7}{1000}$
	0	4	3	0	1	0,4301 = $\frac{4}{10}$ + $\frac{3}{100}$ + $\frac{0}{1000}$ + $\frac{1}{10000}$

Einer — Zehner — Zehntel — Hundertstel — Tausendstel — Zehntausendstel

Anmerkung: Brüche mit Zähler und Nenner (z.B. $\frac{3}{4}$; $\frac{7}{10}$) heißen *gewöhnliche Brüche*.

2. Zerlege die Zeitspannen in ganze, zehntel, hundertstel Sekunden.
Gib die Zeitspannen dann mit einem gewöhnlichen Bruch
(in gemischter Schreibweise) an.

Zum Festigen und Weiterarbeiten

a. *Olympische Spiele in Sydney 2000:*

100 m Frauen M. Jones (USA)	10,75 s
200 m Frauen M. Jones (USA)	21,84 s
100 m Männer M. Greene (USA)	9,87 s
200 m Männer K. Kenteris (GRE)	20,09 s

b. 14,357 s; 31,045 s; 25,902 s; 18,006 s; 20,165 s; 10,027 s

3. Gib die Größen in gewöhnlicher Bruchschreibweise an. Schreibe wie im Beispiel.

a. 2,627 m
6,104 m
8,510 m

b. 3,009 m
0,447 m
12,328 m

$7 \text{ m} + \frac{3}{10} \text{ m} + \frac{5}{100} \text{ m} + \frac{8}{1000} \text{ m}$
$= 7 \text{ m} + 3 \text{ dm} + 5 \text{ cm} + 8 \text{ mm}$
$= 7 \frac{358}{1000} \text{ m}$

	dm	cm	mm
	$\frac{1}{10}$ m	$\frac{1}{100}$ m	$\frac{1}{1000}$ m
E	z	h	t
7	3	5	8

dezi – zehntel
centi – hundertstel
milli – tausendstel

4. Gib die Größen in gewöhnlicher Bruchschreibweise an.

a. 14,3 cm
9,1 cm
19,8 cm
10,7 cm

b. 0,72 m
2,15 m
3,09 m
1,40 m

c. 2,355 km
0,975 km
1,007 km
0,058 km

d. 5,465 kg
10,235 kg
1,038 kg
0,005 kg

$5,3 \text{ cm} = 5\frac{3}{10} \text{ cm}$
$2,14 \text{ cm} = 2\frac{14}{100} \text{ cm}$
$0,378 \text{ cm} = \frac{378}{1000} \text{ cm}$

5. Mit Dezimalbrüchen kann man sehr kleine Zahlen schreiben.

▲ Spinnwebfaden
0,005 mm dick

▲ Haarwuchs
0,00002 cm pro min

Bakterien ►
ca. 0,0005 mm

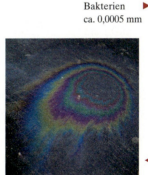
◄ Dicke eines Ölflecks
0,000001 mm

Trage die Dezimalbrüche in eine Stellentafel ein. Schreibe auch als gewöhnliche Brüche.

6. Zerlege die Dezimalbrüche in Ganze, Zehntel, Hundertstel, Tausendstel, …
Rechne sie in einen gewöhnlichen Bruch um.
Du kannst die Dezimalbrüche zuvor in eine Stellentafel eintragen.

a. 0,358
3,752
7,374

b. 0,535
1,135
9,407

c. 4,083
4,803
4,83

d. 0,300
0,030
0,003

e. 1,07
1,702
1,0708

f. 0,1400
3,5208
8,32754

Kapitel 5

7. Rechne in einen Dezimalbruch um. Beachte das Beispiel.

a. $\frac{27}{100}$ b. $\frac{7}{10}$ c. $3\frac{253}{1000}$ d. $\frac{12}{10}$ e. $\frac{855}{1000}$ f. $\frac{80}{10000}$

$1\frac{25}{100}$ $2\frac{1}{10}$ $5\frac{517}{1000}$ $\frac{278}{100}$ $\frac{89}{1000}$ $\frac{407}{100000}$

$$\frac{473}{1000} = \frac{400}{1000} + \frac{70}{1000} + \frac{3}{1000}$$
$$= \frac{4}{10} + \frac{7}{100} + \frac{3}{1000}$$
$$= 0{,}473$$

Übungen

8. Notiere die Dezimalbrüche. Schreibe die Zahlen dann als Bruch.

a.
E	z	h
4	8	2
6	7	1
3	0	6

b.
E	z	h	t
4	5	6	3
7	0	3	1
0	4	5	8

c.
E	z	h	t	zt	ht
0	3	6	9	0	1
7	0	1	4	7	5
2	4	0	0	6	7

$$0{,}7506$$
$$= \frac{7}{10} + \frac{5}{100} + \frac{0}{1000} + \frac{6}{10000}$$
$$= \frac{7506}{10000}$$

9. Zerlege in Ganze, Zehntel, Hundertstel, Tausendstel, ...

a. 17,856 b. 3,145 c. 0,069 d. 0,8472 e. 4,51072 f. 3,0658
3,057 6,078 13,005 0,5319 0,081463 7,51203

10. Verwandle die Dezimalbrüche in gewöhnliche Brüche.

a. 0,6 b. 0,536 c. 0,0066 d. 0,00845 e. 0,010055 f. 3,067895
1,75 0,135 1,2357 0,02408 0,007645 10,450071
0,25 15,4 2,0408 0,30061 0,080473 0,02307
0,2 0,713 12,0453 0,62538 0,025010 0,03579

11. Gib die Größen mit gewöhnlichen Brüchen an.

a. 8,4 cm b. 14,75 m c. 3,045 kg d. 3,45 m² e. 12,34 cm² f. 6,350 m³
10,1 cm 2,56 m 1,408 kg 0,86 m² 1,71 cm² 1,759 m³
0,6 cm 0,48 m 3,450 kg 1,05 m² 0,75 cm² 0,985 m³
4,5 cm 4,25 m 0,925 kg 0,09 m² 3,65 cm² 2,075 m³

12. Schreibe die Summe als Dezimalbruch. Beachte das Beispiel rechts.

$$\frac{3}{10} + \frac{7}{100} + \frac{6}{1000} = \frac{376}{1000} = 0{,}376$$

a. $\frac{4}{10} + \frac{9}{100} + \frac{2}{1000}$ b. $\frac{3}{10} + \frac{7}{1000}$

$\frac{5}{10} + \frac{1}{100} + \frac{9}{1000}$ $\frac{6}{10} + \frac{9}{100}$

$\frac{9}{10} + \frac{5}{100} + \frac{4}{1000}$ $\frac{8}{100} + \frac{6}{1000}$

c. $2 + \frac{1}{10} + \frac{2}{100} + \frac{4}{1000}$ d. $\frac{8}{100} + \frac{3}{1000}$

$10 + \frac{4}{10} + \frac{6}{100} + \frac{3}{1000}$ $6 + \frac{4}{10} + \frac{1}{1000}$

13. Verwandle in einen Dezimalbruch. Wie erkennst du am Nenner, wie viele Stellen der Dezimalbruch nach dem Komma hat?

a. $\frac{73}{100}$; $\frac{485}{1000}$; $\frac{105}{1000}$; $\frac{376}{1000}$; $\frac{95}{100}$; $\frac{96}{1000}$
e. $\frac{3}{10000}$; $\frac{5}{10000}$; $\frac{6}{100000}$; $\frac{1}{1000000}$

b. $\frac{7}{1000}$; $\frac{60}{1000}$; $\frac{92}{1000}$; $\frac{270}{1000}$; $\frac{8}{100}$
f. $\frac{12}{10000}$; $\frac{25}{100000}$; $\frac{715}{10000}$; $\frac{3905}{100000}$

c. $2\frac{9}{10}$; $1\frac{4}{100}$; $12\frac{75}{1000}$; $3\frac{5}{1000}$; $4\frac{671}{1000}$
g. $5\frac{7568}{10000}$; $9\frac{5106}{100000}$; $43\frac{85625}{1000000}$

d. $\frac{358}{100}$; $\frac{639}{100}$; $\frac{82}{10}$; $\frac{184}{100}$; $\frac{108}{100}$; $\frac{99}{10}$; $\frac{1025}{1000}$
h. $\frac{1295}{1000}$; $\frac{35806}{1000}$; $\frac{90656}{10000}$; $\frac{250495}{100000}$; $\frac{189807}{10000}$

Umformen von gewöhnlichen Brüchen in Dezimalbrüche durch Erweitern oder Kürzen

Aufgabe

1. a. Für ein Klassenfest kauft Tanja in einem Getränkemarkt Apfelsaft. Sie entdeckt Apfelsaftflaschen mit unterschiedlichen Literangaben. In welche der beiden Flaschen passt mehr Saft?
Anleitung: Um die beiden Angaben vergleichen zu können, rechne $\frac{3}{4}$ in einen Dezimalbruch um.
Vergleiche dann mit 0,7.

b. Rechne in Dezimalbrüche um:
$\frac{2}{5}$; $1\frac{1}{4}$; $\frac{1}{8}$; $\frac{36}{40}$.

c. Versuche den Bruch $\frac{1}{3}$ durch passendes Erweitern in einen Dezimalbruch umzurechnen.

Lösung

a. Du musst $\frac{3}{4}$ auf einen Bruch mit dem Nenner 10, 100, 1000, ... erweitern.

Versuche zunächst $\frac{3}{4}$ auf Zehntel zu erweitern: $\frac{3}{4} = \frac{6}{8} = \frac{9}{12}$. Das gelingt nicht.

Erweitere $\frac{3}{4}$ jetzt auf Hundertstel: $\frac{3}{4} = \frac{3 \cdot 25}{4 \cdot 25} = \frac{75}{100} = 0{,}75$.

Vergleiche nun die Literangaben: $\frac{3}{4} > 0{,}7$; denn $0{,}75 > 0{,}7$.

Ergebnis: In die $\frac{3}{4}$-l-Flasche passt mehr als in die 0,7-l-Flasche.

b. Erweitere oder kürze zunächst passend

auf Zehntel:	auf Hundertstel:	auf Tausendstel:	auf Zehntel:
$\frac{2}{5} = \frac{4}{10} = 0{,}4$	$1\frac{1}{4} = 1\frac{25}{100} = 1{,}25$	$\frac{1}{8} = \frac{125}{1000} = 0{,}125$	$\frac{36}{40} = \frac{9}{10} = 0{,}9$

c. $\frac{1}{3}$ kann man nicht auf Zehntel, Hundertstel, Tausendstel, ... erweitern. Warum nicht?
Überlege dir: 10, 100, 1000, ... sind keine Vielfachen von 3. Den Bruch $\frac{1}{3}$ kann man daher durch Erweitern nicht in einen Dezimalbruch umformen.

---

(1) Umformen von gewöhnlichen Brüchen in Dezimalbrüche

Man erweitert oder kürzt den Bruch auf Zehntel, Hundertstel, Tausendstel, ... und schreibt dann den Dezimalbruch.

(2) Bezeichnungen für Bruchzahlen

Dezimalbrüche und gewöhnliche Brüche sind Bezeichnungen für Bruchzahlen.

Merke:
$\frac{1}{2} = 0{,}5 \qquad \frac{1}{5} = 0{,}2$
$\frac{1}{4} = 0{,}25 \qquad \frac{2}{5} = 0{,}4$
$\frac{3}{4} = 0{,}75 \qquad \frac{1}{8} = 0{,}125$

Kapitel 5

Zum Festigen und Weiterarbeiten

2. Forme in einen Dezimalbruch um.
Bei welchen Brüchen von Teilaufgabe d. gelingt das nicht? Warum?

a. $\frac{4}{5}; \frac{5}{4}; \frac{3}{5}; \frac{7}{10}$
b. $1\frac{1}{5}; 3\frac{3}{4}; 4\frac{1}{8}; 2\frac{57}{100}$
c. $\frac{18}{30}; \frac{49}{70}; \frac{36}{400}; \frac{60}{300}$
d. $\frac{5}{8}; \frac{13}{125}; \frac{2}{3}; \frac{1}{6}$

Übungen

3. Verwandle in einen Dezimalbruch.

a. $\frac{9}{20}; \frac{6}{25}; \frac{6}{5}; \frac{13}{25}; \frac{17}{20}; \frac{7}{8}; \frac{24}{50}; \frac{17}{50}; \frac{7}{4}$
b. $1\frac{3}{4}; 4\frac{1}{4}; 5\frac{7}{8}; 10\frac{3}{5}; 1\frac{7}{20}; 3\frac{1}{2}; 3\frac{11}{25}; 12\frac{3}{8}$
c. $\frac{1}{5}; \frac{3}{4}; \frac{3}{2}; \frac{4}{5}; \frac{7}{10}; \frac{1}{20}; \frac{1}{8}; \frac{3}{8}; \frac{1}{25}; \frac{1}{50}; \frac{1}{100}$
d. $\frac{27}{30}; \frac{24}{40}; \frac{48}{60}; \frac{24}{30}; \frac{20}{80}; \frac{110}{200}; \frac{21}{300}; \frac{180}{300}; \frac{84}{400}$
e. $\frac{23}{125}; \frac{7}{125}; \frac{11}{50}; \frac{19}{250}; \frac{74}{500}; \frac{49}{50}; \frac{221}{250}; \frac{176}{500}$
f. $\frac{24}{64}; \frac{84}{56}; \frac{45}{180}; \frac{27}{72}; \frac{21}{35}; \frac{36}{48}; \frac{21}{24}; \frac{27}{45}; \frac{28}{80}$

4. Welche Zahlen sind gleich? Schreibe Gleichungen: $\frac{1}{4} = 0{,}25; \ldots$

a. $\frac{1}{4}$; $\frac{1}{25}$; $\frac{7}{10}$; $\frac{4}{5}$; $\frac{1}{20}$; $\frac{1}{5}$
  0,04; 0,8; 0,25; 0,7; 0,2; 0,05

b. $\frac{1}{8}$; $\frac{3}{4}$; $\frac{3}{8}$; $\frac{7}{8}$; $2\frac{5}{8}$
  0,75; 2,625; 0,125; 0,875; 0,375

c. $2\frac{1}{4}$; $3\frac{3}{4}$; $3\frac{1}{2}$; $2\frac{1}{5}$; $2\frac{4}{5}$; $3\frac{1}{8}$
  2,8; 3,5; 2,25; 2,2; 3,75; 3,125

5. Zu jedem Dezimalbruch gehört ein gewöhnlicher Bruch. Übertrage die Tabelle in dein Heft und ergänze sie.

$\frac{1}{100}$	$\frac{1}{10}$	$\frac{1}{8}$	$\frac{1}{5}$	$\frac{1}{4}$	$\frac{3}{10}$	$\frac{3}{8}$	$\frac{2}{5}$	$\frac{1}{2}$	$\frac{3}{5}$	$\frac{5}{8}$	$\frac{7}{10}$	$\frac{3}{4}$	$\frac{4}{5}$	$\frac{7}{8}$	$\frac{9}{10}$
0,01															

6. Welche Brüche kannst du durch Erweitern (oder Kürzen) in einen Dezimalbruch umformen? Welche Brüche kannst du nicht in einen Dezimalbruch umformen?

a. $\frac{3}{25}; \frac{1}{40}; \frac{2}{3}; \frac{1}{9}; \frac{3}{12}$
b. $\frac{3}{5}; \frac{3}{15}; \frac{5}{15}; \frac{8}{12}; \frac{18}{24}$
c. $3\frac{2}{5}; 5\frac{5}{6}; 1\frac{11}{20}; 7\frac{7}{8}; 2\frac{1}{8}$

7. In den 36 Feldern findest du jeweils vier Brüche mit demselben Wert. Schreibe sie als Gleichungskette heraus.

$$\frac{1}{5} = 0{,}2 = \frac{20}{100} = 0{,}200$$

$\frac{1}{4}$	0,75	$\frac{25}{100}$	$\frac{15}{40}$	0,5	$\frac{750}{1000}$
$\frac{7}{14}$	$\frac{1}{2}$	0,28	$\frac{60}{1000}$	0,65	$\frac{60}{100}$
0,50	$\frac{280}{1000}$	$\frac{3}{4}$	0,600	$\frac{650}{1000}$	$\frac{3}{50}$
$\frac{13}{20}$	$\frac{75}{1000}$	0,075	$\frac{3}{5}$	0,375	$\frac{3}{40}$
0,650	$\frac{3}{12}$	$\frac{75}{100}$	0,06	$\frac{3}{8}$	$\frac{375}{1000}$
0,6	$\frac{15}{200}$	0,25	$\frac{21}{75}$	$\frac{7}{25}$	0,060

Kapitel 5

8. Notiere auf der linken Seite deines Heftes 15 Dezimalbrüche oder gewöhnliche Brüche untereinander und auf der rechten Seite in anderer Reihenfolge die zugehörigen umgewandelten Brüche ebenfalls untereinander.
Tauscht die Hefte aus und ordnet durch Pfeile die Dezimalbrüche den gewöhnlichen Brüchen mit demselben Wert zu.
Wer schafft es fehlerfrei?

Teamarbeit

9. *Gleich und Gleich gesellt sich gern*
Für dieses Spiel benötigt ihr 32 Karten. Auf jede Karte schreibt ihr eine Zahl. Wählt dazu die 16 Zahlen und ihre Partnerzahlen aus Aufgabe 5.
Sortiert die Karten nach Brüchen und Dezimalbrüchen und mischt die beiden Stapel. Der Stapel mit den Brüchen wird verdeckt auf den Tisch gelegt, der andere gleichmäßig an die Mitspieler verteilt. Jetzt deckt ihr die obere Karte auf. Der Mitspieler, der den gleichwertigen Dezimalbruch auf der Hand hat, legt ihn offen daneben. Jetzt wird die nächste Karte aufgedeckt.
Wer zuerst alle Karten ablegen konnte, hat gewonnen.

Spiel (2 oder 4 Spieler)

Dezimalbrüche auf Skalen – Zahlenstrahl

1. a. Laura liegt mit Fieber im Bett. Heute hat sie viermal mit einem Fieberthermometer ihre Temperatur gemessen. Lies die Temperaturen ab.
Beachte: Die Skala ist in zehntel Grad unterteilt.
Gib die Temperaturen auch mit einem Bruch (in gemischter Schreibweise) an.

Aufgabe

b. Auch auf dem Lineal befindet sich eine Skala.
Wie ist diese Skala unterteilt?

c. Wenn bei einer Skala die Abstände groß genug sind, kann man auch die Striche für die Zehntel und sogar für die Hundertstel eintragen.

Welche Zahlen gehören zu den roten Strichen A bis F?
Schreibe sie als Dezimalbruch und als gewöhnlichen Bruch: $0,1 = \frac{1}{10}; \ldots$

d. Zeichne eine Skala von 0 bis 1,5. Wähle von 0 bis 1 den Abstand 1 dm.
Zeichne die Striche für die Zehntel und Hundertstel ein. Markiere rot:
0,73;   0,24;   0,09;   0,83;   0,7;   0,46;   0,5;   0,35;   1,25;   1,06;   1,17.

Lösung

a. $37{,}8\,°C = 37\tfrac{8}{10}\,°C$; $38{,}9\,°C = 38\tfrac{9}{10}\,°C$; $39{,}7\,°C = 39\tfrac{7}{10}\,°C$; $40{,}1\,°C = 40\tfrac{1}{10}\,°C$

b. Die Skala auf dem Lineal ist in zehntel Zentimeter unterteilt.

c. A: $0{,}18 = \tfrac{18}{100}$ C: $0{,}62 = \tfrac{62}{100}$ E: $1{,}07 = \tfrac{107}{100}$

  B: $0{,}45 = \tfrac{45}{100}$ D: $0{,}88 = \tfrac{88}{100}$ F: $1{,}10 = \tfrac{110}{100}$

d.
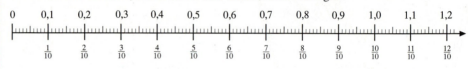

Information

Auf einer Skala sind die Zahlen wie auf dem Zahlenstrahl dargestellt.
Bei passender Vergrößerung der Abstände kann man auf dem Zahlenstrahl auch die Striche für die Zehntel, Hundertstel und Tausendstel eintragen.

Zum Festigen und Weiterarbeiten

2. Bei einem 50-m-Lauf wurden mit einer Stoppuhr die Zeiten gemessen.
Lies die Zeiten ab und schreibe sie mit einem Dezimalbruch.

(1)    (2)    (3)    (4)

3. Zeichne einen Zahlenstrahl von 0 bis 1,5. Wähle von 0 bis 1 den Abstand 1 dm.
Trage die Striche für die Zehntel und Hundertstel ein.
Markiere die folgenden Zahlen mit roten Strichen. Notiere dann die Zahlen am Zahlenstrahl als gewöhnliche Brüche und als Dezimalbrüche.

a. 0,8; 0,55; 0,93; 1,05; 1,25   **c.** $\tfrac{1}{2}$; $\tfrac{1}{4}$; $\tfrac{3}{4}$; $1\tfrac{1}{2}$; $1\tfrac{1}{4}$; $\tfrac{1}{10}$

b. 0,73; 1,1; 0,61; 1,46; 0,23; 0,04   **d.** $\tfrac{3}{10}$; $\tfrac{1}{5}$; $\tfrac{3}{5}$; $\tfrac{2}{5}$; $\tfrac{4}{4}$; $1\tfrac{1}{10}$; 1

4. Welche Zahlen gehören zu den roten Strichen?
Gib sie als Dezimalbruch und als gewöhnlichen Bruch (in gemischter Schreibweise) an.

Übungen

5. Mit einem Messzylinder kann man das Volumen von Flüssigkeiten bestimmen. Wie viel Liter sind in dem Messzylinder? Schreibe mit einem Dezimalbruch.

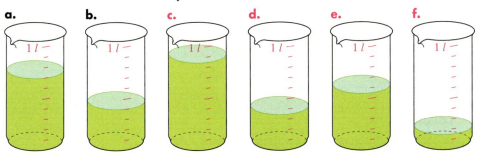

6. Wie viel Liter Wasser sind in dem Messzylinder? Schreibe mit einem Dezimalbruch.

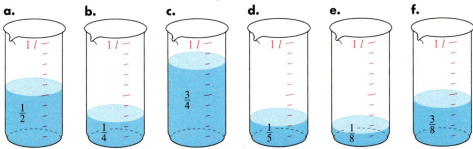

▲ **7.** Fülle einen Messbecher zu einem Drittel [zu zwei Dritteln] mit Wasser. Welchen Dezimalbruch kann man dafür schreiben?

8. Welche Zahlen gehören zu den roten Strichen? Gib sie als Dezimalbruch und als gewöhnlichen Bruch (in gemischter Schreibweise) an.

9. Schreibe die angezeigten Zahlen als Dezimalbruch und als gewöhnlichen Bruch auf.

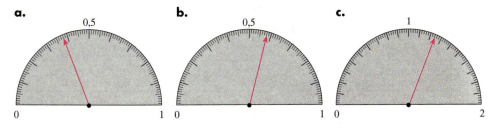

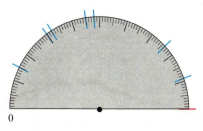

10. Auf der Skala sind (außer der 0) keine Zahlen eingetragen.

  a. Der rote Strich soll die Zahl 1 markieren. Welche Zahlen zeigen die blauen Striche an?

  b. Angenommen, der rote Strich markiert die Zahl 0,1. Welche Zahlen zeigen nun die blauen Striche an?

Vergleichen von Dezimalbrüchen
Endnullen bei Dezimalbrüchen

Aufgabe

1. **a.** Vergleiche die Zahlen 0,500 und 0,5. Tom behauptet: „0,500 ist größer als 0,5."
Was meinst du dazu?
   b. Begründe: $0,7 = 0,70 = 0,700 = 0,7000$

   Lösung

   a. Schreibe die beiden Zahlen als gewöhnliche Brüche:
   $0,500 = \frac{500}{1000} = \frac{5}{10}$; $0,5 = \frac{5}{10}$
   Die beiden Zahlen sind gleich. Toms Behauptung ist falsch.

   b. An der Stellentafel erkennst du:
   $0,7 \quad = \frac{7}{10}$
   $0,70 \quad = \frac{7}{10} + \frac{0}{100} = \frac{7}{10}$
   $0,700 \quad = \frac{7}{10} + \frac{0}{100} + \frac{0}{1000} = \frac{7}{10}$
   $0,7000 = \frac{7}{10} + \frac{0}{100} + \frac{0}{1000} + \frac{0}{10000} = \frac{7}{10}$

E	z	h	t	zt
0	7			
0	7	0		
0	7	0	0	
0	7	0	0	0

   Die Zahlen sind gleich. Es gilt: $0,7 = 0,70 = 0,700 = 0,7000$

Information

> Wenn man bei einem Dezimalbruch *Endnullen* anhängt oder weglässt, dann bleibt der Wert unverändert.
>
> *Beispiel:* $0,4 = 0,40 = 0,400 = 0,4000 = 0,40000 = \ldots$

Zum Festigen und Weiterarbeiten

2. Schreibe die Dezimalbrüche mit möglichst wenigen Ziffern.
0,37500; 0,5000; 1,070; 0,6500; 0,053; 0,070; 0,004; 0,5050; 7,0400; 0,00300.

3. **a.** Was hat das *Anhängen von Endnullen* mit dem *Erweitern von Brüchen* zu tun?

   b. Was hat das *Weglassen von Endnullen* mit dem *Kürzen von Brüchen* zu tun?

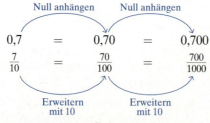

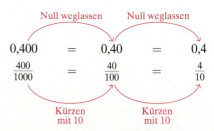

Zeichne ein entsprechendes Schema für:
(1) $0,2 = 0,20 = 0,200 = 0,2000$
(2) $0,8 = 0,800$

Zeichne ein entsprechendes Schema für:
(1) $0,5000 = 0,500 = 0,50 = 0,5$
(2) $0,9000 = 0,9$

4. Was bedeuten die Angaben auf den Wegweisern?
Hänge so viele Endnullen an, dass man die kleinere Maßeinheit ablesen kann. Schreibe dann in der kleineren Einheit.

$$1{,}6 \text{ km} = 1{,}600 \text{ km} = 1 \text{ km } 600 \text{ m}$$

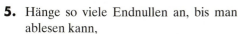

5. Hänge so viele Endnullen an, bis man ablesen kann,

$$3{,}5 \text{ km} = 3{,}500 \text{ km} = 3 \text{ km } 500 \text{ m}$$

- **a.** wie viel m es nach dem Komma sind: 2,4 km; 4,7 km; 2,75 km;
- **b.** wie viel kg es nach dem Komma sind: 2,3 t; 1,45 t; 0,85 t;
- **c.** wie viel g es nach dem Komma sind: 3,6 kg; 4,85 kg; 1,3 kg;
- **d.** wie viel dm² es nach dem Komma sind: 15,3 m²; 8,7 m²; 2,9 m²;
- **e.** wie viel mg es nach dem Komma sind: 2,9 g; 1,44 g; 13,6 g;
- **f.** wie viel m*l* es nach dem Komma sind: 8,6 *l*; 2,5 *l*; 1,8 *l*.

Übungen

6. Lass überflüssige Nullen fort.

$$0{,}4600 = 0{,}46$$

- **a.** 0,800; 0,750; 0,0705; 0,0005; 1,5000
- **b.** 1,0500; 3,1060; 5,00600; 0,0006; 0,0040
- **c.** 0,500200; 0,8800; 0,03005; 0,707000
- **d.** 0,0700; 0,01070; 1,04500; 2,505000

7. Welche Zahlen sind gleich?
- **a.** 0,5; 0,500; 0,05; 0,50; 0,050; 0,5000
- **b.** 0,40; 0,4000; 0,04; 0,004; 0,040; 0,4
- **c.** 0,003; 0,300; 0,030; 0,0030; 0,30; 0,3
- **d.** 0,1; 0,01; 0,10; 0,001; 0,100; 0,010

8. Hänge Endnullen an, sodass man die kleinere Einheit ablesen kann. Schreibe dann in der kleineren Maßeinheit.

$$1{,}7 \text{ km} = 1{,}700 \text{ km} = 1\,700 \text{ m}$$
$$2{,}5 \text{ m}^2 = 2{,}50 \text{ m}^2 = 250 \text{ dm}^2$$

a.	c.	e.	g.	i.
0,4 km	2,3 g	3,2 t	1,4 km²	0,4 *l*
0,52 km	0,03 g	10,2 t	3,8 km²	0,25 *l*
1,05 km	5,5 g	3,75 t	0,9 km²	1,2 *l*
b.	**d.**	**f.**	**h.**	**j.**
4,65 kg	1,5 kg	1,8 m²	11,4 a	2,6 cm³
0,7 kg	3,88 kg	7,3 m²	6,3 a	8,25 cm³
2,08 kg	0,75 kg	0,8 m²	4,5 ha	10,3 cm³

9. Hänge so viele Endnullen an, dass du die kleinere Maßeinheit leicht ablesen kannst wie in Aufgabe 8.
Schreibe dann in der kleineren Maßeinheit.

Vergleichen und Ordnen von Dezimalbrüchen

Aufgabe

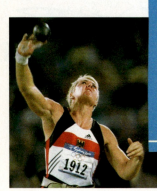

Cumba (Kuba)	18,70 m
Kleinert-Schmitt (Deutschland)	18,49 m
Korolschik (Weißrussland)	20,56 m
Kriweljewa (Russland)	19,37 m
Kumbernuss (Deutschland)	19,62 m
Ouzouni (Griechenland)	18,63 m
Peleschenko (Russland)	19,92 m
Zabawska (Polen)	19,18 m

1. a. Bei den Olympischen Spielen in Sydney 2000 wurden die angegebenen Weiten im Kugelstoßen der Frauen erreicht.
Wer erhielt die Goldmedaille? Wer erhielt die Silbermedaille, wer die Bronzemedaille? Wer kam auf Platz 4, wer auf Platz 5 usw.?

b. Ordne folgende Dezimalbrüche nach ihrer Größe. Beginne mit dem kleinsten. Überlege, wie du vorgehst.
1,746; 0,45; 1,742; 1,71; 1,455

Lösung

Z	E	z	h
1	9	1	8
1	9	3	7
1	9	6	2
1	9	9	2

a. Da alle Längenangaben in Metern sind, musst du nur die Dezimalbrüche nach ihrer Größe ordnen. Vergleiche zuerst die Ganzen vor dem Komma. Bei den Dezimalbrüchen 19,37; 19,62; 19,92; 19,18 stimmen die Ganzen überein. Vergleiche daher die Bruchteile.
Vergleiche ebenso die Bruchteile bei den Dezimalbrüchen 18,70; 18,49; 18,63.
Insgesamt findest du: 20,56 > 19,92 > 19,62 > 19,37 > 19,18 > 18,70 > 18,63 > 18,49

Platzierung:
Gold: Korolschik 20,56 m Platz 4: Kriweljewa 19,37 m Platz 7: Ouzouni 18,63 m
Silber: Peleschenko 19,92 m Platz 5: Zabawska 19,18 m Platz 8: Kleinert-Schmitt 18,49 m
Bronze: Kumbernuss 19,62 m Platz 6: Cumba 18,70 m

b. Vergleiche zuerst die Ganzen. Sind die Ganzen gleich, vergleiche die Zehntel. Sind auch die Zehntel gleich, vergleiche die Hundertstel. Sind auch die Hundertstel gleich, vergleiche die Tausendstel usw. Du findest:

0,45 < 1,455 < 1,71 < 1,742 < 1,746

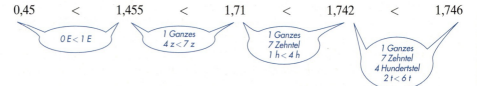

0 E < 1 E
1 Ganzes 4 z < 7 z
1 Ganzes 7 Zehntel 1 h < 4 h
1 Ganzes 7 Zehntel 4 Hundertstel 2 t < 6 t

Information

Vergleichen von Dezimalbrüchen

Man vergleicht Dezimalbrüche stellenweise. Dabei beginnt man mit der höchsten Stelle.

2,86 < 6,5 — Die Einer sind verschieden: 2 < 6

7,25 < 7,48 — Die Einer stimmen bei beiden Dezimalbrüchen überein.
Für die Zehntel gilt: 2 z < 4 z

0,564 < 0,581 — Die Einer und Zehntel stimmen überein.
Für die Hundertstel gilt: 6 h < 8 h

0,748 > 0,745 — Die Einer, Zehntel, Hundertstel stimmen überein.
Für die Tausendstel gilt: 8 t > 5 t

2. a. Welche Zahlen werden durch die roten Striche markiert?
b. Wie kann man am Zahlenstrahl erkennen, welcher von zwei Dezimalbrüchen der kleinere ist?

Zum Festigen und Weiterarbeiten

3. Vergleiche; setze eines der Zeichen < oder > ein. Hänge, wenn nötig, Endnullen an.

a. 0,538 ■ 0,605	**b.** 4,509 ■ 3,87	**c.** 0,348 ■ 0,3451	**d.** 0,7 ■ 0,65
0,732 ■ 0,729	7,458 ■ 7,9	0,2876 ■ 0,287	0,15 ■ 0,2
5,892 ■ 5,829	0,75 ■ 0,575	2,7352 ■ 2,73	0,75 ■ 0,125

4. Du kannst Dezimalbrüche auch vergleichen, ohne dass du Endnullen anhängst. Auf welche Ziffern musst du achten?

a. 5,564 ■ 8,2   **b.** 6,436 ■ 6,39   **c.** 8,25 ■ 8,2499   **d.** 0,3694 ■ 0,36857

5. Ordne die Zahlen nach der Größe. Beginne mit der kleinsten Zahl.

a. 6,12; 6,2; 6,02; 6,5   **b.** 7,73; 7,37; 7,7; 7,703   **c.** 0,565; 0,655; 0,605; 0,566; 0,556

6. Sarahs Mutter will sich ein Auto kaufen. Sie vergleicht drei Modelle M1 bis M3 nach dem Benzinverbrauch pro 100 km. Ordne die Autos nach dem Benzinverbrauch in jedem Bereich.

	M1	M2	M3
Stadt	8,9 l	9,3 l	9,7 l
90 km/h	5,5 l	5,4 l	5,6 l
120 km/h	7,1 l	6,9 l	7,0 l

7. *Mehr oder weniger?*
Jeder Mitspieler schreibt auf 8 Zettel je einen Dezimalbruch aus dem Bereich von 0,001 bis 1,5 mit bis zu 3 Stellen nach dem Komma.
Die Karten werden gemischt. Jeder zieht eine Karte. Wer die größte Zahl gezogen hat, ist Spielleiter. Dieser mischt noch einmal *alle* Karten und deckt eine Karte auf.
Jetzt müssen alle Mitspieler (auch der Spielleiter) raten, ob die nächste aufgedeckte Zahl größer oder kleiner sein wird als die erste. Wer eine größere Zahl erwartet, steht auf, die anderen bleiben sitzen.
Wenn alle eine Entscheidung getroffen haben, deckt der Spielleiter die nächste Karte auf und notiert die Namen derjenigen, die falsch geraten haben.
Alle Mitspieler müssen sich anschließend wieder entscheiden, ob die nächste (dritte) gezogene Zahl größer oder kleiner als die vorherige sein wird ...
Wer dreimal falsch geraten hat, scheidet aus.

Spiel (3 – 5 Spieler)

8. Vergleiche; setze das passende Zeichen (< oder >) ein.

Übungen

a. 1,63 ■ 1,36	**b.** 3,756 ■ 3,765	**c.** 0,7 ■ 0,75	**d.** 1,007 ■ 1,07
0,645 ■ 0,654	0,457 ■ 0,547	0,66 ■ 0,6	7,55 ■ 7,545
0,989 ■ 0,998	0,787 ■ 0,778	0,14 ■ 0,104	1,335 ■ 1,3305

9. Vergleiche; setze das passende Zeichen (=, <, >) ein.

a. 0,3 ■ 0,03	**b.** 1,1 ■ 1,10	**c.** 1,04 ■ 1,040	**d.** 0,25 ■ 0,205
0,3 ■ 0,300	1,1 ■ 1,01	1,04 ■ 1,004	0,25 ■ 0,025
0,3 ■ 0,33	1,1 ■ 1,11	1,04 ■ 1,4	0,25 ■ 0,2500

10. a. Welche Zahlen werden durch die roten Striche markiert?

b. Zeichne den Ausschnitt des Zahlenstrahles ab.
Markiere darauf die Zahlen 0,93; 1,05; 0,83; 1,17; 1,1; 1,01; 0,98.
Ordne die Zahlen nach der Größe.

11.
Ordne nach der Größe: 0,909; 0,98; 0,964; 0,913; 0,94; 0,998; 0,927; 0,976; 0,931.
Zeichne dann den Ausschnitt des Zahlenstrahles ab. Markiere die Zahlen durch rote Striche.

12. Gib für jede Sportart an, welcher Schüler den 1. Platz, welcher den 2. Platz, welcher den 3. Platz usw. erreicht hat.

Name	Daniel	Christian	Lars	Michael	Tim	Tobias	Jan
Weitsprung	3,24 m	3,95 m	4,05 m	2,98 m	3,45 m	4,68 m	3,60 m
100-m-Lauf	15,1 s	15,9 s	15,7 s	17,1 s	16,4 s	15,6 s	15,0 s
Hochsprung	1,15 m	1,20 m	1,45 m	0,97 m	1,43 m	1,09 m	1,51 m

13. *Ergebnisse bei den Olympischen Spielen in Sydney 2000*

a. *Speerwerfen der Männer*
Backley (Großbritannien) 89,85 m
Gatsioudis (Griechenland) 86,53 m
Hecht (Deutschland) 87,76 m
Makarov (Russland) 88,67 m
Parviainen (Finnland) 86,62 m
Zelezny (Tschechien) 90,17 m

b. *400-m-Lauf Frauen*
Fraser (Großbritannien) 49,79 s
Freeman (Australien) 49,11 s
Graham (Jamaika) 49,58 s
Guevara (Mexiko) 49,96 s
Merry (Großbritannien) 49,72 s
Seyerling (Südafrika) 50,05 s

Wer gewann die Goldmedaille, wer die Silbermedaille, wer die Bronzemedaille?
Wer kam auf den 4., 5., 6. Platz?

Sydney, Australien

14. Die Mädchen der Klasse 6b wollen eine Mannschaft für einen Staffellauf aufstellen. Die vier schnellsten Läuferinnen der Klasse sollen ausgewählt werden.
Wer kommt in die Staffel?
Tanja 8,9 s; Lisa 8,7 s; Anne 9,5 s; Sarah 9,2 s; Lena 9,0 s; Maria 8,8 s; Marina 8,5 s

15. In einem Laden hängen Salamiwürste der gleichen Sorte mit folgenden Gewichten:
0,875 kg; 0,925 kg; 0,884 kg; 0,91 kg; 0,892 kg
Die Preisschilder links sollen angeheftet werden:
Welche Schilder gehören zu den einzelnen Würsten? Lege eine Tabelle an.

16. Suche fünf Dezimalzahlen, für die gilt:
   a. größer als 1,6, aber kleiner als 1,7;
   b. größer als 3,8, aber kleiner als 3,82;
   c. größer als 0,87, aber kleiner als 0,9;
   d. größer als 2,95, aber kleiner als 2,96.

17. Bei einem Kindergeburtstag wird ein Kirschkernspucken veranstaltet. Die folgenden Preise sollen nach ihrem Wert geordnet an die Teilnehmer vergeben werden. Wer erhält den Bleistift, wer den Bonbon usw.?

Teamarbeit

Alexandra	4,80 m	Florian	6,89 m
Andrea	5,91 m	Michael	6,28 m
Christine	4,25 m	Sebastian	5,13 m
Daniela	5,98 m	Sascha	6,04 m

Bleistift	0,28 €	Luftballon	0,03 €
Bonbon	0,04 €	Notizblock	0,35 €
Wimpel	0,63 €	Aufkleber	0,09 €
Farbstift	0,38 €	Schokolade	0,48 €

Diagramme – Runden

1. Die Klasse 6a beschäftigt sich im Projektunterricht mit den Ostfriesischen Inseln. Die Flächengrößen sollen in einem Säulendiagramm veranschaulicht werden.
Zeichne ein solches Säulendiagramm.

Aufgabe

Hinweise:
(1) Wähle für je 1 km² Flächeninhalt 1 mm Säulenhöhe.
(2) Da man nur auf Millimeter genau zeichnen kann, runde zunächst die Flächengrößen auf volle km².

Lösung

Flächengröße von Borkum:
30,59 km² liegt zwischen 30 km² und 31 km² und zwar näher bei 31 km².
Daher wird 30,59 km² *auf*gerundet:

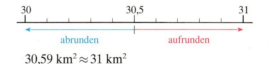

30,59 km² ≈ 31 km²

Insgesamt erhältst du:

Borkum	30,59 km² ≈ 31 km²	Langeoog	19,67 km² ≈ 20 km²
Juist	16,33 km² ≈ 16 km²	Spiekeroog	17,65 km² ≈ 18 km²
Norderney	26,29 km² ≈ 26 km²	Wangerooge	4,91 km² ≈ 5 km²
Baltrum	6,50 km² ≈ 7 km²	Memmert	5,17 km² ≈ 5 km²

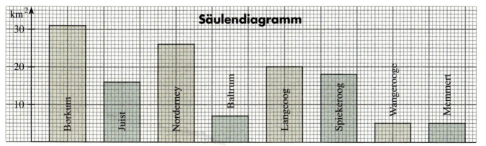

Kapitel 5

Information

Oft ist es nicht erforderlich eine Zahl genau anzugeben. Dann kann man runden. Dabei geht man so vor:

1. Schritt: Suche die **Rundungsstelle.**

2. Schritt: a. Ist die erste Ziffer rechts von der Rundungsstelle kleiner als 5, bleibt die Rundungsstelle erhalten.

b. In allen anderen Fällen wird die Rundungsstelle um 1 erhöht.

3. Schritt: Alle Ziffern rechts von der Rundungsstelle werden 0.

auf Einer	*auf Zehntel*	*auf Hundertstel*	*auf Tausendstel*
6,8473 ≈ 7,0000	6,8473 ≈ 6,8000	6,8473 ≈ 6,8500	6,8473 ≈ 6,8470
↑ ↑	↑ ↑	↑ ↑	↑ ↑
Rundungsstelle (**auf**gerundet)	Rundungsstelle (**ab**gerundet)	Rundungsstelle (**auf**gerundet)	Rundungsstelle (**ab**gerundet)

Zum Festigen und Weiterarbeiten

2. Runde   11,97 €,   25,28 €,   33,45 €,   16,32 €

> Auf € gerundet: 6,25 € ≈ 6 €
> Auf 10 Cent gerundet: 6,25 € ≈ 6,30 €

a. auf volle €;   **b.** auf 10 Cent.

3. Runde   **a.** auf Einer;   **b.** auf Zehntel;   **c.** auf Hundertstel;   **d.** auf Tausendstel.

(1) 6,8457   (2) 1,5481   (3) 6,5385   (4) 14,5378   (5) 0,8057   (6) 7,9895
    4,3742   0,7549   8,3528   10,0851   0,0675   1,8996

4. Runde auf die vorderste (von 0 verschiedene) Ziffer.

a. 3,75   **b.** 39,9   **c.** 0,543   **d.** 0,00396
    18,5   43,42   0,083   0,00734

> 4,64 ≈ 5
> 0,032 ≈ 0,03

Brot, Backwaren   47,58 €
Fleisch, Wurst   72,31 €
Milch, Eier, Käse   46,20 €
Obst, Gemüse   46,84 €
sonstige Nahrungsmittel   20,68 €

5. Nach einer Umfrage werden in einem Vier-Personen-Haushalt jede Woche für Nahrungsmittel durchschnittlich nebenstehende Geldbeträge ausgegeben.

a. Runde die Angaben auf volle €.

b. Zeichne ein Säulendiagramm. Wähle 1 mm Säulenhöhe für je 1 €.

Übungen

6. Runde

a. auf €:   3,75 €; 78,50 €
b. auf m: 5,6 m; 3,48 m; 9,5 m
c. auf kg: 4,8 kg; 0,65 kg; 14,49 kg
d. auf g: 12,7 g; 543,5 g; 42,47 g
e. auf km: 6,3 km; 1,55 km; 8,5 km
f. auf m³: 34,605 m³; 45,099 m³; 6,58 m³

7. Runde   **a.** auf Hundertstel;   **b.** auf Zehntel;   **c.** auf Einer;   **d.** auf Tausendstel.

(1) 10,1473   (2) 12,8476   (3) 9,96784   (4) 2,43504   (5) 4,2999   (6) 0,77777
    3,7586   0,80752   4,3476   1,9299   17,30807   3,845648
    1,75341   9,8935   10,0877   18,0524   0,0467   8,0808

8. Runde auf die vorderste (von 0 verschiedene) Ziffer.

a. 215,6   **b.** 7,51   **c.** 0,94   **d.** 0,95   **e.** 0,00635
    42,5   83,75   0,088   0,098   0,00975

9. Runde so, dass man die kleinere Einheit ablesen kann.

$$4{,}7535 \text{ km} \approx 4{,}754 \text{ km}$$
$$2{,}5082 \text{ km} \approx 2{,}508 \text{ km}$$

   a. 6,4506 km **b.** 2,4085 kg **c.** 13,0609 t **d.** 14,533 € **e.** 17,09 cm
       4,9752 km   7,0677 kg   9,6845 t   1,089 €   28,24 cm

10. Die genaue Länge einer Strecke beträgt
    a. 2,0473 m; **b.** 0,9415 m; **c.** 1,4523 m.
    Sie wird nachgemessen (1) auf cm genau; (2) auf mm genau.
    Gib jeweils die Messergebnisse an.

11. Runde die folgenden Einwohnerzahlen auf Hunderttausender. Gib sie dann in Millionen mit *einer* Stelle nach dem Komma an.

    $$4\,344\,000 \approx 4\,300\,000 \approx 4{,}3 \text{ Mio}$$

Chicago	8 886 000	Paris	2 116 000
Hamburg	1 700 000	Peking	10 800 000
Kairo	6 801 000	Rom	2 644 000
London	7 122 000	Sydney	3 988 000
Moskau	8 718 000	Tokio	7 967 000
New York	20 197 000	Wien	1 608 000

Chicago, USA

12. Einwohnerzahlen der Staaten der Europäischen Union (EU):

Belgien	10,152 Mio.
Dänemark	5,282 Mio.
Deutschland	82,178 Mio.
Finnland	5,165 Mio.
Frankreich	58,886 Mio.
Griechenland	10,626 Mio.
Großbritannien	58,744 Mio.
Irland	3,705 Mio.
Italien	57,343 Mio.
Luxemburg	0,426 Mio.
Niederlande	15,735 Mio.
Österreich	8,177 Mio.
Portugal	9,873 Mio.
Schweden	8,892 Mio.
Spanien	39,634 Mio.

    9,95 Mio. = 9 950 000

    Runde die Einwohnerzahlen auf Mio.
    Zeichne ein Säulendiagramm.
    Wähle 1 mm Säulenhöhe für je 1 Mio. Einwohner.

13. **a.** Nenne fünf Zahlen, die auf Einer gerundet 14 ergeben.
    b. Nenne fünf Zahlen, die auf Zehntel gerundet 2,6 ergeben.
    c. Nenne fünf Zahlen, die auf Hundertstel gerundet 7,13 ergeben.
    d. Nenne fünf Zahlen, die auf Hundertstel gerundet 3,40 ergeben.

Addieren und Subtrahieren von Dezimalbrüchen
Addieren von Dezimalbrüchen

Aufgabe

1. (1) 0,3 + 0,4   (2) 0,08 + 0,06   (3) 0,007 + 0,009
   (4) 1,5 + 0,125 + 2,74 + 4,279

   a. Löse die Aufgaben (1) bis (3) im Kopf. Wie findest du die Ergebnisse?
   b. Löse die Aufgabe (4), indem du schriftlich addierst. Erkläre, wie du vorgehst.

   Lösung
   a. Denke beim Rechnen an Zehntel (z), Hundertstel (h) und Tausendstel (t).

   $\frac{3}{10} + \frac{4}{10} = \frac{7}{10}$, also 0,7 ⟶ (1) 0,3 + 0,4 = 0,7

   $\frac{8}{100} + \frac{6}{100} = \frac{14}{100}$, also 0,14 ⟶ (2) 0,08 + 0,06 = 0,14

   $\frac{7}{1000} + \frac{9}{1000} = \frac{16}{1000}$, also 0,016 ⟶ (3) 0,007 + 0,009 = 0,016

   b. Schreibe die Zahlen stellengerecht untereinander (Komma unter Komma).
   Addiere nacheinander die Tausendstel, die Hundertstel, die Zehntel, die Einer.
   Beachte die Überträge.

E	z	h	t	
1	5			1,5
+ 0	1	2	5	+ 0,125
+ 2	7	4		+ 2,74
+ 4	2	7	9	+ 4,279
	1	1	1	1 11
8	6	4	4	8,644

   Tausendstel: 9 t + 5 t = 14 t;
   das sind 4 t (hinschreiben) und 1 h (Übertrag)
   Hundertstel: 1 h + 7 h + 4 h + 2 h = 14 h;
   das sind 4 h (hinschreiben) und 1 z (Übertrag)
   Zehntel: 1 z + 2 z + 7 z + 1 z + 5 z = 16 z;
   das sind 6 z (hinschreiben) und 1 E (Übertrag)
   Einer: 1 E + 4 E + 2 E + 1 E = 8 E (hinschreiben)

Information

Dezimalbrüche werden schriftlich addiert, indem man sie stellengerecht untereinander schreibt. Komma steht dabei unter Komma. Beginne von rechts die Stellen nacheinander zu addieren. Haben die Dezimalbrüche unterschiedlich viele Stellen hinter dem Komma, kann es übersichtlicher sein so viele Endnullen anzuhängen, dass alle Lücken hinter dem Komma aufgefüllt sind.
Beachte: Sollen Dezimalbrüche und Zahlen ohne Komma addiert werden, so darf ein Komma gesetzt werden.
Beispiel: 6,3 + 3 = 6,3 + 3,0

Zum Festigen und Weiterarbeiten

2. Berechne die Summe mithilfe gewöhnlicher Brüche.

   a. 0,4 + 0,5 = ☐   **b.** 0,37 + 0,56 = ☐   **c.** 0,75 + 0,9 = 0,75 + 0,90 = ☐

   $\frac{4}{10} + \frac{5}{10} = $ ☐ $\frac{37}{100} + \frac{56}{100} = $ ☐ $\frac{75}{100} + \frac{9}{10} = \frac{75}{100} + \frac{90}{100} = $ ☐

3. Rechne im Kopf. Denke beim Rechnen an Zehntel, Hundertstel, Tausendstel.

   a. 2,6 + 0,9   **b.** 1,45 + 3   **c.** 1,64 + 0,21   **d.** 1,25 + 0,7   **e.** 1,4 + 0,255
     0,8 + 0,5   5 + 1,75   0,25 + 0,13   0,36 + 0,8   1,18 + 0,07

4. a. Führe zuerst einen Überschlag durch. Berechne dann die Summe. (Hänge gegebenenfalls Endnullen an, bis jeweils gleich viele Ziffern hinter dem Komma stehen.)

```
 (1)    1,45     (2)    6,758    (3)   7,532    (4)   4,8063   (5)   0,5
      + 0,59          + 8,614        + 8,3          + 7,0698       + 3,6845
      + 2,57          + 0,955        + 0,45         + 0,7654       + 1,067
```

  b. Schreibe die Zahlen stellengerecht untereinander und berechne die Summe.

    (1) 87,465 + 54,732 + 9,956   (2) 12,051 + 5,36 + 0,1234   (3) 17,4 + 0,655 + 23 + 8,73

16,282; 5,2515; 4,61; 6,563; 12,6415; 16,327
49,785; 152,153; 52,578; 17,5344

5. a. 1,3 + 0,6 **b.** 6,1 + 0,7 **c.** 1,1 + 5,8 **d.** 0,72 + 4 **e.** 0,54 + 0,2 **f.** 0,7 + 0,29   **Übungen**
    2,5 + 0,7   4,2 + 1,5   6,5 + 1,48   6 + 1,48   0,6 + 0,22   1,6 + 0,92
    7,9 + 0,8   2,5 + 1,7   4,8 + 2,9   0,014 + 8   0,75 + 0,3   1,35 + 0,7

6. a. 0,36 + 0,52 **b.** 1,14 + 0,45 **c.** 0,72 + 1,8 **d.** 1,4 + 0,95 **e.** 0,5 + 0,65 + 1,2
    0,41 + 0,28   1,56 + 0,83   0,94 + 8,4   0,15 + 0,6   0,12 + 0,9 + 1,1
    0,17 + 0,71   0,43 + 0,32   2,5 + 0,46   0,01 + 0,09   0,7 + 1,35 + 2,7

7. Schreibe untereinander und berechne die Summe.

  a. 17,256 + 10,074   **c.** 277,6 + 15,75   **e.** 0,6048 + 0,85097   **g.** 0,7408 + 0,50698
  b. 6,809 + 11,048   **d.** 26,046 + 148,975 **f.** 1,5704 + 0,9696   **h.** 3,1565 + 0,096645

8. Merkwürdige Ergebnisse:

```
 a.   0,0478    b.   0,1846    c.   0,27492   d.   0,48409   e.   0,59595
    + 0,0756       + 0,1487       + 0,07051      + 0,05912      + 0,50515
```

9. a.   46,123 **b.**   64,875 **c.**   8,54   **d.**   78,76   **e.**   14,05   **f.**   3,4
     + 2,17   + 13,88   + 14,755   + 1,984   + 8,3   + 16,95
     + 49,268   + 25,7   + 125,7   + 20,4   + 27,471   + 29,972

148,995; 49,821; 97,561; 69,853; 104,455; 50,322; 101,144

10. Auf einer Wanderkarte sind die Längen der Wege in Kilometern angegeben.

  a. Tim möchte vom Parkplatz P über E nach B den kürzesten Weg gehen. Wie lang ist dieser Weg?

  b. Ein Sportverein veranstaltet einen Wandertag. Start soll am Parkplatz sein. Senioren legen dabei eine Strecke von 5 bis 7 Kilometern zurück. Für Kinder ist eine Strecke von 6 bis 8 Kilometern und für alle anderen eine Strecke von 8 bis 10 Kilometern vorgesehen.
Überlege dir für jede Teilnehmergruppe geeignete Strecken und bestimme ihre Längen.

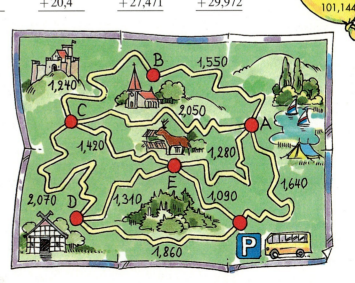

11. Führe zunächst einen Überschlag durch. Runde dabei so, dass du gut im Kopf rechnen kannst.

a. $25{,}74 + 18{,}637 + 12{,}3$
b. $38{,}79 + 4{,}387 + 0{,}905$
c. $4{,}856 + 0{,}95 + 10{,}6$
d. $11{,}65 + 3{,}787 + 35{,}1$
e. $9{,}764 + 26{,}349 + 227{,}482 + 5{,}249$
f. $4{,}2357 + 17{,}6529 + 128{,}7645 + 0{,}7683$
g. $5{,}043 + 17{,}308 + 0{,}965 + 38{,}071$
h. $8{,}28 + 4{,}75 + 6{,}164 + 1{,}34 + 9{,}288$

12. Übertrage in dein Heft. Addiere benachbarte Zahlen. Schreibe jeweils das Ergebnis in das Feld darunter.

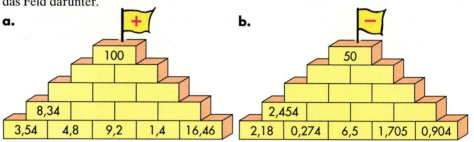

13. a. In Lauras Schultasche sind 5 Schulbücher (zusammen 3,345 kg), 1 Atlas (0,875 kg), 4 Hefte (zusammen 0,540 kg), 1 Etui (0,258 kg), 1 Zirkelkasten (0,180 kg) und 1 Frühstücksbrot (0,240 kg). Die Tasche wiegt leer 1,095 kg.
Wie viel kg muss Laura tragen?

▲ **b.** Wie viel kg wiegt deine Schultasche?

14. Auf einen Lastwagen werden vier Kisten mit folgendem Gewicht aufgeladen: 0,250 t; 0,780 t; 0,505 t; und 1,010 t.
Der Lkw selbst wiegt leer 4,750 t.
Wie viel t wiegt der beladene Lastwagen?

15. Mit den Zahlen rechts kannst du selbst Aufgaben stellen.

a. Wähle jedes Mal fünf Zahlen. Berechne die Summe. Wie viele Additionsaufgaben mit fünf Zahlen findest du?
b. Berechne die Summe aller sechs Zahlen.

Zum Knobeln

16. Aus je zwei Zahlen kannst du eine Additionsaufgabe stellen.

a. Suche die Aufgabe mit dem größten Ergebnis und löse sie.
b. Suche die Aufgabe mit dem kleinsten Ergebnis und löse sie.
c. Suche die Aufgaben, bei denen das Ergebnis zwischen 20 und 30 liegt.

Subtrahieren von Dezimalbrüchen

1. a. Betrachte das Bild rechts.
Was bedeuten die Gewichtsangaben?
Mit wie viel Tonnen darf der Anhänger höchstens beladen werden?

b. Im Fahrzeugschein eines Lieferwagens steht:

> *Zulässiges Gesamtgewicht: 3,84 t*
> *Leergewicht: 1,983 t*

Mit wie viel Tonnen darf der Lieferwagen höchstens beladen werden? Rechne schriftlich.

Aufgabe

Lösung

a. Der Anhänger und die Ladung dürfen zusammen höchstens 1,2 Tonnen Gewicht haben (Gesamtgewicht).
Der Anhänger wiegt leer 0,3 t (Leergewicht).
Gesucht ist das Höchstgewicht der Ladung (Ladegewicht).
Es gilt: Ladegewicht = Gesamtgewicht − Leergewicht
Du musst berechnen: 1,2 − 0,3
Denke beim Rechnen an die Einer und Zehntel.

Du erhältst: 1,2 − 0,3 = 0,9

> 1,2 = 1 E 2 z = 12 z
> 0,3 = 3 z
> Ich rechne:
> 12 z − 3 z = 9 z
> 9 z = 0 E 9 z, also 0,9

Ergebnis: Auf den Anhänger dürfen höchstens 0,9 Tonnen zugeladen werden.

b. Berechne 3,84 − 1,983 schriftlich.
Schreibe die Zahlen stellengerecht untereinander (Komma unter Komma).
Hänge bei 3,84 eine Endnull an, damit alle Zahlen gleich viele Stellen rechts vom Komma haben.
Ergänze nacheinander die Tausendstel, Hundertstel, Zehntel, Einer.
Beachte die Überträge.

E	z	h	t
3	8	4	0
1	9	8	3
1	1	1	
1	8	5	7

```
   3,840
 − 1,983
   1 11
   1,857
```

Tausendstel: 3 t + 7 t = 10 t
7 t hinschreiben, 1 h Übertrag

Hundertstel: 1 h + 8 h + 5 h = 14 h;
5 h hinschreiben, 1 z Übertrag

Zehntel: 1 z + 9 z + 8 z = 18 z;
8 z hinschreiben, 1 E Übertrag

Einer: 1 E + 1 E + 1 E = 3 E,
1 E hinschreiben

Ergebnis: Der Lieferwagen darf mit höchstens 1,857 t beladen werden.

2. Löse die Aufgabe zuerst mit gewöhnlichen Brüchen.

Zum Festigen und Weiterarbeiten

a. 1,7 − 0,9 = □
 ↓   ↓   ↑
 $\frac{17}{10} - \frac{9}{10}$ = □

b. 0,97 − 0,48 = □
 ↓   ↓   ↑
 $\frac{97}{100} - \frac{48}{100}$ = □

c. 0,9 − 0,75 = 0,90 − 0,75 = □
 ↓   ↓   ↑
 $\frac{9}{10} - \frac{75}{100} = \frac{90}{100} - \frac{75}{100}$ = □

Kapitel 5

Beachte 3 = 3,0

3.
a.	b.	c.	d.	e.
0,9 − 0,2	0,08 − 0,06	0,75 − 0,4	1,1 − 0,08	3 − 0,4
1,2 − 0,5	0,12 − 0,05	1,47 − 0,2	0,5 − 0,03	8 − 1,7
2,6 − 1,9	0,75 − 0,42	1,15 − 0,4	1,7 − 0,25	1 − 0,36

4. Führe zuerst einen Überschlag durch. Berechne dann die Differenz. Hänge gegebenenfalls Endnullen an, bis jeweils gleich viele Ziffern rechts vom Komma stehen.

a.	b.	c.	d.	e.	f.
8,67	15,475	20,505	25,5	11,4	25
− 5,29	− 8,983	− 13,786	− 18,84	− 7,837	− 12,76

5. Rechne wie im Beispiel.

a.	c.
463,747	80,675
− 106,052	− 7,24
− 18,524	− 14,1

b.	d.
92,54	479,9
− 7,85	− 38,423
− 24,92	− 104,35

```
   43,75
 −  7,28
 − 12,54
   1 1 1
   23,93
```

Zuerst die Hundertstel:
4 + 8 = 12; 12 + 3 = 15
3 hinschreiben, 1 Übertrag

Dann die Zehntel:
1 + 5 + 2 = 8   8 + 9 = 17
9 hinschreiben, 1 Übertrag

6. Rechne im Kopf

a.	b.	c.	d.	e.
1,3 − 0,8	0,75 − 0,42	3 − 1,6	1,56 − 0,3	1,652 − 0,2
2,5 − 0,7	0,94 − 0,60	4 − 2,7	2,21 − 0,6	2,175 − 0,4

Übungen

7.
a.	b.	c.	d.	e.
2,4 − 0,7	3,2 − 1,5	4 − 1,7	7,8 − 6	0,95 − 0,1
5,3 − 0,9	5,4 − 4,5	7 − 3,6	5,48 − 3	0,72 − 0,2
3,5 − 1,6	6,3 − 2,7	10 − 6,4	5 − 3,6	0,84 − 0,08

8.
a.	b.	c.	d.
0,95 − 0,42	1,25 − 0,6	8 − 1,85	6,25 − 0,5 − 1,1
1,85 − 0,7	7,1 − 0,24	2 − 0,33	2,55 − 0,9 − 0,5
3,57 − 0,2	6,3 − 0,75	5,5 − 1,75	3,56 − 0,6 − 1,4

9.
a.	b.	c.	d.	e.
35,24	18,371	64,051	49,6	75,7
− 17,65	− 6,193	− 14,372	− 14,75	− 27,365

10. Führe zuerst einen Überschlag durch. Schreibe dann untereinander und berechne.

a. 17,305 − 9,632	e. 8,048 − 5,709	i. 16,51 − 3,783	m. 19 − 5,73
b. 5,143 − 0,856	f. 127,36 − 76,48	j. 40,3 − 12,65	n. 100 − 8,85
c. 326,49 − 84,27	g. 7,12 − 0,95	k. 130 − 12,048	o. 35,06 − 18,765
d. 15 − 8,724	h. 37,8 − 8,5039	l. 49,7 − 37,75	p. 44,3 − 9,015

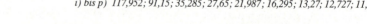

Mögliche Ergebnisse zu a) bis h) 242,22; 50,88; 29,2961; 7,673; 6,276; 6,17; 4,287; 3,22; 2,339
i) bis p) 117,952; 91,15; 35,285; 27,65; 21,987; 16,295; 13,27; 12,727; 11,95

11. a. Subtrahiere die Zahlen 10,5 und 3,6 voneinander.
b. Berechne die Differenz von 13,5 und 4,8.

12. Berechne den Unterschied zwischen:

a. 0,8 und 0,08	d. 6,9 und 6,009
b. 0,43 und 0,043	e. 5,75 und 5,755
c. 3,5 und 3,05	f. 1,85 und 1,853

13.
a. 156,86 − 16,46 − 25,82
b. 17,865 − 1,067 − 4,985
c. 11,468 − 7,55 − 1,367
d. 50,5 − 37,45 − 11,9
e. 100 − 35,75 − 8,64
f. 155 − 39,67 − 105,347

Mögliche Ergebnisse: 1,15; 11,813; 55,61; 114,58; 23,76; 9,983; 2,551

14.
a. 250,7 − 47,85 − 119,47
b. 54,753 − 28,07 − 10,005
c. 173,6 − 8,19 − 104,781
d. 39,55 − 12,007 − 23,1
e. 200 − 18,75 − 44,557
f. 25,5 − 16,04 − 0,753
g. 30 − 12,18 − 0,9
h. 267,1 − 125,35 − 84,083

Mögliche Ergebnisse: 136,693; 83,38; 60,629; 58,482; 57,667; 16,678; 16,92; 8,707; 4,443

15.
a. 29,25 − 6,44 − 7,29 − 3,67
b. 50,14 − 1,96 − 22,54 − 17,84
c. 13,83 − 6,115 − 4,7 − 0,93
d. 60 − 14,56 − 28,49 − 12,74
e. 24,22 − 6,93 − 7,032 − 5,8
f. 100 − 24,1 − 28,5 − 32,125

Vermischte Übungen

1. Rechne im Kopf.
a. $0,5 + 0,7 + 1,4$
b. $1,6 − 0,8 + 0,3$
c. $4,5 + 2 − 0,6$
d. $7,2 − 0,5 − 1$
e. $4,6 − 0,8 − 0,5$
f. $5 − 1,5 − 0,4$
g. $3,9 + 0,2 + 3 − 0,5$
h. $7 − 2,5 − 1,2 + 0,3$

2. Bestimme die fehlende Zahl.
a. $17,9 + x = 42$
b. $3,16 + x = 4,5$
c. $y + 16,5 = 33,1$
d. $z + 0,83 = 14,2$
e. $x − 9,4 = 36,7$
f. $y − 2,71 = 5,33$
g. $60 − z = 27,09$
h. $32,1 − y = 17,7$

3. Ein Wagen wurde mit Rüben beladen. Er wiegt jetzt 3,46 t.
Wie schwer ist die Ladung?

4. Julia spendet für eine Hilfsaktion und packt ein Paket mit
1,25 kg Butter; 2,75 kg Kaffee; 370 g Honig; 450 g Reis.
Die Verpackung wiegt 0,865 kg.
Wie schwer ist das Paket?

WR	4 × 100 m Lagen Männer	
1984	Los Angeles	3 min 39,30 s
1985	Tokio	3 min 38,28 s
1988	Seoul	3 min 36,93 s
1992	Barcelona	3 min 36,93 s
1996	Atlanta	3 min 34,84 s
2000	Sydney	3 min 33,73 s

5. Als Frau Will einkaufen ging, hatte sie 80,53 € in der Geldbörse. Mit 21,80 € kommt sie zurück.
Wie viel € hat Frau Will ausgegeben?

6. Seit 1984 hält die USA den Weltrekord über 4 × 100 m Lagen Männer. Die jeweils geschwommenen Zeiten findest du links. Berechne die Zeitunterschiede zum schnellsten Weltrekord in Sekunden.

7. a. Stefan bekommt 9 € Taschengeld. Davon gibt er 1,80 € für Eis, 2,55 € für eine Leerkassette und 3,40 € für einen Schülerkalender aus. Den Rest spart er.

b. Michael kauft Turnschuhe für 29,25 €, einen Jogginganzug für 46,95 € und eine Skater-Bermuda für 9,65 €. Er zahlt mit zwei 50-Euro-Scheinen.

8. Ein Bauernhof ist 32,95 ha groß. Davon sind 22,4 ha Ackerland, 3,2 ha Wald, 4,85 ha Wiesen und Weiden. Auf Hofraum und Wege entfallen 1,1 ha. Der Rest ist Brachland. Wie viel ha Brachland sind es?

9. Frau Rose hat auf ihrem Konto zu Monatsbeginn 284,16 €. Im Laufe des Monats werden 1 984,17 € eingezahlt und 1 707,75 € abgehoben. Wie hoch ist jetzt der Kontostand?

10. Frau Weise liest jeden Monat den Stand ihrer Wasseruhr ab.

a. Wie viel m³ Wasser hat sie im Januar, wie viel im Februar, wie viel im März verbraucht?

b. Stelle sinnvolle Fragen und beantworte sie.

Datum	Stand der Wasseruhr
1. Januar	1 923,225 m³
1. Februar	1 939,164 m³
1. März	1 958,966 m³
1. April	1 976,346 m³

11. Tim denkt sich eine Zahl. Wie heißt sie?

a. Wenn er zu der gedachten Zahl 3,75 addiert, so erhält er 25,6.

b. Wenn er von der gedachten Zahl die Zahl 16,4 subtrahiert, so erhält er 29,7.

c. Wenn er von 50,03 die gedachte Zahl subtrahiert, so erhält er 34,1.

Teamarbeit

12. Zu jedem Ergebnis gehört ein Buchstabe. Die Buchstaben ergeben in der Reihenfolge der Ergebnisse einen Text. Ihr könnt die Aufgabe in Teamarbeit lösen.

51,6 − 27,44	100 − 5,806	7,39 + 3,805
6,045 + 0,58	33,05 + 13,96	70,02 − 58,9
12,806 + 11,95	50,9 − 31,25	5,008 + 0,996
0,968 + 0,083	1,68 + 34,09	4,17 + 0,856
46,14 − 2,49	78 − 59,66	10 − 8,677
4,06 + 22,38	5,38 − 4,611	12,5 + 6,088
10,5 − 1,048	180 − 31,05	6,013 − 0,847
993,1 − 822,85	12,4 + 41,68	

6,625	A		170,25	L
148,95	A		94,194	L
6,004	A		24,16	M
43,65	E		5,166	N
19,65	E		9,452	O
0,769	E		26,44	S
18,588	E		11,195	S
11,12	F		24,756	T
1,051	H		18,34	T
47,01	H		35,77	U
5,026	L		54,08	U
1,323	L			

Zum Knobeln

13. Hier fehlen Ziffern.

a. 1▮,▮8 + 4,3▮ = 20,14

b. 1▮6,▮0▮ + 4▮,095 = 204,8▮0

c. 96,▮4 + 24,9▮ = 12▮,97

d. ▮7▮,19▮ − 2▮6,▮05 = 156,7▮6

e. ▮,5▮31 − 0,804▮ = 0,▮4▮6

f. ▮5,8▮9 − 7,20▮ − 12,▮8 = ▮,653

Multiplizieren und Dividieren von Dezimalbrüchen

Multiplizieren mit einer Stufenzahl
Dividieren durch eine Stufenzahl

Aufgabe

1. a. Miriam weiß, dass ein Blatt Schreibmaschinenpapier ungefähr 0,065 mm dick ist. Wie dick ist ein Stapel aus 10 Blatt, 100 Blatt, 1000 Blatt Papier?

Hinweis: Schreibe 0,065 als gewöhnlichen Bruch. Multipliziere ihn mit 10, 100, 1000. Wandle dann um in einen Dezimalbruch. Trage in eine Stellentafel ein.
Was fällt dir auf?

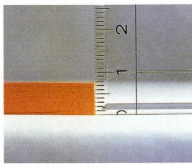

b. Sarahs Notizblock hat 100 Blatt Papier. Er ist 7,5 mm dick.
Wie dick sind 10 Blatt Papier?
Wie dick ist 1 Blatt Papier?

Hinweis: Schreibe 7,5 als gewöhnlichen Bruch. Dividiere durch 10 bzw. durch 100. Wandle dann um in einen Dezimalbruch.
Was fällt dir auf?

Lösung

a.

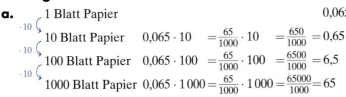

Wenn du in der Stellentafel eine Ziffer eine Spalte weiter nach links schreibst, wird die Zahl mit 10 multipliziert:
5 t · 10 = 5 h;   6 h · 10 = 6 z

Man erhält das 10fache einer Zahl, wenn man in der Stellentafel alle Ziffern der Zahl eine Spalte weiter nach links schreibt.

Ergebnis: Der Papierstapel aus 10 Blatt Papier ist 0,65 mm, ein Stapel aus 100 Blatt 6,5 mm und aus 1000 Blatt 65 mm dick.

b.

	E	z	h	t
100 Blatt Papier 7,5	7	5		
10 Blatt Papier 7,5 : 10 = $\frac{75}{10}$: 10 = $\frac{75}{100}$ = 0,75	0	7	5	
1 Blatt Papier 7,5 : 100 = $\frac{75}{10}$: 100 = $\frac{75}{1000}$ = 0,075	0	0	7	5

Wenn du in einer Stellentafel eine Ziffer eine Spalte weiter nach rechts schreibst, wird die Zahl durch 10 dividiert:
7 E : 10 = 7 z;   5 z : 10 = 5 h

Man erhält den zehnten Teil einer Zahl, wenn man in der Stellentafel alle Ziffern der Zahl eine Spalte weiter nach rechts schreibt.

Ergebnis: 10 Blatt Papier sind 0,75 mm dick; 1 Blatt Papier ist 0,075 mm dick.

Zum Festigen und Weiterarbeiten

2. Berechne die Produkte in einer Stellentafel. Versuche eine Rechenregel für das Multiplizieren mit 10, 100, 1000, ... zu finden. Beachte dabei das Komma.

a. 0,024 · 10   0,024 · 1000
0,024 · 100   0,024 · 10000

b. 0,2085 · 10   0,2085 · 1000
0,2085 · 100   0,2085 · 10000

3. Trage die Ergebnisse in eine Stellentafel ein. Versuche eine Regel für das Dividieren durch 10, 100, 1000, ... zu finden. Beachte dabei das Komma.

a. 0,4 : 10;   0,4 : 100;   0,4 : 1000

b. 2,56 : 10;   2,56 : 100;   2,56 : 1000

Man *multipliziert* einen Dezimalbruch mit 10, 100, 1000, ..., indem man das Komma um 1, 2, 3, .. Stellen nach *rechts* verschiebt.
Wenn rechts nicht mehr genügend Ziffern stehen, so ergänzt man mit Nullen.
Beispiel: 0,25 · 1000 = 0,250 · 1000 = 250

Man *dividiert* einen Dezimalbruch durch 10, 100, 1000, ..., indem man das Komma um 1, 2, 3, .. Stellen nach *links* verschiebt.
Wenn links nicht mehr genügend Ziffern stehen, so ergänzt man mit Nullen.
Beispiel: 8,5 : 100 = 008,5 : 100 = 0,085

Übungen

4. a. 2,75 · 100
100 · 0,55
b. 0,73 · 1000
100 · 1,2
c. 100 · 0,0785
0,456 · 10000
d. 0,0015 · 10000
100000 · 0,036

5. a. 75,3 : 10
157,8 : 100
b. 3,85 : 10
16,47 : 100
c. 28,4 : 1000
0,8 : 10000
d. 7,5 : 10000
0,23 : 10000

6. a. 10,5 : 100
1000 · 3,14
70,5 : 100
1,075 · 100
b. 8,55 : 1000
0,0489 · 10
0,48 : 10
2,547 · 10
c. 0,071 : 10
100 · 0,0053
8,47 : 1000
0,026 · 1000
d. 0,016 : 10000
0,03 : 1000
10000 · 6,9
0,485 : 100000

7. a. Berechne das Zehnfache von 0,036.
b. Berechne das Hundertfache von 0,007.
c. Berechne das Tausendfache von 0,75.
d. Berechne den zehnten Teil von 0,68.
e. Berechne den hundertsten Teil von 7,4.
f. Berechne den tausendsten Teil von 9,6.

8. Tanja möchte wissen, wie dick ein Fünfcentstück ist. Sie legt 10 Fünfcentstücke auf einen Stapel und misst 14 mm.

9. Das Papier im Telefonbuch ist sehr dünn. 100 Blatt sind 4,9 mm dick.
Wie dick ist ein Blatt Papier im Telefonbuch?
Wie dick sind 1000 Blatt Papier?

10. a. Das menschliche Haar erscheint unter einem Mikroskop bei 1000facher Vergrößerung in 60 mm Dicke. Wie dick ist das menschliche Haar in Wirklichkeit?
b. Wie dick erscheint ein Spinnwebfaden (0,005 mm) bei 1000facher Vergrößerung?

Multiplizieren von Dezimalbrüchen mit natürlichen Zahlen

Aufgabe

1. Lena trainiert für einen Schüler-Triathlon (Laufen, Schwimmen, Rad fahren).

   a. Auf der Aschenbahn läuft sie 7 Runden. Eine Runde ist 0,4 km lang. Wie viel km läuft sie?

   b. Ihr Schwimmtraining macht sie in einem Badesee. Lena weiß, dass der See 0,23 km breit ist. Sie durchschwimmt ihn 6-mal. Wie viel km schwimmt sie?

   c. Das Radfahren übt sie, indem sie einen Rundkurs von 2,68 km Länge 12-mal durchfährt. Wie viel km fährt sie?

Lösung

a. Berechne 0,4 · 7. Verwandle 0,4 in Zehntel.

Du findest: $0{,}4 \cdot 7 = \frac{4}{10} \cdot 7 = \frac{28}{10} = 2{,}8$.

Ergebnis: Lena läuft 2,8 km.

b. Berechne 0,23 · 6. Verwandle 0,23 in Hundertstel.

Du findest: $0{,}23 \cdot 6 = \frac{23}{100} \cdot 6 = \frac{138}{100} = 1{,}38$.

Ergebnis: Lena schwimmt 1,38 km.

c. Berechne 2,68 · 12.

Rechnen mit Hundertsteln:	NR.	*Schriftliches Rechnen mit 2,68:*
2,68 · 12 = 32,16 ↓ ↓ ↑ $\frac{268}{100} \cdot 12 = \frac{3216}{100} = 32\frac{16}{100}$	268 · 12 ‾‾‾‾‾‾‾ 268 536 ‾‾‾‾‾‾‾ 3216	2,68 · 12 ‾‾‾‾‾‾‾ 268 536 ‾‾‾‾‾‾‾ 32,16

Beachte die Anzahl der Stellen nach dem Komma

Vergleiche. Du erkennst, dass man 2,68 · 12 in zwei Schritten berechnet:

1. Schritt: Multipliziere die Zahlen wie natürliche Zahlen: 268 · 12.
2. Schritt: Trenne im Ergebnis 3216 mit dem Komma so viele Ziffern von rechts ab, wie in dem Dezimalbruch der Aufgabe rechts vom Komma standen. Hier sind es zwei Ziffern..

Ergebnis: Lena fährt 32,16 km.

Zum Festigen und Weiterarbeiten

2. Rechne zuerst mit einem gewöhnlichen Bruch.

   a. 0,07 · 9 = □
   ↓   ↓   ↑
   $\frac{7}{100} \cdot 9 = □$

   b. 1,3 · 8 = □
   ↓   ↓   ↑
   $\frac{13}{10} \cdot 8 = □$

   c. 0,015 · 5 = □
   ↓   ↓   ↑
   $\frac{15}{1000} \cdot 5 = □$

   d. 7 · 0,012 = □
   ↓   ↓   ↑
   $7 \cdot \frac{12}{1000} = □$

3. Rechne im Kopf.

a. 1,5 · 5   b. 0,03 · 7   c. 8 · 0,003   d. 0,06 · 4   e. 0,5 · 9   f. 18 · 0,09
   0,8 · 6   4 · 0,09   15 · 0,005   8 · 0,005   6 · 0,7   1,25 · 5

4. Führe zuerst einen Überschlag durch. Runde dazu die Zahlen so, dass du im Kopf rechnen kannst. Rechne dann schriftlich.

a. 9,56 · 8   c. 0,547 · 18
b. 17,6 · 12   d. 21,78 · 29

Aufgabe:	4,78 · 32 = ?
Überschlag:	5 · 30 = 150
Ergebnis:	4,78 · 32 = 152,96

Spiel (2 bis 3 Spieler)

5. *Verflixte Null*
Ihr benötigt die große Scheibe des Glücksrades (siehe Seite 98).
Jeder dreht 3-mal. Die beiden ersten Zahlen bilden einen Dezimalbruch, mit der dritten Zahl wird multipliziert („10" zählt als „0"). Wer das höhere Ergebnis hat, bekommt einen Punkt.
Wer hat zuerst 10 Punkte?

Hinweis: Statt des Glücksrades könnt ihr auch einen Würfel benutzen.

Spieler A dreht nacheinander 4; 9; 3.
Er rechnet: 4,9 · 3 = 14,7.
Spieler B dreht nacheinander 2; 7; 8.
Er rechnet: 2,7 · 8 = 21,6.
Spieler B hat das höhere Ergebnis und bekommt einen Punkt.

Übungen

6. Rechne im Kopf.

a. 2,4 · 3   b. 6 · 0,05   c. 0,25 · 6   d. 3 · 1,6   e. 0,06 · 7   f. 0,014 · 5
   0,7 · 4   7 · 0,12   0,9 · 11   8 · 0,003   0,3 · 15   0,035 · 4
   0,15 · 5   4 · 0,017   0,2 · 15   5 · 0,025   0,008 · 9   0,007 · 60

7. Rechne im Kopf.

a. 0,5 · 30   b. 70 · 0,02   c. 1,3 · 30   d. 600 · 1,5   e. 0,15 · 200
   0,6 · 300   500 · 0,4   1,2 · 4000   3000 · 2,5   0,05 · 40

8. Entscheide ohne zu rechnen, welche Ergebnisse sicherlich falsch sind. Begründe.

a. 4,36 · 13   (53,58; 56,68; 55,64)   b. 74,65 · 37   (2762,05; 2947,34; 2338,75)
   12,7 · 15   (180,5; 190,35; 190,5)   6,19 · 253   (1437,57; 1566,07; 1542,81)
   0,53 · 44   (21,12; 24,68; 23,32)   82,5 · 327   (23695,5; 26400,3; 26977,5)
   4,9 · 29   (151,1; 142,1; 141,81)   0,36 · 406   (146,16; 117,56; 149,24)

9. Aus diesen Zahlen kannst du zwölf Produkte bilden.

10. Berechne nur eines der Produkte schriftlich.
Bestimme die anderen durch Kommaverschiebung.

a. 49 · 17   b. 52 · 13   c. 29 · 22   d. 12 · 24   e. 25 · 18   f. 36 · 29
   4,9 · 17   13 · 0,52   0,22 · 29   1,2 · 24   25 · 0,18   0,36 · 29
   17 · 0,049   5,2 · 13   29 · 0,022   0,012 · 24   2,5 · 18   2,9 · 36

11. *Rechenkreisel*
Übertrage die Aufgabe ins Heft. Rechne ringsherum, bis du wieder oben bist.

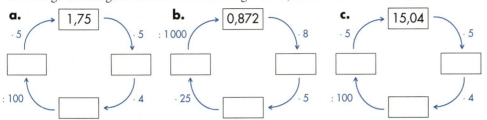

12. Immer zwei Aufgaben haben dasselbe Ergebnis. Suche die Paare.

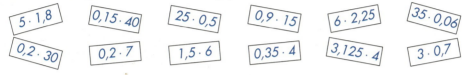

13. a. Berechne
   (1) das 3fache von 12,27;
   (2) das 2fache von 1,957;
   (3) das 4fache von 0,307.

b. Berechne
   (1) das 1,8fache von 25;
   (2) das 2,5fache von 47;
   (3) das 1,25fache von 160.

14. Ein ICE-Zug fährt auf der Strecke von Göttingen nach Hannover in 1 s durchschnittlich 51,6 m.
Welche Weglänge legt der Zug
a. in 1 min, **b.** in 1 h zurück?

15. Ein Blatt Papier eines Buches ist ungefähr 0,055 mm dick.
Wie dick ist ein Buch mit 224 Seiten? Rechne für den Buchdeckel noch 2 mm hinzu.

16. Lisas Schulweg ist 1,45 km lang (Entfernung zwischen Wohnung und Schule).
a. Wie viel km legt Lisa auf ihrem Schulweg in einer Woche (5 Unterrichtstage) zurück?
b. Wie viel km legt sie auf ihrem Schulweg in einem Schuljahr mit 197 Schultagen zurück?

17. Ein Mathematikbuch wiegt 0,534 kg. In einem Paket sollen 24 Mathematikbücher versandt werden. Die Verpackung wiegt 800 g.
Wie schwer wird das Paket?

18. In einer Schokoladenfabrik werden täglich hergestellt:
1 100 Tafeln Vollmilch-Schokolade,   1 400 Tafeln Halbbitter-Schokolade,
1 200 Tafeln Marzipan-Schokolade,   900 Tafeln Nuss-Schokolade.
Die Produktion soll auf das 1,2fache gesteigert werden.
Wie viele Tafeln Schokolade jeder Sorte müssen dann hergestellt werden?

Multiplizieren von Dezimalbrüchen mit Dezimalbrüchen

Aufgabe

1. a. Björns Mutter möchte eine Scheibengardine für das 1,3 m breite Küchenfenster kaufen.
Üblicherweise wird beim Kauf das 1,5fache der gemessenen Fensterbreite angegeben, damit die Gardine Falten werfen kann.
Wie viel m Gardinenstoff benötigt sie?

Hinweis:
Berechne das Produkt 1,3 · 1,5.
Wie gehst du vor? Beachte, dass beide Faktoren Dezimalbrüche sind.

b. Wenn Wasser zu Eis gefriert, dehnt es sich um das 1,09fache seines ursprünglichen Volumens aus. Um das zu überprüfen hat Ulrike eine 1,5-l-Flasche mit Wasser in die Kühltruhe gelegt. Nach einiger Zeit holt sie die zerborstene Flasche mit Eis wieder heraus.
Wie viel Liter Eis sind entstanden?

Lösung

a. Denke dir die Dezimalbrüche in gewöhnliche Brüche verwandelt.
Zu berechnen: 1,5 · 1,3   = 1,95

Ich rechne: $\frac{15}{10} \cdot \frac{13}{10} = \frac{195}{100} = 1\frac{95}{100}$

> Zehntel mal Zehntel ergibt Hundertstel. Daher 2 Stellen rechts vom Komma.

Ergebnis: Björns Mutter benötigt 1,95 m Gardinenstoff.

b.

Rechnung mit gewöhnlichen Brüchen:		Rechnung mit Dezimalbrüchen:
1,09 · 1,5 = 1,635 $\qquad$ $1\frac{9}{100} \cdot 1\frac{5}{10} = \frac{109}{100} \cdot \frac{15}{10} = \frac{1635}{1000} = 1\frac{635}{1000}$	NR. 109 · 15 $\qquad$ 109 $\qquad$ 545 $\qquad$ 1635	1,09 · 1,5 $\qquad$ 109 $\qquad$ 545 $\qquad$ 1,635

Beim Vergleichen erkennst du, dass man 1,09 · 1,5 in zwei Schritten berechnet.

1. Schritt: Multipliziere die Dezimalbrüche wie natürliche Zahlen: 109 · 15.
2. Schritt: Trenne im Ergebnis 1635 mit dem Komma drei Ziffern von rechts ab. Das entspricht dem Teilen durch den Nenner 1000.

Ergebnis: Es sind 1,635 Liter Eis entstanden.

Zum Festigen und Weiterarbeiten

2. Berechne das Produkt zuerst mit gewöhnlichen Brüchen.

a. 0,6 · 0,9 = ☐
$\frac{6}{10} \cdot \frac{9}{10}$ = ☐

b. 0,15 · 0,5 = ☐
$\frac{15}{100} \cdot \frac{5}{10}$ = ☐

c. 0,25 · 0,03 = ☐
$\frac{25}{100} \cdot \frac{3}{100}$ = ☐

d. 0,02 · 0,004 = ☐
$\frac{2}{100} \cdot \frac{4}{1000}$ = ☐

3. Übertrage die Tabelle in dein Heft und fülle sie aus. Finde eine Regel, wie man das Komma setzen muss.

Aufgabe	Anzahl der Stellen hinter dem Komma		Überlegung	Anzahl der Stellen hinter dem Komma im Produkt	Produkt
	1. Faktor	2. Faktor			
1,2 · 0,7	1	1	Zehntel · Zehntel = ?		
1,2 · 0,07	1	2	Zehntel · Hundertstel = ?		
0,12 · 0,07	2	2			
1,2 · 0,007	1	3			

4. Rechne im Kopf.

   a. 0,8 · 0,7   **b.** 0,9 · 0,05   **c.** 2,4 · 0,5   **d.** 0,3 · 0,4   **e.** 0,015 · 0,4
       1,2 · 0,3   0,04 · 0,6   0,2 · 0,45   0,16 · 0,5   0,8 · 0,012

5. Kommafehler kann man vermeiden, wenn man vor der genauen Rechnung einen Überschlag durchführt.
Übertrage die Tabelle in dein Heft.

18,7 · 23,6   4,82 · 12,04   8,49 · 24,7
9,93 · 52,8   5,15 · 11,086   6,7 · 17,191

Aufgabe	Überschlag	Genaues Ergebnis
12,7 · 4,8	10 · 5 = 50	60,96
18,7 · 23,6		
9,93 · 52,8		

Information

Multiplizieren von Dezimalbrüchen

(1) Multipliziere zuerst so, als wäre kein Komma vorhanden.
(2) Setze dann das Komma. Hinter dem Komma müssen so viele Ziffern stehen, wie die Faktoren zusammen nach dem Komma haben.

```
  2,7 · 1,25
  ─────────
       27
       54
    ₁ 135
  ─────────
    3,375
```

Spiel (3 bis 5 Spieler)

6. *Kreiseljagd*
Du benötigst das Glücksrad (S. 108). „10" zählt als „0"!
Tausche die Zählerscheibe gegen die abgebildete. Die Ziffern über den Pfeilen geben an, wie viele Stellen hinter dem Komma die erdrehte Zahl hat. Die Zahl wird in Pfeilrichtung gelesen.

Jeder Mitspieler erhält drei Spielmarken. Der erste Spieler dreht 2-mal die Scheibe des Glücksrades und erhält 2 Dezimalbrüche. Alle Mitspieler multiplizieren die beiden Zahlen miteinander und vergleichen die Ergebnisse. Denkt an Rechenvorteile!
Der nächste und jeder weitere Spieler versucht, das Ergebnis seines Vorgängers zu übertreffen. Schafft er es, darf er eine Spielmarke abgeben.
Wer alle Spielmarken abgelegt hat, ist Sieger.

Übungen

7. Führe zuerst einen Überschlag durch. Runde dazu so, dass du im Kopf rechnen kannst.

a. 76,1 · 2,3
5,36 · 4,9
63,8 · 1,25

b. 6,4 · 6,53
0,83 · 15,2
34,05 · 3,6

c. 16,6 · 2,95
11,05 · 19,15
0,87 · 8,907

d. 7,5 · 13,61
48,3 · 4,605
4,25 · 12,44

8. a. 543,6 · 0,27
8,58 · 7,4
18,9 · 0,348

b. 8,37 · 0,56
86,7 · 0,19
0,508 · 53,6

c. 30,8 · 2,9
5,46 · 8,7
0,43 · 7,09

d. 1,03 · 8,84
9,93 · 41,7
19,4 · 7,95

9. Aus diesen Zahlen kannst du neun Produkte bilden.

10. Finde je drei Zahlenpaare, deren Produkt den gleichen Wert hat wie die angegebene Zahl.

a. 0,75   c. 4,5   e. 8,4   g. 0,02
b. 0,012   d. 0,0024   f. 1,44   h. 0,6

> 0,36 = 4 · 0,09
> 0,36 = 1,2 · 0,3
> 0,36 = 0,18 · 2

11. Auf dem Wochenmarkt werden Äpfel für 1,80 € je kg angeboten.
a. Christina kauft 0,7 kg. Wie viel muss sie bezahlen?
b. Eine andere Sorte Äpfel wird für 1,95 € je kg angeboten. Wie teuer sind 1,4 kg dieser Sorte?

12. Zeichne die Tabelle ab und fülle sie aus. Rechne möglichst geschickt.

a.

·	7	0,4	3,6	10,6	21,6
14					
0,14					
1,4					
0,014					

b.

·	6	0,6	1,2	3,6	4,8
25					
0,25					
2,5					
0,025					

13. Multipliziere 2,7; 27; 0,027 und 0,27 der Reihe nach mit der Zahl:

a. 1,5   b. 3,6   c. 0,72   d. 0,018   e. 12   f. 0,25

14. Benzinpreise werden sehr häufig auf drei Stellen nach dem Komma genau angegeben. Der Literpreis für Kraftstoff liegt bei 0,979 €. Saskia besorgt im Kanister 4,8 Liter Kraftstoff um den Rasenmäher zu betanken.
Wie viel muss sie bezahlen?
Runde das Ergebnis sinnvoll.

15. Der Ärmelkanal ist zwischen der französischen Stadt Calais und der englischen Stadt Dover 17,8 Seemeilen breit.
(1 Seemeile = 1,852 km)
Wie viel km ist der Kanal breit?
Runde das Ergebnis auf ganze km.

16. Das französische Überschallflugzeug „Concorde" hat eine Höchstgeschwindigkeit von 2,2 Mach (das 2,2fache der Schallgeschwindigkeit).
1 Mach bedeutet, dass in einer Sekunde 0,34 km zurückgelegt werden.
  a. Wie viele km kann die „Concorde" in einer Sekunde zurücklegen?
  b. Wie viele km kann sie in einer Stunde zurücklegen?

17. Runde das Ergebnis auf zwei Stellen nach dem Komma.
  a. 17,8 · 0,236   **b.** 6,25 · 0,083   **c.** 6,25 · 6,25   **d.** 12,4 · 175,6
  1,76 · 2,35   6,34 · 0,89   7,03 · 0,095   45,6 · 3,09
  0,55 · 8,23   8,3 · 0,141   7,5 · 0,15   17,5 · 3,75

18. Berechne das Produkt und runde sinnvoll.
  a. 11,25 € · 1,5   **c.** 25,77 € · 1,05   **e.** 52,08 € · 0,95   **g.** 125,80 € · 0,88
  b. 17,48 € · 1,2   **d.** 40,22 € · 1,25   **f.** 36,49 € · 0,93   **h.** 147,45 € · 1,75

19. Berechne:
  a. das 3,5fache von 17,6   **c.** das 1,75fache von 7,5   **e.** das 4,4fache von 15,5
  b. das 1,6fache von 2,44   **d.** das 1,15fache von 10,28   **f.** das 6,5fache von 0,844

20. a. 1,4 · 2,6 · 3   **b.** 0,62 · 0,25 · 17,8   **c.** 13 · 10,8 · 0,34   **d.** 7,2 · 0,004 · 0,08
       4,9 · 7 · 1,5   0,3 · 1,3 · 10,3   1,6 · 0,12 · 28   0,32 · 4,5 · 0,05

21. Berechne die Potenzen.
  a. $1,5^2$ **b.** $8,9^2$ **c.** $0,23^2$ **d.** $0,14^2$ **e.** $1,2^3$ **f.** $0,2^3$
  $3,5^2$ $0,04^2$ $0,35^2$ $0,06^2$ $1,5^3$ $0,1^4$

$$4,8^2 = 4,8 \cdot 4,8 = 23,04$$

22. Berechne nur eines der Produkte schriftlich, bestimme die anderen mit Kommaverschiebung.
  a. 1,4 · 0,85   **b.** 2,75 · 0,35   **c.** 4,7 · 7,2   **d.** 7,6 · 8,7
  0,14 · 0,85   27,5 · 0,35   0,47 · 7,2   0,76 · 8,7
  0,14 · 8,5   27,5 · 3,5   4,7 · 0,72   7,6 · 87
  1,4 · 8,5   2,75 · 3,5   0,47 · 0,72   7,6 · 0,087

23. Tanjas Mutter will für das Fenster im Kinderzimmer neue Gardinen nähen. Sie benötigt genau 3,75 m. Der laufende Meter kostet 11,95 €. Tanjas Mutter will nicht mehr als 50 € ausgeben. Reicht das Geld?
Mache zunächst einen Überschlag, rechne dann genau.

Dividieren eines Dezimalbruches durch eine natürliche Zahl

Aufgabe

1. Der menschliche Körper braucht täglich Vitamine (Vitamin C, Vitamin E und andere Vitamine) und Mineralstoffe (Kalzium, Eisen, Magnesium u.a.).
   Meyers ernähren sich gesundheitsbewusst. Zum Frühstück gibt es Müsli. Der Inhalt einer Müsli-Packung (Bild rechts) soll gleichmäßig auf 6 Mahlzeiten verteilt werden.

   a. Wie viel g Vitamin C, wie viel mg Vitamin E sind in einer Mahlzeit enthalten?

   b. Wie viel g Mineralstoffe sind in einer Mahlzeit enthalten?

Lösung

a. *Vitamin C:*

Zu berechnen: $0{,}18 : 6$ *(18 h : 6 = 3 h)*

Ich rechne: $\frac{18}{100} : 6 = \frac{3}{100}$

Ich erhalte: $0{,}18 : 6 = 0{,}03$

Vitamin E:

Zu berechnen: $1{,}2 : 6$ *(1 E 2 z = 12 z; 12 z : 6 = 2 z)*

Ich rechne: $\frac{12}{10} : 6 = \frac{2}{10}$

Ich erhalte: $1{,}2 : 6 = 0{,}2$

Ergebnis: In einer Mahlzeit sind 0,03 g Vitamin C und 0,2 mg Vitamin E enthalten.

b. Berechne den Quotienten $8{,}976 : 6$ schriftlich.
   Wähle beim Überschlag die Zahlen so, dass du im Kopf rechnen kannst: $6 : 6 = 1$.
   Schriftliche Rechnung:

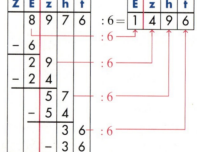

Ergebnis: In einer Mahlzeit sind 1,496 g Mineralstoffe enthalten.

Information

Dividieren eines Dezimalbruches durch eine natürliche Zahl
Man dividiert einen Dezimalbruch wie eine natürliche Zahl. Sobald man während der Rechnung das Komma überschreitet, setzt man auch im Ergebnis ein Komma.

Zum Festigen und Weiterarbeiten

2. Rechne im Kopf.

0,2 : 5 = 2 z : 5 = 20 h : 5

	a.	b.	c.	d.	e.	f.
	8,4 : 4	0,8 : 2	1,5 : 5	0,48 : 2	0,24 : 6	0,2 : 5
	6,9 : 3	0,6 : 3	2,4 : 8	0,45 : 3	0,18 : 3	0,7 : 2
	4,8 : 4	0,4 : 4	3,9 : 3	0,72 : 6	0,32 : 4	0,3 : 5

3. Führe zunächst einen Überschlag durch. Rechne dann schriftlich.

Aufgabe: 34,064 : 8
Überschlag: 32 : 8 = 4

a. 34,251 : 7
b. 140,55 : 15
c. 9,714 : 3
d. 316,979 : 37

4. Beim schriftlichen Rechnen musst du besonders auf Nullen achten.

a. Prüfe das folgende Beispiel.
Die rot geschriebenen Rechenschritte kannst du weglassen.

```
0,0795 : 3 = 0,0265
0
00
 0
 07
  6
 19
 18
  15
  15
   0
```
Kontrolle:
0,0265 · 3
0,0795

b. Prüfe das Beispiel 5,7 : 4.
Damit man zu Ende rechnen kann, werden bei 5,7 zwei Nullen angehängt.

Kontrolle durch Multiplizieren

```
5,700 : 4 = 1,425
4
17
16
 10
  8
  20
  20
   0
```
Kontrolle:
1,425 · 4
5,700

Berechne ebenso:
7,896 : 12; 0,3938 : 11; 0,14484 : 17

Berechne ebenso:
4,5 : 4;   0,7 : 4;   0,5 : 8;   3,4 : 16

Übungen

5. Rechne im Kopf.

	a.	b.	c.	d.	e.	f.
	3,5 : 5	7,2 : 6	0,28 : 7	10,8 : 9	0,1 : 5	7,5 : 5
	2,4 : 3	5,6 : 7	0,84 : 4	5,1 : 3	0,3 : 2	0,48 : 3
	4,5 : 9	3,6 : 2	0,06 : 3	7,6 : 4	0,15 : 5	0,7 : 5

6. Berechne die Quotienten schriftlich.

	a.	c.	e.	g.
	8,435 : 5	123,54 : 6	136,96 : 32	551,2 : 104
	45,12 : 12	9,36 : 8	106,92 : 36	1137,5 : 125
	43,52 : 17	95,22 : 9	137,75 : 19	431,25 : 345
	b.	**d.**	**f.**	**h.**
	5,224 : 8	0,714 : 3	1,9244 : 68	3,7125 : 225
	3,036 : 12	4,315 : 5	1,0965 : 17	13,764 : 186
	0,1977 : 3	5,978 : 7	0,2738 : 74	7,7784 : 463

7.

	a.	b.	c.	d.	e.	f.
	75,6 : 25	18,6 : 5	18,3 : 64	0,21 : 12	5,61 : 6	0,55 : 8
	11,4 : 15	14,9 : 4	21,7 : 16	0,609 : 7	4,598 : 11	0,504 : 9

8. Aus den Zahlen kannst du neun Quotienten bilden.

1. Zahl: 13,6; 0,38; 2,49
2. Zahl: 4; 20; 5

Mögliche Ergebnisse:
0,019; 2,72; 0,498; 0,34; 0,1245; 0,095; 3,4; 0,6225; 0,076; 0,68

9. *Rechenkreisel*
Übertrage die Aufgabe ins Heft. Rechne ringsherum, bis du wieder oben bist.

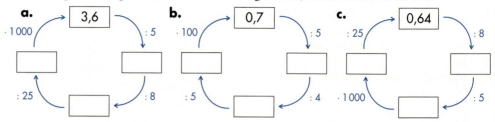

10. Berechne. Runde auf Cent.
- **a.** 5,20 € : 7
  36,50 € : 9
- **b.** 112,55 € : 10
  212,73 € : 8
- **c.** 47,75 € : 4
  19,95 € : 8
- **d.** 88,95 € : 12
  157,67 € : 15

11. Berechne nur einen der Quotienten schriftlich. Gib dann die Werte der anderen an.
- **a.** 81 : 18
  8,1 : 18
  0,081 : 18
  0,81 : 18
- **b.** 0,216 : 9
  21,6 : 9
  0,0216 : 9
  2,16 : 9
- **c.** 8,799 : 7
  0,8799 : 7
  87,99 : 7
  879,9 : 7
- **d.** 1801,6 : 32
  1,8016 : 32
  180,16 : 32
  18,016 : 32

12. a. Menschliches Kopfhaar wächst in der Woche etwa 1,4 mm bis 2,1 mm.
Wie viel mm wächst es täglich?
b. Barthaar wächst jede Woche etwa 2,8 mm bis 4,2 mm.
Wie viel mm sind das täglich?
c. Fingernägel wachsen jede Woche etwa 0,63 mm bis 0,7 mm.
Wie viel mm sind das täglich?

13. a. Lenas Schülermonatskarte kostet 33 €. Im Juni fährt sie an 24 Tagen zur Schule.
Wie teuer ist eine Fahrt? Beachte Hin- und Rückfahrt.
b. Tim zahlt für 3 CDs 38,85 €. Wie teuer ist eine CD?
c. Eine Erdbeertorte kostet 19,80 €. Sie wird in 12 Stücke zerlegt.
Wie teuer ist ein Stück?

14. Automodelle werden oft im Maßstab 1 : 18 gebaut. Zum Beispiel ist eine 90 cm lange Antenne im Modell nur 5 cm lang (90 cm : 18 = 5 cm).
- **a.** Ein Pkw ist 4,724 m lang. Wie viel cm ist das Modell lang?
- **b.** Die Höhe des Pkw beträgt 1,540 m. Wie hoch ist das Modell?

Hinweis: Berechne eine Stelle mehr als du benötigst und runde dann.

Teamarbeit

15. Zu jedem Ergebnis gehört ein Buchstabe.
Die Buchstaben ergeben einen Text.

18,5 : 5   6,76 : 8   11,9 : 14
19,6 : 7   8,127 : 9   0,635 : 5
5,44 : 4   5,94 : 11   7,83 : 6
17,7 : 6   0,54 : 20   22,68 : 7
50,4 : 12   9,5 : 25   0,354 : 2
34,5 : 15   5,1 : 30   0,228 : 3
1,752 : 10   3,9 : 4

2,8	A	0,17	E	0,1752	S
0,54	A	0,127	E	0,027	S
3,24	A	1,305	F	0,975	S
0,38	B	2,95	H	0,845	T
0,177	C	0,076	H	0,85	T
0,903	D	2,3	I	1,36	T
4,2	E	3,7	M		

Mittelwert

Aufgabe

1. Lisa war fünf Tage im Schullandheim. Sie hat über ihre täglichen Geldausgaben genau Buch geführt (Aufstellung rechts).
Wie viel € hat Lisa durchschnittlich pro Tag ausgegeben?

Lösung

Wir berechnen den Mittelwert (Durchschnitt) der fünf Geldbeträge.
Mach dir die beiden folgenden Schritte auch an der Zeichnung klar.

1. Schritt: Berechne, wie viel € Lisa insgesamt ausgegeben hat.

2. Schritt: Stelle dir vor, Lisa hätte an jedem Tag gleich viel Geld ausgegeben. Dividiere dazu den Gesamtbetrag durch die Zahl der Tage.

Ergebnis: Lisa hat pro Tag durchschnittlich 4,28 € ausgegeben.

1. Tag:	2. Tag:	3. Tag:	4. Tag:	5. Tag:
3,84	6,92	4,75	2,65	3,24

←————————Gesamtbetrag————————→

?	?	?	?	?

$$3,84 + 6,92 + 4,75 + 2,65 + 3,24 = 21,40$$
$$21,40 : 5 = 4,28$$

Information

Berechnung des Mittelwertes

So berechnet man den **Mittelwert** (auch *arithmetisches Mittel* oder *Durchschnitt* genannt) von mehreren Zahlen:
(1) Addiere die Zahlen.
(2) Dividiere die Summe durch die Anzahl der Zahlen.

Beispiel:
Drei Zahlen: 2,3; 1,42; 3,78
Rechnung: $2,3 + 1,42 + 3,78 = 7,5$
$7,5 : 3 = 2,5$
Der Mittelwert der drei Zahlen ist 2,5.

Zum Festigen und Weiterarbeiten

2. Lisa hat ihre Geldausgaben im Schullandheim übersichtlich durch ein Säulendiagramm dargestellt (Bild rechts).
   a. Was zeigt die rote Linie?
   b. Wie hat Lisa die Zahlen gerundet?

3. Berechne den Mittelwert folgender Zahlen.
   a. 3,48; 7,49; 11,63
   b. 17,5; 28,7; 23,3; 15,7
   c. 1,75; 6,27; 8,96; 2,66; 5,5; 7,2

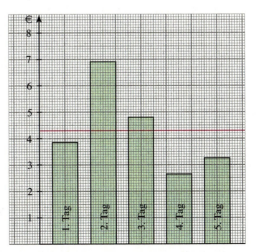

4. Tanjas Gruppe hat an 4 Tagen ihres Schullandheimaufenthaltes Wanderungen unternommen. In ihrem Tagebuch hat Tanja die täglichen Strecken notiert. Wie viel km waren das durchschnittlich an einem Tag?

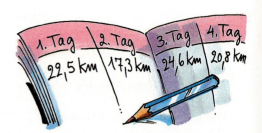

Teamarbeit

5. Bestimmt die durchschnittliche Körpergröße der Schüler(innen) eurer Klasse.

Übungen

6. Sarah hat mit ihren Eltern eine viertägige Radtour unternommen. Am ersten Tag haben sie 68,1 km zurückgelegt, am zweiten Tag 56,3 km, am dritten Tag 53,5 km, am vierten Tag 75,7 km. Wie viel km sind sie durchschnittlich an einem Tag gefahren?

7. Eine Wandergruppe legte in der ersten Stunde 4,9 km, in der zweiten Stunde 4 km, in der dritten Stunde 2,5 km und in der vierten Stunde 4,2 km zurück. Wie viel km wanderte die Gruppe durchschnittlich in einer Stunde?

8. Mikes Mutter hatte in einer Woche folgende Ausgaben:

Montag 12,43 €	Mittwoch 18,45 €	Freitag 89,33 €
Dienstag 35,52 €	Donnerstag 38,57 €	Samstag 61,71 €

  a. Wie viel € gab Mikes Mutter im Durchschnitt an jedem Wochentag (außer Sonntag) aus?

  b. An welchen Tagen lagen die Ausgaben über dem Durchschnitt, an welchen Tagen unter dem Durchschnitt? Um wie viel € jeweils?

9. Bestimme den Mittelwert.

  a. 5,82 m; 7,45 m; 6,55 m
  b. 12,50 €; 9,39 €; 23,42 €;
  c. 989 g; 1012 g; 975 g; 1005 g
  d. 138; 347; 22; 98; 412; 277; 314; 59; 196
  e. 3681; 4511; 1041; 6437; 945; 1404; 2351
  f. 0,649; 1,208; 0,045; 2,35; 0,8; 2,033

10. Michaela hat beim Training für den 100-m-Lauf folgende Zeiten erzielt:

Michaela				
13,4 s	13,8 s	13,0 s	14,1 s	13,5 s

Wie viel Sekunden hat Michaela für einen Lauf durchschnittlich gebraucht? Runde passend.

11. Julia testet ihre Leistung im Weitsprung.
Sie erzielt an zwei aufeinander folgenden Tagen folgende Sprungweiten.
An welchem Tag war Julia besser in Form?
Berechne für jeden der beiden Tage den Mittelwert der Sprungweiten. Vergleiche.

12.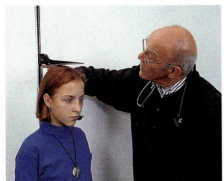

Dies sind Ergebnisse einer schulärztlichen Untersuchung.

Name	Körpergewicht	Körpergröße
Lena	34,0 kg	1,48 m
Tanja	35,0 kg	1,50 m
Maria	30,5 kg	1,38 m
Anne	32,5 kg	1,47 m
Julia	30,5 kg	1,40 m
Laura	31,0 kg	1,53 m

a. Berechne das durchschnittliche Körpergewicht. Runde nach der ersten Stelle rechts vom Komma.

b. Berechne die durchschnittliche Körpergröße. Runde das Ergebnis passend.

13. a. Auf einer sechstägigen Fahrt gab Miriam die Geldbeträge rechts aus. Außerdem leistete sie sich jeden Tag ein Eis zu 0,60 €.
Wie viel € gab sie im Durchschnitt täglich aus?

b. Lena hat für Übernachtung, Verpflegung und die Busfahrt die gleichen Ausgaben wie Miriam. Für Kleinigkeiten, Getränke und Süßigkeiten hat sie insgesamt 90,18 € ausgegeben.
Wie viel € hat Lena durchschnittlich pro Tag ausgegeben?

14. In der Tabelle sind Philipps Zensuren in Englisch, Mathematik und Deutsch eingetragen.
In welchem Fach hat Philipp die besseren Zensuren erhalten?

Arbeit Nr.	1	2	3	4	5
Englisch	3	2	2	1	3
Mathematik	2	3	2	2	1
Deutsch	2	4	5	1	1

Dividieren durch einen Dezimalbruch

Aufgabe

1. a. Tanja bietet ihren Geburtstagsgästen Johannisbeersaft in 0,15-*l*-Bechern an. Sie möchte wissen, wie viele Becher sie mit dem Inhalt einer 0,75-*l*-Flasche füllen kann.
Hinweis: Berechne 0,75 : 0,15.

b. Tanja bietet auch Orangensaft an. Sie hat 2,5 *l* Orangensaft eingekauft.
Wie viel 0,2-*l*-Becher kann sie füllen?

Lösung

a. (1) mit Dezimalbrüchen:

$0,75 : 0,15 = \frac{0,75}{0,15}$ Man kann eine Division von Dezimalbrüchen auch als Bruch schreiben.

$= \frac{0,75 \cdot 100}{0,15 \cdot 100}$ Auch solche Brüche kann man erweitern, hier mit 100.

$= \frac{75}{15}$ Man erweitert so, dass im Nenner eine natürliche Zahl steht.

$= 75 : 15 = 5$ Der Bruch wird wieder als Quotient geschrieben und berechnet.

(2) mit gewöhnlichen Brüchen:

$0,75 : 0,15 = \frac{75}{100} : \frac{15}{100} = \frac{75}{100} \cdot \frac{100}{15} = \frac{75^5 \cdot 100^1}{100_1 \cdot 15_1} = 5$

Ergebnis: Tanja kann 5 Becher mit Johannisbeersaft füllen.

b. $2,5 : 0,2 = \frac{2,5}{0,2} = \frac{2,5 \cdot 10}{0,2 \cdot 10} = \frac{25}{2} = 25 : 2 = 12,5$

Ergebnis: Tanja kann 12,5 Becher mit Orangensaft füllen.

Zum Festigen und Weiterarbeiten

$1,8 : 0,2 = \frac{1,8}{0,2} = \frac{1,8 \cdot 10}{0,2 \cdot 10} = \frac{18}{2} = 18 : 2 = 9$

$0,6 : 0,15 = \frac{0,6}{0,15} = \frac{0,6 \cdot 100}{0,15 \cdot 100} = \frac{60}{15} = 60 : 15 = 4$

$2 : 0,005 = \frac{2}{0,005} = \frac{2 \cdot 1000}{0,005 \cdot 1000} = \frac{2000}{5} = 400$

2. Berechne den Quotienten. Beachte die Beispiele. Erweitere den zugehörigen Bruch so, dass im Nenner kein Dezimalbruch mehr steht. Um wie viele Stellen wird dabei das Komma nach rechts verschoben?

a. 0,72 : 0,12   **c.** 2,4 : 0,3   **e.** 0,072 : 0,08   **g.** 3,6 : 0,009   **i.** 2 : 0,04
b. 0,28 : 0,7   **d.** 1,5 : 0,05 **f.** 0,3 : 0,002   **h.** 0,8 : 0,002 **j.** 3 : 0,005

3. *Aufgabe:*   **a.** 1,26 : 0,6 = ☐   **b.** 0,48 : 0,16 = ☐   **c.** 7,5 : 0,12 = ☐
Kommaverschiebung: 1,26 : 0,6   0,48 : 0,16   7,50 : 0,12
Berechne: 12,6 : 6 = ☐   48   : 16 = ☐   750 : 12 = ☐

4. Überlege zuerst:
Um wie viele Stellen muss das Komma nach rechts verschoben werden?
  a. 2,5 : 0,5;   0,6 : 0,02;   0,44 : 0,11   **b.** 0,36 : 0,9;   0,72 : 0,003;   6 : 0,06

5. a. 4,578 : 0,7   **b.** 0,19215 : 0,035
   6,612 : 1,9   314,4 : 0,48
   11,295 : 0,15   121,5 : 0,27

Aufgabe:	23,56 : 0,4
Berechne schriftlich:	235,6 : 4

Dividieren durch einen Dezimalbruch

Man verschiebt bei beiden Zahlen das Komma um *gleich viele* Stellen nach rechts, bis bei der zweiten Zahl kein Komma mehr steht. Dann dividiert man.

(1) Aufgabe: 0,36 : 0,4
    Berechne: 3,6 : 4

Das Komma um 1 Stelle nach rechts verschieben

(2) Aufgabe: 5,6 : 0,08
    Berechne: 560 : 8

Das Komma um 2 Stellen nach rechts verschieben

Übungen

6. Rechne im Kopf. Denke an die Kommaverschiebung.

	a.	b.	c.	d.	e.	f.
	3,2 : 0,8	2 : 0,5	0,5 : 0,25	0,15 : 0,03	2 : 0,04	2,5 : 0,02
	5,6 : 0,7	3 : 0,6	0,2 : 0,02	0,36 : 0,12	1 : 0,002	0,36 : 0,3
	0,8 : 0,2	1 : 0,1	3 : 0,005	0,3 : 0,06	9 : 0,06	18 : 0,06
	7,2 : 0,9	4 : 0,8	2 : 0,002	0,5 : 0,02	6,4 : 0,8	1,3 : 0,05

7. Führe zunächst einen Überschlag durch. Berechne die Quotienten schriftlich.

  a. 123,2 : 0,8   **b.** 3,052 : 0,7   **c.** 243,96 : 0,06   **d.** 1,685 : 0,05   **e.** 2,1132 : 0,003
  22,95 : 0,9   0,7884 : 0,4   4,068 : 0,09   27,93 : 0,07   0,02496 : 0,004

Kontrolle durch Multiplizieren

8. a. 31,96 : 4,7   **c.** 4,25 : 0,25   **e.** 4,263 : 0,029   **g.** 0,945 : 0,27   **i.** 1051,2 : 0,72
      41,71 : 9,7   2,88 : 0,12   26 : 0,016   0,9625 : 0,35   0,2025 : 0,045

  b. 9,36 : 0,72   **d.** 41,04 : 0,076   **f.** 15,6 : 6,5   **h.** 63 : 0,45   **j.** 4,34 : 0,35
      2,85 : 0,15   0,2635 : 0,31   2,25 : 7,5   8 : 0,625   3,9375 : 0,75

9. Berechne. Runde auf Cent.

  a. 15,60 € : 1,5   **b.** 44,82 € : 4,5   **c.** 19,95 € : 3,6   **d.** 10,92 € : 1,6
      68,05 € : 9,2   120 € : 3,5   64,50 € : 1,3   11,45 € : 7,5
      49,75 € : 0,9   66 € : 0,26   155 € : 2,4   22,75 € : 1,05

10. Aus den Zahlen rechts kannst du neun Quotienten bilden.

Mögliche Ergebnisse:
2262,5; 635; 905; 1587,5; 0,685; 152,4; 217,2; 0,1644; 1,7125

1. Zahl: 381; 0,411; 543
2. Zahl: 2,5; 0,6; 0,24

11. a. Dividiere 14,4 durch 0,45. Dividiere dann 0,45 durch 14,4. Multipliziere zuletzt die Ergebnisse miteinander. Was fällt dir auf?

  b. Verfahre wie in a. mit den Zahlen 0,18 und 7,2.

12. Bestimme die fehlende Zahl.

  a. 0,6 · x = 0,24   **b.** 0,4 · x = 1,2   **c.** 2,5 · x = 10,5   **d.** x · 4,8 = 6,912
      x · 1,5 = 0,03   0,03 · x = 2,1   x · 1,7 = 5,78   7,05 = x · 15

13. Berechne nur *einen* Quotienten schriftlich. Bestimme dann die anderen Quotienten mithilfe von Kommaverschiebungen.

a. 8,8 : 1,6	**b.** 12 : 4,8	**c.** 3,6 : 15	**d.** 42 : 0,14	**e.** 14,25 : 0,19
88 : 1,6	120 : 4,8	3,6 : 0,15	4,2 : 0,14	14,25 : 1,9
8,8 : 0,16	0,12 : 4,8	0,36 : 0,15	4,2 : 0,014	1,425 : 1,9
0,88 : 16	1,2 : 0,48	0,0036 : 0,15	0,42 : 0,014	0,1425 : 0,19

14. Eine Biene sammelt auf einem Flug etwa 0,05 g Nektar.
Wie viele Flüge sind notwendig um 500 g Nektar zu sammeln?

15. Stefans Schrittlänge ist ungefähr 0,8 m. Wie viele Schritte macht Stefan bei einer 4 km langen Wanderung?

16. In einer Mosterei werden an einem Tag 1 400 *l* Apfelsaft hergestellt und in 0,7-*l*-Flaschen abgefüllt.
Wie viele Flaschen werden mit Apfelsaft gefüllt?

17. Katharina hat eine Burg aus Spielzeugteilen. Sie möchte um die Burg einen Palisadenzaun bauen. Jede Palisade soll 8,5 cm lang werden.
Wie viele Palisaden erhält sie aus einer 340 cm langen Holzleiste?

18. Melanie hat auf dem Flohmarkt ihre alten Comichefte verkauft, jedes Heft für 0,35 €. Sie hat dafür 4,90 € eingenommen.
Wie viele Comichefte hat sie verkauft?

19. Ein Lastkahn hat 1 400 t Kohlen geladen. Die Ladung soll auf Güterwagen mit je 17,5 t Tragfähigkeit abgefahren werden.
Wie viele Güterwagen sind erforderlich?

20. Beim Zählen großer Kleingeldbeträge werden in Sparkassen und Banken die Münzen gewogen. Ein Kunde bringt eine Kassette mit 1-Euro-Stücken und 20-Cent-Stücken zur Bank. Die 1-Euro-Stücke wiegen zusammen 937,5 g; die 20-Cent-Stücke wiegen zusammen 467,4 g.

a. Wie viele 1-Euro-Stücke befinden sich in der Kassette?
Wie viele 20-Cent-Stücke befinden sich in der Kassette?
b. Welchen Wert haben die Münzen zusammen?

5,7 g   7,5 g

Periodische Dezimalbrüche

Umformen von gewöhnlichen Brüchen in abbrechende und periodische Dezimalbrüche durch Division

1. **Aufgabe**

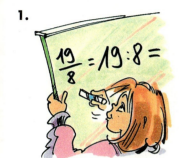

Lisa möchte gewöhnliche Brüche (mit Zähler und Nenner) in Dezimalbrüche umrechnen. Sie weiß:
Jeden gewöhnlichen Bruch kann man als Quotienten schreiben, zum Beispiel $\frac{3}{4} = 3 : 4$.
Daher hat Lisa eine Idee:
Sie dividiert beim Umrechnen den Zähler durch den Nenner.

Rechne folgende Brüche nach Lisas Idee in Dezimalbrüche um. Was fällt dir bei Teilaufgabe b. auf?

a. $\frac{19}{8}$; $\frac{7}{16}$; $2\frac{11}{20}$ **b.** $\frac{2}{3}$; $\frac{5}{6}$; $\frac{3}{11}$

Lösung

a. (1) *Umrechnung von $\frac{19}{8}$:*

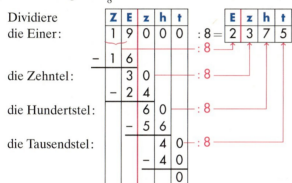

Ergebnis: $\frac{19}{8} = 2{,}375$

(2) *Umrechnung von $\frac{7}{16}$:* $\frac{7}{16} = 7 : 16 = 0{,}4375$

(3) *Umrechnung von $2\frac{11}{20}$:* $\frac{11}{20} = 11 : 20 = 0{,}55$;   also $2\frac{11}{20} = 2 + \frac{11}{20} = 2 + 0{,}55 = 2{,}55$

b. (1) *Umrechnung von $\frac{2}{3}$:*

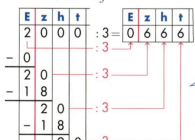

Jedes Mal Rest 2. Daher bricht die Rechnung nicht ab. 6 wiederholt sich ohne Ende.

Ergebnis: $\frac{2}{3} = \frac{6}{10} + \frac{6}{100} + \frac{6}{1000} + \frac{6}{10\,000} + \ldots = 0{,}6666\ldots$

(2) *Umrechnung von $\frac{5}{6}$:* $\frac{5}{6} = 5 : 6 = 0{,}83333\ldots$

Ziffer 3 wiederholt sich ohne Ende.

(3) *Umrechnung von $\frac{3}{11}$:* $\frac{3}{11} = 3 : 11 = 0{,}272727\ldots$

Das Ziffernpaar 27 wiederholt sich ohne Ende.

Kapitel 5

Information

(1) Abbrechende und periodische Dezimalbrüche

In der Aufgabe 1a. hast du **abbrechende Dezimalbrüche** erhalten.
Abbrechende Dezimalbrüche haben eine bestimmte Anzahl von Ziffern rechts vom Komma, z. B. 2,375; 0,8375; 2,55.
Man sagt: Die Ziffernfolge rechts vom Komma „bricht ab".
In Aufgabe 1b. hast du **periodische Dezimalbrüche** erhalten.
Bei periodischen Dezimalbrüchen wiederholt sich eine Ziffer oder eine Zifferngruppe rechts vom Komma ohne Ende.

(2) Schreibweise für periodische Dezimalbrüche

$\frac{2}{3} = 2 : 3 = 0{,}666\ldots$	$\frac{3}{11} = 3 : 11 = 0{,}272727\ldots$	$\frac{5}{6} = 5 : 6 = 0{,}8333\ldots$
Wir schreiben: $0{,}\overline{6}$	Wir schreiben: $0{,}\overline{27}$	Wir schreiben: $0{,}8\overline{3}$
Wir lesen:	Wir lesen:	Wir lesen:
Null Komma Periode sechs	*Null Komma Periode zwei sieben*	*Null Komma acht Periode drei*
Es gilt: $\frac{2}{3} = 0{,}\overline{6}$	Es gilt: $\frac{3}{11} = 0{,}\overline{27}$	Es gilt: $\frac{5}{6} = 0{,}8\overline{3}$

$0{,}\overline{6}$; $0{,}\overline{27}$ und $0{,}8\overline{3}$ sind periodische Dezimalbrüche.

(3) Einteilung der Dezimalbrüche

Abbrechende Dezimalbrüche	Nicht abbrechende Dezimalbrüche mit Periode	
	rein periodisch	*gemischt periodisch*
0,125; 0,75; 0,375	$0{,}\overline{6}$; $0{,}\overline{27}$; $0{,}\overline{348}$ Die Periode beginnt sofort hinter dem Komma.	$0{,}8\overline{3}$; $0{,}0\overline{62}$; $0{,}00\overline{17}$ Zwischen Komma und Periode steht mindestens eine Ziffer, die nicht zur Periode gehört.

Zum Festigen und Weiterarbeiten

2. a. Rechne in einen Dezimalbruch um. Gib an, ob ein abbrechender oder ein periodischer Dezimalbruch entstanden ist.
(1) $\frac{1}{3}$ (2) $\frac{4}{5}$ (3) $\frac{11}{8}$ (4) $\frac{1}{9}$ (5) $\frac{4}{9}$ (6) $\frac{17}{25}$ (7) $\frac{7}{3}$ (8) $\frac{17}{40}$ (9) $1\frac{5}{16}$ (10) $2\frac{5}{12}$

b. Gib bei den periodischen Dezimalbrüchen an, ob ein rein periodischer oder ein gemischt periodischer Dezimalbruch entstanden ist.

3. Rechne in einen Dezimalbruch um: $\frac{7}{9}$; $\frac{5}{11}$; $\frac{7}{6}$; $\frac{15}{22}$; $\frac{1}{99}$; $\frac{1}{7}$.
In welchen Fällen wiederholen sich mehrere Ziffern?

4. a. Prüfe nach: $\frac{12}{25} = 0{,}48$; $\frac{16}{33} = 0{,}\overline{48}$; $\frac{22}{45} = 0{,}4\overline{8}$; $\frac{28}{33} = 0{,}\overline{84}$; $\frac{38}{45} = 0{,}8\overline{4}$; $\frac{21}{25} = 0{,}84$.

b. Schreibe die ersten acht Ziffern der periodischen Dezimalbrüche in a.

c. Auch periodische Dezimalbrüche kann man runden. Runde die periodischen Dezimalbrüche in a. auf fünf Stellen nach dem Komma.

> Periodischer Dezimalbruch: $0{,}\overline{8}$
> $0{,}\overline{8} = 0{,}888888888888888\ldots$
> Auf fünf Stellen gerundet:
> $0{,}888888 \approx 0{,}88889$

Übungen

5. Rechne in einen Dezimalbruch um. Gib an, ob ein abbrechender oder ein periodischer Dezimalbruch entsteht.
  a. $\frac{1}{4}$ **b.** $\frac{3}{11}$ **c.** $\frac{9}{10}$ **d.** $\frac{16}{9}$ **e.** $\frac{1}{8}$ **f.** $\frac{5}{14}$ **g.** $\frac{7}{22}$ **h.** $\frac{13}{15}$ **i.** $4\frac{7}{8}$ **j.** $3\frac{3}{7}$

Ist der periodische Dezimalbruch rein periodisch oder gemischt periodisch?

6. Rechne schriftlich. Du erhältst einen periodischen Dezimalbruch.
  a. 13 : 11 **b.** 17 : 9 **c.** 23 : 6 **d.** 12 : 7 **e.** 4 : 13 **f.** 5 : 17 **g.** 16 : 3

7. Forme in einen Dezimalbruch um. Runde auf drei Stellen nach dem Komma.
  a. $\frac{14}{3}$ **b.** $\frac{11}{6}$ **c.** $\frac{5}{7}$ **d.** $1\frac{3}{7}$ **e.** $\frac{6}{23}$ **f.** $\frac{11}{36}$ **g.** $2\frac{2}{12}$ **h.** $3\frac{13}{16}$

8. Was gehört zusammen? Schreibe so: $\frac{1}{2} = 1 : 2 = 0{,}5$

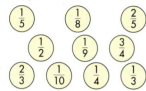

9. Vergleiche; setze eines der Zeichen (< oder >).
  a. $0{,}45 \square 0{,}\overline{4}$
  $0{,}\overline{7} \square 0{,}77$
  b. $0{,}\overline{2} \square 0{,}23$
  $0{,}56 \square 0{,}\overline{5}$
  c. $0{,}\overline{3} \square 0{,}34$
  $0{,}\overline{5} \square 0{,}5555$
  d. $0{,}67 \square 0{,}\overline{6}$
  $0{,}8\overline{2} \square 0{,}83$

$0{,}33 < 0{,}\overline{3}$,
denn $0{,}33 < 0{,}333\ldots$

10. Rechne in einen Dezimalbruch um.
Setze dann eines der Zeichen (< oder >).
  a. $\frac{3}{5} \square 0{,}\overline{6}$ **b.** $\frac{2}{5} \square 0{,}3\overline{5}$ **c.** $1{,}3\overline{7} \square 1\frac{3}{8}$ **d.** $0{,}2\overline{5} \square \frac{1}{4}$
  $0{,}7 \square \frac{3}{4}$ $0{,}\overline{3} \square \frac{7}{20}$ $3\frac{1}{8} \square 3{,}\overline{12}$ $\frac{5}{8} \square 0{,}6\overline{25}$

$0{,}\overline{4} > \frac{4}{10}$,
denn $0{,}\overline{4} > 0{,}4$

11. Ordne die Zahlen nach der Größe.
  a. $0{,}3$; $0{,}\overline{3}$; $0{,}33$; $0{,}334$; $0{,}333$
  b. $0{,}\overline{1}$; $0{,}1$; $0{,}11$; $0{,}\overline{01}$; $0{,}01$
  c. $0{,}16$; $\frac{1}{6}$; $0{,}166$; $0{,}167$; $0{,}17$
  d. $1{,}28$; $1{,}2\overline{8}$; $1\frac{28}{99}$; $1{,}288$; $1\frac{289}{1000}$

12. Verwandle die Brüche in Dezimalbrüche.
  a. $\frac{2{,}5}{2}$ **b.** $\frac{1{,}5}{3}$ **c.** $\frac{2{,}7}{1{,}8}$ **d.** $\frac{0{,}25}{0{,}5}$ **e.** $\frac{5}{0{,}8}$ **f.** $\frac{0{,}03}{0{,}2}$ **g.** $\frac{0{,}45}{0{,}9}$
  $\frac{0{,}75}{3}$ $\frac{6}{2{,}4}$ $\frac{0{,}12}{0{,}4}$ $\frac{3{,}5}{0{,}07}$ $\frac{0{,}32}{8}$ $\frac{0{,}7}{2{,}8}$ $\frac{0{,}56}{0{,}8}$

Dividiere Zähler durch Nenner

13. *Klein aber fein*
Wählt 10 echte Brüche, die in abbrechende Dezimalbrüche umgewandelt werden, und 6 echte Brüche, die in periodische Dezimalbrüche umgewandelt werden. Schreibt die 16 echten Brüche und die 16 Dezimalbrüche auf Kärtchen.
Alle 32 Karten werden gemischt und gleichmäßig an die Mitspieler verteilt. Jeder legt seine Karten als Stapel verdeckt vor sich auf den Tisch. Jetzt decken alle Mitspieler jeweils die obere Karte ihres Stapels auf. Wer die größte Zahl hat, muss alle aufgedeckten Karten nehmen und legt sie unter seinen Stapel. Haben zwei Mitspieler den gleichen höchsten Wert, führen die beiden ein Stechen mit zwei neuen Karten durch.
Sieger ist, wer zuerst alle Karten abgeben konnte.

Spiel (2 oder 4 Spieler)

▲ Umformen periodischer Dezimalbrüche in gewöhnliche Brüche

Aufgabe

▲ **1.** Laura versucht periodische Dezimalbrüche in gewöhnliche Brüche umzurechnen.

a. Laura betrachtet zunächst die umgekehrte Aufgabe. Sie rechnet folgende Brüche in Dezimalbrüche um:

(1) $\frac{1}{9}$; $\frac{2}{9}$; $\frac{3}{9}$ (3) $\frac{1}{999}$; $\frac{2}{999}$; $\frac{3}{999}$

(2) $\frac{1}{99}$; $\frac{2}{99}$; $\frac{3}{99}$

Führe die Rechnungen durch.

b. Laura kann nun die periodischen Dezimalbrüche an der Tafel in gewöhnliche Brüche umrechnen.
Führe die Rechnungen nach Lauras Idee durch. Benutze dazu die Ergebnisse aus a.

Lösung

a. Durch Dividieren von Zähler durch Nenner findest du:

(1) $\frac{1}{9} = 0,\overline{1}$ (2) $\frac{1}{99} = 0,\overline{01}$ (3) $\frac{1}{999} = 0,\overline{001}$

$\frac{2}{9} = 0,\overline{2}$ $\frac{2}{99} = 0,\overline{02}$ $\frac{2}{999} = 0,\overline{002}$

$\frac{3}{9} = 0,\overline{3}$ $\frac{3}{99} = 0,\overline{03}$ $\frac{3}{999} = 0,\overline{003}$

Merke dir:
$0,\overline{1} = \frac{1}{9}$
$0,\overline{01} = \frac{1}{99}$
$0,\overline{001} = \frac{1}{999}$

b.

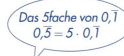

Das 5fache von $0,\overline{1}$
$0,\overline{5} = 5 \cdot 0,\overline{1}$

Das 18fache von $0,\overline{01}$
$0,\overline{18} = 18 \cdot 0,\overline{01}$

Das 150fache von $0,\overline{001}$
$0,\overline{150} = 150 \cdot 0,\overline{001}$

$0,\overline{5} = 5 \cdot \frac{1}{9} = \frac{5}{9}$

$0,\overline{18} = 18 \cdot \frac{1}{99} = \frac{18}{99} = \frac{2}{11}$

$0,\overline{150} = 150 \cdot \frac{1}{999} = \frac{150}{999} = \frac{50}{333}$

Zum Festigen und Weiterarbeiten

▲ **2.** Rechne in gewöhnliche Brüche um. Kürze, wenn möglich.

a. $0,\overline{8}$; $0,\overline{6}$; $1,\overline{7}$; $2,\overline{5}$ b. $0,\overline{06}$; $0,\overline{27}$; $1,\overline{45}$; $1,\overline{24}$ c. $0,\overline{008}$; $0,\overline{075}$; $0,\overline{240}$; $1,\overline{018}$

▲ **3.** Man kann gemischt periodische Dezimalbrüche in gewöhnliche Brüche umrechnen.

a. Rechne $0,0\overline{6}$ in einen gewöhnlichen Bruch um. *Hinweis:* $0,0\overline{6}$ ist ein Zehntel von $0,\overline{6}$.

b. Rechne $0,00\overline{5}$ in einen gewöhnlichen Bruch um. *Hinweis:* $0,00\overline{5} = 0,\overline{5} : 100 = \frac{5}{9} : 100$.

c. Rechne $0,0\overline{16}$ in einen gewöhnlichen Bruch um. *Hinweis:* $0,0\overline{16} = 0,\overline{16} : 10 = \frac{16}{99} : 10$.

Übungen

▲ **4.** Rechne in gewöhnliche Brüche um. Kürze, wenn möglich. Beachte Aufgabe 1.

a. $0,\overline{4}$ b. $1,\overline{6}$ c. $0,\overline{05}$ d. $7,\overline{15}$ e. $0,\overline{40}$ f. $0,\overline{036}$ g. $0,\overline{030}$
$0,\overline{5}$ $4,\overline{2}$ $0,\overline{27}$ $3,\overline{20}$ $0,\overline{04}$ $5,\overline{180}$ $0,\overline{03}$

▲ **5.** Rechne in gewöhnliche Brüche um. Kürze, wenn möglich. Beachte Aufgabe 3.

a. $0,0\overline{7}$ b. $0,0\overline{4}$ c. $0,00\overline{5}$ d. $0,00\overline{6}$ e. $0,0\overline{72}$ f. $0,0\overline{27}$
$0,0\overline{3}$ $0,0\overline{5}$ $0,00\overline{3}$ $0,00\overline{4}$ $0,0\overline{63}$ $0,0\overline{06}$

▲ Primfaktorzerlegung als Hilfe zur Erkennung abbrechender und periodischer Dezimalbrüche

Brüche kann man in Dezimalbrüche umwandeln. Dabei entstehen *abbrechende* oder *periodische* Dezimalbrüche.

(1) *Abbrechende Dezimalbrüche:*

Alle Brüche, die sich auf Zehntel, Hundertstel, Tausendstel, ... erweitern lassen, kann man in einen abbrechenden Dezimalbruch umwandeln. Das sind die Brüche, die im Nenner die Primfaktoren 2 oder 5 (und keine anderen Primfaktoren) haben.

Information

$$\frac{7}{40}$$
$$= \frac{7}{2 \cdot 2 \cdot 2 \cdot 5}$$ — Nenner in Primfaktoren zerlegen
$$= \frac{7 \cdot 5}{2 \cdot (2 \cdot 5) \cdot (2 \cdot 5)}$$
$$= \frac{7 \cdot 5 \cdot 5}{(2 \cdot 5) \cdot (2 \cdot 5) \cdot (2 \cdot 5)}$$ — So erweitern, dass nur 10 als Faktor im Nenner auftritt
$$= \frac{7 \cdot 5 \cdot 5}{10 \cdot 10 \cdot 10}$$
$$= \frac{175}{1000}$$ — Als Dezimalbruch schreiben
$$= 0{,}175$$

> **Regel 1:** Der Nenner des (gekürzten) Bruches hat *nur* die Primfaktoren 2 oder 5. Man erhält einen *abbrechenden* Dezimalbruch.
>
> *Beispiel:* $\frac{7}{40} = \frac{7}{2\cdot 2\cdot 2\cdot 5} = \frac{175}{1000} = 0{,}175$

(2) *Periodische Dezimalbrüche:*

Alle Brüche, die sich nicht auf Zehntel, Hundertstel, Tausendstel, ... erweitern lassen, ergeben einen periodischen Dezimalbruch.

> **Regel 2:** Der Nenner des (gekürzten) Bruches hat *keinen* der Primfaktoren 2 oder 5. Man erhält einen *rein-periodischen* Dezimalbruch.
>
> *Beispiel:* $\frac{1}{9} = \frac{1}{3\cdot 3} = 0{,}\overline{1}$

> **Regel 3:** Der Nenner des (gekürzten) Bruches hat die Primfaktoren 2 oder 5 und noch einen *weiteren* Primfaktor. Man erhält einen *gemischt-periodischen* Dezimalbruch.
>
> *Beispiel:* $\frac{1}{6} = \frac{1}{2\cdot 3} = 0{,}1\overline{6}$

Übungen

1. Zerlege den Nenner in Primfaktoren. Entscheide, ob sich der Bruch in einen abbrechenden, rein-periodischen oder gemischt-periodischen Dezimalbruch umwandeln lässt.
   Hinweis zu Teilaufgabe d.: Kürze die Brüche zuerst.

   a. $\frac{4}{9}, \frac{5}{8}, \frac{5}{12}, \frac{1}{15}$
   b. $\frac{13}{18}, \frac{11}{25}, \frac{17}{30}, \frac{11}{36}$
   c. $\frac{5}{32}, \frac{3}{25}, \frac{1}{3}, \frac{26}{75}, \frac{4}{11}, \frac{9}{14}$
   d. $\frac{4}{12}, \frac{3}{12}, \frac{10}{15}, \frac{25}{30}, \frac{10}{36}, \frac{28}{35}$

2. Trage in die Tabelle ein: $\frac{1}{4}, \frac{1}{12}, \frac{7}{8}, \frac{2}{7}, \frac{4}{9}, \frac{5}{18}, \frac{6}{25}, \frac{3}{50}, \frac{2}{11}, \frac{7}{15}, \frac{13}{24}, \frac{1}{35}$. Fülle dann die Tabelle aus.

Bruch	abbrechend	rein-periodisch	gemischt-periodisch	Dezimalbruch	Anzahl der Ziffern in der Periode
$\frac{1}{2}$	×			0,5	—
$\frac{1}{3}$		×		$0{,}\overline{3}$	1

Im Blickpunkt

Einkaufen – Rechnen zahlt sich meistens aus

1. Jan und seine Geschwister Anne und Tim essen sehr gern Joghurt. Jan ärgert sich aber oft darüber, dass man die Preise so schlecht vergleichen kann, denn die Becher haben unterschiedliche Gewichtsangaben.
Wie kann Jan einen Preisvergleich durchführen?

   Bei D und A kann Jan durch Abschätzen vergleichen, D ist preiswerter als A. Für einen genauen Preisvergleich rechnet Jan aus, wie viel 25 g von jeder Sorte kosten, denn 25 ist der größte gemeinsame Teiler der Zahlen 125, 150, 200 und 250. Er rundet auf Pfennige.

   Becher A:

   :5 ⌈ 125 g kosten 0,33 € ⌉ :5
      ⌊ 25 g kosten 0,07 € ⌋

   Berechnet auch bei den anderen Bechern, wie viel 25 g kosten.
   Zu welchem Ergebnis kommt ihr?

2. Jan: „Mein Lieblingsjoghurt (A) ist zwar nicht der billigste, aber für diesen tollen Geschmack zahle ich gerne etwas mehr."

   Eva: „Mein Lieblingsjoghurt (B) schmeckt zwar spitze, aber soviel besser als die anderen schmeckt es auch wieder nicht. Ich kaufe jetzt immer Sorte C."

   Was wird beim Vergleich von Warenpreisen durch eine Vergleichsrechnung nicht erfasst?

3. Führt beim Saft einen Preisvergleich durch.

4. a. Nennt weitere Beispiele für Waren, bei denen ein Preisvergleich wegen unterschiedlicher Gewichts- oder Mengenangaben schwer ist.

   b. Führt Preisvergleiche für solche Waren durch.

5. a. Rechnet für jede Packung aus, wie viel 1 kg des Spülmittels kostet.

b. Familie Säuberlich verbraucht pro Jahr etwa 15 kg Spülmittel. Berechnet, wie viel € sie pro Jahr für Spülmittel ausgeben müsste, wenn sie

(1) nur Pakete,
(2) nur 3-kg-Trommeln,
(3) nur 5-kg-Großtrommeln

kaufen würde.

6. Nicht immer sind Großpackungen preisgünstiger, manchmal sind sie sogar ungünstiger. Berechnet bei den folgenden Beispielen, wie viel die Großpackung höchstens kosten darf. Wie viel Geld bezahlt man also beim Kauf der Großpackung zu viel bzw. wie viel Geld spart man beim Kauf der Großpackung?

7. *Minipack – teure Bequemlichkeit*
Kaffeesahne der Firma „Löwen-Milch" kann man in verschieden großen „Portionen" kaufen:

a. Stellt euch vor, man würde den Inhalt der 75 g Dose, den Inhalt des Kännchens bzw. den Inhalt der 375 g Dose in Mini-Portionen kaufen.
Wie viel € müsste man jeweils bezahlen?

b. Wie viel € kosten 7,5 g Milch in der 75 g Dose, im Kännchen bzw. in der 375 g Dose?

8. Sucht in Geschäften eures Wohnortes Beispiele für Waren, die in verschieden großen Packungen angeboten werden. Führt ähnliche Preisvergleiche durch wie in den Aufgaben 1 bis 7.

Verbindung der vier Grundrechenarten

• Terme mit Klammern – Punktrechnung vor Strichrechnung

Aufgabe

1.

Berechne die Terme:

a. $4{,}15 - (1{,}5 + 0{,}85)$ $0{,}2 \cdot (3{,}7 - 1{,}25)$ $(2{,}16 - 0{,}86) : 0{,}4$

b. $0{,}5 \cdot 1{,}6 - 0{,}75$ $1{,}2 - 0{,}06 : 1{,}5$ $2{,}4 : 6 + 1{,}8 \cdot 0{,}25$

Löse die Aufgaben an der Wandtafel.
Beachte die Vorrangregeln über das Berechnen von Termen.

Lösung

a.
$4{,}15 - (1{,}5 + 0{,}85)$
$= 4{,}15 - \quad 2{,}35$
$= 1{,}80 = 1{,}8$

$0{,}2 \cdot (3{,}7 - 1{,}25)$
$= 0{,}2 \cdot \quad 2{,}45$
$= 0{,}490 = 0{,}49$

$(2{,}16 - 0{,}86) : 0{,}4$
$= 1{,}30 \quad\quad : 0{,}4$
$= 3{,}25$

b.
$0{,}5 \cdot 1{,}6 - 0{,}75$
$= 0{,}80 - 0{,}75$
$= 0{,}05$

$1{,}2 - 0{,}06 : 1{,}5$
$= 1{,}2 - 0{,}04$
$= 1{,}16$

$2{,}4 : 6 + 1{,}8 \cdot 0{,}25$
$= 0{,}4 \quad + \quad 0{,}450$
$= 0{,}85$

Information

Vorrangregeln für das Berechnen von Termen

(1) Das Innere einer Klammer wird für sich berechnet.
(2) Wo keine Klammer steht, geht Punktrechnung vor Strichrechnung.
(3) Sonst wird von links nach rechts gerechnet.

Zum Festigen und Weiterarbeiten

2. a. $1{,}7 + (4{,}9 - 0{,}28)$ b. $13{,}4 - (6{,}15 - 1{,}95)$ c. $(7{,}5 - 0{,}75) \cdot 0{,}5$

3. a. $2{,}4 + 8 : 0{,}2$ b. $0{,}36 - 0{,}1 \cdot 3{,}2$ c. $0{,}5 : 0{,}04 + 1{,}1 : 5$

4. Stelle einen Term auf und berechne ihn.
   a. Multipliziere die Summe aus 5,5 und 0,65 mit 0,7.
   b. Subtrahiere von 10,5 die Differenz aus 20,1 und 17,8.
   c. Dividiere die Differenz aus 10,5 und 5,9 durch 4.
   d. Addiere zu dem Quotienten aus 12 und 2,5 das Produkt aus 0,6 und 0,8.
   e. Subtrahiere von dem Produkt aus 13,5 und 1,18 die Summe dieser Zahlen.

Übungen

5.
a. $6{,}7 - (0{,}91 + 3{,}5)$
b. $(13{,}2 - 7{,}7) - 4{,}5$
c. $(0{,}95 + 1{,}54) - 0{,}7$
d. $(9{,}97 + 0{,}54) : 0{,}4$
e. $28{,}8 : (15 - 12{,}6)$
f. $(17{,}5 - 8{,}65) \cdot 3{,}6$
g. $(2{,}9 - 0{,}25) + (3{,}4 - 1{,}75)$
h. $(8{,}1 + 1{,}28) - (6{,}5 + 0{,}572)$
i. $(24{,}2 + 19{,}45) \cdot (40{,}6 - 13{,}8)$

6.
a. $19{,}3 \cdot (52{,}03 - 11{,}67)$
b. $(16{,}45 + 2{,}75) \cdot 1{,}25$
c. $(7{,}68 - 2{,}97) : 0{,}6$
d. $0{,}8 \cdot (12{,}5 + 7{,}35)$
e. $(3{,}64 + 0{,}78) : 8$
f. $(18{,}5 - 2{,}96) : 12$
g. $(25{,}6 - 2{,}38) \cdot (48{,}7 + 5{,}5)$
h. $(34{,}3 - 28{,}8) \cdot (0{,}984 - 0{,}046)$
i. $(28{,}4 - 3{,}5) : (0{,}55 + 0{,}2)$

7.
a. $0{,}5 \cdot 1{,}4 + 0{,}7$
b. $12 \cdot 0{,}65 - 3{,}5$
c. $18 \cdot 9{,}7 + 3{,}5 \cdot 0{,}6$
d. $7{,}4^2 - 6{,}4^2$
e. $5{,}75 + 8 \cdot 0{,}72$
f. $35{,}2 \cdot 0{,}6 + 1{,}2 \cdot 28{,}4$
g. $25{,}5 + 21{,}7 : 0{,}7$
h. $0{,}75 : 0{,}025 - 1{,}1 : 0{,}04$
i. $3 : 0{,}04 - 0{,}15 \cdot 80$

8.
a. $78{,}5 - 3{,}5 \cdot 6{,}6$
b. $0{,}96 : 1{,}6 + 0{,}5$
c. $6{,}6 : 1{,}5 - 1{,}25$
d. $4{,}81 \cdot 1{,}5 - 0{,}55 \cdot 1{,}9$
e. $22{,}5 : 0{,}3 + 20{,}4 \cdot 0{,}08$
f. $0{,}95 \cdot 3{,}6 - 7 \cdot 0{,}09$
g. $1 : 0{,}625 + 0{,}018 \cdot 150$
h. $0{,}2 \cdot 50 - 3 : 0{,}3$
i. $2{,}5^2 - 0{,}5 : 2$

9.
a. $1 : (1 - 4 : 5)$
b. $(19{,}5 - 1{,}7 : 0{,}34) : 0{,}2$
c. $(12{,}5 : 0{,}2 + 0{,}05) \cdot 0{,}3$
d. $(1{,}38 \cdot 0{,}6 + 0{,}84 : 0{,}3) \cdot 0{,}24$
e. $(6{,}75 : 3 + 13{,}2) : 1{,}5$
f. $(12{,}13 - 6{,}57 : 9) : 3$

10.
a. $(14{,}4 : 12 + 6 \cdot 0{,}15) : 7$
b. $(5{,}6 : 14 + 0{,}72 : 3) \cdot 16$
c. $(8{,}4 : 6 - 7{,}5 : 15) : 6$
d. $(8{,}4 \cdot 0{,}2 - 0{,}4 : 5) \cdot 1{,}5$
e. $0{,}72 \cdot (0{,}4 \cdot 3 + 1 : 0{,}125)$
f. $(5{,}6 : 0{,}14 - 0{,}9 \cdot 25) \cdot 1{,}2$

11. Wähle für x nacheinander die Zahlen 0,25; 0,05; 1,5; 4,5 und berechne den Term.
a. $0{,}8 \cdot x + 7{,}5$
b. $1{,}5 \cdot x + 2{,}9$
c. $x : 5 + 0{,}4$
d. $0{,}45 : x + 1$
e. $9 : x + 0{,}2$
f. $2{,}25 : x - 0{,}1$
g. $19{,}5 - 2{,}4 \cdot x$
h. $15{,}1 - 1{,}7 \cdot x$

12. Schreibe zu dem Baum einen Term. Berechne ihn dann.

a. 12,8   0,72   1,3
b. 6,3   0,93   0,23
c. 4,5   1,8   0,7

13. Schreibe zuerst den Term mit Klammern; berechne ihn dann.
a. Multipliziere 28,2 mit der Summe aus 16,5 und 3,9.
b. Multipliziere die Differenz aus 26,2 und 4,7 mit 12,2.
c. Multipliziere die Summe aus 18,4 und 3,7 mit der Differenz dieser Zahlen.
d. Multipliziere die Summe aus 7,5 und 0,75 mit der Differenz aus 0,95 und 0,085.
e. Addiere zur Summe aus 12,75 und 7,25 die Differenz dieser Zahlen.
f. Dividiere die Summe aus 4,15 und 3,6 durch 25.
g. Dividiere die Differenz aus 27,26 und 3,34 durch das Doppelte von 2,5.
h. Dividiere 18,96 durch die Summe aus 1,76 und 4,24.

Terme mit Dezimalbrüchen und gewöhnlichen Brüchen

Aufgabe

1. Berechne den Term.

   a. $0{,}7 + \frac{1}{4}$ b. $\frac{3}{8} - 0{,}2$ c. $\frac{3}{4} \cdot 0{,}9$ d. $1{,}5 : \frac{2}{5}$

   Lösung

   Du kannst mit Dezimalbrüchen oder mit gewöhnlichen Brüchen rechnen.

   Rechnen mit Dezimalbrüchen:

   a. $0{,}7 + \frac{1}{4}$ b. $\frac{3}{8} - 0{,}2$ c. $\frac{3}{4} \cdot 0{,}9$ d. $1{,}5 : \frac{2}{5}$
   $= 0{,}7 + 0{,}25$ $= 0{,}375 - 0{,}2$ $= 0{,}75 \cdot 0{,}9$ $= 1{,}5 : 0{,}4$
   $= 0{,}95$ $= 0{,}175$ $= 0{,}675$ $= 15 : 4$
   $= 3{,}75$

   Rechnen mit gewöhnlichen Brüchen:

   a. $0{,}7 + \frac{1}{4}$ b. $\frac{3}{8} - 0{,}2$ c. $\frac{3}{4} \cdot 0{,}9$ d. $1{,}5 : \frac{2}{5}$
   $= \frac{7}{10} + \frac{1}{4}$ $= \frac{3}{8} - \frac{2}{10}$ $= \frac{3}{4} \cdot \frac{9}{10}$ $= \frac{15}{10} : \frac{2}{5}$
   $= \frac{14}{20} + \frac{5}{20}$ $= \frac{15}{40} - \frac{8}{40}$ $= \frac{27}{40}$ $= \frac{15}{10} \cdot \frac{5}{2}$
   $= \frac{19}{20}$ $= \frac{7}{40}$ $= 3\frac{3}{4}$

Zum Festigen und Weiterarbeiten

2. Rechne günstig (mit Dezimalbrüchen oder mit gewöhnlichen Brüchen).

   a. $\frac{5}{8} + 0{,}75$ b. $\frac{2}{3} \cdot 3{,}6$ c. $1{,}25 : \frac{4}{3}$ d. $\frac{3}{7} \cdot 0{,}4$ e. $\frac{2}{3} \cdot 8{,}4$ f. $0{,}9 : 2\frac{1}{2}$

   $1{,}9 - \frac{4}{5}$ $3{,}2 \cdot \frac{3}{8}$ $\frac{5}{4} : 2{,}5$ $\frac{5}{12} \cdot 0{,}75$ $\frac{3}{8} : 0{,}72$ $0{,}4 : \frac{2}{3}$

▲ 3. Berechne den Term.

   a. $\frac{7{,}2}{9}$ c. $\frac{0{,}7}{3{,}5}$ e. $\frac{0{,}6 + 2{,}2}{7}$ g. $\frac{3 \cdot 1{,}8}{0{,}6}$

   b. $\frac{3}{0{,}75}$ d. $\frac{0{,}15}{0{,}6}$ f. $\frac{5 - 3{,}6}{8}$ h. $\frac{0{,}32 \cdot 0{,}8}{0{,}5 \cdot 4}$

   $\frac{4{,}8 - 3{,}2}{2{,}9 + 4{,}3} = \frac{1{,}6}{7{,}2}$ *Zähler und Nenner getrennt berechnen*
   $= \frac{16}{72}$
   $= \frac{2}{9}$

Übungen

4. Rechne günstig.

   a. $\frac{1}{3} + 0{,}3$ b. $0{,}9 - \frac{1}{6}$ c. $\frac{3}{4} + 1{,}6$ d. $1\frac{1}{2} + 0{,}76$ e. $8{,}3 + 3\frac{3}{4}$

   $\frac{1}{4} - 0{,}15$ $1{,}8 + \frac{3}{5}$ $\frac{4}{7} - 0{,}4$ $3{,}7 - 2\frac{1}{4}$ $6{,}1 - 2\frac{1}{8}$

5. a. $2\frac{1}{2} : 0{,}4$ b. $7{,}5 : \frac{3}{10}$ c. $\frac{2}{5} \cdot 1{,}5$ d. $11\frac{7}{25} \cdot 0{,}6$ e. $2{,}84 : \frac{1}{2}$ f. $\frac{3}{4} : 0{,}03$

   $6{,}5 : 1\frac{3}{10}$ $10{,}4 \cdot 1\frac{1}{2}$ $3{,}8 \cdot \frac{9}{25}$ $\frac{3}{4} \cdot 2{,}4$ $\frac{5}{6} : 0{,}25$ $0{,}48 \cdot \frac{9}{10}$

6. Zwei Zahlen – Vier Aufgaben!

   a. | $\frac{5}{6}$ | + | − | · | : | 0,3 |

   b. | 1,8 | + | − | · | : | $\frac{5}{12}$ |

7. a. $\frac{3}{0{,}6}$; $\frac{1}{0{,}4}$; $\frac{0{,}7}{2}$; $\frac{0{,}6}{8}$; $\frac{0{,}25}{5}$; $\frac{2}{0{,}8}$; $\frac{2{,}5}{4}$; $\frac{2}{2{,}5}$

   b. $\frac{0{,}48}{0{,}6}$; $\frac{0{,}15}{0{,}3}$; $\frac{0{,}1}{0{,}25}$; $\frac{0{,}4}{0{,}08}$; $\frac{0{,}75}{12{,}5}$; $\frac{2{,}4}{0{,}48}$; $\frac{0{,}075}{0{,}6}$

8. a. $\dfrac{3{,}75+0{,}5}{2{,}5}$ c. $\dfrac{7{,}5+0{,}9}{4\cdot 2{,}8}$ e. $\dfrac{2{,}4-1}{0{,}35}$ g. $\dfrac{0{,}46\cdot 2{,}5}{2\cdot 9{,}2}$ i. $\dfrac{4{,}25\cdot 6{,}8}{0{,}05\cdot 4}$ k. $\dfrac{3{,}6:0{,}3}{2{,}5:0{,}5}$

b. $\dfrac{12{,}5-2{,}75}{0{,}15}$ d. $\dfrac{0{,}7+0{,}17}{3\cdot 0{,}4}$ f. $\dfrac{4{,}2\cdot 0{,}8}{1{,}5\cdot 2}$ h. $\dfrac{6{,}4\cdot 0{,}5}{2\cdot 0{,}2}$ j. $\dfrac{1{,}5\cdot 4}{0{,}16\cdot 34}$ l. $\dfrac{1{,}5:5}{0{,}2\cdot 4}$

9. a. $\tfrac{3}{4}$ von 2,60 €   c. $\tfrac{1}{3}$ von 0,45 l

$\tfrac{2}{3}$ von 8,79 € $\tfrac{3}{4}$ von 0,5 l

b. $\tfrac{7}{10}$ von 12,50 €   d. $\tfrac{2}{5}$ von 1,75 l

$\tfrac{5}{6}$ von 7,92 € $\tfrac{2}{5}$ von 0,9 l

$\tfrac{3}{5}$ von 13,20 € = ?
$\tfrac{3}{5}$ von 13,20 € = 13,20 € : 5 · 3
= 2,64 € · 3
= 7,92 €

10. Berechne.
Runde dann auf volle Cent.

a. $\tfrac{3}{4}$ von 1,50 €   c. $\tfrac{2}{5}$ von 11,26 €

$\tfrac{2}{3}$ von 12,50 € $\tfrac{3}{4}$ von 3,55 €

b. $\tfrac{3}{8}$ von 5,50 €   d. $\tfrac{2}{7}$ von 15,60 €

$\tfrac{5}{6}$ von 13,60 € $\tfrac{7}{10}$ von 13,39 €

11. Unsere Nahrungsmittel enthalten Wasser.
Wie viel kg Wasser sind enthalten

a. in 2,5 kg Kartoffeln;

b. in 0,75 kg Rindfleisch;

c. in 1,5 kg Butter?

Kartoffeln | $\tfrac{4}{5}$ Wasser
Rindfleisch | $\tfrac{2}{3}$ Wasser
Butter | $\tfrac{1}{6}$ Wasser

12. Die Blutmenge eines Menschen hängt vom Körpergewicht ab.

a. Alexander wiegt 65 kg. Seine Blutmenge berechnet man ungefähr so:
Man nimmt die Maßzahl des Gewichtes (hier: 65) und berechnet $\tfrac{1}{13}$ davon (hier also $\tfrac{1}{13}$ von 65). Das Ergebnis gibt an, wie viel Liter Blut Alexander ungefähr hat.
Führe die Rechnung durch.

b. Wie viel Liter Blut hat ein Mensch mit folgendem Gewicht:
52 kg;   58,5 kg;   71,5 kg;   84,5 kg?

13. Meyers Garten ist 7,65 a groß. $\tfrac{2}{3}$ der Gesamtfläche ist Rasen, $\tfrac{1}{5}$ der Gesamtfläche sind Gemüsebeete.
Wie groß ist die Rasenfläche? Wie groß sind die Gemüsebeete?

14. Anne spart für einen Globus. Er kostet 26,30 €.
Sie zählt ihr Geld und sagt:
„$\tfrac{3}{5}$ des Geldes habe ich schon zusammen."
Wie viel € muss sie noch sparen?

15. Eine 0,7 l-Flasche ist noch zu $\tfrac{3}{4}$ mit Saft gefüllt.
Wie viel l Saft sind in der Flasche?

16. Ein Zoll ist ein Längenmaß aus früheren Zeiten. Es gilt: 1 Zoll = 2,54 cm.
Auch heute noch wird dieses Maß gelegentlich benutzt, z. B. bei der Angabe der Seitenlänge von Disketten. Gib die Seitenlänge der Diskette in cm an.

a. $3\tfrac{1}{2}$-Zoll-Diskette   b. $5\tfrac{1}{4}$-Zoll-Diskette

Berechnungen von Flächen und Körpern

Berechnungen an Rechtecken

Aufgabe

1. a. Gegeben ist ein Rechteck mit den Seitenlängen a = 4 cm; b = 3 cm.
Bestimme den Flächeninhalt des Rechtecks durch Auslegen mit Quadraten geeigneter Größe. Leite daraus ein Verfahren ab, wie man aus den beiden Seitenlängen a und b eines Rechtecks den Flächeninhalt A des Rechtecks berechnen kann.

b. Ein Rechteck hat die folgenden Seitenlängen:

(1) $a = \frac{3}{4}$ dm; $b = \frac{2}{5}$ dm (2) a = 7,5 cm; b = 4,6 cm

Bestimme den Flächeninhalt des Rechtecks mit dem in Teilaufgabe a. gefundenen Verfahren.

Lösung

a. Lege das Rechteck mit Quadraten der Seitenlänge 1 cm, also mit dem Flächeninhalt 1 cm², aus.
Man benötigt dazu 3·4, also 12 Quadrate.
Flächeninhalt: (3·4)·1 cm² = 12 cm²

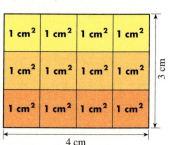

> Sind die Seitenlängen eines Rechtecks in *derselben* Längeneinheit angegeben, dann erhält man den **Flächeninhalt A des Rechtecks,** indem man die Maßzahlen der Seitenlängen a und b miteinander multipliziert und mit der entsprechenden Flächeninhaltseinheit versieht.
> Man schreibt kurz: A = a · b

b. Wir wenden das in Teilaufgabe a. gefundene Verfahren an.

(1) A = a · b
  $= \frac{3}{4}$ dm · $\frac{2}{5}$ dm
  $= \left(\frac{3}{\underset{2}{4}} \cdot \frac{\overset{1}{2}}{5}\right)$ dm² $= \frac{3}{10}$ dm²

(2) A = a · b
  = 7,5 cm · 4,6 cm
  = (7,5 · 4,6) cm²
  = 34,5 cm²

Information

Die Formel für den **Flächeninhalt A eines Rechtecks** mit den Seitenlängen a und b lautet:

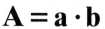

$$A = a \cdot b$$

Beispiele:

(1) a = 7 m; b = 9 m
 A = a · b
  = 7 m · 9 m
  = (7 · 9) m²
  = 63 m²

(2) a = 3,5 cm; b = 2,7 cm
 A = a · b
  = 3,5 cm · 2,7 cm
  = (3,5 · 2,7) cm²
  = 9,45 cm²

Hinweis: Bei 7 m · 9 m werden zwei Längen multipliziert.
Das Ergebnis ist ein Flächeninhalt, nämlich 63 m².

2. Berechne den Flächeninhalt und den Umfang des Rechtecks (Länge a, Breite b).

Zum Festigen und Weiterarbeiten

a. a = 7 cm; b = 12 cm
b. a = 4 m; b = 3,2 m
c. a = 3,7 m; b = 4,2 m
d. a = $\frac{7}{8}$ cm; b = $\frac{3}{5}$ cm
e. a = 4,56 m; b = 85,3 cm
f. a = 4370 mm; b = 3,45 m

3. a. Begründe:
Für den Flächeninhalt A eines Quadrats mit der Seitenlänge a gilt die Formel:

$A = a \cdot a$

b. Ein Quadrat hat die Seitenlänge
(1) a = $\frac{3}{4}$ dm;   (2) a = 3,7 cm.
Berechne den Flächeninhalt nach der Formel; berechne auch den Umfang.

4. Ein Wohnzimmer (Maße im Bild) soll einen neuen Teppichboden erhalten.
Wie viel m² Teppichboden müssen verlegt werden?

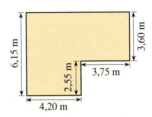

5. a. Der Flächeninhalt eines Rechtecks beträgt 714 m².
Es ist 17 m lang. Wie breit ist es?

b. Der Flächeninhalt eines Rechtecks beträgt 197,5 m².
Es ist 15,8 m lang. Wie breit ist es?

c. Der Flächeninhalt eines Rechtecks beträgt $\frac{4}{5}$ dm².
Es ist $\frac{2}{3}$ dm lang. Wie breit ist es?

6. Berechne den Flächeninhalt und den Umfang des Rechtecks mit den angegebenen Seitenlängen.

Übungen

a. $\frac{4}{5}$ m; $\frac{1}{3}$ m
b. $\frac{3}{4}$ dm; $\frac{1}{5}$ dm
c. $\frac{5}{6}$ dm; $\frac{2}{3}$ dm
d. $\frac{3}{4}$ km; $\frac{3}{5}$ km
e. 4,7 cm; 3,5 cm
f. 15,3 cm; 12,9 cm
g. 35,4 cm; 279 mm
h. 1,5 m; 127 cm

7. Der Flächeninhalt eines Rechtecks ist $\frac{25}{8}$ dm². Die Länge einer Seite ist:

a. $\frac{5}{4}$ dm   b. $\frac{5}{6}$ dm   c. $\frac{10}{11}$ dm   d. $\frac{13}{50}$ dm   e. 3 dm   f. 2,8 dm

Wie lang ist die andere Seite?

8. a. Ein rechteckiges Baugrundstück ist 32,80 m lang und 24,50 m breit.
Wie groß ist es?

b. Ein rechteckiges Fenster ist 3,10 m breit und 1,30 m hoch.
Wie viel m² Glas braucht man für das Fenster?

9. Ein Teil eines Platzes soll mit Verbundpflaster gepflastert werden.
Wie viel m² Verbundpflaster werden für die Fläche benötigt (Maße in m)?

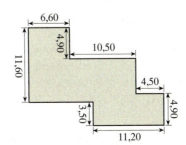

10. Die Räume einer Wohnung erhalten einen neuen Fußbodenbelag.

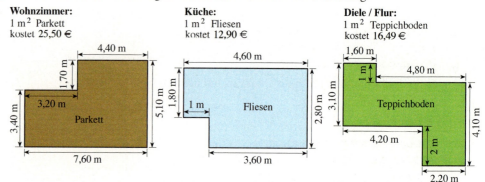

a. Wie groß ist jede Fußbodenfläche?
b. Berechne die Gesamtkosten.

Teamarbeit

11. Wie groß sind die Fußboden- und Wandflächen in eurem Klassenraum? Bildet Gruppen und vergleicht eure Ergebnisse.

12. Im Bild seht ihr den Grundriss der Wohnung der Familie Lange (Höhe der Räume: 2,50 m; Höhe der Fenster: 1,25 m; Höhe der Türen: 2 m).

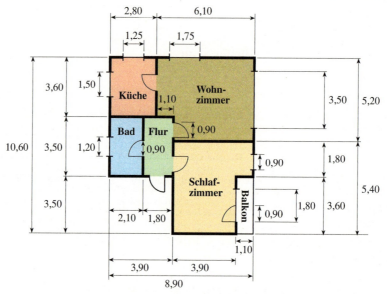

a. Betrachtet den Grundriss und orientiert euch.
  (1) Wie lang und wie breit ist das Bad?
  (2) Wie lang ist die Küche?
  (3) Stellt euch gegenseitig weitere Fragen.
b. Berechnungen zur Küche:
  (1) Der Fußboden soll gefliest werden. 1 m² Fliesen kostet 12,95 €. Wie teuer sind die Fliesen?
  (2) Die Küchenfenster erhalten eine besondere Verglasung. Berechnet die Größe jeder Fensterfläche.
c. Stellt selbst geeignete Aufgaben zu den anderen Zimmern und löst sie. Verwendet auch Angaben aus Aufgabe 10.

Berechnungen an Quadern

Aufgabe

1. a. Ein Quader hat die folgenden Kantenlängen
a = 5 cm; b = 4 cm; c = 3 cm
Bestimme das Volumen des Quaders durch Zerlegen in Würfel mit geeigneter Kantenlänge. Leite daraus allgemein ein Verfahren ab, wie man aus den drei Seitenlängen a, b und c das Volumen V des Quaders berechnen kann.

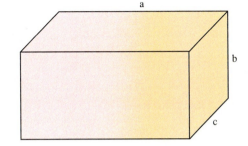

b. Ein Quader hat die folgenden Seitenlängen:

(1) $a = \frac{3}{4}$ dm;   (2) a = 7,4 cm;
    $b = \frac{2}{3}$ dm;   b = 6,8 cm;
    $c = \frac{3}{5}$ dm   c = 4,5 cm

Wie groß ist das Volumen des Quaders?

c. Der Karton (Maße in cm) soll außen mit Alufolie beklebt werden. Wie viel Folie braucht man?

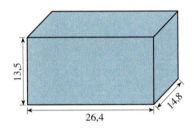

Lösung

a. Der Quader lässt sich in 3 aufeinanderliegende Schichten zerlegen.
In jeder Schicht sind 5 · 4, also 20 Würfel mit jeweils der Kantenlänge 1 cm, also mit dem Volumen 1 cm³.
Insgesamt ist der Quader also aus 5 · 4 · 3, also 60 Würfeln mit der Kantenlänge 1 cm aufgebaut.
Der Quader hat das Volumen:
V = (5 · 4 · 3) · 1 cm³ = 60 cm³

Wir schreiben kurz:
V = 5 cm · 4 cm · 3 cm = (5 · 4 · 3) cm³ = 60 cm³

> Sind die Seitenlängen eines Quaders in derselben Längeneinheit angegeben, dann erhält man das **Volumen V des Quaders,** indem man die Maßzahlen der Seitenlängen a, b und c miteinander multipliziert und mit der entsprechenden Volumeneinheit versieht.
> Man schreibt kurz: V = a · b · c

b. Wir wenden das in Teilaufgabe a. gefundene Verfahren an.

(1) V = a · b · c
    $= \frac{3}{4}$ dm · $\frac{2}{3}$ dm · $\frac{3}{5}$ dm
    $= (\frac{3}{4} · \frac{2}{3} · \frac{3}{5})$ dm³
    $= \frac{3}{10}$ dm³

(2) V = a · b · c
    = 7,4 cm · 6,8 cm · 4,5 cm
    = (7,4 · 6,8 · 4,5) cm³
    = 226,44 cm³

c. Du musst die Größe A der Oberfläche des Quaders berechnen. Dafür gilt:

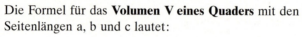

$$A = 2 \cdot \boxed{a \cdot b} + 2 \cdot \boxed{b \cdot c} + 2 \cdot \boxed{a \cdot c}$$
$$= 2 \cdot (26{,}4 \cdot 14{,}8)\,cm^2 + 2 \cdot (14{,}8 \cdot 13{,}5)\,cm^2 + 2 \cdot (26{,}4 \cdot 13{,}5)\,cm^2$$
$$= 2 \cdot 390{,}72\,cm^2 + 2 \cdot 199{,}8\,cm^2 + 2 \cdot 356{,}4\,cm^2 = 1893{,}84\,cm^2$$

Ergebnis: Man braucht ungefähr 1894 cm² Alufolie, das sind fast 20 dm².

Information

Die Formel für das **Volumen V eines Quaders** mit den Seitenlängen a, b und c lautet:

$$V = a \cdot b \cdot c$$

Volumen = Länge mal Breite mal Höhe

Beispiele:

(1) a = 7 m; b = 9 m; c = 5 m
V = a · b · c
= 7 m · 9 m · 5 m
= (7 · 9 · 5) cm³
= 315 m³

(2) a = 4,5 cm; b = 3,8 cm; c = 2,5 cm
V = a · b · c
= 4,5 cm · 3,8 cm · 2,5 cm
= (4,5 · 3,8 · 2,5) cm³
= 42,75 cm³

Zum Festigen und Weiterarbeiten

2. Berechne das Volumen und die Oberfläche des Quaders.

a. a = 12 cm; b = 17 cm; c = 8 cm
b. a = 9 cm; b = 9 cm; c = 8 cm
c. a = $\frac{3}{4}$ m; b = $\frac{7}{15}$ m; c = $\frac{8}{9}$ m
d. a = $\frac{2}{7}$ cm; b = $\frac{3}{8}$ cm; c = $\frac{7}{11}$ cm
e. a = 45,7 cm; b = 24,6 dm; c = 13,3 cm
f. a = 4230 mm; b = 3,45 m; c = 150 cm

3. Ein Quader mit den Kantenlängen
a = 6,8 cm, b = 3,4 cm und c = 3 cm
wird wie im Bild zerschnitten.
Wie groß ist das Volumen des grünen Teilkörpers?

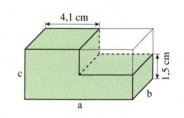

4. a. Begründe:
Für das Volumen V eines Würfels mit der Kantenlänge a gilt die Formel:
$$V = a \cdot a \cdot a$$

b. Begründe:
Für die Größe A der Oberfläche eines Würfels gilt:
$$A = 6 \cdot a \cdot a$$

c. Ein Würfel hat die Kantenlänge
(1) 6 dm; (2) $\frac{7}{8}$ m; (3) 9,3 cm.
Berechne das Volumen und die Oberfläche des Würfels.

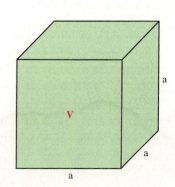

5. Wie hoch ist der Quader?

   a. Länge: $\frac{3}{5}$ m;   Breite: $\frac{7}{8}$ m;   Volumen: $\frac{14}{15}$ m³

   b. Volumen: 119,7 m³;   Grundfläche: 28,5 m²

6. Berechne das Volumen und die Oberfläche des Körpers (Maße in cm). Denke dir den Körper in Quader zerlegt oder zu einem Quader ergänzt.

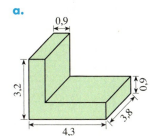   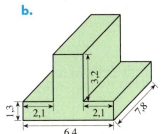   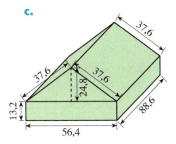

7. Berechne das Volumen und die Oberfläche des Quaders.   **Übungen**

   a. a = 6,5 cm;   b = 4,5 cm;   c = 2,5 cm   **c.** a = 34,7 cm;   b = 28,8 cm;   c = 15,5 cm

   b. a = 17,3 dm;   b = 16,4 dm;   c = 8,9 dm   **d.** a = 12 m;   b = $3\frac{1}{2}$ m;   c = 4,25 m

8. Ein (quaderförmiges) Wasserbecken ist 12,50 m lang, 6,50 m breit und 1,80 m tief. Wie viel m³ Wasser fasst das Becken? Wie viel Liter sind das?

9. Auf dem Flachdach eines Ferienhauses liegt eine 25 cm hohe Schneeschicht. Durch Abwiegen stellt Marcus fest: 1 dm³ Schnee wiegt 67,5 g.
Wie schwer ist der Schnee auf dem Haus?

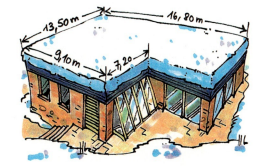

10. Tanjas Familie besitzt einen quaderförmigen Heizöltank (a = 1,90 m; b = 1,80 m; c = 2,10 m). Tanjas Familie verbraucht pro Jahr durchschnittlich 6 500 l Heizöl.

   a. Überschlage:
   Reicht eine Tankfüllung für 1 Jahr?

   b. Ein Liter Heizöl kostet 0,46 €.
   Wie viel € kostet eine Tankfüllung?

1 m³ = 1 000 l

11. Ein Quader hat eine Oberfläche, die 318 cm² groß ist. Die Größe einer Seitenfläche beträgt 42 cm², eine Vorderfläche ist 54 cm² groß.

   a. Welchen Flächeninhalt hat die Grundfläche?

   b. Welche Seitenlängen könnte die Grundfläche haben?

12. Bei einem Quader ist die Oberfläche 102,22 m² groß. Der Flächeninhalt einer Grundfläche beträgt 10,15 m², eine Seitenfläche hat einen Flächeninhalt von 18,56 m².
Der Quader ist 3,50 m lang.
Wie hoch ist er?

Vermischte Übungen

1. Bestimme die fehlenden Zahlen. Addiere sie dann. Was fällt dir auf?

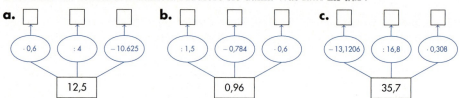

a. ·0,6 :4 −10.625 → 12,5
b. :1,5 −0,784 ·0,6 → 0,96
c. −13,1206 :16,8 ·0,308 → 35,7

2. Zwei Zahlen ergeben vier Aufgaben. Schreibe die Aufgaben auf und löse sie.

    a. 10,8; 0,96   **c.** 84,75; 37,5
    b. 0,927; 0,72   **d.** 0,1575; 0,018

$$17,5 + 0,56 \qquad 17,5 \cdot 0,56$$
$$17,5 - 0,56 \qquad 17,5 : 0,56$$

3.
2,5 Pfeilketten:
- ·0,5 → +0,5 → :0,5 → −0,5
- +0,5 → :0,5 → −0,5 → ·0,5
- :0,5 → +0,5 → ·0,5 → −0,5

    a. Berechne die drei Zielzahlen.
    b. Zeichne die Pfeilketten noch einmal ab. Anstelle von 0,5 schreibe 0,1. Rechne.

4. **a.** $1,5^2$ **b.** $0,2^3$ **c.** $3,2^2$ **d.** $0,15^2$ **e.** $1,2^2$ **f.** $0,4^3$ **g.** $0,3^3$ **h.** $0,2^4$

5. Wähle jeweils zwei der vier Zahlen. Dividiere die eine Zahl durch die andere. *Hinweis:* Es gibt zwölf Aufgaben.

1,6   0,25   1,25   0,2

6. Gib das Ergebnis mit Komma an.

    a. $\frac{5,6}{7}$ **c.** $\frac{1,12}{1,4}$ **e.** $\frac{0,15}{0,3}$ **g.** $\frac{4,8:3}{10}$
    b. $\frac{12}{7,5}$ **d.** $\frac{0,66}{1,1}$ **f.** $\frac{9 \cdot 1,4}{1,2}$ **h.** $\frac{0,9+6}{0,23}$

7. Ein Roggenkorn wiegt ungefähr 0,08 g. In einer Roggenähre sind ungefähr 40 Körner. Auf 1 ha Roggenfeld stehen ungefähr 4 Mio. Ähren.

    a. Welches Gewicht haben die Körner in einer Ähre?
    b. Wie viele Körner sind in 1 kg Roggen?
    c. Wie viele Körner sind in 1 t Roggen?
    Hinweis: 1 t = 1 000 kg = 1 000 000 g
    d. Wie viele Körner reifen auf einem 1 ha großen Roggenfeld?
    e. Welches Gewicht haben die Körner auf 1 ha Roggenfeld? Rechne das Gewicht in t um.

8. Setze für ■ die Rechenzeichen · oder : so ein, dass das Endergebnis möglichst groß ist.

    1 →■0,008 □ →■0,2 □ →■2,5 □ →■0,1 □

9. Oliver hat ein Handy mit einer speziellen Telefonkarte, die immer wieder auf ein bestimmtes Guthaben aufgeladen werden kann. Die Verbindungspreise kann man der nebenstehenden Tabelle entnehmen.

Inlandsverbindungen ins Festnetz	
Sunshine-Zeit (von 7.00 Uhr bis 20.00 Uhr)	0,87 €/Min.
Moonshine-Zeit (von 20.00 Uhr bis 7.00 Uhr)	0,24 €/Min.
Weekend-Zeit (von Freitag 20.00 Uhr bis Sonntag 24.00)	0,08 €/Min.

a. Oliver telefoniert mit seinem Freund Vasily. Das Telefonat beginnt um 19.56 Uhr und endet um 20.12 Uhr.
Wie hoch sind die Telefongebühren für dieses Gespräch?

b. Wie lange kann er während der Sunshine-Zeit [Moonshine-Zeit; Weekend-Zeit] telefonieren, wenn er eine Telefonkarte mit 25€-Guthaben benutzt?

10. In der Tabelle siehst du die Weltrekordzeiten in den angegebenen Laufdisziplinen (Stand: Ende 2000). Bei den Zeitangaben sind die unterschiedlichen Einheiten durch Doppelpunkt voneinander getrennt:

	Männer	Frauen
1500 m-Lauf	3 : 26,00	3 : 50,46
3000 m-Lauf	7 : 20,67	8 : 06,11
5000 m-Lauf	12 : 39,36	14 : 28,09
10000 m-Lauf	26 : 22,75	29 : 31,78

5:34,02 bedeutet 5 Minuten und 34,02 Sekunden.

a. Eine Runde auf einer Laufbahn ist 400 m lang.
Wie viele Runden muss man für die einzelnen Laufdisziplinen zurücklegen?
Gib das Ergebnis in dezimaler Schreibweise an.

b. Um wie viel Sekunden ist der 1500 m-Läufer im Durchschnitt pro Runde schneller als der 10000 m-Läufer?

c. Stelle weitere sinnvolle Fragen und beantworte sie.

11. Die Gewichtheber teilt man in unterschiedliche Gewichtsklassen ein. In der 105-kg-Klasse liegt der Weltrekord der Männer bei 242,5 kg, der Weltrekord der Frauen in der 75-kg-Klasse liegt bei 141 kg.
Eine Ameise soll in der Lage sein, das 50-fache ihres Körpergewichtes zu heben. Vergleiche die Rekorde der Gewichtheber mit der Leistung der Ameise.

12. Eine Wand in Sarahs Zimmer wird neu tapeziert. Die Wand ist 4,43 m breit und 2,55 m hoch. Auf einer Rolle sind 10,05 m Tapete in einer Breite von 53 cm.

a. Es werden zunächst einige Tapetenbahnen in voller Breite nebeneinander geklebt.
Wie breit muss die letzte Bahn geschnitten werden?

b. Tapeten werden üblicherweise in ganzen Bahnen geklebt.
Wie viele Rollen muss Sarahs Mutter kaufen und wie viel Verschnitt entsteht?

13. Sabine und Johannes haben sich die abgebildeten „Kleinlaster" aus Legosteinen gebaut. Die Größe der einzelnen Bausteine ergibt sich aus der Anzahl der Nippel: Ein Baustein mit nur einem Nippel ist 8 mm breit und 8 mm lang. Jeder Baustein ist 9,6 mm hoch.

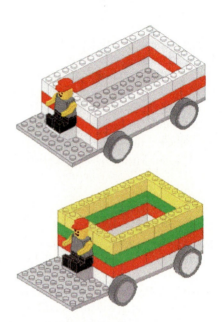

a. Beide Laster werden randvoll mit Sand gefüllt.
Wie viel cm³ Sand passt in jeden der beiden Laster?
(Die Nippel auf der Grundplatte bleiben unberücksichtigt.)

b. Ein m³ trockener Sand wiegt etwas 1,5 t.
Wie viel g Sand sind in den randvoll gefüllten Lastern enthalten?

14. An einem Straßenfest nahmen 58 Personen teil. Darunter waren 39 Kinder. Die Kosten für Essen und Getränke betrugen 592,90 €. Sie sollen so unter den Teilnehmern verteilt werden, dass ein Erwachsener als *eine* Person und ein Kind als eine *halbe* Person zählt. Wie viel müssen Frau und Herr Leygraf für sich und ihre drei Kinder bezahlen?

15. Familie Neumann isst im Restaurant. Sie nimmt 4 Vorspeisen zu 3,90 €, 3 Hauptgerichte zu 9,80 €, 1 Hauptgericht zu 10,20 €, 3 Nachspeisen zu 2,70 € und 4 Getränke zu 1,40 €.
Frau Neumann zahlt mit einem 200-€-Schein.
Wie viel Wechselgeld erhält Frau Neumann zurück, wenn der freundliche Kellner noch 4 € Trinkgeld bekommt?

Spiel (3 oder 4 Spieler)

16.

Bruch-P(a)ar-ade
Schreibt auf 15 Karteikarten je 1 Dezimalbruch und auf 15 weitere Karten die gleichwertigen gewöhnlichen Brüche. Eine zusätzliche Karteikarte markiert ihr als Schwarzen Peter.
Alle 31 Karten werden gemischt und an die Mitspieler verteilt (10 – 10 – 11 oder 8 – 8 – 8 – 7). Jeder Spieler darf Paare gleichwertiger Bruchzahlen offen ablegen. Kann kein Spieler mehr ablegen, so ziehen die Spieler reihum eine Karte von ihrem linken Nachbarn und legen anschließend nach Möglichkeit ab.
Wer als letzter den Schwarzen Peter in der Hand behält, hat verloren.

Bist du fit?

1.
a.	b.	c.	d.	e.
$8{,}7 + 1{,}9$	$7{,}8 : 3$	$0{,}93 - 0{,}63$	$6{,}4 - 0{,}75$	$0{,}6 : 0{,}05$
$0{,}35 \cdot 1\,000$	$0{,}15 \cdot 1{,}2$	$11{,}6 : 1\,000$	$5 : 0{,}002$	$0{,}14 \cdot 1{,}2$
$0{,}75 \cdot 0{,}002$	$2{,}03 : 1\,000$	$7{,}6 : 0{,}004$	$0{,}47 + 3{,}8$	$1 : 0{,}4$
$1{,}02 : 6$	$10{,}5 - 4{,}8$	$3{,}5 \cdot 0{,}02$	$0{,}27 \cdot 0{,}04$	$100 : 0{,}25$

2.
a.	b.	c.	d.
$18{,}653 + 9{,}87$	$567{,}034 + 746{,}69$	$5{,}4 \cdot 17{,}2 \cdot 0{,}3$	$7{,}6^3$
$52{,}43 - 37$	$8{,}685 : 1{,}5$	$2{,}25 \cdot 16 \cdot 6{,}01$	$8{,}401 : 2{,}71$
$15{,}06 \cdot 27$	$85 - 7{,}438$	$549{,}36 : 8{,}4$	$473{,}6 : 5{,}12 \cdot 62{,}98$
$94{,}08 : 12$	$3{,}145 \cdot 4{,}28$	$21{,}28 : 0{,}038$	$8{,}505^2 : 3{,}15^2$

3.
a. $7{,}395 + 12{,}45 + 26{,}3 + 45{,}07$
b. $125{,}6 + 76{,}095 + 70{,}57 + 8{,}7578$
c. $95{,}5 - 37{,}752 - 20{,}67$
d. $113 - 85{,}87 - 19{,}545$
e. $6{,}845 + 3{,}966 + 0{,}96 + 1{,}34 + 0{,}8 + 27{,}598$
f. $1125{,}6 - 18{,}04 - 6{,}536 - 6{,}536 - 304 - 99{,}75$

4. Runde die Ergebnisse auf Cent.
a.	b.	c.	d.
$19{,}25\,€ \cdot 1{,}12$	$48{,}75\,€ \cdot 0{,}93$	$80{,}75\,€ : 7$	$179\,€ : 2{,}4$
$28{,}70\,€ \cdot 1{,}08$	$125{,}90\,€ \cdot 0{,}83$	$430{,}55\,€ : 3$	$18{,}95\,€ : 1{,}7$

5. Runde das Ergebnis.
a. $14{,}75 \cdot 0{,}985$ (auf Hundertstel)
b. $45{,}7 \cdot 8{,}631$ (auf Hundertstel)
c. $42{,}356 : 15$ (auf Zehntel)
d. $31{,}067 : 6{,}5$ (auf Hundertstel)
e. $8{,}459 : 13{,}7$ (auf Tausendstel)
f. $62{,}3742 \cdot 9{,}552$ (auf Tausendstel)

6. Die Klasse 6b hat ein Klassenfest gefeiert. Dabei sind 86,25 € Kosten entstanden. Wie viel muss jeder der 23 Schüler zahlen?

7.
a. $6{,}5 \cdot 1{,}7 + 0{,}18$	d. $(9{,}35 + 12{,}88) \cdot (12{,}1 - 7{,}44)$	g. $1{,}4 : (4 \cdot 1{,}875 - 6{,}7)$
b. $0{,}78 \cdot 3{,}7 + 6{,}3 \cdot 0{,}14$	e. $0{,}63 : 0{,}9 + 1{,}25$	h. $(4{,}4 : 0{,}11 + 3{,}5) : 0{,}75$
c. $3{,}8 \cdot (10{,}15 - 8{,}5)$	f. $1{,}65 : 0{,}5 - 0{,}46 : 0{,}2$	i. $7{,}8 \cdot 0{,}85 - 0{,}33 : 0{,}1$

8. Sieh dir den Wagen an (Bild rechts).
  a. Wie viel t sind geladen?
  b. Ist der Wagen überladen? Wenn nein, wie viel t dürfen noch zugeladen werden?
  c. Denke dir das Gesamtgewicht auf die vier Räder gleichmäßig verteilt. Wie viel t trägt dann jedes Rad?

9. Frau Müller kauft ein:
300 g Mettwurst (100 g zu 0,69 €),
400 g Schinken (100 g zu 1,58 €),
6 Bockwürste (das Stück zu 0,58 €).
Sie zahlt mit einem Zwanzigeuroschein.
Wie viel € bekommt sie zurück?

Kapitel 5

Im Blickpunkt

Messen – ganz genau oder doch nur ungefähr?

1. **a.** Betrachtet die Karte. Wie weit ist es von Bad Hersfeld nach Bebra (Luftlinie)?
   b. Vergleicht eure Ergebnisse miteinander. Versucht die Unterschiede zu erklären.

Maßstab 1 : 300 000

2. Vergleicht eure Lineale in der Klasse miteinander. Legt dazu die Skalen genau aufeinander. Was stellt ihr fest?

3. In den Aufgaben 1 und 2 habt ihr gesehen, dass unterschiedliche Ergebnisse beim Messen verschiedene Ursachen haben können. Findet ihr weitere Gründe für unterschiedliche Messergebnisse?

4. Betrachtet nochmals die Karte. Die Entfernung zwischen Biedebach und Gerterode lässt sich auf der Karte mit dem Lineal nicht genau ausmessen. Sie liegt zwischen 8 mm (kleinster Wert) und 9 mm (größter Wert).

   a. Rechnet die mm-Angaben in km um. Wie weit ist in der Wirklichkeit Biedebach mindestens von Gerterode entfernt, wie weit höchstens?

   b. Gebt die Entfernung beider Orte durch sinnvollen Wert an.

5. Nehmt euch eine Straßenkarte zur Hand. Legt zwei Orte fest und gebt deren Entfernung voneinander sinnvoll an.
   Ihr könnt die Luftlinienentfernung oder die tatsächliche Straßenentfernung ausmessen.
   Beachtet Aufgabe 4.

6. Ein Jugendzimmer soll einen neuen Bodenbelag erhalten. Die Länge des Zimmers wird mit 10,27 m, die Breite mit 6,85 m angegeben.

gemessene Länge: 5,30 m
ergibt
kleinste Länge: 5,295… m
größte Länge: 5,304… m

gerundet auf Zentimeter

a. Wie groß ist der Flächeninhalt?

b. Die gemessenen Werte sind auf volle Zentimeter gerundet. Wie lang und wie breit kann das Zimmer damit höchstens (mindestens) sein? Betrachtet das Beispiel links.

c. Berechnet mit den Werten aus Teilaufgabe b. den kleinst möglichen und den größt möglichen Flächeninhalt für den Klassenraum.

d. Vergleicht die Ergebnisse von Teilaufgabe c. mit dem Ergebnis von Teilaufgabe a. Gebt den Flächeninhalt des Jugendzimmers sinnvoll an.

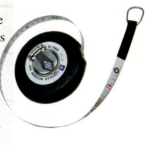

7. a. Messt die Länge und die Breite eures Jugendzimmers und bestimmt hieraus Umfang und Flächeninhalt.

b. Wie genau könnt ihr die Länge und die Breite in Teilaufgabe a. messen? Welcher kleinste (größte) Umfang und Flächeninhalt ergibt sich für euren Klassenraum?

c. Betrachtet die Ergebnisse aus den Teilaufgaben a. und b. und gebt sinnvolle Werte für den Umfang und den Flächeninhalt des Klassenraumes an.

8. Betrachtet folgende Gegenstände als Quader und bestimmt das Volumen:
- euren Klassenraum bis zur Oberkante der Tür
- euer Mathematikbuch

Gebt sinnvolle Werte für das jeweilige Volumen an.

9. Ein Goldschmied soll einen quaderförmigen Goldbarren herstellen, der 126 mm lang, 73 mm breit und 25 mm hoch ist.

a. Der Goldschmied stellt sich zunächst eine Form her. Mit geeignetem Arbeitsgerät kann er die Länge zwischen 125,5 mm und 126,4 mm einstellen. Der Goldbarren wird also – gerundet auf volle mm – 126 mm lang. Welches kleinste und welches größte Maß kann er für die Breite (für die Höhe) wählen?

b. Berechnet mit den Angaben aus Teilaufgabe a. das kleinst mögliche und das größt mögliche Volumen des Goldquaders. Gebt das Ergebnis jeweils auf volle cm^3 gerundet an.

c. $1 cm^3$ Gold wiegt 19,3g. Wie schwer ist der Goldbarren mindestens, wie schwer höchstens?

d. 1 kg Gold kostet 9400 €. Wie teuer wird der Quader mindestens (höchstens)?

e. Wie groß ist der Preisunterschied zwischen dem kleinst möglichen und dem größt möglichen Goldbarren?

Maßeinheiten und ihre Umrechnung

> **Längen:**
> Die Maßeinheiten sind mm, cm, dm, m, km.
>
> 10 mm = 1 cm   100 cm = 1 m
> 10 cm = 1 dm   1 000 m = 1 km
> 10 dm = 1 m

1. Schreibe in der angegebenen Maßeinheit.

a. in mm	b. in cm	c. in m	d. in m	e. in km	f. in dm
12 cm	270 mm	540 cm	630 dm	6 000 m	7,3 m
75 cm	6 dm	57 dm	7 km	12 000 m	53 cm
3,4 cm	6,5 dm	6 300 cm	7,5 km	13 500 m	0,3 m
5,7 cm	38 mm	760 cm	48 dm	10 700 m	38 cm

2.
a.	b.	c.	d.
12 km = ■ m	10 000 m = ■ km	7 500 mm = ■ cm	4,5 m = ■ dm
5 km = ■ m	120 dm = ■ m	43 000 m = ■ km	4,5 m = ■ cm
48 cm = ■ mm	1 500 mm = ■ cm	70 cm = ■ m	11,3 m = ■ cm
61 dm = ■ cm	2 300 cm = ■ dm	20 km = ■ m	6,34 m = ■ cm

3. Schreibe in der Maßeinheit, die in der Klammer angegeben ist.

   a. 21 m (dm); 20 km (m); 36 dm (cm); 150 mm (cm); 3,7 km (m), 5,7 m (cm)

   b. 240 mm (cm); 345 mm (cm); 570 cm (m); 6,75 m (cm); 4,8 cm (mm); 0,7 km (m)

> **Flächeninhalte:** Die Maßeinheiten sind mm², cm², dm², m², a, ha, km².
> Die Verwandlungszahl ist 100.
>
> 100 mm² = 1 cm²   100 m² = 1 a
> 100 cm² = 1 dm²   100 a = 1 ha
> 100 dm² = 1 m²   100 ha = 1 km²

4. Schreibe in der angegebenen Maßeinheit.

a. in mm²	b. in dm²	c. in m²	d. in a	e. in ha	f. in dm²
24 cm²	34 m²	176 a	2 700 m²	3 100 a	72 m²
1,4 cm²	2,7 m²	17,2 a	540 m²	27 km²	13,5 m²
12,7 cm²	0,6 m²	0,8 a	9 ha	32,5 km²	2 640 cm²
12,04 cm²	13,07 m²	0,72 a	45,6 ha	4 560 a	0,9 m²

5.
a.	b.	c.	d.
7 cm² = ■ mm²	600 dm² = ■ cm²	12 ha = ■ a	2,4 cm² = ■ mm²
52 m² = ■ dm²	900 a = ■ ha	38 a = ■ m²	8,8 ha = ■ a
17 dm² = ■ cm²	400 ha = ■ km²	4,5 m² = ■ dm²	880 a = ■ m²

6. Schreibe in der Maßeinheit, die in der Klammer angegeben ist.

   a. 23 m² (dm²); 78,5 cm² (mm²); 54 ha (a); 32 ha (m²); 34 m² (dm²); 9,2 m² (dm²)

   b. 2 300 cm² (dm²); 4 500 ha (km²); 1 700 mm² (cm²); 7 100 a (ha); 1 350 m² (a)

   c. 6,3 cm² (mm²); 7,2 a (m²); 7,34 km² (ha); 17,3 ha (a); 81,2 m² (dm²); 0,9 km² (ha)

7. Berechne.

   a. 23 m² + 0,37 a + 1 335 dm²   **c.** 4 mm² + 15,3 cm² + 0,75 dm²

   b. 15 a + 3,78 ha + 0,03 km²   **d.** 1,3 ha + 1 200 m² + 15,5 a

> **Volumina:** Die Maßeinheiten sind mm³, cm³, dm³, m³, l, ml.
> Die Verwandlungszahl ist 1 000.
>
> 1 000 mm³ = 1 cm³   1 ml = 1 cm³
> 1 000 cm³ = 1 dm³   1 l = 1 dm³
> 1 000 dm³ = 1 m³   1 000 ml = 1 l

8. Schreibe in der angegebenen Maßeinheit.

a. *in mm³*	b. *in cm³*	c. *in cm³*	d. *in dm³*	e. *in dm³*	f. *in m³*
32 cm³	56 dm³	8 000 mm³	63 m³	9 000 cm³	3 000 dm³
67 ml	98 ml	12,8 dm³	48 l	4 000 ml	8 000 l
3,4 cm³	3,9 dm³	15,6 l	14,5 m³	7 200 ml	6 300 l

9.
a. 75 cm³ = ■ mm³
54 dm³ = ■ cm³
9 l   = ■ cm³
3 l   = ■ ml

b. 6 000 dm³ = ■ dm³
4 000 dm³ = ■ m³
6 500 cm³ = ■ dm³
9 300 l = ■ m³

c. 800 mm³ = ■ cm³
0,6 dm³ = ■ cm³
200 ml = ■ l
540 mm³ = ■ cm³

d. 6,3 cm³ = ■ mm³
7,2 l   = ■ ml
0,8 cm³ = ■ mm³
0,4 m³ = ■ l

10. Schreibe in der Maßeinheit, die in der Klammer angegeben ist.
a. 32 m³ (dm³); 92 l (ml); 4 500 l (m³); 5,2 m³ (dm³); 6,9 m³ (l); 240 ml (dm³)
b. 6 700 mm³ (cm³); 24 300 l (m³); 53 l (ml); 0,45 l (ml); 0,32 m³ (l), 6,4 cm³ (mm³)
c. 45 l (ml); 3,2 l (ml); 4 200 ml (l); 1 700 ml (l); 23 ml (mm³); 2,3 ml (mm³)

11. Berechne.
a. 4,3 dm³ + 157 cm³ + 0,25 m³   b. 7,4 cm³ + 15 mm³ + 8,36 cm³   c. 4,8 l + 200 ml + 0,25 l

> **Gewichte:** Die Maßeinheiten sind mg, g, kg, t.
> Die Verwandlungszahl ist 1 000.
>
> 1 000 mg = 1 g
> 1 000 g = 1 kg
> 1 000 kg = 1 t

12. Schreibe in der angegebenen Maßeinheit.

a. *in mg*	b. *in g*	c. *in g*	d. *in kg*	e. *in kg*	f. *in t*
12 g	66 kg	6 000 mg	19 t	9 000 g	6 000 kg
7,2 g	4,5 kg	6 200 mg	1,3 t	4 500 g	5 200 kg
0,6 g	0,5 kg	560 mg	0,4 t	670 g	470 kg
15,4 g	1,3 kg	800 mg	12,5 t	400 g	800 kg

13.
a. 24 kg = ■ g
2,6 kg = ■ g
0,4 g = ■ mg
6,1 t = ■ kg

b. 6 300 kg = ■ t
900 g   = ■ kg
450 mg = ■ g
1 200 kg = ■ t

c. 10 000 g = ■ kg
10 400 kg = ■ t
900 mg = ■ g
520 g   = ■ mg

d. 5,2 t = ■ kg
0,6 g = ■ mg
0,1 kg = ■ g
700 kg = ■ t

14. Schreibe in der Maßeinheit, die in der Klammer angegeben ist.
a. 92 kg (g); 17 g (mg); 96 t (kg); 4 500 g (kg); 17 200 kg (t); 4 300 mg (g); 4,3 t (kg)
b. 650 g (kg); 670 kg (t); 9 200 mg (g); 0,6 g (mg); 7,06 kg (g); 7,89 t (kg); 1,5 g (mg)
c. 19,5 g (mg); 3 450 mg (g); 23,1 t (kg); 7 500 kg (t); 3,5 kg (g); 9 450 g (kg); 125 g (kg)

15. Berechne.
a. 3 kg + 7 kg + 60 g   b. 0,8 t + 520 kg + 4 t + 81 kg   c. 7,05 t + 480,5 kg + 0,5 t + 1 500 kg

Bist du fit?

Seite 36

1. a. 7|28, 5|35, 6|42, 7∤40
b. 9|45, 10∤55, 8∤36, 9|54
c. 8|96, 7|105, 9|108, 12∤112
d. 11∤111, 13|143, 9|144, 14∤144
e. 45|990, 13|182, 17|153, 23∤163

2. a. $T_{20} = \{1, 2, 4, 5, 10, 20\}$, $T_{30} = \{1, 2, 3, 5, 6, 10, 15, 30\}$
b. $T_{24} = \{1, 2, 3, 4, 6, 8, 12, 24\}$, $T_{50} = \{1, 2, 5, 10, 25, 50\}$
c. $T_{36} = \{1, 2, 3, 4, 6, 9, 12, 18, 36\}$, $T_{48} = \{1, 2, 3, 4, 6, 8, 12, 16, 24, 48\}$
d. $T_{45} = \{1, 3, 5, 9, 15, 45\}$, $T_{56} = \{1, 2, 4, 7, 8, 14, 28, 56\}$
e. $T_{68} = \{1, 2, 4, 17, 34, 68\}$, $T_{72} = \{1, 2, 3, 4, 6, 8, 9, 12, 18, 24, 36, 72\}$
f. $T_{55} = \{1, 5, 11, 55\}$, $T_{96} = \{1, 2, 3, 4, 6, 8, 12, 16, 24, 32, 48, 96\}$
g. $T_{104} = \{1, 2, 4, 8, 13, 26, 52, 104\}$, $T_{120} = \{1, 2, 3, 4, 5, 6, 8, 10, 12, 15, 20, 24, 30, 40, 60, 120\}$
h. $T_{112} = \{1, 2, 4, 7, 8, 14, 16, 28, 56, 112\}$, $T_{144} = \{1, 2, 3, 4, 6, 8, 9, 12, 16, 18, 24, 36, 48, 72, 144\}$
i. $T_{188} = \{1, 2, 4, 47, 94, 188\}$, $T_{264} = \{1, 2, 3, 4, 6, 8, 11, 12, 22, 24, 33, 44, 66, 88, 132, 264\}$
j. $T_{380} = \{1, 2, 4, 5, 10, 19, 20, 38, 76, 95, 190, 380\}$, $T_{256} = \{1, 2, 4, 8, 16, 32, 64, 128, 256\}$

3. a. $T_{38} = \{1, 2, 19, 38\}$
b. $T_{36} = \{1, 2, 3, 4, 6, 9, 12, 18, 36\}$
c. $T_{51} = \{1, 3, 17, 51\}$
d. $T_{63} = \{1, 3, 7, 9, 21, 63\}$
e. $T_{52} = \{1, 2, 4, 13, 26, 52\}$
f. $T_{76} = \{1, 2, 4, 19, 38, 76\}$

4. a. T_{22}
b. T_{34}
c. T_{46}
d. T_{74}
e. $T_{22} = \{1, 2, 13, 26\}$
f. $T_{114} = \{1, 2, 3, 6, 19, 38, 57, 114\}$

5. a. $V_4 = \{4, 8, 12, 16, 20, 24, 28, 32, 36, 40, 44, 48, \ldots\}$
$V_7 = \{7, 14, 21, 28, 35, 42, 49, 56, 63, 70, 77, 84, \ldots\}$
b. $V_6 = \{6, 12, 18, 24, 30, 36, 42, 48, 54, 60, 66, 72, \ldots\}$
$V_8 = \{8, 16, 24, 32, 40, 48, 56, 64, 72, 80, 88, 96, \ldots\}$
c. $V_{12} = \{12, 24, 36, 48, 60, 72, 84, 96, 108, 120, 132, 144, \ldots\}$
$V_{15} = \{15, 30, 45, 60, 75, 90, 105, 120, 135, 150, 165, 180, \ldots\}$
d. $V_{14} = \{14, 28, 42, 56, 70, 84, 98, 112, 126, 140, 154, 168, \ldots\}$
$V_{13} = \{13, 26, 39, 52, 65, 78, 91, 104, 117, 130, 143, 156, \ldots\}$
e. $V_{21} = \{21, 42, 63, 84, 105, 126, 147, 168, 189, 210, 231, 252, \ldots\}$
$V_{25} = \{25, 50, 75, 100, 125, 150, 175, 200, 225, 250, 275, 300, \ldots\}$
f. $V_{17} = \{17, 34, 51, 68, 85, 102, 119, 136, 153, 170, 187, 204, \ldots\}$
$V_{18} = \{18, 36, 54, 72, 90, 108, 126, 144, 162, 180, 198, 216, \ldots\}$
g. $V_{102} = \{102, 204, 306, 408, 510, 612, 714, 816, 918, 1020, 1122, 1224, \ldots\}$
$V_{303} = \{303, 606, 909, 1212, 1515, 1818, 2121, 2424, 2727, 3030, 3333, 3636, \ldots\}$
h. $V_{125} = \{125, 250, 375, 500, 625, 750, 875, 1000, 1125, 1250, 1375, 1500, \ldots\}$
$V_{275} = \{275, 550, 825, 1100, 1375, 1650, 1925, 2200, 2475, 2750, 3025, 3300, \ldots\}$

6. a. V_6 **b.** V_9 **c.** V_{11} **d.** V_5 **e.** V_{17} **f.** V_{23} **g.** V_{19} **h.** V_{24}

7. (1) 36, 64, 72, 310, 400, 5316, 6172, 7620, 9186, 9700, 37850, 60002, 87904, 185558, 72856392
(2) 36, 45, 72, 927, 1017, 5316, 7620, 9186, 5687469, 8041563, 72856392
(3) 35, 45, 125, 310, 400, 2225, 7620, 9700, 37850
(4) 36, 45, 72, 927, 1017, 5687469, 8041563
(5) 310, 400, 7620, 9700, 37850

8. (1) 200, 280, 320, 400, 8300, 3296, 7188, 6200, 2552, 7400, 17528, 36008, 71572, 741300
(2) 200, 175, 325, 150, 275, 400, 8300, 6275, 6200, 7400, 741300, 864075

Seite 37

9. a. 7, 11, 13, 17 **b.** 19, 23, 29, 31 **c.** 37, 41, 43, 47 **d.** 67, 71, 73, 83

10. a. $24 = 2 \cdot 2 \cdot 2 \cdot 3$; $30 = 2 \cdot 3 \cdot 5$; $40 = 2 \cdot 2 \cdot 2 \cdot 5$; $26 = 2 \cdot 13$
b. $32 = 2 \cdot 2 \cdot 2 \cdot 2 \cdot 2$; $54 = 2 \cdot 3 \cdot 3 \cdot 3$; $64 = 2 \cdot 2 \cdot 2 \cdot 2 \cdot 2 \cdot 2$; $84 = 2^2 \cdot 3 \cdot 7$
c. $120 = 2 \cdot 2 \cdot 2 \cdot 3 \cdot 5$; $84 = 2 \cdot 2 \cdot 3 \cdot 7$; $112 = 2 \cdot 2 \cdot 2 \cdot 2 \cdot 7$; $105 = 3 \cdot 5 \cdot 7$
d. $816 = 2 \cdot 2 \cdot 2 \cdot 2 \cdot 3 \cdot 17$; $608 = 2 \cdot 2 \cdot 2 \cdot 2 \cdot 2 \cdot 19$; $253 = 11 \cdot 23$; $360 = 2^3 \cdot 3^2 \cdot 5$
e. $1100 = 2 \cdot 2 \cdot 5 \cdot 5 \cdot 11$; $1408 = 2 \cdot 2 \cdot 2 \cdot 2 \cdot 2 \cdot 2 \cdot 2 \cdot 11$; $1872 = 2 \cdot 2 \cdot 2 \cdot 2 \cdot 3 \cdot 3 \cdot 13$; $1575 = 3^2 \cdot 5^2 \cdot 7$

11. a. 4; 10; 1; 5 **b.** 7; 15; 13; 9 **c.** 35; 6; 12; 11 **d.** 4; 20; 1; 35 **e.** 125; 40; 120; 13

12. a. 4; 10; 1 **b.** 7; 15; 13 **c.** 35; 6; 12 **d.** 4; 20; 1 **e.** 125; 40; 120

13. a. 30; 30; 36; 50
b. 104; 75; 120; 240
c. 120; 130; 400; 160
d. 140; 225; 84; 1430
e. 360; 864; 480; 2700

13. 2 m

14. Nach 24 Sekunden.

15. Bei jedem 15-ten Fahrrad.

16. 65 cm, 130 cm, 195 cm, 260 cm, 325 cm, 390 cm, 455 cm, 520 cm, 585 cm, 650 cm

Seite 65

1. – **2.** –

3. Radius: 2,8 cm; Durchmesser: 5,6 cm

4. a. (1) spitz; (2) spitz; (3) stumpf; (4) überstumpf **b.** (1) 31°; (2) 50°; (3) 129°; (4) 231°; **5.** –

6. a. – **b.** α = 61°; β = 55°; γ = 64°

7. B′(2|10); C′(3|3) B″(2|2); C″(9|3) B‴(10|2); C‴(9|9) A bleibt fix.

8. a. ja: 120° **b.** nein **c.** ja: 90°

Seite 107

1. a. $\frac{1}{2}$ **b.** $\frac{3}{8}$ **c.** $2\frac{5}{8}$

2. a. 18 Karos **b.** 8 Karos **c.** 16 Karos **d.** 20 Karos

3. a. (1) $6\frac{1}{2}$; 4; $3\frac{3}{4}$; 6; $6\frac{1}{6}$; $5\frac{7}{8}$; $7\frac{9}{10}$ (2) $3\frac{2}{11}$; 6; $5\frac{1}{15}$; 7; $7\frac{6}{25}$; $2\frac{7}{10}$; $3\frac{49}{100}$

  b. (1) $\frac{19}{2}$; $\frac{14}{3}$; $\frac{23}{4}$; $\frac{13}{5}$; $\frac{43}{6}$; $\frac{53}{8}$; $\frac{89}{10}$ (2) $\frac{73}{3}$; $\frac{67}{4}$; $\frac{62}{5}$; $\frac{84}{11}$; $\frac{146}{15}$; $\frac{77}{12}$; $\frac{173}{20}$

4. a. $\frac{7}{8}$; $1\frac{1}{7}$; $\frac{1}{2}$; 2; $2\frac{2}{5}$ **b.** $4\frac{2}{7}$; 7; $15\frac{2}{5}$; $11\frac{10}{19}$

5. a. 875 g; 4750 g; 40 cm; 350 cm **b.** 50 min; 145 min; 724 m²

6. a. $\frac{5}{8}$; $\frac{3}{11}$; $\frac{3}{5}$; $\frac{5}{12}$; $2\frac{2}{3}$; $\frac{4}{11}$; $\frac{3}{5}$; $2\frac{1}{4}$ **b.** $\frac{5}{12}$; $\frac{2}{5}$; $\frac{12}{25}$; $1\frac{5}{11}$; $6\frac{3}{4}$; $\frac{8}{37}$; $4\frac{1}{6}$

7. a. $\frac{150}{100}$; $\frac{175}{100}$; $\frac{120}{100}$; $\frac{70}{100}$; $\frac{55}{100}$; $\frac{72}{100}$; $\frac{46}{100}$ **b.** $\frac{1250}{1000}$; $\frac{440}{1000}$; $\frac{1125}{1000}$; $\frac{88}{1000}$; $\frac{205}{1000}$; $\frac{180}{1000}$; $\frac{52}{1000}$

8. a. $\frac{25}{30}$; $\frac{14}{30}$ **b.** $\frac{88}{55}$; $\frac{50}{55}$ **c.** $\frac{35}{45}$; $\frac{24}{45}$ **d.** $\frac{22}{36}$; $\frac{15}{36}$ **e.** $\frac{55}{120}$; $\frac{62}{120}$ **f.** $\frac{115}{135}$; $\frac{87}{135}$

9. a. <; > **b.** =; < **c.** >; = **d.** <; < **e.** =; > **f.** <; <

10. a. $2\frac{5}{6} < 3\frac{1}{6} < 4\frac{7}{12} < 4\frac{5}{8} < 5\frac{7}{9}$ **b.** $3\frac{5}{7} < 4\frac{4}{9} < 4\frac{12}{17} < 5\frac{1}{3} < 5\frac{4}{15}$

  c. $2\frac{7}{18} < 2\frac{5}{12} < 3\frac{7}{25} < 3\frac{7}{15} < 4\frac{5}{12}$; $5\frac{6}{11}$; $5\frac{3}{5}$; $6\frac{3}{25}$; $6\frac{3}{4}$

11. a. $\frac{1}{12} < \frac{2}{15} < \frac{3}{20} < \frac{3}{10}$ **b.** 6a: 48 Lose; 6b: 108 Lose; 6c: 30 Lose

Seite 123

1. a. 5 Sechstel **b.** 6 Siebtel **c.** 30 Hundertstel

2. a. $\frac{5}{8}$; $\frac{3}{7}$ **b.** $\frac{8}{9}$; $\frac{1}{6}$ **c.** $\frac{9}{10}$; $\frac{5}{12}$ **d.** $\frac{17}{20}$; $\frac{1}{15}$ **e.** $\frac{21}{25}$; $\frac{7}{40}$ **f.** $\frac{37}{100}$; 0

3. a. $1\frac{1}{4}$; $1\frac{1}{8}$ **b.** $1\frac{3}{10}$; $1\frac{2}{3}$ **c.** $1\frac{1}{25}$; $1\frac{29}{50}$ **d.** $\frac{1}{2}$; $\frac{1}{3}$ **e.** $\frac{1}{10}$; $\frac{21}{25}$

4. a. $\frac{11}{12}$ **b.** $\frac{11}{18}$ **c.** $\frac{3}{10}$ **d.** $\frac{1}{24}$

5. a. $\frac{3}{4}$; $\frac{1}{2}$ **b.** $1\frac{1}{12}$; $\frac{2}{15}$ **c.** $1\frac{1}{2}$; $\frac{3}{10}$ **d.** $1\frac{5}{12}$; $\frac{1}{12}$ **e.** $\frac{39}{50}$; $\frac{7}{12}$ **f.** $1\frac{19}{56}$; $\frac{5}{56}$

6. a. $1\frac{1}{3}$; $3\frac{1}{2}$; $2\frac{1}{2}$ **b.** $2\frac{1}{4}$; $3\frac{2}{5}$; $3\frac{1}{7}$ **c.** $6\frac{1}{2}$; $15\frac{3}{4}$; $\frac{1}{2}$ **d.** $3\frac{3}{8}$; $7\frac{3}{5}$; $4\frac{3}{7}$ **e.** $7\frac{4}{7}$; $5\frac{7}{8}$; 4 **f.** $9\frac{2}{11}$; $3\frac{11}{12}$; 0

7. a. $2\frac{7}{9}$; $6\frac{1}{10}$ **b.** $2\frac{3}{8}$; $3\frac{4}{5}$ **c.** $6\frac{7}{15}$; $2\frac{13}{15}$ **d.** $10\frac{1}{10}$; $2\frac{13}{30}$

8. a. $\frac{1}{4}$ Std. **b.** $1\frac{1}{4}$ Std. **9.** $6\frac{3}{4}$ Std.; 405 min

10. a. $\frac{1}{3}$; $\frac{1}{2}$ **b.** $\frac{41}{60}$; $\frac{31}{40}$ **c.** $\frac{11}{12}$; $\frac{5}{6}$ **d.** $\frac{17}{36}$; $\frac{37}{48}$

Lösungen

Seite 124

11. $17\frac{1}{2}$ kg.

12.

Netto	$\frac{1}{2}$	$1\frac{3}{4}$	$3\frac{4}{9}$	$\frac{13}{20}$	$4\frac{1}{6}$	$2\frac{5}{8}$	$\frac{7}{20}$
Tara	$\frac{1}{8}$	$\frac{1}{5}$	$1\frac{1}{6}$	$\frac{1}{4}$	$1\frac{1}{2}$	$1\frac{7}{40}$	$\frac{13}{100}$
Brutto	$\frac{5}{8}$	$1\frac{19}{20}$	$4\frac{11}{18}$	$\frac{9}{10}$	$5\frac{2}{3}$	$3\frac{4}{5}$	$\frac{12}{25}$

Alle Gewichte in kg.

13. a. $9\frac{3}{5}$ m³   **b.** $\frac{3}{5}$ m³

14. a. $\frac{5}{8}$; $1\frac{7}{15}$; $\frac{11}{18}$; $\frac{3}{20}$ **b.** $\frac{3}{14}$; $\frac{1}{24}$; $\frac{2}{5}$; $\frac{2}{3}$

15. a. 1; 2; 1   **b.** 5; 9; 20   **c.** 1; 5; 4   **d.** 1; 0; 2

16. a. <   **b.** =   **c.** <   **d.** >

17. a. $\frac{3}{4}$ Std., 45 min; $\frac{5}{8}$ l, 625 ml   **c.** $2\frac{1}{20}$ m², 205 dm²; $1\frac{7}{50}$ l, 1140 ml
 b. $1\frac{3}{8}$ kg, 1375 g; $\frac{3}{10}$ t, 300 kg   **d.** $\frac{10}{11}$ s; $\frac{3}{8}$ g, 375 mg

18. a. $\frac{3}{8}$ **b.** $\frac{7}{20}$ **c.** $1\frac{2}{9}$ **d.** $\frac{1}{2}$ **e.** $\frac{8}{15}$

19. $6\frac{3}{20}$ kg

Seite 163

1. a. $3\frac{1}{2}$; $6\frac{2}{9}$ **b.** $\frac{3}{20}$; $\frac{15}{28}$ **c.** $\frac{14}{15}$; $1\frac{7}{20}$ **d.** $3\frac{1}{2}$; $22\frac{1}{2}$ **e.** $\frac{2}{35}$; $25\frac{1}{5}$ **f.** $\frac{10}{21}$; $2\frac{19}{64}$

2. a. 48   **b.** 33   **c.** 6   **d.** $\frac{2}{3}$ **e.** $4\frac{1}{2}$ **f.** $\frac{3}{7}$

3. a. $\frac{3}{10}$ l   **b.** $\frac{8}{15}$ l   **c.** $\frac{3}{8}$ kg   **d.** $\frac{1}{12}$ h   **e.** $\frac{3}{5}$ m²   **f.** $\frac{7}{10}$ kg

4. a. 9 l   **b.** $4\frac{1}{5}$ l   **c.** $3\frac{3}{5}$ l   **d.** $8\frac{2}{5}$ l

5. a. 8   **b.** 13   **c.** 9   **d.** $\frac{1}{3}$ **e.** $\frac{4}{7}$

6. a. $\frac{1}{18}$ **b.** $2\frac{1}{2}$ **c.** $2\frac{1}{8}$ **d.** $1\frac{2}{45}$ **e.** $1\frac{1}{2}$ **f.** $\frac{1}{2}$ **g.** $2\frac{7}{10}$ **h.** $\frac{11}{12}$

7. a. 11   **b.** $12\frac{2}{3}$ **c.** 22

8. $\frac{5}{26}$ l; $\frac{1}{52}$ l; $\frac{3}{104}$ l; $\frac{5}{52}$ l; $\frac{1}{8}$ l Öl

9. $35\frac{9}{20}$ kg

10. $18\frac{3}{4}$ cm; 20 cm; $21\frac{1}{4}$ cm; $23\frac{3}{4}$ cm; $26\frac{1}{4}$ cm

Seite 229

1. a. 10,6; 350; 0,0015; 0,17   **c.** 0,3; 0,0116; 1900; 0,07   **e.** 12; 0.168; 2,5; 400
 b. 2,6; 0,18; 0,00203; 5,7   **d.** 5,65; 2500; 4,27; 0,0108

2. a. 28,523; 15,43; 406,62; 7,84   **c.** 27,864; 216,36; 65,4; 560
 b. 1313,724; 5,79; 77,562; 13,4604   **d.** 438,976; 3,1; 5825,65

3. a. 46,145   **b.** 281,0228   **c.** 37,078   **d.** 7,585   **e.** 174,169   **f.** 697,274

4. a. 21,56 €   **b.** 45,34 €   **c.** 11,54 €   **d.** 74,58 €
    31,00 €   104,50 €   143,52 €   11,15 €

5. a. 14,53   **b.** 394,44   **c.** 2,8   **d.** 4,78   **e.** 0,617   **f.** 595,798

6. 3,75 €

7. a. 11,23   **c.** 6,27   **e.** 1,95   **g.** 1,75   **i.** 3,33
 b. 3,768   **d.** 103,5918   **f.** 1   **h.** 58

8. a. 3,965 t   **b.** nein; 1,035 t   **c.** 1,25 t

9. 8,13 €

Maßeinheiten und ihre Umrechnungen

Längen

10 mm = 1 cm
10 cm = 1 dm
10 dm = 1 m
1 000 m = 1 km

Flächeninhalte

$100 \text{ mm}^2 = 1 \text{ cm}^2$ $100 \text{ m}^2 = 1 \text{ a}$
$100 \text{ cm}^2 = 1 \text{ dm}^2$ $100 \text{ a} = 1 \text{ ha}$
$100 \text{ dm}^2 = 1 \text{ m}^2$ $100 \text{ ha} = 1 \text{ km}^2$

Die Umwandlungszahl ist 100

Volumina

$1\,000 \text{ mm}^3 = 1 \text{ cm}^3$ $1\,000 \text{ dm}^3 = 1 \text{ m}^3$ $1 \text{ dm}^3 = 1\,l$
$1\,000 \text{ cm}^3 = 1 \text{ dm}^3$ $1 \text{ cm}^3 = 1 \text{ m}l$ $1\,000 \text{ m}l = 1\,l$

Die Umwandlungszahl ist 1 000

Zeitspannen

60 s = 1 min
60 min = 1 h
24 h = 1 d

Gewichte

1 000 mg = 1 g
1 000 g = 1 kg
1 000 kg = 1 t

Die Umwandlungszahl ist 1 000

Verzeichnis mathematischer Symbole

Zahlen

$a = b$	a gleich b	$a + b$	Summe aus a und b; a plus b
$a \neq b$	a ungleich b	$a - b$	Differenz aus a und b; a minus b
$a < b$	a kleiner b	$a \cdot b$	Produkt aus a und b; a mal b
$a > b$	a größer b	$a : b$	Quotient aus a und b; a durch b
$a \approx b$	a ungefähr gleich (rund) b	a^n	Potenz aus Grundzahl a und Hochzahl n; a hoch n

Geometrie

$\overline{AB}$	Verbindungsstrecke der Punkte A und B; Strecke mit den Endpunkten A und B
AB	Verbindungsgerade durch die Punkte A und B; Gerade durch A und B
$g \parallel h$	Gerade g ist parallel zu Gerade h
$g \perp h$	Gerade g ist senkrecht zu Gerade h
ABC	Dreieck mit den Eckpunkten A, B und C
ABCD	Viereck mit den Eckpunkten A, B, C und D
$P(x \mid y)$	Punkt P mit den Koordinaten x und y, wobei x die erste Koordinate, y die zweite Koordinate ist

Stichwortverzeichnis

abbrechender Dezimalbruch 210
absolute Häufigkeit 150
Addieren von
– Brüchen 112 f
– Dezimalbrüchen 182
Additionsregel 112
arithmetisches Mittel 203
Assoziativgesetz 159

Breitenkreis 53
Bruch 70
– Doppel- 155
– echter 73
– -es, Erweitern eines 94
– -es, Kürzen eines 96
– -es, Nenner eines 70
– , unechter 73
– -es, Zähler eines 70
Brüche
– -n, Addieren von 112
– -n, Dividieren von 142
– -n, Divisonsregel bei 142
– , gleichnamige 101
– , gewöhnliche 168
– -n, Multiplikationsregel bei 135
– -n, Subtrahieren von 111
– -n, Teilen von 128
– -n, Term mit 152
– -n, Vervielfachen von 125
Brucheinheit 68
Bruchteil 82, 134
Bruchzahlen 99
– , Addieren von 117
– , Multiplizieren von 134
– , Subtrahieren von 119

Dezimalbrüche 168
– , abbrechende 210
– -n, Addieren von 184
– -n, Dividieren durch 206
– -n, Dividieren von 204
– -n, Endnullen bei 176
– gemischt periodische 210
– -n, Multiplizieren von 197
– periodische 210
– rein periodische 210
– -n, Subtrahieren von 187
– -n, Vergleichen von 178
Diagramme 150, 181

Distributivgesetz 159
Dividieren
– von Brüchen 141
– durch eine Stufenzahl 191
– von Dezimalbrüchen 200
– durch einen Dezimalbruch 207
Divisionsregel bei Brüchen 142
Doppelbruch 155
drehsymmetrisch 59
Drehwinkel 59
Durchmesser 42
Durchschnitt 203

echter Bruch 73
Element 8
Endnullen bei Dezimalbrüchen 176
Endstellenregel 13, 19
Erweitern eines Bruches 94

Flächeninhalt eines Rechtecks 220

gemeinsamer Teiler 24
gemeinsames Vielfaches 28
gemischte Schreibweise 73
Gerade 45
gestreckter Winkel 47, 51
gewöhnliche Brüche 168
gleichnamige Brüche 101
Grad 51
größter gemeinsamer Teiler 24

Halbgerade 45
Halbdrehung 61
Häufigkeit
– , absolute 150
– , relative 150
Hauptnenner 112

Klammern
– , Terme mit 152
Kehrwert eines Bruches 142
kleinstes gemeinsames Vielfaches 28
Kommutativgesetz 159
Kreis 41
– -es, Durchmesser eines 42
– -es, Mittelpunkt eines 41
– -es, Radius eines 41

Kürzen eines Bruches 97, 136
Längenkreis 53

magisches Quadrat 164
Maßeinheit 51, 78
Maßzahl 51, 78
Mittelpunkt 41
Mittelpunktswinkel 58
Mittelwert 203
Multiplikationsregel bei Brüchen 135
Multiplizieren
– von Bruchzahlen 134
– mit einer Stufenzahl 191
– von Dezimalbrüchen 197

Nenner eines Bruches 70

periodische Dezimalbrüche 210
Primfaktor 22, 21
Primfaktorzerlegung 21, 27, 31, 213
Primzahlen 21
punktsymmetrisch 61

Quader
– -s, Volumen eines 224
Quadratgitter 40
Quersumme 14
Quersummenregel 14

Radius 41
Rechteck
– es, Flächeninhalt eines 220
rechter Winkel 48, 51
rein periodisch 210
relative Häufigkeit 150
Runden 181
Rundungsstelle 182

Säulendiagramm 181
Scheitelpunkt des Winkels 46
Schenkel des Winkels 46
Sieb des Eratosthenes 38
spitzer Winkel 48, 51
Stammbrüche 68
Strahl 45
stumpfer Winkel 48, 51
Subtrahieren
– von Brüchen 111
– von Bruchzahlen 119

– von Dezimalbrüchen 187
Subtraktionsregel 112
Symmetriezentrum 61

Teilbarkeitsregeln 13
Teilen von Brüchen 128
Teiler 7
– gemeinsamer 24
– größter gemeinsamer 24
teilerfremd 25, 97
Teilermenge 8
Terme
– mit Brüchen 152, 218
– mit Klammern 152, 216

überstumpfer Winkel 48, 51
unechte Brüche 73

Verbindungsgesetz 159
Vergleichen von Dezimalbrüchen 178
Vertauschungsgesetz 159
Verteilungsgesetz 159
Vervielfachen von Bruchzahlen 125
Vielfaches
– gemeinsames 28
– kleinstes gemeinsames 28
Vielfachenmenge 10 f.
Vollwinkel 48, 51
Volumen eines Quaders 224
Vorrangregel für das Berechnen von Termen 154

Winkel 45 f
– gestreckter 48, 51
– Mittelpunkts- 58
– rechter 48, 51
– -s, Scheitelpunkt eines 46
– -s, Schenkel eines 46
– spitzer 48, 51
– stumpfer 48, 51
– überstumpfer 48, 51
– Voll- 48, 51
Winkelfeld 45
Winkelmesser 51

Zahlenstrahl 99
Zähler eines Bruches 70
Zauberquadrate 164

Bildquellenverzeichnis

Seite 6 Astrofoto/NASA, Leuchlingen; Seite 7 Jürgen Viehrig, Hameln; Seite 8, 10, 55, 67, 72, 89, 148, 169 (Mädchen), 173, 192 (Telefon) Tooren-Wolff, M., Hannover; Seite 30 Schmidt-Lohmann-HAPAG LOYD; Seite 31, 33 (400 m-Lauf), 41 (Fußballkreis, Tafelkreis, Globus) 49, 58 (Fotoapparat), 91, 132, 167 (Stoppuhr), 174, 187, 189, Michael Fabian, Edemissen; Seite 33 (Traktor) van Eupen, Hambühren; Seite 34 (Straßenbahn) Zefa-Streichan, Düsseldorf; Seite 34 (Formel 1) dpa, Frankfurt; Seite 37, 114 Mauritius-Rawi, Mittenwald; Seite 40 Presseteam Kämper, Oppenheim; Seite 41 (altröm. Zirkel) Deutsches Museum, München; Seite 45 (Radarturm) Mauritius-Kalt, Mittenwald; Seite 45 (Radarschirm) TCL-Bavaria, Gauting; Seite 45 (Autothermometer) VDO, Frankfurt/M.; Seite 51 Zefa-Craddock, Düsseldorf; Seite 58 (Diskuswerfer) Zefa-Madison, Düsseldorf; Seite 59 Keute-Bavaria, Gauting; Seite 73, 78, 99, 191, 192 (Groschen), 193, 205, Dr. Thorsten Warmuth, Kassel; Seite 66, 110 (Handschrift aus Leder) aus Georges Ifrah: Eine Universalgeschichte der Zahlen, Campus Verlag, Frankfurt/M.; Seite 113 Zefa-Kohlhas, Düsseldorf; Seite 118, 195 DB, Berlin; Seite 133 Mauritius-Kuchelbauer, Mittenwald; Seite 137 Klaus Thiele-Bavaria, Gauting; Seite 147, 208 (Biene) Toni Angermayer, Holzkirchen; Seite 164, 165 The Stock Market, Düsseldorf; Seite 167 (Eisschnelllauf) dpa, Frankfurt; Seite 167 (Rodeln) Sven Simon, Essen; Seite 169 (Goldmedaille) dpa, Frankfurt; Seite 169 (Spinnennetz) Zefa-Lenz, Düsseldorf; Seite 169 (Ölfleck) Zefa-Hackenberg, Düsseldorf; Seite 169 (Bakterium) Boehringer, Mannheim; Seite 178 dpa, Frankfurt; Seite 180 Mauritius-Beck, Mittenwald; Seite 183 PP-Bavaria, Gauting; Seite 199 Carsten Bodenburg, Harbsin; Seite 204 Zefa-Dr. Muel, Düsseldorf; Seite 214, 215 Tony Stone Images-Bruce Aryres; Seite 226 (Ähren) Zefa-Rose, Düsseldorf; Seite 226 (Körner) Zefa-Hardy, Düsseldorf; Seite 227 dpa, Frankfurt; Seite 228 („Kleinlaster") http://user.tninet.se/~hbh828t/proglego.htm; (Block CAD) http://user.tninet.se/~hbh828t/gallery/index.htm (Gallery); Seite 230 ADAC Verlag München

Trotz entsprechender Bemühungen ist es nicht in allen Fällen gelungen, den Rechtsinhaber ausfindig zu machen. Gegen Nachweis der Rechte zahlt der Verlag für die Abdruckerlaubnis die gesetzlich geschuldete Vergütung.